青少年科学素质丛书

主编 王 挺　副主编 高宏斌 李秀菊

# NAEP 测评

## 国际青少年
## 科学素质全景解读

UNPACKING THE INTERNATIONAL ASSESSMENT
ON SCIENTIFIC LITERACY

李秀菊　李高峰　著

社会科学文献出版社
SOCIAL SCIENCES ACADEMIC PRESS (CHINA)

# 序　言

当今社会，科学技术迅速发展，科技实力逐渐成为决定国家竞争力的关键因素。国家的发展迫切需要高科学素质的专业人才。与此同时，科技产品已经渗透到人们生活的各个方面，公民需要具备基本的科学素质，才能在面对生活中与科学相关的议题时做出理性的判断和决策，从而更有效地适应、更好地生活在科学技术高度发达的社会。青少年是未来的社会公民，更是未来的国家建设者，青少年的科学素质水平成为国家未来发展的重要基础，因此青少年科学素质测评已经成为科学教育领域备受关注的话题。

国际上对青少年科学素质的测评已有 50 余年的历史。目前，世界范围内持续时间较长、规模较大的青少年科学素质测评项目主要有三个：由经济合作与发展组织（Organization for Economic Co-operation and Development，OECD）发起的国际学生测评项目（Programme for International Student Assessment，PISA），由国际教育成就评价协会（International Association for the Evaluation of Educational Achievement，IEA）发起的国际数学与科学学习趋势项目（Trends in International Mathematics and Science Study，TIMSS），美国国家教育进展评估（National Assessment of Education Progress，NAEP）。从国际视野看，PISA、TIMSS、NAEP 的共同特点在于以评促建，测评的重要目标在于发现影响学生科学素质水平的因素，使得参与国家（地区）认识到自身在科学教育上的优势和不足。因此，对上述三个青少年科学素质测评项目结果的深入分析，有助于全面了解和解读各国家（地区）的科学教育现状，以及学生科学素质和能力水平的现状，为更好地提出全面提升我国青少年科学素质的方案和对策提供支撑。

本套丛书共有三本：《PISA 测评：国际青少年科学素质全景解读》《TIMSS 测评：国际青少年科学素质全景解读》《NAEP 测评：国际青少年科学素质全景解读》。其中，由于 PISA 和 TIMSS 参与国家（地区）较多，课题组在分析过程中基于教育发达程度、各个大洲代表以及 GDP 等多个角度，选择了 15～18 个国家（地区）进行分析；至于 NAEP，则对其历年数据进行分析。本套丛书的分析数据均来源于 PISA、TIMSS 和 NAEP 官网的公开数据，经过课题组的再整合、再分析，最终将提炼的精华呈现给大家。

在本套丛书即将出版之际，感谢 PISA、TIMSS 和 NAEP 所有工作人员的辛劳以及公开分享各类数据的无私！感谢中国科普研究所各位领导和所有同事的指导、支持与帮助！感谢参与本套丛书工作的所有课题组成员！感谢社会科学文献出版社的支持！

感谢关心和支持本套丛书出版的所有人！

由于著者水平能力有限，纰漏难免，希望大家多批评指正，共同努力推进我国青少年科学素质提升工作！

# 目　录

# 第一章　NAEP：目标和设计

现代教育研究领域中，教育评价、教育基础理论与教育发展被并列誉为三大关键模块，① 对教育改革的作用越来越重要。尤其，教育评价研究能够以"倒逼"的形式有效地推动各个国家（地区）认真回答教育的最根本问题——教育要培养什么样的人。并且，在各个国家（地区）中，教育评价作为"指挥棒"，其性质和形式对学校教育政策的制定、教学活动的开展具有举足轻重的作用。所以，教学测评系统的研究逐渐进入更多国际组织及国家（地区）的视野。例如，国际教育成就评价协会（International Association for the Evaluation of Educational Achievement，IEA）主持了国际数学和科学学习趋势研究项目（The Trends in International Mathematics and Science Study，TIMSS），② 经济合作与发展组织（Organization for Economic Cooperation and Development，OECD）启动了国际学生测评项目（Programme for International Student Assessment，PISA）。③ 在国际上享有盛誉、具有权威性的测评题目同样包括美国国家教育进展评估（National Assessment of Education Progress，NAEP），它是美国国家范围内的测评系统，主要评价学生的科学、阅读、

---

本章内容来源于中国科普研究所重大项目"青少年科学素质监测评估研究"（编号190105）和中国基础教育质量监测协同创新中心重大成果培育性项目（编号 2018 - 05 - 012 - BZPK01）。

① 许世红、黄小平、王家美：《基础教育质量监测研究》，广东高等教育出版社，2016，第1页。

② 张洪洋：《科学课堂教学的国际比较研究》，《外国中小学教育》2008 年第 6 期。

③ OECD，http://www.oecd.org/.

数学以及其他领域的素质。本章主要对 NAEP 实施的背景、测评框架及其变化、测评试题及评分、抽样方式、报告体系等方面进行简要评述，以期读者对 NAEP 有整体性的认知。

# 第一节　NAEP 科学素质测评的目标

美国在很长一段时间内都受到"缺乏全国性的学生成绩评估体系"的困扰，在顶住反对方的重重压力下，美国在夹缝中成功制定并实施了 NAEP 测评项目。从此，NAEP 成为唯一一个在美国国家范围内较为成熟且具有权威性的基础教育质量评估体系。

## 一　NAEP 测评实施的背景

NAEP 的产生与发展之路并非一帆风顺，而是充满了坎坷，主要归结于美国联邦政府与各州对教育权利的争夺。NAEP 遭遇众多利益相关方的反对，主要反对者认为"建立全国层面的测评项目是联邦政府企图扩大在各州和地方的教育权力，企图统一全国课程"[①]。NAEP 实施的背景可归纳为五个方面：美国缺乏全国性的学生成绩评估体系，利益相关方态度的转变，法律法规的支持，NAEP 管理机构的完善，测评技术逐渐成熟。

（一）美国缺乏全国性的学生成绩评估体系

1963 年，教育专员朗西丝·凯佩尔（Francis Keppel）意识到美国缺乏国家范围的学生学业评估题目，各州教育质量混杂，缺乏明确的评价标准。因此，她建议联邦政府建立一个全国性的学生成绩评估体系。为了议案的顺利实施，朗西丝·凯佩尔邀请著名的心理学家、教育家 R. W. 泰勒（Ralph. W. Tyler）参与指导。基于卡耐基基金的财政支持，凯佩尔在 1963 年 9 月和 12 月召开了两次预备会议，并顺利于 1964 年 6 月成立了教育进展评估解释委

---

① NCES. From The NAEP Primer：A Technical History of NAEP，https：//nces. ed. gov/ nationsreportcard/about/newnaephistory. aspx.

员会（Exploratory Committee on Assessing the Progress of Education），由泰勒担任主席。但是，NAEP 的筹办过程中一直存在着反对的声音，反对者担心评价的结果会用于不恰当的比较，使各州学校教育处于竞争状态。为了缓解反对压力，泰勒基于自身的研究经验，并借鉴他人的评价研究成果，只对小规模的学生样本进行了评价，验证了 NAEP 测评的可操作性，有力地推动了NAEP 的发展。然而，反对方依旧抵制将测评结果应用于促进各州学校的教育改革。1966 年 2 月，美国学校管理者协会（American Association of School Administrators，AASA）举办年度学术会议期间，泰勒坚持建议将教育发展统整为一个整体，对公立学校、私立学校以及教会学校的所有学生进行评价，但评价的结果不用于各州之间的比较，而是以美国西北、东南、西部和远西部四个不同地域进行报告。在该提议下，反对方的批判之声进一步得以缓解。1969 年，泰勒等人进一步建议将 NAEP 州的评价体系的管理工作移交至各州教育委员会（The Education Committee of the States，ECS），反对之声逐渐消失。从而，NAEP 于 1969 年出台并试行评估。

（二）利益相关方态度的转变

1957 年苏联人造卫星发射成功，引起了美国举国上下对教育质量的担忧，并且随着美国不良教育状况的揭示，各个利益相关方开始反思"美国教育到底出现了什么问题"。在此节点，美国开始了"大刀阔斧"的教育改革，将主要矛头指向了基础教育阶段学生的学业质量，即学生在接受基础教育后获得的能力如何。1983 年，美国全国优质教育委员会（National Commission on Excellence in Education）发表了令世人瞩目和影响深远的报告——《国家处在危机中：教育改革势在必行》（*A Nation at Risk: The Imperative For Educational Reform*），这份报告将提升学生的学习质量至史无前例的制高点，引导全国教育系统回归于教育的基本点，将目光聚焦于学生的学业成绩上，关注学生基础能力的培养与发展。在此教育背景下，许多州的教育委员会开始逐渐关注州层面的教育质量评估，并借鉴 NAEP 的技术支持，完善评估体系。20 世纪 80 年代初，美国全国范围内出现了对教育质量评估的热潮。1984 年，一些州立学校管理委员会同意并支持参与 NAEP 测评，并将结果进行州与州之间的比较，州政府官员和立法官员对此同样表示认可与支持。此时，NAEP 的评估政策委员会也同样鼓励将各州的评价结果与 NAEP 国家评估进行比较。1986 年，位于南部的三个州开始运用 NAEP 的阅读、写作成绩评估，对三州的学生进行为期三年的测试。[①]

（三）法律法规的支持

NAEP 在国家、各州范围的实施具有法律法规的支持，法律法规不仅明确了 NAEP 的政策制定机构、实施方案，而且提供了强有力的财政支撑。例如，1988 年的《奥古斯塔斯·F. 霍金斯——罗伯特·T. 斯特福特小学和中学改进系列修正案》（*Augustus F. Hawkins – Robert T. Stafford Elementary and Secondary School Improvements Amendments*）明确规定试行 NAEP 州评估，并且各州、各地区纷纷响应该法案，积极地加入 NAEP 州的测评项目中。该法案的制定有力地促进了 NAEP 在各州层面的实施。另外，该法案还以法律法规的形式完善了 NAEP 的管理机构，促进了 NAEP 的政策制定机构——美国国家评估管理委员会（National Assessment Governing Board，NAGB）的产生，为 NAEP 测评工作的程序化、规范化、有序化提供了法律保障。[②] 再如，《不让一个孩子掉队》（*No Child Left Behind*）法案具体规定了 NAEP 国家评估和州评估的实施方案：①NAEP 国家评估和州评估至少每两年对 4 年级、8 年级学生的阅读和数学素质进行评价（二者在同一年实施），NAEP 国家评估必须定期评估 12 年级学生的阅读和数学素质（NAEP 州评估没有要求）。若具备充足的时间和足够的经费，NAEP 国家评估还应定期对学生的写作、科学、历史、地理科学、公民学、外语、艺术等科目进行评价。②申请接受 I 号资助（Title I grant）的州，于 2002 年起始，必须每隔两年参加一次 NAEP 州评估，组织 4、8 年级学生参加阅读和数学素质的评价；

---

① 周红：《美国国家教育进展评估（NAEP）体系的产生与发展》，《外国教育研究》2005 年第 2 期。

② U. S. Department of Education. Augustus F. Hawkins – Robert T. Stafford Elementary and Secondary School Improvements Amendments，https：//search. usa. gov/search/docs？affiliate = ed. gov&dc = 803&query = Augustus + F. + Hawkins – Robert + T. + Stafford + Elementary + and + Secondary + School + Improvements + Amendments.

自愿参加科学、写作及其他科目的评估。联邦政府应提供 NAEP 州评估的经费。另外，申请接受 I 号资助的当地教育机构，若被抽样选为测评样本，必须每隔两年参加一次 NAEP 州评估，组织 4、8 年级学生参加阅读和数学素质的评价；自愿参加科学、写作及其他科目的评估。③NAEP 的长期趋势评估继续对 9、13、17 岁学生的阅读和数学素质进行评价，科学、写作的测评不再开展。④授权进行 NAEP 试验性城区评估。① 在经费支撑方面，《2002 年教育科学改革法案》（*Education Sciences Reform Act of 2002*）规定：每年提供 460 万美元的日常开支和 1.075 亿美元的国家和州的学业成就评价费用，五年内保持不变。②

（四）NAEP 管理机构的完善

为了有效地推动 NAEP 在各州的执行，泰勒等人建议将 NAEP 州评估体系的管理工作移交至 ECS，以消除反对方认为 NAEP 的执行旨在夺取各州教育权利的敌意。因此，从 1969 年开始，ECS 接手了 NAEP 测评体系的管理工作，全方位管理 NAEP 在各州的实施。直到 1983 年，教育考试服务中心（Educational Testing Service，ETS）接手 ECS 的管理工作，并进一步倡导建立了项目政策部（Project Policy Board）。1988 年，《奥古斯塔斯·F. 霍金斯——罗伯特·T. 斯特福特小学和中学改进系列修正案》的出台，进一步推动了 NAEP 的政策制定机构 NAGB 的产生。

NAGB 由美国国会授权建立，具有独立性，由国家教育统计中心（National Center for Education Statistics，NCES）、美国教育部（U.S. Department of Education）和教育科学研究所（The Institute of Education Sciences）监督和管理，并受到两党的支持，由各科目教师、课程专家、测量专家、校长、家长代表等 23 名成员组成（1994 年，新增测量专家和家长代表各 1 名，成员达 25 人）。从此，NAEP 的管理机构形成了以 NAGB 为统

---

① U. S. Department of Education. No Child Left Behind, https：//www2. ed. gov/policy/elsec/leg/esea02/107 – 110. pdf.

② U. S. Department of Education. Education Sciences Reform Act of 2002, https：//www2. ed. gov/policy/rschstat/leg/PL107 – 279. pdf.

领，ETS 与全国计算机系统（National Computer Systems，NCS）以及考试承包商（如 ACT、Westate、Pearson）三者相互协作、相互制衡的运行机制。NAGB 主要负责确定评估的科目；明确每一个年级或学龄段在测评科目中的成绩目标；明确评价的目标；制定测评规范；设计评价方法；拟定结果分析报告、颁布评估结果的方针与标准；发展州与州之间、地区与国家之间进行比较的标准和程序；制定改进措施，确保工作效率。[①] 而 NAEP 的执行工作则由三个相互独立的组织协调完成，ETS 负责测评工具的开发以及统计分析报告的拟定；Westat 负责学生样本的抽样、测评数据的收集和对实施过程的评估；NCS 则分管题目分配和评分。[②] 从此，NAEP 成为唯一一个在美国国家范围内较为成熟、具有权威性的基础教育质量评估体系。

（五）测评技术逐渐成熟

1964 年由约翰逊总统签署的《民权法案》（*Civil Rights Act of 1964*），要求教育部在 1966 年 7 月 1 日提交关于教育机会平等的报告。此要求为一项重大的测试工作——教育机会平等调查（Equality of Educational Opportunity Survey，EEOS）开启了大门。EEOS 旨在测试 1、3、6、9 和 12 年级的 100 万名学生样本的成绩。为了在规定的截止时间前完成，EEOS 的实施很仓促，使用的测试题过于传统，并且未进行预测试。EEOS 于 1965 年秋季开始实施，形成了最终的报告——《科尔曼报告》（*Coleman Report*）。

EEOS 虽然完成了评价工作，但是存在很多突出性问题。例如，由于一些学生不愿参与，导致最终样本量仅为预期样本量的 65%，如此低的参与率令人难以信服。测评时间为一整天，增加了学生的学习负担。测评过程中，采取随机抽样的技术手段同样具有较大的误差，没有考虑学生样本之间的特征差异，选取的样本缺乏代表性。另外，EEOS 报告并没有对适当的标准误差进行说明。

---

① NCES. Organization and Governance，https：//nces. ed. gov/nationsreportcard/about/organization_ governance. aspx.

② Lawrence M. Rudner，William D. Schafer. *What Teachers Need to Know about Asxasment*. NEA. 2002：63.

基于对 EEOS 的反思，NAEP 测评技术团队开发了"抽样计划"（Sampling Plan）技术，确保在对学校、学生抽样的过程中，使样本比例与学校、学生实际的特征比例相一致。并且，NAEP 引入了"矩阵抽样"（Matrix Sampling），以便可以对样本进行大规模项目管理而不会使学生负担过重，测评工作的时间缩短到了一个小时。并且，NAEP 还引入了"刀切法"（Jackknife）抽样手段，以"再抽样"的方式降低评估的偏差。为了让大众了解学生表现水平的准确性，NAEP 报告了标准误差及其说明。后来，为了确保试题库覆盖广泛的区域，NAEP 进一步改进了"矩阵抽样"，采取"平衡不完全块 BIB 螺旋的矩阵抽样"（Balanced Incomplete Block）来组装测评试题小册子。1983 年，NAEP 开始使用项目反应理论（Item Response Theory，IRT）来提升评估数据的准确性，确保试题的难度值与学生的能力值相匹配。[①] 综上可见，测评技术的逐渐成熟强有力地推动了 NAEP 的实施。

## 二 NAEP 的类型

《不让一个孩子掉队》法案明确了 NAEP 具有四种类型，分别为：NAEP 国家主要评估、长期趋势评估（Long - term Trend Assessment）、NAEP 州评估（NAEP - State）、NAEP 试验性城区评估（NAEP trial Urban District Assessment）。其中，"NAEP 国家主要评估"与"长期趋势评估"属于 NAEP 国家评估（NAEP - National）。

### （一）NAEP 国家评估

NAEP 国家评估包括"NAEP 国家主要评估"和"长期趋势评估"两种类型，两者测评的目的、科目、时间以及方式具有一定的差异性，但在测评报告的撰写方面具有相似之处。"NAEP 国家主要评估"由测评试题和问卷两部分组成，测评试题用来测评学生特定学科的素质。学生学业成绩的评定有两种形式，其一为量尺分数（Scale Scores），指的是由受测者在测评中所

---

① NCES. From The NAEP Primer：A Technical History of NAEP, https：//nces. ed. gov/nationsreportcard/about/newnaephistory. aspx.

得的实际分数转换而成的测验标准分数；实际分数转换成量尺分数后，使得不同试卷或不同时间测试的学生分数具有可比性。NAEP 测评一般将阅读、数学、历史科目的量尺分数区间定为"0～500"，将科学、写作、公民学科目的量尺分数区间定为"0～300"。其二为成就水平划定（Achievement Level），将学生的成就水平划分为三类：基本水平（Basic）、熟练水平（Proficient）和高级水平（Advanced）。问卷部分主要是采集学生的学习背景信息，涵盖了学生、教师、学校、家庭四方面；譬如，家庭经济状况、父母的受教育水平，父母的职业，学校的环境、课程资源，教师的教育背景、授课方式，学生的年龄、性别、种族、信仰、学习方式等。问卷的调查对象不仅包括学生，而且包括学校负责人（一般为校长）、教师。此外，学校档案室中的学生记录卡也是学生背景信息的重要来源。"NAEP 国家主要评估"的最终评价结果主要以学生学习的背景信息为变量进行分类报告。"长期趋势评估"每四年实施一次，评价方式不会随着课程内容和教育实践活动的变化而改变，实施目的在于比较不同时期的学生学业成就水平，以揭示学生在学业成就上的变化趋势。从测评的科目来看，该评估仅仅测评数学、科学和阅读三个科目。1984 年，该评估增加了写作科目，但是由于测评技术存在局限性，后来 NAGB 终止了对写作的评估。"长期趋势评估"的结果只能进行自身的前后比较，以窥探长期的变化趋势，不可与"NAEP 国家主要评估"和"NAEP 州评估"的结果进行比较。与"NAEP 国家主要评估"的相似之处在于，"长期趋势评估"的最终评价结果同样主要以学生学习的背景信息为变量进行分类报告。

（二）NAEP 州评估

NAEP 州评估同样包括两个部分，其一为测评试题，其二为背景信息的调查问卷。学生学业水平的厘定同样采取"量尺分数"和"成就水平"两种形式。在抽样形式上，NAEP 面对参与评估的各个州，在分析学校特点、学生人口统计学特征的基础上，结合地理区域，选取 100 所公立学校作为学校样本，进一步在学校样本中分别选取 25～30 名 4、8 年级的学生参与每个科目的学业评估。2002 年起，NAEP 州主要评估选取的公立学校样本与

NAEP 国家主要评估选取的公立学校样本相一致。在最终测评报告方面，NAEP 州评估主要以年级进行报告，即分为 4 年级学生的报告体系和 8 年级学生的报告体系，两个年级测评结果报告又分别以学生的人口统计学特征（如性别、种族、年龄等）为分类依据，对相应群体学生的整体学业成就、各维度学业成就、各因素下的学业成就进行报告。

（三）NAEP 试验性城区评估

在 2001 年出台的《不让一个孩子掉队》法案的授权下，经过 NCES、NAGB 和大城市学校理事会（Council of the Great City Schools，CGCS）的讨论，美国国会开始为 NAEP 试验性城区评估拨款；由此，NAEP 试验性城区评估项目正式启动。该项目主要聚焦于大城市地区的学校教育质量，测试方式、技术、过程及时间等方面与 NAEP 国家主要评估、NAEP 州评估相一致。NCES 和 CGCS 合作选取符合标准的地区自愿参加 NAEP 试验性城区评估，选择标准主要涉及地区的大小、非洲裔或西班牙裔学生的百分比以及具有免费或低价午餐资格的学生的百分比。2002 年开始，亚特兰大、芝加哥（299 学区）、休斯敦（独立学区）、洛杉矶、纽约市（公立学校）以及哥伦比亚特区六个市区的学生样本参加了阅读和写作领域的评估，这一年是 NAEP 试验性城区评估第一次实施。测评抽样环节中，4 年级学生样本来源于每个试验性城区的 38～76 所学校、924～2037 名学生，8 年级学生样本来源于每个试验性城区的 15～69 所学校、1109～1778 名学生。随着 NAEP 试验性城区评估题目的推广、测评技术的完善，参与该评估项目的城市地区逐渐增多。譬如，2003 年 NAEP 试验性城区评估的参与方增加至 10 个地区，包括亚特兰大、休斯敦、波士顿、夏洛特、芝加哥、克利夫兰、洛杉矶、纽约市、圣地亚哥和哥伦比亚特区。2009 年，有 18 个地区参与了数学、阅读和科学的评估；2011 年、2013 年、2015 年，均有 21 个地区参加了该项目；2017 年，则增加至 27 个地区。①

---

① NCES. Trial Urban District Assessment（TUDA），https：//nces. ed. gov/nationsreportcard/tuda/.

## 三 NAEP 测评对象

NAEP 在不同类型的测评项目中选取样本的依据不同，在 "NAEP 国家主要评估" "NAEP 州评估" "NAEP 试验性城区评估" 中依据学生的 "年级" 特征，在 "长期趋势评估" 中依据 "年龄" 选取测评对象。

"NAEP 国家主要评估" 主要测试公立学校、非公立学校 4、8 和 12 年级学生在主要学科领域的知识和技能，每年从数学、科学、写作、阅读、历史、公民学、地理、艺术、外语、技术、工程素养和经济学 12 个学科中选取 2 ~ 3 个科目进行抽测。"NAEP 州评估" 仅测评公立学校 4、8 年级的学生。"NAEP 试验性城区评估" 仅测评 4、8 年级的学生。

"长期趋势评估" 旨在提供有关青少年在学业成绩方面变化的信息，每四年一次，该评估对象为随机选取的公立学校、非公立学校 9、13、17 岁的学生，评估的科目只有数学、科学和阅读。

## 四 NAEP 抽样方法

NAEP 旨在为国家、各州以及试验性城区提供关于学生学业成就水平、教学经验和学校教育质量影响因素的结果，所以 NAEP 必须通过测评工作的开展，获取能够反映真实情况的测评数据。由于 NAEP 开展的初衷并非报告个别学生或个别学校的成绩，所以并不是每所学校的每个学生都需要参与评估。这就需要 NAEP 开展有效的抽样工作，以选取具有代表性的学生样本。

为了确保抽样得到的学生样本具有代表性，NAEP 采用的是分层抽样，即先依据学校的特征将学校分组，在每组中按比例随机抽取，组成学校样本，再从被抽到的学校中随机抽取特定年级的若干学生，每个学生都有相同的机会被选择，无论种族如何、性别怎样、社会经济地位高低、是否移民、残疾与否等。所有选定的学校和学生都应积极配合 NAEP 的测评，这对于收集、整理、分享全国学生表现情况的有效信息至关重要。政府官员、政策决策者和教育工作者都会使用 NAEP 的测评结果来进一步开发促进教育改进的有效方法。

（一）抽样的范围

NAEP 州评估以及 NAEP 试验性城区评估的抽样对象只涉及公立学校的学生，NAEP 国家评估的抽样对象还会包括私立学校的学生。NCES 会在每个学年编制一份公立学校名单，名单内容包括学校所在地、年级数、学生入学情况等，以"共同核心数据文件"（Common Core of Data，CCD）的形式发放给 NAEP 抽样小组。NAEP 州评估以及 NAEP 试验性城区评估会依据该名单选取学校样本。NCES 与美国人口普查局（U. S. Census Bureau）签订合同，要求美国人口普查局每两年进行一次私立学校调查（Private School Universe Survey，PSS）。PSS 和 CCD 会作为 NAEP 国家评估抽样的框架。[①]

（二）抽样的流程

NAEP 进行的是分层抽样，即先依据学校的特征选取学校样本，再从被抽到的学校中选取特定年级的若干学生。具体抽样流程包括 7 个环节。

1. 确定学校范围

NCES 会给 NAEP 抽样小组发放一份公立学校名单和一份私立学校名单。这两份名单中的所有学校为 NAEP 测评进行抽样的学校范围（见图 1 - 1）。

2. 对学校进行分组

美国人口普查局根据学校所处的地理位置以及学生的人口统计学特征对名单中的学校进行分组，得到"初级抽样单位"（Primary Sampling Units，PSUs），每一个初级抽样单位会包括一个或多个县。这一环节确保抽样得到的学校样本覆盖农村、郊区和城市，以及确保学生样本的人口统计学特征具有多样性（见图 1 - 2）。

3. 根据学生的成绩对学校进行排序

以学生的成绩为衡量标准对每一组学校进行排序，以确保 NAEP 测评样本能够反映出不同成绩层次的学校。学生的成绩主要通过州内测评得到（见图 1 - 3）。

---

① NCES. NAEP Assessment Sample Design，https：//nces. ed. gov/nationsreportcard/tdw/sample_design/.

图 1 - 1　确定学校范围

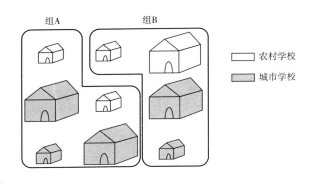

图 1 - 2　学校分组示意

4. 制定抽样清单

将基于前两个环节得到的学校分组按类别整合到一个列表中，形成抽样清单（见图 1 - 4）。

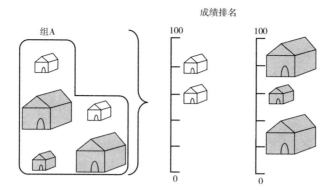

图 1－3 学校排序示意

图 1－4 抽样清单制定示意

5. 选择学校样本

在抽样清单中，NAEP 采用系统的抽样程序，对学校样本进行抽样，确保学校样本能够反映学校总体的特征（见图 1－5）。

图 1－5 学校样本选择示意

6. 确认学校样本的资格

被选中参加评估的学校样本名单会被发送到每个州的教育部，以验证这些学校是否有资格参加。其中，学校不合格的因素包括：学校长时间停课或长时间没有评估学生的学业成就（见图 1－6）。

7. 在学校样本中选取学生样本

每一所学校样本都要编制一份名单，列出特定年级（4、8、12 年级）

图 1 - 6　学校资格审查示意

的所有学生，以便 NCES 随机抽取一部分学生参加评估。并且，NAEP 的工作人员与学校会一起验证学生的人口统计学信息（Demographics）的准确性（见图 1 - 7）。

未选中的学生

选中的学生

图 1 - 7　学生样本选择示意

　　此外，在全国评估中，学校抽样程序还包括一种替代程序，即将那些被抽出来却拒绝参加 NAEP 评估的学校用其他学校替代。替代学校必须与原来学校有相似的特征，如在规模、社会经济状况和学生特征等方面不能有太大的差异，从而提高 NAEP 评估的精确度。[①]

　　（三）抽样常见问题评述

　　1. 为什么一些学校经常被选中参与测评？

　　某校被抽选为 NAEP 样本学校的概率与该校的学生人数有关。NAEP 每次在一个州，为每个年级的每门学科挑选大约 100 所公立学校作为样本学校，即每所学校参与评估的学生大约占该州公立学校相应学生类群的 1% 。

---

① NCES. NAEP State Assessment Sample Design Frequently Asked Questions，https：//nces. ed. gov/nationsreportcard/about/samplesfaq. asp.

一般来说，如果一个学校经常被选中，通常是因为该学校的招生人数占该州学生人数的比例相对较大，即该校招生人数超过了该州招生人数的1%，而其他占州招生总数0.5%～1%的学校，就相对不容易被选中。因此会出现一些学校经常被选中参与测评的现象，原因是大学校比小学校更容易被选中。

**2. 为什么每年被选中参加测评的学校和学生的数量都不一样？**

被选中参加 NAEP 测评的学校和学生的数量会随着当年评估科目的数目和测评的层级水平（即国家级、州级或试验性城区级）而发生变动。

·试验性城区评估

试验性城区评估所抽选的学校和学生数量因城区的大小而异。平均而言，每个学科和年级大约在每个地区抽选出 1500 名公立学校的学生参与评估。试验性城区的报告结果将会补充到该州的样本中，因为试验性城区的样本数量非常大，所以试验性城区的数据是按比例与州的数据相结合的，这样就不会在整个州的结果中过度代表这个地区。

·州评估

相比试验性城区评估，州评估则需要更多的学校来确保这些成绩能够代表各州学生的表现。一般而言，每个州将会抽选大约 3000 名公立学校的学生参与评估。

·国家评估

国家评估将需要更多学生参与评估，但是每个州需要参与国家评估的学校和学生数量要少于参与州评估的数量。被选中参与评估的学生数量会依据各州学生总数而有所不同。例如，加州的学生所占的比例要比怀俄明州大得多，因此在抽样时，加州的学校被选中的可能性要比怀俄明州大得多。

**3. 各州样本数量不同怎样保证测试结果的代表性？**

每个州的学生样本都会按能够代表本州不同学生群体的比例组成。若一个州包含一个或多个参与测评的试验性城区，来自试验性城区的学生抽样率可能会高于该州其他地区的学生，但是 NAEP 最终会采用加权程序以确保各州的最终结果是基于各地区按正确比例贡献的。

4. 各州有权选择学校进行 NAEP 抽样吗？

参与 NAEP 测评的学校样本是 NCES 依据上述抽样流程选定的。为确保抽样结果的公平性，不允许各州擅自选择学校作为样本参评，各州只有核实所选学校是否有资格参加的权力，并没有权力选择学校进行 NAEP 抽样。这一流程同样是为了确保 NAEP 评估的是最具代表性的学生样本。

5. 学校参与率会不会影响 NAEP 报告？

国家教育统计中心和国家评估理事会为了确保发布结果的准确性，共同制定了学校参与率标准。从 2003 年开始，学校的参与率必须高于 85%；如果一个州的学校参与率低于 85%，NAEP 将不会公布该地区的成绩结果，即视为无效。

6. 残疾学生和母语非英语的学生是否包括在 NAEP 样本中？

NAEP 的抽样原则一直是将情况尽可能多样的学生囊括其中，使结果能够代表所有学生。参评的学生样本是从每个样本学校要评估年级的所有学生名单中随机挑选的，残疾学生和母语非英语的学生也同样包括在 NAEP 样本中。另外，NAEP 还会为残疾学生和母语非英语的学生提供住宿。

7. 实际取样时，样本会不会有微调？

NAEP 评估的意义在于促进教育的发展，所以参与评估的学校样本和学生样本代表公众更加感兴趣的部分。鉴于此，在实际抽样时，会对选定样本中的某些不成比例的组别做调整。例如，某些种族的学生总数较少，如果按照正常的抽样比例，该种族选出参评的学生将少之又少，故提高该种族的抽样比例，对某些少数民族学生集中的学校进行较大比例的抽样。但是最终的评估数据经过加权后，会保证能够基于所选样本做出正确的推断。

## 第二节　NAEP 科学素质测评的设计

NAEP 科学素质测评一般包括两个部分，其一为测评试题，其二为背景信息的调查问卷。其中，测评试题的研制需要依据测评框架；调查问卷的开发需要明确涉及的背景信息。所以，在测评学生科学素质的历程中，**NAEP**

研发了许多具有深远影响、具有重要借鉴价值的测评框架，明确了测评内容的比例，规范了测评试题的题型，明晰了需要调查的背景信息。

## 一　NAEP 科学素质测评框架

1996 年和 2009 年启动实施的科学测评框架是最为经典的，1996 年的测评框架用于 1996 年、2000 年和 2005 年的科学测评，2009 年的测评框架用于 2009 年、2011 年和 2015 年的科学测评。

### （一）1996年的科学测评框架

1996 年的科学测评框架转变了以往仅仅对科学事实的评估，增加了对科学概念理解以及问题解决能力的评估。所以，该框架相比以往的测评框架表现出极大的改进性，具有重要的借鉴意义。

#### 1. 制定的背景

自 1969 年启动以来，NAEP 一直负责收集和报告学生在数学、阅读、科学、历史、写作和其他科目方面的成就信息。但是 NAEP 的实施过程并非没有批判者，亚历山大－詹姆斯研究小组（Alexander – James Study Group）对 NAEP 批判道：NAEP 科学评估更多的是评价学生的事实性知识，缺乏对学生理解概念的评价，更缺乏对学生应用科学知识能力的评价，使得评价结果无法解释学生的科学思维、无法探析学生对科学知识内化的程度。该研究小组建议 NAEP 扩大测评范围，不要局限于评价学生的事实性知识，而要设计开放式题目和探究式题目评价学生是否具备对各个科学领域至关重要的复杂思维能力，是否能够整合各个科学领域的基本概念，是否能够理解概念之间的关系，以及是否具备设计、执行和分析科学实验的能力。[①]

为了有效地解决这一严重问题，同时为了更好地跟进时代发展、课程改革的步伐，在 NAGB 的主持下，学校主任委员会（Council of Chief State School Officers）、国家科学教育促进中心（National Center for Improving

---

① NAGB. *Science Framework for the 1996 National Assessment of Educational Progress*. Washington，DC：National Assessment Governing Board，1995：2.

Science Education）和美国研究所（American Institutes for Research）联合举办了 NAEP 新科学测评框架的制定预备会议。预备会议期间，举办方邀请了来自各行各业的精英代表共商框架的研制，与会代表包括课程专家、科学教师、科学监督员、国家评估开发人员、州行政人员、工商界人士、政府官员以及家长等。这样做的缘由有两点，其一为收集广大群体的意见，集众人智慧于一体，确保测评框架的权威性；其二为促进测评框架能够受到各行各业人士的认可，有助于人们对 NAEP 科学评估的理念达成共识。在激烈讨论后，框架指导委员会（Framework Steering Committee）明确了三点开发策略，包括：设置"多项选择题"（Multiple – choice Questions），用于评估学生对重要事实和概念的理解，评价学生推理分析能力；增设"构建 – 回答问题"（Constructed – response Questions），探索学生解释、整合、应用、推理、计划、设计、评估和传播科学信息的能力；新设"实践任务"（Performance Tasks），评价学生实验操作技能，评估学生观察实验现象、设计实验方案、评析实验结果以及解决实验突发状况的能力，此外还评估学生对科学建构过程的理解。[1]

NAEP 新科学测评框架的制定历经 10 个月，从 1990 年 10 月开始至 1991 年 8 月结束。原计划在 1994 年使用新的科学测评框架，然而由于预算不足，新的科学和数学评估均安排在 1996 年实施。[2] 1996 年 NAEP 科学评估试图反映一种全面的、现代化的科学观，引导科学教育界关注学生科学概念的学习，注重学生科学探究能力的发展，强调学生科学思维意识的养成，转变以往仅仅要求学生识记科学知识的不良状况。

2. 维度设计

1996 年科学测评框架包括两个维度：其一是"科学知识领域"（Fields of Science），涵盖了地理科学、物理科学、生命科学；其二为"知道和实践科

---

① NAGB. *NAEP 1996 SCIENCE Report Card for the Nation and the States*. Washington，DC：National Assessment Governing Board，1997：70.

② NAGB. *Science Framework for the 1996 National Assessment of Educational Progress*. Washington，DC：National Assessment Governing Board，1995：3.

学"（Knowing and Doing Science），涉及概念理解（Conceptual Understanding）、科学探究（Scientific Investigation）和实践推理（Practical Reasoning）三个方面。此外，测评框架还涉及描述科学的两个首要领域，即科学本质（Nature of Science）和科学主题（Themes）。[①]

（1）科学知识领域

科学知识领域涵盖了地理科学、物理科学、生命科学三个科目，知识内容均为重要概念，未涉及细枝末节。

·地理科学

1996年NAEP科学评估主要探讨学生对地理科学家如何通过地图和其他手段来描述、解释地理现象的理解，评价学生对地球的特征、结构及其形成原理的理解，测评学生对地貌、地形及其随时间变化特征的理解，以及考查学生对地球、月球、太阳和其他行星的运动情况的理解。所以，地理科学考查的内容主要集中在相对容易观察的物体和事件上，涵盖的一级主题包括固体地球（岩石圈）、水（水圈）、空气（大气层）和太空中的星球。"固体地球"主题主要包含地球的组成，改变地球表面的力量，岩石的形成、特征和用途，土壤的变化和用途，人类使用的自然资源，以及地球内的自然力量等重要知识。与"水"主题相关的概念包括水循环，海洋的性质及其对气候的影响，水的位置、分布、特征，水对人类活动的影响等。"空气"主题包括大气的成分和结构、天气的性质、常见的天气危害、气候变化以及空气质量等重要知识。"太空中的星球"主题相关的知识包括太阳系中地球的位置，宇宙中太阳系的属性和演化，用于收集空间信息的工具和技术，太阳、月球、地球的运动，地球的自转，地球的公转，以及地球运动引发的气候季节性变化等。[②]

---

① NAGB. *Science Framework for the 1996 National Assessment of Educational Progress*. Washington, DC：National Assessment Governing Board，1995：13.

② NAGB. *Science Framework for the 1996 National Assessment of Educational Progress*. Washington, DC：National Assessment Governing Board，1995：17 - 18.

·物理科学

物理科学评估的内容主要包括物质结构的基本知识和物质运动的科学原理，涵盖的一级主题有物质及其变化、能量及其变化、物质的运动。其中，"物质及其变化"主题包括材料的多样性（物质的类型及微粒性质）、温度和物质状态、材料的性质和用途、资源管理等方面。"能量及其变化"主题涉及不同形式的能量，生命系统、自然物质系统和人工系统中的能量转换，能源及其使用，能源的消耗等概念。"物质的运动"主题涵盖参照系、力和位移、运动的类型、电磁辐射等。[1]

·生命科学

生命科学评估的内容主要集中在学生对有机体的结构与功能的理解上，涵盖的一级主题包括细胞及其功能（4年级未涉及）、进化与变异、生态学。其中，"细胞及其功能"主题包括有机体的发育、繁殖，生命周期，有机体内系统的结构与功能，信息传递，有机体内能量的产生与转化，以及细胞之间的沟通。"进化与变异"主题包括生物的多样性、物种内的遗传变异、适应和自然选择理论。"生态学"主题包括种群、群落、生态系统等。[2]

（2）知道和实践科学

"知道和实践科学"涉及概念理解、科学探究和实践推理三个方面。"概念理解"包括学生在进行科学探究或实践推理时所吸纳的科学知识体系。科学知识体系涉及各种信息，包括：学生从科学学习和生活经验中学到的事实，科学家用来解释和预测自然世界的科学概念、原则、规律和理论，科学探究相关的程序性信息，关于科学的本质、科学史和科学哲学的命题，科学、技术和社会之间的各种相互作用。"科学探究"旨在评估学生的实验技能，包括认知和使用实验工具的技能、获取新发现的能力、设计适当的探究方案的能力以及表达交流探究结果的能力。"实践推理"旨在评价学

---

① NAGB. *Science Framework for the 1996 National Assessment of Educational Progress.* Washington, DC：National Assessment Governing Board，1995：18 – 19.

② NAGB. *Science Framework for the 1996 National Assessment of Educational Progress.* Washington, DC：National Assessment Governing Board，1995：19 – 20.

生在迁移的情境或真实世界中应用科学知识的能力以及对科学知识构建理解的能力。[1]

（3）两个首要领域

1996年科学测评框架还涉及描述科学的两个首要领域，即科学本质和科学主题。"科学本质"包括科学和技术的历史发展、科学家探究自然规律的思维习惯、探究和解决问题的方法。它还包括技术、设计的本质，科学发展的现实诉求，以及与社会其他因素之间的权衡或妥协。"科学主题"是贯穿各个科学学科领域的"重要思想"，引导学生能够考虑具有全球意义的问题。NAEP科学测评框架侧重于三个主题：系统（Systems）、模型（Models）和变化模式（Patterns of Change）。其中，"系统"具有整体论思想，一方面，学生应理解在自然中发生的可预测的、具有完整性和循环性的现象以及变化过程，应该明白系统亦是一种人设情境，用于表示或解释自然现象；另一方面，学生应该能够识别和定义系统边界，识别系统的组成要素及要素间的相互关系，并能够记录系统的输入和输出。"模型"是人们对自然界中事物及其发展的一种抽象、复杂的表达方式。因此，模型具有高度的抽象性、简化性，并且通常具有对事物发展的预测能力。为了实现同行之间的畅通交流，模型还需具有普适性。学生不仅要理解模型的优点，还需要能够将模型与原型进行区分，理解科学模型的假设性和局限性。"变化模式"涉及学生对事物之间相似性和差异性的认识，并认识到事物随时间的变化模式。此外，学生应该熟知常见类型的事物变化模式，并能够在理解熟悉的变化模式的基础上，对新情境下的事物变化模式进行探析和解释。[2]

（二）2009年的科学测评框架

2009年的科学测评框架是包括美国科学家、科学教育工作者、政策制定者和评估专家在内的数百人耗时18个月、经过不懈地努力制定的。在制

---

[1] NAGB. *NAEP 1996 SCIENCE Report Card for the Nation and the States*. Washington，DC：National Assessment Governing Board，1997：72.

[2] NAGB. *Science Framework for the 1996 National Assessment of Educational Progress*. Washington，DC：National Assessment Governing Board，1995：11 – 28.

定过程中，NAGB 还聘请了外部审查小组来评估框架草案，并多次召开公开听证会，以便在开发过程中收集更多意见。2009 年的科学测评框架呈现了一个全新的科学素质评估模式。

1. 制定的背景

距离 1996 年集中探讨科学测评框架已有 8 年之久，美国科学教育的政策、标准、课程、技术等各方面在这 8 年内已发生了"翻天覆地"的变化。第一，1996 年《国家科学教育标准》（*National Science Education Standards*）和 1993 年《科学素养的基准》（*Benchmarks for Scientific Literacy*）两份国家引领性文件出台后，美国对科学教育进行了彻底改革，不仅体现在课程的编排、教学设计的变革上，更表现在教学评价的改进上。NAEP 科学测评必须改变以往的测评框架，依据这两份国家引领性文件重新进行测评框架的制定。第二，物理科学、生命科学、地理科学等领域中不断有新突破，使得科学教育课程内容不断涌入新的知识，最终导致以往的测评内容处于落后的局面，无法与时俱进地测评学生的新知识、新能力。所以，NAEP 科学测评必须改进以往的测评框架，重新依据科学教育的课程体系制定测评的内容。第三，学生认知研究领域具有新发现。例如，关于"学生如何随着时间的推移学习越来越复杂的材料"的相关研究有新的见解，[①] 这为 NAEP 科学测评的变革带来了理论指导，有助于更加有效、更加专业地测评出不同层次学生的素质。第四，科学素质国际评估题目，如 TIMSS、PISA 等，为各国科学素质测评的开展提供了强有力的理论指导和技术支持。因此，NAEP 为了紧跟时代的发展，必须借鉴这些经验改进测评体系。第五，国内《不让一个孩子掉队》法案的出台，进一步规范了 NAEP 测评的类型和内容；并且评估技术的进一步成熟，有力地推动了 NAEP 测评工具的革新，例如 NAEP 将计算机技术引入测

---

① J. D. Bransford, A. L. Brown, and R. R. Cocking, eds. Commission on Behavioral and Social Sciences and Education, Committee on Developments in the Science of Learning. National Research Council. *How People Learn*: *Brain*, *Mind*, *Experience*, *and School*. Washington, DC: National Academy Press, 1999.

评手段中。① 第六，在测评样本的选择中，以往排除了部分特殊群体，如残疾学生、英语语言学习者 ［被确定为 "英语语言学习者"（English Language Learner）的学生可以参加语言帮扶计划，以帮助他们达到英语熟练程度，从而消除语言理解障碍，促进他们有效学习课程内容②］，但在全国倡导教育平等的环境下，要求 NAEP 将特殊群体纳入测评样本中。所以，NAEP 必须完善测评框架以适用于特殊群体学生的作答。③ 综上所述，无论是从跟进时代发展的角度，还是从满足国家要求、人们诉求的角度，NAEP 科学测评框架的改革势在必行。

2. 制定的过程

任何测评框架都必须以测评目的为依据，严格按照 NAGB 的政策和程序进行制定。2004 年 9 月，NAGB 与首席国家学校官员委员会（Council of Chief State School Officers，CCSSO）、考试承包商 WestEd 签订合同，开启了2009 年的科学测评框架的研制工作。WestEd 和 CCSSO 与美国科学促进会（American Association for the Advancement of Science，AAAS）、国家科学监督委员会（Council of State Science Supervisors，CSSS）、国家科学教师协会（National Science Teachers Association，NSTA）联合组建了由指导委员会（Steering Committee）和规划委员会（Planning Committee）组成的双层委员会，双层委员会全权负责科学测评框架的制定。

双层委员会的成员在职业、性别、种族、地区、专业等方面具有一定的差异性，能够为框架的制定提供独特的见解。指导委员会成员包括科学家、科学教育家、普通教育专家以及评估专家。指导委员会作为一个政策监督机

---

① J. Pellegrino, N. Chudowsky, and R. Glaser, eds. Division of Behavioral and Social Sciences and Education, Center for Education, Board on Testing and Assessment, Committee on the Foundations of Assessment. National Research Council. *Knowing What Students Know：The Science and Design of Educational Assessment.* Washington, DC：National Academy Press, 2001.

② National Center for Education Statistics. English language learners, https：//nces. ed. gov/ fastfacts/display. asp? id = 96.

③ NAGB. *Science Framework for the* 2009 *National Assessment of Educational Progress.* Washington, DC：National Assessment Governing Board, 2008：1 – 2.

构，明确了规划委员会在制定框架方面的责任，并在制定期间，定期审查框架草案，为规划委员会提供相关的反馈意见。规划委员会是负责起草框架、规范、背景变量的开发小组，该委员会由科学教师、地区和州科学人员、高等教育科学教育工作者、科学家和评估专家组成。规划委员会需要基于一些资源来开展制定工作，这些资源包括：①专门为 NAEP 项目反馈的建议文件；① ②2005 年 NAEP 数学测评框架和 1996 ~ 2005 年 NAEP 科学测评的框架和规范；③NAGB 和 NCES 编制的与 NAEP 相关的其他报告和文件；④国际科学素质评估的框架；⑤《国家科学教育标准》《科学素养的基准》等科学教育引领性文件；⑥双层委员会的成员和项目工作人员提供的研究论文和资料。

为了更好地吸取众人的智慧，2004 年 12 月至 2005 年 9 月，指导委员会举行了三次会议，规划委员会举行了六次会议，两个委员会共同举行了两次会议。会议上，成员分享彼此的观点，并就出现的问题进行探讨，科学地解决问题。此外，在正式工作会议期间，NAGB 成员和项目工作人员向两个委员会提供大众对框架制定的阶段性意见。

为了进一步地集思广益，获取双层委员会以外成员的建议，框架开发方还开展了一系列的外联工作，以征求对该框架草案版本的反馈意见。例如，2005 年春季起，CCSSO 和 CSSS 在全国各地举办了 13 次区域会议；开展了 CSSS 代表全国会议；通过 NSTA 网络对全国科学教师代表进行了调研；在乔治亚州亚特兰大举行了框架反馈论坛；等等。再如，NRC 科学教育委员会和科学学习委员会 K - 8 会议、NSTA 国家和地区公约会议、州评估和学生标准协作会议（State Collaborative on Assessment and Student Standards, SCASS）、教育信息管理咨询联盟会议（Education Information Management Advisory Consortium, EIMAC）等均涉及 NAEP 测评框架的讨论主题。此外，NAGB 还聘请了外部审查小组来评估框架草案，并多次召开公开听证会，以

---

① Champagne, A., K. Bergin, R. Bybee, R. Duschl, and J. Gallagher. *NAEP 2009 Science Framework Development: Issues and Recommendations. Paper prepared for the National Assessment Governing Board.* Washington, DC, 2004.

便在开发过程中收集更多意见。①

规划委员会依据获取的反馈意见对框架进行了修订，并得到指导委员会的最终批准。而后，双层委员会将框架、规范和相关产品提交至 NAGB。NAGB 于 2005 年 11 月 18 日一致通过了 2009 年的科学测评框架。

3. 维度设计

2009 年科学测评框架包括两个维度：其一是"科学内容"（Science Content），涵盖了地球与空间科学（2009 年科学测评框架用"地球与空间科学"替换了"地理科学"）、物理科学、生命科学；其二为"科学实践"（Science Practices），涉及辨别科学原理（Identifing Science Principles）、使用科学原理（Using Science Principles）、进行科学探究（Using Scientific Inquiry）、进行技术设计（Using Technological Design）四个要素。

（1）科学内容

NAEP 在科学内容上对学生的要求是：学生要掌握基本的科学观念；要意识到科学和技术是相互依存的，都有各自的优势和局限性；要熟悉自然界，认识其多样性和统一性；能够运用科学知识和科学思维方式来实现个人和社会目的。② 科学内容涵盖了地球与空间科学、物理科学、生命科学三个学科。

· 地球与空间科学

地球与空间科学考查的一级指标主要有：空间和时间中的地球、地球结构、地球系统。"空间和时间中的地球"包括两个二级指标：宇宙中的物体、地球的历史。"地球结构"包括两个二级指标：地球物质的性质、地球构造。"地球系统"包括三个二级指标：地球系统的能量、气候和天气、地球中的生化资源。③

"宇宙中的物体"主要考查学生对宇宙中各星球的认知，如太阳和月球

---

① NAGB. *Science Framework for the* 2009 *National Assessment of Educational Progress.* Washington，DC：National Assessment Governing Board，2008：3 - 6.

② 马健生、宋薇薇：《美国"国家教育进展评估"的特点与局限解析》，《外国教育研究》2014 年第 5 期。

③ NAGB. *Science Framework for the* 2009 *National Assessment of Educational Progress.* Washington，DC：National Assessment Governing Board，2008：50 - 63.

以及它们的运动模式。4 年级的测评题目考查学生通过观察太阳、月球在天空中的形状、位置的变化，对时间、季节的变化的认知。8 年级的测评题目考查学生对日历和时钟的认识，对月相、日食和季节变化等现象的解释。而且还考查学生对太阳系、地球在宇宙中的位置的认知，考查的核心概念有：太阳是太阳系的中心和最大的物体；太阳系包括地球和其他行星、卫星以及其他物体，如小行星和彗星；太阳系中的物体通过引力保持可预测的运动。12 年级的测评题目考查学生对"大爆炸"理论的认识，对恒星变化的解释。考查的核心概念有：在宇宙历史长河的早期，恒星由氢云和氦云聚结而成，并通过引力聚集在数十亿个星系中；当恒星温度达到足够高时，开始发生核反应，释放出能量，并伴随着物质的变化。

"地球的历史"主要考查学生对地球形成的识记，涉及地貌的形成、生命的诞生以及化石的价值。4 年级的测评题目考查学生对地形、地貌变化的类型的理解，考查的核心概念有地形、地貌随时间而变化：一些变化是缓慢的过程，如侵蚀和风化；而一些变化是快速的过程，如火山爆发、山体滑坡和地震等。8 年级的测评内容涉及地球形成的时间长度，以及化石作为直接证据的重要价值；考查的核心概念有：地震和火山爆发引起的变化可以在短时间的尺度上观察到，而许多地质过程，如山脉的形成和大陆的移动，都发生在数亿年间；地球和太阳系的其他物质是由 46 亿年前的星云和气体云形成的；化石可以直接证明地球地貌是如何变化的，通过观察岩石序列和使用化石来关联不同位置的序列等方法来测量地球地貌变化的时间轨迹。12 年级的测评内容涉及地球上生命的诞生，考查的核心概念有：早期地球的大气中没有生命，也没有氧气；单细胞生物（细菌）是地球上第一种生命形式，出现在大约 35 亿年前；这些细菌负责向地球大气中添加氧气，使更多种类的生命形态得以发展。

"地球物质的性质"主要考查学生对岩石、矿物质、土壤、水和空气等地球物质的认识。4 年级的测评题目考查学生对天然材料、人工材料的理解，考查的核心概念有：天然材料具有不同的特性，可维持植物和动物的生命；一些人工材料具有特殊性质，有助于人们解决生活生产问题，以提高生活质量。8 年级的测评内容涉及岩石、土壤、空气的组成成分，考查的核心概念有：土壤由风化的岩石和死亡的植物、动物和细菌分解的有机物质组成；土壤通常分层，每层都有不同的化学成分和质地；岩石层主要由火山爆发的熔岩逐渐沉积得到；空气是由氮气、氧气和微量气体组成的混合物；不同高度的大气层具有不同的物理和化学成分。

"地球构造"主要考查学生对地球的内部结构、板块运动以及地球磁场的理解。8 年级的测评内容包括：地球的内部结构分层为岩石圈、热对流地幔、致密的核心；地幔的运动会引起板块每年以厘米级的速度不断移动，导致地震、火山爆发等重大地质事件；地球磁场的性质及用途。12 年级的测评内容包括：大陆漂移的原理、地球磁场形成的原理。

"地球系统的能量"主要考查学生对太阳能源、地球内部能源的理解。4 年级的测评内容有：太阳使土地、空气和水变暖，并帮助植物生长。8 年级的测评内容包括：太阳是地球的主要能量来源，它驱动大气和海洋之间的对流，产生风、洋流和水循环；季节变化是由地球围绕太阳公转引起的。12 年级的测评内容包括：地球系统具有内部和外部能量来源，两者都产生热量，太阳是主要的外部能源，内部能量的两个主要来源是放射性同位素的衰变和来自地球原始地层的热能。

"气候和天气"主要考查学生对气候和天气的变化机制的理解。4 年级的测评内容有：天气和季节会发生变化；科学家能够使用工具记录和预测天气变化。8 年级的测评内容包括：全球大气运动模式影响当地的天气；海洋对气候变化具有重大影响，因为海洋中的水含有大量的热量。12 年级的测评内容包括：气候的变化取决于太阳在地球表面的能量转移，这种能量转移受到多方面动态因素的影响，如云层覆盖、大气气体、地球自转等，以及一些静态因素的影响，如山脉、海洋、湖泊的位置等。

"地球中的生化资源"主要考查学生对地球生化资源变化的理解以及资源保护的意识。4 年级的测评内容有：许多地球资源是有限的，如燃料、金属、淡水和土壤；人类会以有益或有害的方式改变环境；人类应保护地球资源。8 年级的测评内容包括：覆盖地球大部分表面的水在地壳、海洋和大气中循环；减少森林覆盖率、增加释放到大气中的化学物质的数量和种类会改变水循环；人类有害的行为会减少野生植物和动物的数量和种类，有时会导致物种灭绝。12年级的测评内容包括：碳循环、其他元素的循环；自然生态系统与人类行为之间的关系。

· 物理科学

物理科学考查的一级指标主要有：物质、能量、运动。"物质"包括两个二级指标：物质的性质、物质的变化。"能量"包括两个二级指标：能量的形式、能量的转移和能量守恒。"运动"包括两个二级指标：宏观水平上的运动、影响运动的力。[1]

"物质的性质"主要考查学生对物质的物理性质、化学性质的理解。4年级的测评内容包括：物质有两个基本属性——占用空间并具有惯性；只有给物体施加一个合适的力，物体的运动才会改变；物质存在于几种不同的物理状态中，如固体、液体和气体，每种状态都具有独特的属性；形状和可压缩性是区分固体、液体和气体的特性的重要依据；物质的微粒模型可用于解释和预测物质状态的特性，如水变成冰、水变成水蒸气等。8年级的测评内容是：在物质的微粒模型中，构成物质的分子或原子是处于运动状态的。12年级的测评内容是：分子或原子的运动类型包括平移、旋转和振动。

"物质的变化"主要考查学生对物质的物理变化、化学变化的认知。4年级的测评内容为：如果材料分子之间的关系发生变化，如从固体变为液体，或从液体变为气体，则该变化是物理变化。8年级的测评内容为：当物质发生物理变化时，通常组成物质的分子或原子的结构不会发生变化（硫除外）。12年级的测评内容为：如果元素中的电子数量发生改变，则物质变化是化学变化，原子本身变成同位素或不同元素。

"能量的形式"主要考查学生对能量的类型及用途的认知。4年级的测评内容为：生活中常见的能量类型。8年级的测评内容为：热、光、声、电

---

[1]　NAGB. *Science Framework for the 2009 National Assessment of Educational Progress*. Washington, DC: National Assessment Governing Board, 2008: 25 – 38.

和机械能的最基本特征以及能量之间的转化。

"能量的转移和能量守恒"主要考查学生对能量守恒的感性体验和理性认知。4年级的测评内容为：通过跟踪熟悉的能量形式来感性体验能量守恒的事实。例如，电池中的化学能通过电流传递到灯泡，灯泡又以热能和光能的形式将能量传递到周围环境，从而使存储在电池中的能量降低。8年级的测评内容为：运用能量守恒定律解释生活中的相关现象。12年级的测评内容为：化学反应的发生，或向周围环境释放能量，或从周围环境中吸收能量。

"宏观水平上的运动"主要考查学生对物质运动的类型，运动过程中速度、加速度等概念的理解。4年级的测评内容为：日常生活中可观察到的不同的物体运动；物质运动过程中的快慢变化。8年级的测评内容为：根据时间间隔和物体位置的变化来描述运动中物体的速度。12年级的测评内容为：位移、参照物、速度以及加速度等概念。

"影响运动的力"主要考查学生对物质运动变化原理、力与加速度之间关系的理解。4年级的测评内容为：物体的运动需要能量变化，而能量变化可以用力来解释，如棒球投手需要能量来投射球以改变球的运动，作用于物体的牵引力或者推力经常会导致物体运动的变化。8年级的测评内容为：一些力通过物理接触起作用，如推力、拉力、摩擦力等；而一些力则可以远距离起作用，如万有引力、磁力。12年级的测评内容为：物体的质量、力的大小和方向与物体运动的加速度之间存在定量的关系。

·生命科学

生命科学考查的一级指标主要有：生命系统的结构和功能、生命系统的变化。"生命系统的结构和功能"包括三个二级指标：组织和发育、物质和能量的转化、互相依赖性。"生命系统的变化"包括两个二级指标：遗传和繁殖、进化和多样性。[①]

---

① NAGB. *Science Framework for the* 2009 *National Assessment of Educational Progress*. Washington, DC: National Assessment Governing Board, 2008: 39 - 49.

"组织和发育"指标下的考查内容包括：动植物具有多种可观察的发育特征，它们能够从外界环境中获得营养物质并能够进行繁殖（4 年级水平）。细胞是生物体结构和功能的基本单位；生命系统的结构层次包括细胞、组织、器官、系统（植物无）、有机体、种群和群落、生态系统、生物圈（8 年级水平）。细胞中的生命活动由许多不同类型的生物分子完成，如蛋白质、核酸等；生命活动的完成需要良好的环境，包括细胞内环境和细胞外环境（12 年级水平）。

"物质和能量的转化"指标下的考查内容包括：所有单细胞生物和多细胞生物的生长和繁殖过程中，都具有相同的基本需求——水、空气、氧气、能量等（4 年级水平）。生物的生长和繁殖过程会涉及物质的运输和能量的转化，例如绿色植物的光合作用，在光照下将二氧化碳和水转化为有机物和氧气，释放能量；动植物的呼吸作用，将有机物氧化为水和二氧化碳，释放能量，支持其他生命活动（8 年级水平）。细胞、有机体和生态系统中的物质循环和能量流动具有化学反应基础（12 年级水平）。

"互相依赖性"指标下的考查内容包括：所有动物和大多数植物都依赖于其他生物及其环境来满足其基本需求（4 年级水平）。生物体之间以各种方式相互作用，如生产者－消费者、捕食者－猎物、寄生－宿主等，除了生物体之间的竞争外，种群的大小还取决于环境条件，如水、光、栖息地、食物等（8 年级水平）。生态系统通过自我调节能力，具有一定的稳定性，人类的行为可以对其产生影响（12 年级水平）。

"遗传和繁殖"指标下的考查内容包括：所有植物和动物（包括单细胞生物）都具有繁殖能力（4 年级水平）。无论是有性繁殖还是无性繁殖，都是物种生存的必要条件，生物的性状特征受到遗传和环境的双重影响（8 年级水平）。亲代与后代之间涉及 DNA 复制过程、转录过程以及翻译过程，基因、蛋白质以及环境之间的作用决定生物体的性状（12 年级水平）。

"进化和多样性"指标下的考查内容包括：所有生物都与其他生物具有一定的相似性和差异性，某些生物群体在特定环境中具有生存优势（4 年级水平）。种群中，不同生物之间的基因差异会影响它们的生存和繁殖能力

（8 年级水平）。基因突变、基因重组、染色体变异在生物进化中的作用和意义；现代生物进化理论的基本观点（12 年级水平）。

（2）科学实践

在科学实践维度，NAEP 科学测评分为 4 个要素，分别是：辨别科学原理、使用科学原理、进行科学探究以及进行技术设计。

·辨别科学原理

"辨别科学原理"侧重于考查学生识别、回忆、定义、关联物理科学、生命科学和地球与空间科学内容陈述中规定的基本科学原理的能力。具体能力指标包括：①描述、测量、分类观察。例如，描述物体的位置和运动，测量温度，将生物之间的关系分类为捕食关系、相互依存关系、竞争关系等。②准确说出科学原理。例如，当物质发生状态变化时，质量是守恒的；细胞是生物体结构和功能的基本单位；大气是由氮气、氧气和微量气体的混合物，包括水蒸气。③清晰地阐述科学原理之间的关系。例如，牛顿三个运动定律之间的关系；将能量转移与水循环联系起来。④呈现科学原理的不同表示方式之间的关系，如文字、符号、方程式等，以及呈现不同数据模式之间的关系，如表格、曲线图、模式图等。[1]

·使用科学原理

科学知识有助于人们理解自然世界。科学家一般都会使用已有的科学原理来解释现状，并预测未来的发展趋势。因此，NAEP 设置了"使用科学原理"能力测评维度，考查学生四个方面的能力：①在观察的基础上，运用科学原理解释现象。②基于因变量与自变量之间的量化关系，预测现象的变化趋势。③举例说明科学原理对生活现象的解释。例如，人与人之间性状的不同；对运动的物体施加一个力，物质的运动会改变；禁止近亲结婚等。④对事物未来变化的预测进行评价。[2]

---

① NAGB. *Science Framework for the* 2009 *National Assessment of Educational Progress*. Washington，DC：National Assessment Governing Board，2008：67 – 68.

② NAGB. *Science Framework for the* 2009 *National Assessment of Educational Progress*. Washington，DC：National Assessment Governing Board，2008：68 – 71.

· 进行科学探究

科学探究是一个复杂且耗时的过程，具有迭代性①，涉及相关数据的收集、逻辑推理的使用、探究实验的设计、数据信息的解释、观点的表达与交流等方面。除此之外，科学探究能力还包括批判性地阅读或聆听媒体的言论，对其进行科学评判。2009 年 NAEP 科学测评框架侧重于评价学生的以下科学探究能力：①理解"变量"的概念，如设计对照实验；②使用适当的工具和技术进行科学探究，如选择一定精度的测量仪器测量实验材料的长度、体积、重量、时间间隔、温度变化等；③识别数据中的表达模式，将模型与数据进行关联；④使用证据来验证或批评现有的解释。②

· 进行技术设计

《国家科学教育标准》将技术纳入科学教育中，并明确定义了技术及其与科学的关系：科学与技术同等重要，两者之间的最大区别是目标上的差异——科学的目标是理解自然世界，技术的目标是恰当地改造世界以满足人类的需求。NAEP 框架开发小组依据《国家科学教育标准》，增设了"进行技术设计"能力测评维度，旨在强调学生应用科学知识和技术手段来解决现实世界中的问题。"进行技术设计"的具体能力指标包括：①根据标准和科学原理，提出某一现有解决方案存在的问题；②权衡各方面因素，设计解决方案，并在备选方案中进行优化选择；③应用科学原理或数据来预测技术设计决策的影响。③

（三）科学测评框架的变化

较之于 1996 年 NAEP 科学测评框架，2009 年 NAEP 科学测评框架具有许多鲜明的变化，呈现了科学素质测评的新趋势。我们从框架的测评维度和测评题目两大模块对两个框架的差异性进行分析。

---

① 迭代是重复反馈过程的活动，其目的通常是逼近所需目标或结果。每一次对过程的重复称为一次"迭代"，而每一次迭代得到的结果会作为下一次迭代的初始值。

② NAGB. *Science Framework for the 2009 National Assessment of Educational Progress*. Washington, DC：National Assessment Governing Board，2008：72 – 75.

③ NAGB. *Science Framework for the 2009 National Assessment of Educational Progress*. Washington, DC：National Assessment Governing Board，2008：76 – 80.

在测评维度模块，主要从"科学内容"和"科学实践"两个方面进行比较。科学内容方面：第一，1996 年 NAEP 科学测评框架制定的依据中并未涉及科学教育标准；而 2009 年 NAEP 科学测评框架的制定主要依据了《国家科学教育标准》《科学素养的基准》等科学教育引领性文件，以及 TIMSS、PISA 等国际测评的经验。可见，2009 年 NAEP 科学测评框架的制定汲取了大量的前期研究成果，更具备科学性、规范性。第二，1996 年 NAEP 科学测评框架将科学内容领域划分为物理科学、生命科学、地理科学；而 2009 年 NAEP 科学测评框架将科学内容领域划分为物理科学、生命科学、地球与空间科学。"地理科学"转变至"地球与空间科学"（在后文测评分析中，本科目名称统一为地球与空间科学），并非仅仅表述层面的改变，而是扩充了与地理学相关的知识，如增加了地球的历史、地球构造、地球系统中的能量等主题。第三，1996 年 NAEP 科学测评框架中物理科学、生命科学和地理科学的考查比重在 4 年级和 12 年级大致相似，8 年级测评中生命科学的考查比例较高；而 2009 年 NAEP 科学测评框架中物理科学、生命科学、地球与空间科学的考查比重在 4 年级大致相似，8 年级测评中地球与空间科学的考查比例较高，12 年级测评中物理科学、生命科学的考查比例较高。第四，1996 年 NAEP 科学测评框架中科学内容主要以短语的形式进行表述；而 2009 年 NAEP 科学测评框架中科学内容主要以"子主题组织的表格"形式进行表述，并且阐明了该主题在各个年级的考查内容。例如，"遗传和繁殖"指标下的考查内容包括：所有植物和动物（包括单细胞生物）都具有繁殖能力（4 年级水平）。无论是有性繁殖还是无性繁殖，都是物种生存的必要条件，生物的性状特征受到遗传和环境的双重影响（8 年级水平）。亲代与后代之间涉及 DNA 复制过程、转录过程以及翻译过程，基因、蛋白质以及环境之间的作用决定生物体的性状（12 年级水平）。第五，1996 年 NAEP 科学测评框架设计了对科学本质、科学主题（系统、模型和变化模式）的显性考查；而 2009 年 NAEP 科学测评框架并未显性涉及。第六，2009 年 NAEP 科学测评框架设计了对物理科学、生命科学和地球与空间科学之间的交叉概念的显性考查；而 1996 年 NAEP 科学测评框架并未显性涉及（见表 1 - 1）。

**表 1－1　1996 年、2009 年 NAEP 科学测评框架中科学内容方面的差异性比较**

| 领域 | 1996 年 NAEP 科学测评框架 | 2009 年 NAEP 科学测评框架 |
|---|---|---|
| 制定依据 | 未涉及科学教育标准 | 主要依据科学教育引领性文件，以及 TIMSS、PISA 等经验 |
| 内容划分 | 科学内容领域划分为物理科学、生命科学和地理科学 | 科学内容领域划分为物理科学、生命科学和地球与空间科学 |
| 考查比例 | 物理科学、生命科学和地理科学的考查比重在 4 年级和 12 年级大致相似，8 年级测评中生命科学的考查比例较高 | 物理科学、生命科学和地球与空间科学的考查比重在 4 年级大致相似，8 年级测评中地球与空间科学的考查比例较高，12 年级测评中物理科学、生命科学的考查比例较高 |
| 表述形式 | 科学内容主要以短语的形式进行表述 | 科学内容主要以"子主题组织的表格"的形式进行表述，并且阐明了该主题在各个年级层面的考查内容 |
| 考查范围 | a. 框架设计了三个科学主题：系统、模型和变化模式<br>b. 未涉及<br>c. 框架设计了有关科学本质的问题 | a. 未涉及<br>b. 框架设计了物理科学、生命科学和地球与空间科学之间的交叉概念<br>c. 未涉及 |

　　科学实践方面：第一，1996 年 NAEP 科学测评框架以"知道和实践科学"为表述形式，包括概念理解、科学探究和实践推理三个维度；而 2009 年 NAEP 科学测评框架以"科学实践"为表述形式，包括辨别科学原理、使用科学原理、进行科学探究、进行技术设计四个维度。由此可见，2009 年 NAEP 科学测评框架中科学实践方面测评的维度更加精细，并且将技术领域的知识、能力纳入测评范围内，对学生科学素质考查得更加全面。第二，2009 年 NAEP 科学测评框架将学生的科学本质观纳入了能力范围；而 1996 年 NAEP 科学测评框架对学生科学本质观的评价还停留在知识内容范围。第三，1996 年 NAEP 科学测评框架中科学实践的评估主要基于开发方的经验；而 2009 年 NAEP 科学测评框架中科学实践的评估主要基于前期大量的关于学生学习的研究成果，如学生认知研究领域的新发现。第四，1996 年 NAEP 科学测评框架中 45% 的评估题目涉及概念理解；而 2009 年 NAEP 科学测评框架中 60% 的评估题目涉及概念理解。可见，NAEP 越来越重视学生对概念理解的考查，越来越降低对科学事实的考查。第五，2009 年 NAEP 科学测

评框架采取了"学习进阶"的理念，如针对某一主题，分年级设计测评内容；而 1996 年 NAEP 科学测评框架并未涉及（见表 1 – 2）。

表 1 – 2　1996 年、2009 年 NAEP 科学测评框架中科学实践方面的差异性比较

| 领域 | 1996 年 NAEP 科学测评框架 | 2009 年 NAEP 科学测评框架 |
|---|---|---|
| 表述方式 | 以"知道和实践科学"为表述形式,包括概念理解、科学探究和实践推理三个维度 | 以"科学实践"为表述形式,包括辨别科学原理、使用科学原理、进行科学探究、进行技术设计四个维度 |
| 考查范围 | a. 未涉及<br>b. 具有实践推理的项目 | a. 将学生的科学本质观纳入了能力范围的评价<br>b. 具有技术设计的项目 |
| 制定依据 | 基于开发方的经验 | 基于前期大量的关于学生学习的研究成果 |
| 概念理解考查比例 | 45% 的评估题目涉及概念理解 | 60% 的评估题目涉及概念理解 |
| 研发理念 | 未涉及 | 采取了"学习进阶"的研发理念 |

在测评题目模块：第一，1996 年 NAEP 科学测评框架并未要求测评题目设置情境；而 2009 年 NAEP 科学测评框架要求测评题目以科学史或者科学与技术之间的关系作为问题情境。可见，2009 年 NAEP 科学测评框架更加注重情境的创设，建议将学生引入与科技史相关的、与现实生活相关的情境中进行作答，从而测评出学生的真实科学素质。第二，1996 年 NAEP 科学测评框架建议测评形式包括纸笔测评和动手实践项目；而 2009 年 NAEP 科学测评框架建议测评形式包括纸笔测评、动手实践项目和交互式计算机任务。可见，随着测评技术的革新，NAEP 科学测评题目的类型也逐渐增多，有助于提升测评结果的客观性。第三，1996 年 NAEP 科学测评框架中并没有举例说明如何研发相关项目对科学内容和科学实践进行测评，也没有阐述实施测评的规范；而 2009 年 NAEP 科学测评框架以案例的形式详细说明了如何研发相关项目对科学内容和科学实践进行测评，也就实施测评的规范进行了详细的阐述。第四，2009 年 NAEP 科学测评框架详细阐述了评估残疾学生和英语语言学习者的指南；而 1996 年 NAEP 科学测评框架并未涉及。

第五，2009 年 NAEP 科学测评框架明确建议实施评估学生关于科学原理的前科学概念；而 1996 年 NAEP 科学测评框架并未涉及（见表 1 – 3）。

表 1 – 3　1996 年、2009 年 NAEP 科学测评框架中测评题目的差异性比较

| 领域 | 1996 年 NAEP 科学测评框架 | 2009 年 NAEP 科学测评框架 |
|---|---|---|
| 问题情境 | 未涉及 | 要求测评题目以科学史或者科学与技术之间的关系作为问题情境 |
| 评价形式 | 评价形式包括纸笔测评和动手实践项目 | 评价形式包括纸笔测评、动手实践项目和交互式计算机任务 |
| 试题研发 | 没有举例说明如何研发相关项目对科学内容和科学实践进行测评，也没有阐述实施测评的规范 | 以案例的形式详细说明了如何研发相关项目对科学内容和科学实践进行测评，也就实施测评的规范进行了详细的阐述 |
| 测评样本 | 未涉及 | 详细阐述了评估残疾学生和英语语言学习者的指南 |
| 考查范围 | 未涉及 | 明确建议评估学生关于科学原理的前科学概念 |

## 二　科学素质测评内容比例

（一）1996年科学测评框架规定的测评内容比例

1996 年科学测评框架对各个维度的考查比例进行了说明，为测评工具的研制绘制了蓝图。科学知识领域涵盖地理科学、物理科学、生命科学三个学科，4、8、12 年级的科学素质测评题目均涉及这三个领域。在 4 年级科学素质测评中，地理科学、物理科学、生命科学的考查比例分别为 33%、34%、33%；在 8 年级科学素质测评中，地理科学、物理科学、生命科学的考查比例分别为 30%、30%、40%；在 12 年级科学素质测评中，地理科学、物理科学、生命科学的考查比例分别为 33%、33%、34%（见表 1 – 4）。[①]　由此可见，4 年级和 12 年级的科学素质测评中，三个学科的考查比例相近；8 年级

① NAGB. *NAEP 1996 SCIENCE Report Card for the Nation and the States.* Washington, DC: National Assessment Governing Board, 1997: 74.

的科学素质测评中，生命科学考查比重较高。在测评中，随着年级的升高，生命科学越来越受到重视。

表1-4　地理科学、物理科学和生命科学的评估比重

单位：%

| 年级 | 地理科学 | 物理科学 | 生命科学 |
|------|---------|---------|---------|
| 4 年级 | 33 | 34 | 33 |
| 8 年级 | 30 | 30 | 40 |
| 12 年级 | 33 | 33 | 34 |

"知道和实践科学"涉及概念理解、科学探究和实践推理三个维度，4、8、12年级的科学素质测评题目均涉及这三个维度。在4年级科学素质测评中，概念理解、科学探究和实践推理的考查比例分别为45%、38%、17%；在8年级科学素质测评中，概念理解、科学探究和实践推理的考查比例分别为45%、29%、26%；在12年级科学素质测评中，概念理解、科学探究和实践推理的考查比例分别为44%、28%、28%（见表1-5）。[①] 由此可见，4、8、12年级的科学素质测评中，"概念理解"的考查比例相近；"科学探究"随着年级的升高，在测评中的比重逐渐降低；"实践推理"随着年级的升高，在测评中的比重逐渐升高。可以看出，随着年级的升高，学生的科学推理能力越来越受到重视。

表1-5　概念理解、科学探究和实践推理的评估比重

单位：%

| 年级 | 概念理解 | 科学探究 | 实践推理 |
|------|---------|---------|---------|
| 4 年级 | 45 | 38 | 17 |
| 8 年级 | 45 | 29 | 26 |
| 12 年级 | 44 | 28 | 28 |

---

①　NAGB. *NAEP 1996 SCIENCE Report Card for the Nation and the States*. Washington，DC：National Assessment Governing Board，1997：74.

1996 年科学测评框架还涉及描述科学的两个首要领域，即科学本质和科学主题。"科学本质"在 4、8、12 年级的科学素质测评题目中均有涉及，在 4 年级科学素质测评中的考查比例为 19%；在 8 年级科学素质测评中的考查比例为 21%；在 12 年级科学素质测评中的考查比例为 31%（见表 1 - 6）。① 随着年级的升高，"科学本质"在测评中的考查比重越来越高，表明高年级阶段的科学教育更加重视学生科学本质观的形成，以帮助学生更好地理解"科学是什么"。

表 1 - 6　科学本质的评估比重

单位：%

| 年级 | 科学本质 |
| --- | --- |
| 4 年级 | 19 |
| 8 年级 | 21 |
| 12 年级 | 31 |

"科学主题"在 4、8、12 年级的科学素质测评题目中同样均有涉及。其中，在 4 年级科学素质测评中的考查比例为 53%；在 8 年级科学素质测评中的考查比例为 49%；在 12 年级科学素质测评中的考查比例为 55%（见表 1 - 7）。② 在 4、12 年级的科学素质测评中，"科学主题"的考查比重较高；

表 1 - 7　科学主题的评估比重

单位：%

| 年级 | 科学主题 |
| --- | --- |
| 4 年级 | 53 |
| 8 年级 | 49 |
| 12 年级 | 55 |

---

① NAGB. *NAEP 1996 SCIENCE Report Card for the Nation and the States*. Washington, DC: National Assessment Governing Board, 1997：75.

② NAGB. *NAEP 1996 SCIENCE Report Card for the Nation and the States*. Washington, DC: National Assessment Governing Board, 1997：75.

在 8 年级的测评中，"科学主题"的考查比重稍低。从每年级的整体测评题目来看，"科学主题"的考察比重非常高，基本已达到"半壁江山"。由此推断，系统、模型和变化模式等科学主题涵盖的科学知识与思维是学生科学素质的重要组成部分，有助于学生更好地理解科学、运用科学、反思科学。

（二）2009 年科学测评框架规定的测评内容比例

在 4 年级科学素质测评中，地球与空间科学、物理科学、生命科学的考查比例分别为 33.3%、33.3%、33.3%；在 8 年级测评中，地球与空间科学、物理科学、生命科学的考查比例分别为 40.0%、30.0%、30.0%；在 12 年级测评中，三个学科的考查比例分别为 25.0%、37.5%、37.5%（见表 1-8）。其中，4 年级生命科学、物理科学、地球与空间科学三个领域各占三分之一，三部分保持均衡；8 年级地球与空间科学占 40.0%，而生命科学、物理科学所占比例均为 30.0%，可见 2009 年 NAEP 科学测评框架在 8 年级着重强调地球与空间科学，注重学生对宇宙、地球的认知；12 年级生命科学、物理科学所占比例均上升到 37.5%，而地球与空间科学的比例下降到 25.0%。综上而言，每个学习阶段对科学知识领域的侧重点不同。

表 1-8　2009 年 NAEP 科学测评框架科学内容领域构成比例

单位：%

| 年级 | 内容领域 | 所占比例 |
| --- | --- | --- |
| 4 年级 | 生命科学 | 33.3 |
| | 物理科学 | 33.3 |
| | 地球与空间科学 | 33.3 |
| 8 年级 | 生命科学 | 30.0 |
| | 物理科学 | 30.0 |
| | 地球与空间科学 | 40.0 |
| 12 年级 | 生命科学 | 37.5 |
| | 物理科学 | 37.5 |
| | 地球与空间科学 | 25.0 |

"科学实践"涉及辨别科学原理、使用科学原理、进行科学探究、进行技术设计四个维度，4、8、12 年级的科学素质测评题目均涉及这四个维度。

在 4 年级科学素质测评中，辨别科学原理、使用科学原理、进行科学探究、进行技术设计的考查比例分别为 30%、30%、30%、10%；在 8 年级测评中，辨别科学原理、使用科学原理、进行科学探究、进行技术设计的考查比例分别为 25%、35%、30%、10%；在 12 年级测评中，其考查比例分别为 20%、40%、30%、10%（见表 1－9）。可见，低年级学生学习并养成辨别科学原理的能力在课程中是最为重要的，这意味着低年级学生应牢固地、扎实地构建科学原理，夯实知识基础。随着年级的升高，学生使用科学原理的要求也越来越高，面临即将进入高校深造或者进入社会谋求职业，学生应能够将所学知识灵活运用，解决生活中遇到的问题。

表 1－9　2009 年 NAEP 科学测评框架科学实践维度在各个年级测评中的比例

单位：%

| 维度 | 年级 | 比例 |
| --- | --- | --- |
| 辨别科学原理 | 4 年级 | 30 |
| | 8 年级 | 25 |
| | 12 年级 | 20 |
| 使用科学原理 | 4 年级 | 30 |
| | 8 年级 | 35 |
| | 12 年级 | 40 |
| 进行科学探究 | 4 年级 | 30 |
| | 8 年级 | 30 |
| | 12 年级 | 30 |
| 进行技术设计 | 4 年级 | 10 |
| | 8 年级 | 10 |
| | 12 年级 | 10 |

## 三　科学素质测评的试题及评分

NAEP 之所以具有相当的权威和信誉，与其科学的试题研制技术和流程密不可分，同时与其严谨的评分体系也有很大的关系。NAEP 测评试题的研制具有依据；题型多样而且具有创新；评分标准客观，评分方案科学。

（一）研制依据

在对科学教育引领性文件充分研究的基础上，NAEP 科学素质测评框架应运而生，其中"科学内容"和"科学实践"两个维度不可分割，不可被单独评价。只有将二者结合起来，形成学生的"表现预期"（Performance Expectations），才会为试题的研制提供测评内容和能力标准。[①] 可见，NAEP 科学测评试题的研制依据为"表现预期"。因此，在研制试题前，NAEP 开发了一系列的学生"表现预期"（见表 1–10），然后据此编制相应的试题，以试题为抓手，对学生提出相应的认知要求并引发学生特定的行为表现，以此来推断和评价学生的科学素质。

**表 1–10 "科学内容"与"科学实践"结合产生学生"表现预期"**

| 科学实践 | 科学内容 | | |
|---|---|---|---|
| | 物理科学 | 生命科学 | 地球与空间科学 |
| 辨别科学原理 | 表现预期 a | 表现预期 b | 表现预期 c |
| 使用科学原理 | 表现预期 d | 表现预期 e | 表现预期 f |
| 进行科学探究 | 表现预期 g | 表现预期 h | 表现预期 i |
| 进行技术设计 | 表现预期 j | 表现预期 k | 表现预期 l |

如 8 年级学生"表现预期"的研制示例中，"物理科学"与"辨别科学原理"结合，形成的学生表现预期为：确定可以用于测量蚂蚁速度和飞机速度的单位。"生命科学"与"辨别科学原理"结合，形成的学生表现预期为：确定植物用于制造糖的原料。"地球与空间科学"与"辨别科学原理"结合，形成的学生表现预期为：将风识别为从较高压力区域到较低压力区域的空气运动。"物理科学"与"使用科学原理"结合，形成的学生表现预期为：物体（如玩具车）沿着直线以恒定速度移动，合理地预测当物体下坡时，该物体的速度可能会发生什么。"生命科学"与"使用科学原理"结合，形成的学生表现预期为：解释为什么糖主要沿着植物的茎

---

① NAGB. *Science Framework for the* 2009 *National Assessment of Educational Progress.* Washington，DC：National Assessment Governing Board，2008：12.

干向下移动（如马铃薯、胡萝卜）。"地球与空间科学"与"使用科学原理"结合，形成的学生表现预期为：解释为什么山地土壤通常比平原土壤贫瘠。"物理科学"与"进行科学探究"结合，形成的学生表现预期为：设计一个实验来确定电动玩具车的速度如何随着质量的增加而变化。"生命科学"与"进行科学探究"结合，形成的学生表现预期为：能够评价在不合理的假设和推理下对各种食物的消费带来的结果。"地球与空间科学"与"进行科学探究"结合，形成的学生表现预期为：根据五个城市的太阳辐射年度趋势数据（按月索引），确定该地区位于北半球还是南半球。"物理科学"与"进行技术设计"结合，形成的学生表现预期为：评估列举的汽车设计，以确定哪一个最有可能在下山时保持恒定速度。"生命科学"与"进行技术设计"结合，形成的学生表现预期为：确定农业肥料流入湖泊可能产生的生态副作用。"地球与空间科学"与"进行技术设计"结合，形成的学生表现预期为：描述由侵蚀等原因造成的公路路口的斜坡陡峭化的后果（见表1-11）。[①]

表1-11　8年级学生"表现预期"的研制示例

| 科学实践 | 科学内容 | | |
| --- | --- | --- | --- |
| | 物理科学 | 生命科学 | 地球与空间科学 |
| 辨别科学原理 | 确定可以用于测量蚂蚁速度和飞机速度的单位 | 确定植物用于制造糖的原料 | 将风识别为从较高压力区域到较低压力区域的空气运动 |
| 使用科学原理 | 物体（如玩具车）沿着直线以恒定速度移动，合理地预测当物体下坡时，该物体的速度可能会发生什么 | 解释为什么糖主要沿着植物的茎干向下移动（如马铃薯、胡萝卜） | 解释为什么山地土壤通常比平原土壤贫瘠 |

---

① NAGB. *Science Framework for the* 2009 *National Assessment of Educational Progress.* Washington, DC：National Assessment Governing Board，2008：83.

续表

| 科学实践 | 科学内容 | | |
| --- | --- | --- | --- |
| | 物理科学 | 生命科学 | 地球与空间科学 |
| 进行科学探究 | 设计一个实验来确定电动玩具车的速度如何随着质量的增加而变化 | 能够评价在不合理的假设和推理下对各种食物的消费带来的结果 | 根据五个城市的太阳辐射年度趋势数据（按月索引），确定该地区位于北半球还是南半球 |
| 进行技术设计 | 评估列举的汽车设计，以确定哪一个最有可能在下山时保持恒定速度 | 确定农业肥料流入湖泊可能产生的生态副作用 | 描述由侵蚀等原因造成的公路路口的斜坡陡峭化的后果 |

（二）题型

NAEP 试题的题型分为多项选择题（Multiple Choice，MC）、简短构造问答题（Short Constructed Response，SCR）、扩展构造问答题（Extended Constructed Response，ECR）和新题型。试题难度分为简单、一般、困难三个级别。其中，多项选择题要求学生从一组给定的选项中选择他们认为在科学上最合理的答案，考查学生对概念的理解，以及按照科学方式对多个科学概念的联系能力。[①]

**示例：**

例 1 是一道地球与空间科学领域的选择题，考查学生"辨别科学原理"的科学素质，难度等级为一般。

例 1　（2011 年 8 年级测评试题）水分蒸发之后通过雨或雪又落回地面。驱动这个循环的主要能源是什么？

A. 风　　　　　B. 太阳　　　　　C. 气压　　　　　D. 洋流

例 2 是一道物理科学领域的选择题，考查学生"使用科学原理"方面的科学素质，难度等级为简单。

---

① NAGB. *Science Framework for the* 2009 *National Assessment of Educational Progress.* Washington, DC：National Assessment Governing Board，2008：99.

例 2 （2009 年 8 年级测评试题）冬天，池塘的水冻住了，凯莉在冰冻的湖面上滑行，她不小心踢了一个小石子，小石子滑动了几秒钟后，停了下来。是什么导致小石子滑行变慢并停止的？

A. 冰的厚度 　　　　　　　　　B. 湖面以上的空气

C. 冰与小石子之间的摩擦力 　　D. 冰与小石子之间的重力

例 3 是一道生命科学领域的选择题，考查学生"概念理解"的科学素质，难度等级为困难。

例 3 （2005 年 8 年级测评试题）下列哪个是基因工程的案例？

A. 从一个细胞生长发育成一个植物

B. 获取一个植物的 DNA 碱基序列

C. 将目的基因导入植物中，使其具有抗虫性

D. 将一种植物的枝条嫁接到另一种植物的茎干中

构造式的问答题要求学生们通过基于已有的知识"生成"或"构造"一个问题解决的方案。解决的方案可以是一个单词、一个简短的回答、一篇论文的解释、科学调查的总结，也可以是对计算机模拟情境下的反应行为。构造式的问答题包括简短构造问答题和扩展构造问答题，简短构造问答题除了常见的简答题外，还包括概念图任务，要求学生使用箭头将 6 ~ 8 个相关的术语连接起来形成概念图，每个箭头上学生需要简单标明术语之间的关系。概念图任务评测能直接反映学生对所学概念的理解的正确性。扩展构造问答题会创设一定的科学情境，但其科学情境相对复杂，一般涉及多个科学原理与规律，问题设置由若干小问题组成。[①]

**示例：**

例 4 是一道物理科学领域的简答题，考查学生"使用科学原理"的科学素质，难度等级为一般。

例 4 （2009 年 4 年级测评试题）一名学生将相同体积的水倒入两个

---

① NAGB. *Science Framework for the* 2009 *National Assessment of Educational Progress*. Washington，DC：National Assessment Governing Board，2008：100 – 103.

相同的杯子中（A 和 B）。他把一个杯子放在冰箱里，另一个杯子放在温暖的房间里。期间没有任何人去触碰两个杯子。下图显示了两天后两个杯子中剩余的水量。哪个杯子是放在冰箱里的？解释你的答案。

例 5 是一道地球与空间科学领域的概念图题，考查学生"辨别科学原理"的科学素质，难度等级为困难。

例 5　（2009 年 4 年级测评试题）请在箭头上写出连接词，明确与水循环相关的术语之间的关系。

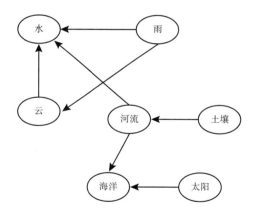

例 6 是一道物理科学领域的扩展构造问答题，考查学生"使用科学原理"的科学素质，难度等级为一般。

例 6　（2009 年 12 年级测评试题）一名学生在窗台上放了两个相同的烧杯。一个烧杯中倒入 80 毫升（mL）的液体 A，而另一个烧杯倒入 80 毫升的液体 B。学生离开后，烧杯没有受到干扰。三天后，两个烧杯都含有较少的液体，液体 B 比液体 A 少。下图显示了实验开始时和三天后每个烧杯中的液体体积。

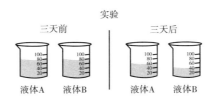

请问，三天后为什么两个烧杯中的液体都减少了？

哪种液体的沸点较低？请解释你的选择。通过参考实验结果并通过比较液体 A 中分子之间的吸引力和液体 B 中分子之间的吸引力来支持你的答案。

NAEP 从 2009 年的评估开始引入新题型，包括项目集群（Item Clusters）、"预测 – 观察 – 解释"任务（Predict – Observe – Explain Item Sets，简称 POE 任务）、操作性任务（Hands – on Performance Tasks）和计算机交互任务（Interactive Computer Tasks）。项目集群类试题中，两个或更多项目集中测评同一个重要的观念或"心理模型"。这些项目挖掘了学生使用科学原理的科学素质和"知道为什么"的认知需求。项目集群试题有助于评估学生对特定关键科学原理的理解。[①]

例 7 为项目集群试题，探讨高中生在天文学中的心理模型（括号中的数字是每个选项学生选择的人数百分比）。

例 7 （1）白天和黑夜产生的原因是什么？

　　　　A. 地球在地轴上旋转（66%）

　　　　B. 地球围绕太阳移动（26%）

　　　　C. 云阻挡了太阳的照射（0%）

　　　　D. 太阳的阴影盖住地球（3%）

　　　　E. 太阳围绕地球移动（4%）

① NAGB. *Science Framework for the* 2009 *National Assessment of Educational Progress.* Washington，DC：National Assessment Governing Board，2008：104.

（2）夏季比冬季炎热的主要原因是什么？

    A. 地球与太阳的距离发生了变化（45%）

    B. 夏天太阳在天空的位置更高（12%）

    C. 北半球与太阳之间的距离发生了变化（36%）

    D. 洋流向北方带走温水（3%）

    E. 温室气体增加（3%）

POE 任务采用预测－观察－解释模型，要求学生在 POE 的过程中解决探究性问题，具体要求如下：描述一种情况；预测将要发生的事情；提供对看似异常现象的解释。POE 任务倾向于考查学生使用科学原理的素质和"知道为什么"的认知需求。例 8 为 POE 任务试题，考查学生基于浮力心智模型对特定物质变化的预测。①

例 8　将物质 A 切割成两个不相等的部分。B 部分是物质 A 的三分之二，C 部分是物质 A 的三分之一。物质 A 会沉入水中。请问，B 和 C 放入水中会发生什么？

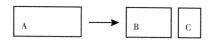

A. B 会下沉、C 会浮起    B. B 和 C 都会浮起

C. B 会浮起、C 会下沉    D. B 和 C 都会下沉

操作性任务要求学生独立根据问题和提供的实验设备、材料，对具体问题进行分析，自己设计实验，通过实物的实验操作和结果分析来解决问题，学生的得分根据任务的结果和解决过程两个方面来综合评判。例 9 为操作性任务试题，要求学生通过使用电池、灯泡和导线完成电路来识别六个盒子（A ~ F）中的材料。这项任务需要学生了解串联电路，并理解解决问题的思维程序。②

---

①　NAGB. *Science Framework for the* 2009 *National Assessment of Educational Progress*. Washington, DC：National Assessment Governing Board，2008：105.

②　NAGB. *Science Framework for the* 2009 *National Assessment of Educational Progress*. Washington, DC：National Assessment Governing Board，2008：106 – 107.

例9　请通过使用电池、灯泡和导线完成电路来识别六个盒子（A～F）中的材料，并记录、解释每一个方案。

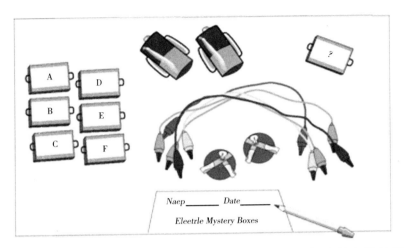

计算机交互任务则要求学生操作计算机，在计算机创造的虚拟情境下根据计算机的显示逐步完成任务，主要有四种类型的任务：①信息搜索和分析；②实验探究；③模拟实验；④概念图。①

（三）评分标准

公共法 107－279（*Public Law* 107－279）规定，NAGB 有义务确定 NAEP 评估的主题领域中每个年级的学生应达到的适当成就目标。为履行此法定职责，NAGB 于 1989 年通过了一项成就水平政策（1993 年修订）。该政策确立了三个级别的成就水平：基本、熟练和高级。② 其中，"基本"表示学生对部分必备知识和技能的掌握。"熟练"代表学生的稳定学术表现，达到这一水平的学生已经具备应对挑战性主题的能力，包括理解主题知识、将主题知识应用于生活实际，以及对主题涉及的技能进行分析。"高级"表示学生的卓越表现。2009 年 NAEP 科学评估总分设定为 300 分，依据学生的得分

---

① NAGB. *Science Framework for the* 2009 *National Assessment of Educational Progress*. Washington，DC：National Assessment Governing Board，2008：107－112.

② NAGB. *Science Framework for the* 2009 *National Assessment of Educational Progress*. Washington，DC：National Assessment Governing Board，2008：10.

情况将其分为基本、熟练和高级三个层次，每个年级的划定水平不同。

1.4 年级学生科学素质的等级划定

4 年级学生科学素质等级划定情况为：得分在 131～166 分为基本水平，得分在 167～223 分为熟练水平，得分在 224～300 分为高级水平。[①] 其中，对 4 年级达到基本水平的学生的科学素质描述为：①能够描述、测量和分类周围世界中熟悉的对象，以及能够解释和预测熟悉的变化过程。这些过程包括物质状态的变化、物体的运动、植物和动物的基本需求和生命周期、白天黑夜的变化以及天气的变化等。②能够批判简单的观察研究、表明熟悉的观察和测量技能。③针对某一简单的生活问题，能够基于科学知识和技术手段提出有效的替代解决方案。

对 4 年级达到熟练水平的学生的科学素质描述为：①能够正确理解密切相关的科学概念之间的关系，以及对事物变化进行合理的分析、解释和预测。②能够解释温度的变化，温度如何导致物体状态的变化，力量如何改变运动；如何帮助植物和动物满足其基本需求，环境变化如何影响生物的生长和发育；地形地貌如何形成，以及有限资源如何有效保护。③能够识别数据中的规律，并基于对数据的描述，科学地呈现这些规律。④能够识别和评价特定设计问题相关的替代方案。

对 4 年级达到高级水平的学生的科学素质描述为：①能够证明同一科学原理的不同表征之间的关系，并能够提出对现象的替代解释或预测。②能够使用数字、符号和图表来描述、解释物体的运动，分析环境条件如何影响植物和动物的生长和发育，描述一年中不同时间太阳在天空中的路径变化，并描述人类对地球物质的使用如何影响环境。③能够设计、使用抽样策略获取证据的研究。④能够提出自身对特定设计问题的解决方案，并能够基于证据与他人或其他团队讨论交流。

2.8 年级学生科学素质的等级划定

8 年级学生科学素质等级划定情况为：得分在 141～169 分为基本水平，

---

① NAGB. *Science Framework for the* 2009 *National Assessment of Educational Progress.* Washington，DC：National Assessment Governing Board，2008：129 – 130.

得分在 170～214 分为熟练水平，得分在 215～300 分为高级水平。[①]　其中，对 8 年级达到基本水平的学生的科学素质描述为：①能够陈述正确的科学原理，解释和预测从微观到宏观的自然现象。②能够描述材料的性质及材料的物理变化和化学变化，描述移动物体的势能和动能的变化，描述生命系统的组织水平——细胞、多细胞生物和生态系统，根据遗传性状鉴定相关生物，描述太阳系的模型，描述水循环的过程。③能够使用适当的工具来设计变量以开展实验研究。

对 8 年级达到熟练水平的学生的科学素质描述为：①能够证明相关学科之间科学原理的密切关系，能够确定化学变化的证据，使用位置时间图解释和预测物体的运动，解释细胞、生物和生态系统中的新陈代谢，解释生物的生长和繁殖，利用太阳、地球和月球的观测来解释天体的运动，并预测世界不同地区的地表水和地下水运动。②能够解释和预测多种自然现象，从微观到宏观、从局部到整体，并能够提出证明科学原理的观察实例。③能够使用调查证据接受、修改或拒绝已有的科学模型。

对 8 年级达到高级水平的学生的科学素质描述为：①能够发展科学原理的替代解释，使用周期表中的信息来比较元素族，解释能量流动状态的变化，通过多层次的生命系统追踪物质和能量的变化，通过自然选择和繁殖来预测种群的变化，利用岩石圈板块运动来解释地质现象，并确定区域天气与大气和海洋环流模式之间的关系。②能够设计和评价涉及抽样过程、数据质量审查过程和变量控制的探究活动。③能够基于科学与其他因素之间的权衡，提出并评价解决方案，以解决当地社区的问题。

3.12 年级学生科学素质的等级划定

12 年级学生科学素质等级划定情况为：得分在 142～178 分为基本水平，得分在 179～223 分为熟练水平，得分在 224～300 分为高级水平。[②]　其

① NAGB. *Science Framework for the* 2009 *National Assessment of Educational Progress*. Washington, DC：National Assessment Governing Board，2008：131-132.
② NAGB. *Science Framework for the* 2009 *National Assessment of Educational Progress*. Washington, DC：National Assessment Governing Board，2008：133-134.

中，对 12 年级达到基本水平的学生的科学素质描述为：①能够描述、测量、分类、解释和预测从原子、分子层面到宇宙层面的多种自然现象。这些现象包括原子和分子的结构，物理科学、地球与空间科学和生命科学系统中物质和能量的变化，物体的运动，DNA 的遗传作用，自然选择导致人口和生态系统的变化，地震和火山，天气和气候模式，以及地球上生化物质的循环。②能够设计和评价观察活动和实验研究活动，还能够提出并批判解决地方或区域问题的方案。

对 12 年级达到熟练水平的学生的科学素质描述为：①能够展示科学原理之间的关系并能够比较改进解释和预测的模型。②能够解释元素周期表中各元素之间的趋势，解释代谢、生长和繁殖的化学机制，自然选择导致的人口的变化，宇宙的演变，以及构造板块边界和运动的证据。③能够设计和批判观察活动和实验研究，控制多个变量，使用科学模型来解释结果，并根据证据选择其他结论。④能够结合地方或区域问题对替代解决方案的科学成本、风险和收益进行比较。

对 12 年级达到高级水平的学生的科学素质描述为：①能够使用替代模型来生成预测和解释。②能够解释物理变化、化学变化和核变化之间的差异，光的波长和粒子性质，明确生命系统的特定元素的路径，生态系统对外界干扰的反应，宇宙膨胀理论的证据，以及人类对地球生化物质循环影响的证据。③能够设计和批判将数据与其他现象模型联系起来的探究活动。④能够结合地方、区域、全球问题对替代解决方案的科学成本、风险和收益进行比较。

（四）主观试题的评分方案

NAEP 在长期的评分方案的修订中，借鉴 PISA、TIMSS 等权威测评题目的经验，引入了"双位题目编码评分"的评分方案，对学生的作答进行分层次计分。"双位题目编码评分"的原理为 SOLO 分类法，将学生的作答分层为 3 个层次，分别计满分、部分得分和零分。满分的要求是学生作答时能够联系多个事件，并进行抽象概括；部分得分是因为学生在对应作答时，只从单一事件出发得出结论，或尽管联系了多个孤立事件但未形成相关知识网络；得零分主要是因为学生对问题没有形成理解。"双位题目编码评分"的具体表述如下：将学生的回答分成不同的层次，同一层次内的回答又分为不同的类别，层次和类别用一个双位题目编码表示，如 30 和 31 是同一层次的两种类别，30 和 20 则属于不同层次的两个类别，30 比 20 所代表的学生回答水平要高一个层次。这种评分方案，可以有效降低阅卷员的主观漂移，提高阅卷的质量。①

例如，2009 年科学测评框架中列举的案例（例 10②、例 11③）详细介绍了"双位题目编码评分"的评分方案如何实施。

例 10　火灾过后，森林会毁坏，野生动物也会死亡或离开森林栖息地。然而，经过较为漫长的时期，森林将会重新形成。如下图所示，森林演替过程中，植物种类逐渐丰富，动物种类也逐渐丰富起来。表 1-12 展示了森林中野生动物的种类。

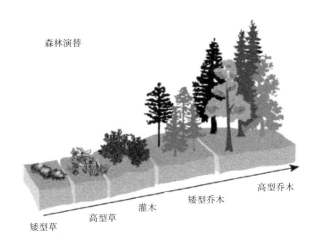

① 付雷、袁丫丫、罗星凯、赵光平：《科学探究类生物学开放题的编制与评分》，《中学生物学》2013 年第 4 期。

② NAGB. *Science Framework for the* 2009 *National Assessment of Educational Progress.* Washington，DC：National Assessment Governing Board，2008：139 - 141.

③ NAGB. *Science Framework for the* 2009 *National Assessment of Educational Progress.* Washington，DC：National Assessment Governing Board，2008：144 - 145.

表 1－12　森林中野生动物的种类

| 地面昆虫 | 蠕虫、甲虫 |
|---|---|
| 爬行动物和两栖动物 | 美洲蟾蜍、木蛙、蛇、东方箱龟 |
| 小动物 | 松鼠、花栗鼠 |
| 中型到大型动物 | 负鼠、浣熊、白尾鹿、黑熊 |
| 飞行动物 | 蝴蝶、飞蛾、蜜蜂、野火鸡、红尾鹰、秃鹰 |

一家电力公司拥有被火烧毁的森林的一部分使用权。森林可能需要数十年才能自行重新形成。该公司的环境研究部门建议种植新树以帮助森林重新形成。

使用试题给定的信息：

（1）解释种植树木如何使自然生态系统受益；（1分）

（2）解释种植树木如何损害自然生态系统。（1分）

例 10 的评分标准为：

| 代码 | 回答 | 题号：例 10 |
|---|---|---|
| | 正确回答(2 分) | |
| 20 | 回答表明学生可以分析人类社会如何利用自然资源影响生活质量和生态系统健康。具体而言，学生既合理地解释了种植树木如何可以使自然生态系统受益，又合理解释了种植树木如何损害自然生态系统。<br>学生作答的示例：<br>(1)种植树木的好处包括但不限于：<br>　·为动物提供栖息地；<br>　·提供遮篷,有助于防止土壤侵蚀；<br>　·创建根系,将土壤固定到位；<br>　·创造遮荫,有助于维持阳光水平并抑制非本地植物物种的引入。<br>(2)种植树木的危害包括但不限于：<br>　·破坏重新进入森林的动物的自然流动；<br>　·抑制其他植物的生长；<br>　·减少森林中生长的树种的多样性；<br>　·将外来物种引入一个可能影响本地物种的地区 | |

续表

| 代码 | 回答 | 题号:例 10 |
|---|---|---|
| | **部分正确回答(1分)** | |
| 10 | 回答表明学生可以部分分析人类社会如何利用自然资源影响生态系统的健康。<br>学生解释了种植树木有益于环境的一种合理方式。<br>学生作答的示例:<br>·更多的植物和树木意味着释放更多的氧气,提供更好的隐蔽环境,为森林中的动物提供更多的食物 | |
| 11 | 学生解释了种植树木可能对环境造成危害的一种合理方式。<br>学生作答的示例:<br>·一场非常大的风暴过后,树木落在房屋上,破坏人类的生存环境 | |
| | **错误回答(0分)** | |
| 70 | 回答表明学生几乎不能分析人类社会如何利用自然资源影响生活质量和生态系统健康。<br>·学生仅回答"有更多的树木",但没有合理解释种植树木可以使自然生态系统受益。<br>·学生回答了可能的伤害,如"一半的植物会死亡",但没有解释种植树木为什么可能对自然生态系统造成这种伤害 | |
| 79 | 其他错误回答(与主题不符,字迹无法辨认,答案擦除) | |
| | **没有回答(0分)** | |
| 99 | 空白 | |

例 11　在炎热潮湿的环境里，空气中会含有大量的水蒸气。当环境的温度突然变得很寒冷，空气中的水蒸气中会发生怎样的变化？

例 11 的评分标准为：

| 代码 | 回答 | 题号:例 11 |
|---|---|---|
| | **正确回答(满分)** | |
| 20 | 冷凝或冷冻(或等效回答)<br>学生作答的示例:<br>·水蒸气冻结了<br>·水蒸气缩合了<br>·水蒸气凝结成雨 | |

续表

| 代码 | 回答 | 题号：例11 |
|---|---|---|
| 21 | 提到云的形成或降水的形式（例如，雨、雪、雾等）。<br>学生作答的示例：<br>·水蒸气变为雨水<br>·水蒸气变为雪<br>·水蒸气变为云<br>·水蒸气上升到云层，变成雨滴<br>·水蒸气变成了雾<br>·下雨了 | |
| 29 | 其他正确答案。<br>学生作答的示例：<br>·它变成雨落到地面 | |
| | 错误回答（0分） | |
| 70 | 只提到水变冷（没有提到水状态的变化和凝结）。<br>学生作答的示例：<br>·水蒸气变冷<br>·水蒸气温度降低 | |
| 71 | 仅提到水蒸气上升（或类似）（没有提到水状态的变化和凝结）。<br>学生作答的示例：<br>·水蒸气将在炎热的天气中升温 | |
| 79 | 其他错误回答（与主题不符，字迹无法辨认，答案擦除） | |
| | 没有回答（0分） | |
| 99 | 空白 | |

　　再如，1996 年 8 年级 NAEP 科学测评试题（例 12）的"双位题目编码评分"的评分方案如下①：

　　例 12　一个空间站位于地球和月球之间，地球对其的引力等于月球对其的引力。在下图中，圈出代表空间站大致位置的字母，并作解释。

---

① NAGB. *Science Framework for the* 2009 *National Assessment of Educational Progress.* Washington, DC：National Assessment Governing Board，2008：142 – 143.

例 12 的评分标准为：

| 代码 | 回答 | 题号：例 12 |
|---|---|---|
| | 正确回答（满分） | |
| 20 | 学生选择 C 位置，并给出正确的解释，即引力取决于质量和距离。因此，该站必须更接近月球，因为月球的质量小于地球的质量 | |
| | 部分正确回答（部分得分） | |
| 10 | 学生选择 C 位置，并解释月球对空间站的引力低于地球对空间站的引力，但未将其与质量联系起来 | |
| | 错误回答（0 分） | |
| 70 | 学生选择 A 或 B 位置 | |
| 79 | 没有解释，或解释错误 | |
| | 没有回答（0 分） | |
| 99 | 空白 | |

## 四  背景调查的因素[①]

NAEP 在测试的同时会开展一个针对学生、教师和学校的背景信息的问卷调查环节，收集有关人口统计学报告类别、社会经济地位、公共政策背景因素以及特定学科的背景资料等影响学生学业成就的信息。[②] 在历年研发过程中，NAGB 对问卷进行了优化修订，如增加非认知因素的调查，包括与学科相关的非认知因素，以更深入地了解学生的学习现状。NAEP 采用多水平模型（Multi‐level Model）分析影响学生学业成就的各种因素（包括家庭、

---

① 第 2 章中详细阐述。

② National Assessment Governing Board. *Background Information Framework for the National Assessment of Educational Progress.* National Assessment Governing Board, Washington, DC. 2003： 23－29.

学校、社区），并通过方差分析（ANOVA）得出导致成就差异来源中各种因素的贡献量，[1] 为教育政策制定者提供决策依据。

1. 学生因素

NAEP 采集的学生方面的因素有：①人口统计学特征，如性别、年龄、种族等；②课堂经验，如学科学习的态度及成就感等；③教育支持，如计算机等信息通信技术的学习应用等。

2. 家庭因素

NAEP 采集的家庭方面的因素有：①学生所在的社区类型，如所在位置、经济状况等；②父母的情况，如父母的受教育程度、父母在家的时间、父母的职业等；③家庭资源，如家庭中报纸、杂志以及其他书籍的订阅情况，是否有计算机等。

3. 学校因素

NAEP 采集的学校方面的因素有：①学校政策，如能力或成绩分组、评价次数、课程开设、学生分班等；②学校资源，如计算机、卫星电视等设备；③学校风气，包括全职教师、学生缺勤率等；④学校特征，即学校的人口统计学特征，包括学校午餐计划、入学条件、人种比例、学校性质等。

4. 教师因素

NAEP 采集的教师方面的因素有：①教师培训，如相关学科的教学资格证、师资培训等；②教学实践，包括课程、课程产品、资源材料、课堂管理、教学模式以及教师的工作满意度等。

## 五　NAEP 测评的报告机制

在对测评结果的处理和呈现方面，NAEP 同样具有较为成熟的报告机制：①报告拟定机构完善——既有制定组织，又有监督组织；②报告卡具有针对性——针对不同报告群体，NAEP 出具了多种类型的报告卡，使各界人

---

[1]　Subedi，B. R.，Predicting Reading Proficiency in Multilevel Models：An ANOVA – like Approach of Interpreting Effects. *Educational research and evaluation.* 2007，13（4）：327 – 348.

士都能看得懂、读得透。

（一）报告拟定机构

作为 NAEP 政策的制定方，NAGB 同样对评价结果的报告工作具有监督义务，其负责制定报告撰写的规范，例如报告使用哪些种类的语言、什么时间发布报告、报告包含哪些内容、报告对象有谁、报告的类型有哪些等。作为 NAEP 测评工作的执行方，NCES 在报告拟定方面的核心工作是统计分析 NAEP 测评数据、公布测评结果、比较分析 NAEP 与其他国家教育评价项目、比较分析 NAEP 与国际测评题目等。基于测评数据，执行报告撰写工作的组织是 NCES 通过竞争投标方式选取的考试承包商，如 ACT、Westate、Pearson 等。这些考试承包商具有专业的理论和实践水平，并且会严格遵循评价行业的规范，不会偏袒任何一方的利益，完全客观地呈现数据，真实地报告评价结果。

（二）报告的类型

NAEP 的报告对象具有多元化特点，既包括政策制定者、教育部门官员、公立学校的首席官员、州测验指导者、学校董事会成员、学校管理者等学校教育管理人员，又包括教育专家、课程专家、学科专家、测评专家、心理测量专家等科学研究人员，还包括家长、学生、社会团体成员等普通公众。针对不同群体的阅读水平和习惯，NAEP 制定的报告同样具有多样性，涉及的内容根据报告对象不同而有所不同。例如，针对政策制定者，NAEP 制定了"标准报告卡"（NAEP Report Card），主要内容是执行过程的总结、测评的整体水平的呈现、各背景因素对教育质量的影响情况的阐述等。针对家长、学校董事会成员、普通公众，NAEP 制定了"焦点报告卡"（Highlights Reports），其内容脱离了充斥着效度、信度、常模参照测验、标准化参照测验等专业术语，[①] 而是采用非专业、易懂的语言，通过一些易理解的图表展现给大众。针对教育者、学校管理者、学科专家，NAEP 制定了"教学报告卡"（Instructional Reports），主要内容包括 NAEP 评价中涉及的许

---

① 陈晨：《美国 NAEP 报告制度的内涵、特征及其问题》，《当代教育科学》2010 年第 9 期。

多教育和教学资料等。针对政策制定者、教育部门官员、公立学校的首席官员，NAEP 制定了"州报告卡"（State Reports），主要内容是各州学生样本的整体水平、各背景因素对教育质量的影响情况等。针对州测验指导者，NAEP 制定了"跨州数据汇编"（Cross – State Data Compendia），含在州报告卡中，主要呈现州之间的评价结果，作为其他类型报告的参考文件。针对教育研究者、心理测量专家以及其他技术公众，NAEP 制定了"技术报告"（Technical Reports），主要内容涉及评价的细节，如样本设计、试题开发、数据收集及分析等。针对所有对象，NAEP 制定了"趋势报告卡"（Trend Reports），内容主要是描述长期趋势评价中学生的成就变化。针对所有对象，NAEP 还制定了"概括的数据表格"（Summary Data Tables），内容主要是基于学生、教师、学校调查问卷概括的表格式数据（见表 1 – 13）。

表 1 – 13　NAEP 测评报告的类型及其报告对象、内容①

| 类型 | 报告对象 | 内容 |
| --- | --- | --- |
| 标准报告卡 | 政策制定者 | 执行过程的总结、测评的整体水平的呈现、各背景因素对教育质量的影响情况的阐述 |
| 焦点报告卡 | 家长、学校董事会成员、普通公众 | 用非专业化的语言回答常见的问题 |
| 教学报告卡 | 教育者、学校管理者、学科专家 | 包括 NAEP 评价中的许多教育和教学资料 |
| 州报告卡 | 政策制定者、教育部门官员、公立学校的首席官员 | 各州学生样本的整体水平、各背景因素对教育质量的影响情况 |
| 跨州数据汇编 | 州测验指导者 | 含在州报告卡中，呈现州之间的评价结果，作为其他类型报告的参考文件 |
| 趋势报告卡 | 所有对象 | 描述长期趋势评价中学生的成就变化 |
| 概括的数据表格 | 所有对象 | 基于学生、教师、学校调查问卷概括的表格式数据 |
| 技术报告 | 教育研究者、心理测量专家以及其他技术公众 | 评价的细节，包括样本设计、试题开发、数据收集及分析 |

① Devito, P. J., Koenig, J. A. *NAEP Reporting Practices：Investigating District Level and Market Basket Reporting. National Research Council.* National Academy Press. Washington, D. C. 2001：26.

## 六  NAEP 的公平性措施

教育质量评价的公平性问题是衡量评价项目权威性的关键指标之一，它决定着评价项目的信度和效度，决定着评价项目是否可以客观地获取全面而真实的测评数据，为教育系统的进一步改进而提供准确的事实依据。NAEP 除了在理论与技术实践上非常成熟之外，在体现公平性上同样突出：从政策的有力保障，到机构的相互监督；从学校、教师、学生及家庭信息的保护，到测评试题编制及审核的严格执行；从对特殊人群的个性化方案，到学生成就评价标准的制定。

（一）政策方面

在 20 世纪 90 年代之前，NAEP 一直没有考虑调整测评的形式和过程，未将身体残障儿童、英语语言学习者等具有特殊需要的学生纳入测评范围内。在抽样过程中，具有特殊需要的学生一般被排除在外，没有机会参加测评，造成了学生样本的缺失。这使得 NAEP 违背了面向所有学生进行测评的初衷，也违反了相关的法律法规的要求，导致人们质疑其公平性和有效性。为此，在《残疾人教育法》（*Individuals with Disabilities Education Act*）修正案和《不让一个孩子掉队》的强烈要求下，NAEP 开始认真关注具有特殊需要的学生群体，思考如何保障这些学生有效参加测评题目。在此背景下，NAEP 制定了"适应性政策"（Accommodations），提供各种便利设备和措施，力图消除一些潜在的误差来源，同时可以使残疾学生、英语语言学习者拥有较为平等的机会来展示自己的学业成就，有效地参与评价。[①]

适应性政策主要体现在以下四个方面：①调整测评试题的呈现形式。例如，由专门人员通过手语向耳聋的学生解释试题；通过采用布莱尔盲文试卷、采用大字版本试卷、提供放大设备等方式，帮助低视力或者失明的学生进行答题；将试题翻译成各种语言给母语非英语的学生。②调整答题方式。

---

① 鲁鸣：《促进残障学生参与学业成就评价：美国 NAEP 的经验》，《外国教育研究》2010 年第 9 期。

例如，使用手语或盲文打字机作答，将答案指给或口头报告给记录员，用电脑或打字机作答等。③调整测试环境。例如，针对注意力不易集中的学生，安排教师与学生一对一测试；若学生性格孤僻，可让学生在单独的房间中测试；对身体残疾的学生，可给予特殊座位或其他便利设备等。④因需求调整测评时间。例如，有些学生阅读速度比较慢，会给他们延长考试时间；有些学生的记忆力不好，会允许其使用字典；有些学生不宜长时间保持一个姿势作答，可为其设置休息时间等。①

（二）机构组成方面

如上文所述，NAGB 由美国国会授权建立，具有独立性，由国家教育统计中心、美国教育部和教育科学研究所监督和管理，并受到两党的支持，由25 名成员组成。其中，成员主要来自不同政党的政府官员、不同政党的州立法委员、州教育长官、地方教育机构的督导员、州教育委员会成员、地方教育委员会成员、三个年级（4、8、12 年级）的教师代表、商业或工业代表、课程专家、测评专家、私立学校领导、小学和中学的校长、公众代表以及不在地方、州或联邦教育机构工作的家长。NAGB 的成员之所以广涉各行各业、条件要求如此苛刻，是为了保证 NAEP 能汲取不同宗教、种族、性别和文化领域的意见，确保相关决策不会发生偏袒现象。并且，NAEP 的管理机构形成了以 NAGB 为统领的，ETS 与 NCS 以及考试承包商三者相互协作、相互制衡的运行机制，这使得 NAEP 的管理机构之间相互监督，避免徇私舞弊、利益驱使下的违法乱纪行为的发生。此外，NAEP 的管理机构在保护学生背景信息方面非常严格，要求 NAGB 及参与评价的各个组织、企业不得保留、传播、公开学生的姓名、家庭、出生等背景信息。

（三）试题编制方面

NAEP 最显著的公平性在于具有中立、客观的测评工具，不仅体现在工具的研发过程中，而且表现在工具的严谨审核过程中。NAEP 明确强调，测

---

① ETS. Inclusion of Special – Needs Students，https：//nces. ed. gov/nationsreportcard/about/inclusion. asp.

评试题的编制要保持中立，避免存在隐性偏向。如 NAGB 在政策声明"试题开发与审核"中要求：所有测评试题不可受到学生性别、种族、宗教、家庭经济地位等因素的影响，在编制过程中要时刻保持非宗教性、中立性，不可在素材的选取方面、试题的表述方面产生隐性的偏向；NAEP 不能公开学生个人或家庭的宗教信仰、生活习惯以及个人的明确信息。① 在试题的审核环节中，NAEP 强调要公平公正。譬如，ETS 依据《ETS 质量与公平性标准》（*ETS Standards for Quality and Fairness*）对试题进行审核，确保试题内容不涉及性别、文化和种族等方面的偏见；② 试题编制完成后，NAEP 会进行试测，并对数据结果进行项目功能差异分析（Differential Item Functioning，DIF），要对 DIF 较高的试题进行修订或直接删除，以确保试题的公平性。③ NAGB 所属的双层委员会会对试题内容的偏向性和敏感性（Bias and Sensitivity）进行严格的审核，从各个角度审视试题是否会偏向某些特定的学生（如性别偏向、地域偏向），避免有内置偏见（Built - in Bias）的试题出现，防止出现仅仅是因为学生缺乏背景知识而不能正确回答本来可以回答的问题。并且，双层委员会还要确认试题的考查内容和表述形式会不会冒犯某一特定的种族、社会团体及宗教信仰。④ 此外，考虑到社会经济地位等背景因素对学生学业成就的影响，采用统一的评价标准显然有失公平，NAEP 采用增值评价法（Value - added Assessment）对学生学业成就的进步程度进行评价。⑤

（四）评分标准方面

在评分方面，NAEP 开展了评分人员的培训、反复试评反馈、评分监控

① NAGB. Item Development and Review. PolicyStatement. 2002：4.
② ETS. ETS Standards for Quality and Fairness，http：//www. ets. org/s/about/pdf/standards. pdf.
③ Hombo，C. M. NAEP and No Child Left Behind：Technical Challenge and Practical Solutions. *Theory into Practice*，2003，42（1）：63.
④ Ravitch，D. To be a member ot the Governing Board. *Paper Commissioned for the 20th Anniversary of the National Assessment Governing Board：1988 - 2008*. Washington，DC：NAGB，2009：4.
⑤ Viadero & Debra，ETS Study Takes "Value Added" View of NAEP. *Education Week*，2006（17）：98.

和分值检验等一系列环节，最高程度地保证评分的信度、效度，实现评分环节的公平性。正如上文所述，为了保证分数的效度，NAEP 并非运用简单的分值或者学生整体的平均分数值来呈现学生的学业成绩，而是使用数学模型对原始数据进行处理，从而得到量尺分数，最终制定各年级、各学科的成就水平——基本水平、熟练水平和高级水平。对各成就水平的划定，NAEP 采取了临界点分数（Cut Score）的策略，以考生的真实作答为案例进行层次划分，并详细阐述各水平上学生应该达到的关键标准，即明确学生回答到什么程度才能算是基本水平、熟练水平或高级水平。此外，NAEP 还使用项目反应理论制定了各学科的评分量表，使题目的质量特征与学生的能力水平紧密匹配，从而提高分数值的效度。

（五）报告撰写方面

NAEP 在报告撰写方面同样体现出公平性。例如，NAEP 报告的目的是向广大公众反映全国及各州整体教育质量状况以及各因素对学生学业成就的影响，以促进教育系统的进一步完善。因此，虽然考生可以申请获取自己的测试结果，但是 NAEP 不会向外界报告学生个人的成绩，而是以学生因素、教师因素、学校因素、家庭因素所涵盖的变量为依据，进行分组报告。这样的报告机制避免了对某些学生（如不愿让他人知晓自己成绩的学生）的伤害，同时避免了不法分子对报告结果的滥用。

# 第二章　NAEP 样本的背景调查

NAEP 的数据主要包括样本的评估（Assessment）和背景调查（Survey Questionnaires）两部分。背景调查作为 NAEP 的一部分进行管理，主要收集学生在课堂内外学习的相关因素。[①] 背景调查采用问卷调查的方式，由参与评估的学生、教师、学校管理人员（School Administrators）或负责人（Principals）自愿填写，主要包括学生问卷、教师问卷和学校问卷三种类型。学生问卷主要用于收集学生的人口统计学信息、课堂内外的学习机会以及教育经历等信息，由参与评估的学生填写。教师问卷主要用于收集教师培训和教学实践的信息，由被评估学科的教师填写。学校问卷主要用于收集学校政策和特点的信息，由校长或副校长完成。[②] 背景调查的所有回答都是严格保密的，并且不关联任何个别学生。背景调查的结果主要用于解释影响学生表现的因素和对整体评估结果的分析。

除了上述三种类型的背景调查外，NAEP 还有残疾学生和英语语言学习者调查问卷、印第安人教育研究调查问卷和长期趋势学生调查问卷，这些背景调查用于特殊的群体或项目，本章重点介绍学生问卷、教师问卷和学校问卷。

---

① https：//nces. ed. gov/nationsreportcard/subject/parents/pdf/naep_ sq_ 101_ infographic. pdf.

② https：//nces. ed. gov/nationsreportcard/experience/survey_ questionnaires. aspx.

# 第一节　学生问卷

学生问卷主要收集与学生学习有关的信息，收集的内容包括学生基本信息、家庭情况、经济状况、学习资源等。大约有一半的调查问题与学生参与的 NAEP 评估内容密切相关。这些信息有助于对 NAEP 评估结果的综合分析。这些数据分析结果有助于确定教育如何满足不同学生群体的需求以及进行不同群体之间的比较。学生调查问卷提供了有关学生的教育经历和在课堂内外学习机会的重要信息。[①]

NAEP 学生问卷完成时间一般为 15 分钟。学生可以根据意愿自主回答问题，不想回答的问题可以通过"留白"跳过。学生的回答是完全保密的，不会与学生的身份或个人信息进行关联。调查问卷中提供的信息始终按照联邦标准、法律和相关操作标准进行处理。所有个别学生的回答都按年级和科目进行组合和分组。这些回答被汇总成报告，总结 NAEP 调查问卷的结果，提供不同组别下的测评成绩报告，如种族、社会经济地位、性别、残疾和英语语言学习者不同组别、不同类型的测评结果。报告强调了描述学生知识和学习成绩的可靠和有效评估的信息。学生问卷包括两部分，第一部分的背景调查主要是学生的一般信息，第二部分的背景调查是与测评学科相关的信息。

从 NAEP 调查问卷中收集的信息，有助于更好地了解美国学生的教育情况和需求，为教育工作者、决策者和研究人员提供重要的数据和参考，对于制定相关的教育政策具有重要意义。

## 一　学生问卷的调查情况

NCES 的网站提供了 2005 年至 2018 年，对 4、8、12 年级的 111 份学生

---

① https：//nces. ed. gov/nationsreportcard/subject/parents/pdf/naep_ sq_ parent_ fact_ sheet_ 2018. pdf.

调查问卷①，其中科学学科的学生问卷共 13 份（见表 2 - 1）。NAEP 的测试和背景调查均同时进行，其中 2011 年 4 年级和 12 年级未进行测评，因此也未进行背景调查。2018 年科学测评项目为试验项目（Pilot），测评结果不对外公开，收集的数据将用于未来 NAEP 测评的开发和实施。② 本章主要分析 2005 年、2009 年和 2015 年的背景调查问卷。

表 2 - 1　科学学科的学生问卷情况

| 年份 | 4 年级 | 8 年级 | 12 年级 |
|---|---|---|---|
| 2005 年 | 调查 | 调查 | 调查 |
| 2009 年 | 调查 | 调查 | 调查 |
| 2011 年 | 未调查 | 调查 | 未调查 |
| 2015 年 | 调查 | 调查 | 调查 |
| 2018 年（试验） | 调查 | 调查 | 调查 |

## 二　学生问卷的调查内容

学生问卷第一部分一般有 13 题左右，第二部分一般有 10 ~ 30 题。根据 NAEP 报告卡的分类情况，学生问卷主要涉及两个类别，一是学生因素（Student Factors），二是校外因素（Factors Beyond School）。学生因素包括人口统计学信息、情感倾向（Affective Disposition）、学业成绩和学习经历（Academic Record and School Experience）三个方面。校外因素包括家庭监管环境（Home Regulatory Environment）和校外时间使用（Time Use Outside of School）两个方面。以下分别介绍两个类别下的人口统计学信息、情感倾向、学习成绩和学习经历、家庭环境和校外时间使用五个方面的调查内容。

### （一）人口统计学信息

NAEP 报告卡中的人口统计学信息包括 23 个变量，这些变量主要用于

---

① https：//nces. ed. gov/nationsreportcard/experience/survey_ questionnaires. aspx.
② https：//nces. ed. gov/nationsreportcard/about/calendar. aspx#2017 Note3.

学生问卷的调查。变量的主要内容包括学生的种族、家庭成员情况和父母的受教育状况等，例如学生是亚裔（Student is Asian）、母亲受教育水平（Mother's Education Level）、和父亲一起生活（Lives in Home with Father）等。学生问卷中的人口统计学调查内容是第一部分的第 1 题和第 2 题，这两道题目在历年的调查中均未发生变化。每一题目都有一个题目编码（ID号），例如 VB331330、VB331331，由字母和数字构成；有的题目编码完全由字母组成，例如 GENDER（调查学生性别的题目编码）。

例 36　你是西班牙裔还是拉丁裔？填涂一个或多个选项。（题目编码：VB331330）

A. 不，我不是西班牙裔、拉丁裔

B. 是的，我是墨西哥人、墨西哥裔或奇卡诺裔

C. 是的，我是波多黎各人或波多黎各裔

D. 是的，我是古巴人或古巴裔

E. 是的，我是其他西班牙裔或拉丁裔背景

例 37　以下哪一（些）项最好地描述了你？填涂一个或多个选项。（题目编码：VB331331）

A. 白人

B. 黑人或非裔美国人

C. 亚裔

D. 美国印第安人或阿拉斯加土著民

E. 土著夏威夷人或其他太平洋岛民

这两道题主要用于调查学生的人口统计学信息，问题的设置与美国人口普查问题相近。[1] 人口统计学信息的统计变量是 NAEP 报告测评结果的基本变量，除了第 1 题和第 2 题涉及的信息外，学生的年级、年龄、性别等信息在抽样时已经确定，因此在测评试题中未要求填写。此外，学生的部分人口

---

[1]　姬虹：《从 2010 年美国人口普查数据看当前美国种族关系现状》，《中国社会科学院研究生院学报》2011 年第 6 期。

统计学信息通过教师问卷或者学校问卷进行统计，因此学生不必填写。此外2015 年 NAEP 学生背景调查要求学生提供家庭的邮政题目编码。

例 38　把你家庭住址的邮政题目编码写在方框中。　（题目编码：VE102537）

在 2005 年、2009 年和 2015 年，NAEP 报告卡中的人口统计信息中还调查了家庭中用英语交谈的情况，2005 年就家庭成员的组成情况进行了调查，主要关注父母是亲生父母、养父母还是其他监护人。

（二）情感倾向

NAEP 报告卡中情感倾向信息包括 8 个变量，变量的主要内容包括对科学的兴趣、对测试的态度和从事科学活动的频次等，这些变量均用于学生报告。2005 年、2009 年、2015 年同时调查的题目有 3 个，内容分别是"题目难度""考前努力程度""重要性认识"。"题目难度"和"考前努力程度"的回答要求学生对照以往考试在"相对简单""差不多""比较难"或"非常难"四个备选项中做出选择，最后一题（题目编码：VB595184）要求学生根据不同程度的重要性进行选择。

例 39　在这次考试中取得好成绩对你重要吗？（题目编码：VB595184）

A. 不重要　　　B. 一般　　　　C. 重要　　　　D. 非常重要

2009 年和 2015 年新增的调查题目有 4 个，增加了学生对于科学学科在情感方面的调查。例如，下面两个题目（例 40、例 41）主要关注学生对科学学科的态度和兴趣，在这一方面，背景调查还通过询问"你是否能够听懂老师在科学课上的讲解"以及"你觉得你是否能够提交优秀的作业"等进行调查。

例 40　你做好科学作业的频次如何？（题目编码：VC315294）

A. 从未或几乎从未 B. 有时　　　　C. 经常　　　　D 总是或几乎总是

例 41　你喜欢学习科学的程度如何？（题目编码：VC315299）

A. 有一点儿喜欢　　B. 有一些喜欢　C. 相当喜欢　　D. 非常喜欢

2015 年在 12 年级的学生问卷中还设计了尺度式问题，增加了情感倾向的测量维度（题目编码：VC305330）。

例 42  请说明你对下列关于科学学科的表述"不同意"或"同意"的程度。（题目编码：VC305330）

| | 非常不同意 | 不同意 | 同意 | 非常同意 | |
|---|---|---|---|---|---|
| a. 在作业之外,我做科学活动 | A | B | C | D | VC305348 |
| b. 我喜欢科学 | A | B | C | D | VC305350 |
| c. 科学是我最喜欢的学科之一 | A | B | C | D | VC305351 |
| d. 我学科学只是因为我必须这样做 | A | B | C | D | VC305352 |
| e. 我学好科学是为了找到一份好的工作 | A | B | C | D | VH142495 |
| f. 我想找一份使用科学的相关工作 | A | B | C | D | VH142499 |

NAEP 报告卡可以将题目中学生的不同选择作为变量，单独导出分组数据，同时通过变量间的相关分析，进一步探查测评结果与情感倾向的关系。通过本题可以看出，大的题目具有单独的题目编码，同时其包含的小题也存在单独的题目编码，这种设计是为了在变量分析和数据导出时能够更为明确地分组，所以出现了一题有多个题目编码的情况。

（三）学业成绩和学习经历

NAEP 学业成绩和学习经历调查中，4 年级、8 年级及 12 年级共有的一个变量是学生的缺课情况，只有一个题目（例 43）。

例 43  你上个月缺课多少天？（题目编码：B018101）

A. 没有    B. 1～2 天    C. 3～4 天    D. 5～10 天    E. 10 天以上

12 年级调查的题目相对较多，NAEP 报告卡包括 24 个变量，主要内容为学生参加的各种课程：①对于高中课程类型的描述，选项分别是普通型、学术型、职业型；②是否参加或参加过国际科学学士学位课程；③是否参加或参加过高中或大学学分的在线科学课程；④是否参加或参加过科学预科课程，选项分别是生物学、环境学、化学、物理学 B 或 C、计算机科学 A 或 AB、从未参加任何预科课程；⑤你是否现在正在学习科学课程；⑥从 8 年级到现在你学习过哪些课程（题目编码：VC305768）。

例 44　从 8 年级到现在，你上过哪些课程？如果你上某门课不止一次，那就以你最近的那一次为准。每一行选一项，包括暑期学校学过的课程，但不包括那些只是长期课程中的一部分的主题。（题目编码：VC305768）

|  | 没上过 | 在 8 年级上过 | 在 9 年级上过 | 在 9 年级上过 | 在 9 年级上过 | 正在上或在 12 年级上过 |  |
|---|---|---|---|---|---|---|---|
| a. 地球与空间科学 | A | B | C | D | E | F | VC305813 |
| b. 生命科学（生物学除外） | A | B | C | D | E | F | VC305814 |
| c. 物理科学（化学、物理学除外） | A | B | C | D | E | F | VC305815 |
| d. 普通科学 | A | B | C | D | E | F | VC305817 |
| e. 1 年级生物学 | A | B | C | D | E | F | VC305819 |
| …… |  |  |  |  |  |  |  |

例 44 要求学生对从 8 年级以来所学课程进行逐一选择，纵向的选项共包括 12 项，分别是：a. 地球与空间科学、b. 生命科学（生物学除外）、c. 物理科学（化学、物理学除外）、d. 普通科学、e. 1 年级生物学、f. 2 年级生物学、g. 1 年级化学、h. 2 年级化学、i. 1 年级物理、j. 2 年级物理、k. 工程技术、l. 其他科学课程。

（四）家庭监管环境

NAEP 报告卡中涉及家庭监管环境的变量有 1 个，内容是"在家里谈论学习"（Talk About Studies at Home），历年来 4、8、12 年级均采用了同一题目（例 45）进行调查。

例 45　你经常和家里的人谈论你在学校里学过的东西吗？（题目编码：B017451）

A. 从未或几乎从不　　　　　　B. 每隔几周 1 次

C. 大约每周 1 次　　　　　　　D. 一周 2～3 次

E. 每天

（五）校外时间使用

NAEP 报告卡中涉及校外时间使用的变量共有 11 个，内容是学生家里图书情况、课后时间的利用、家庭环境等。其中历年在 4、8、12 年级均进行了调查的题目共有 3 个，分别是：①你家里有多少本书（例 46）；②家里是否有你的电脑；③一天要读几页书。备选项中不仅给出了参照的数目，同时也给出了相对形象的描述，便于学生作答。例如，关于你家里有多少本书的选项，不仅写出了多少本书，还用书架来量化家里的书（例 46）。

例 46　你家里有多少本书？（题目编码：VB331335）

A. 很少（0～10 本）　　　　　　B. 能填满一层书架（11～25 本）

C. 足以填满一个书柜（26～100 本）　D. 能填满几个书柜（100 本以上）

随着社会经济的发展，一些调查内容也进行了相应的调整。例如，2005 年、2009 年调查了学生家庭中是否订阅有报纸、杂志，家里是否有百科全书等情况，但 2015 年则没有进行调查。2015 年的调查内容从家庭条件的某些方面进行调查，试图推断学生校外时间的使用情况。例 47 的选项能够从侧面反映学生的学习环境、可支配时间、可利用资源、家庭经济状况等因素。

例 47　你家里有以下物品设施吗？可多选。（题目编码：VF098664）

A. 互联网　　　　　　　　　　B. 家用干衣机

C. 洗碗机　　　　　　　　　　D. 多个浴室

E. 你的独立卧室

## 第二节　教师问卷

NAEP 教师问卷调查收集教师培训、教学实践和学校资源的信息，也包括与评估学科相关的具体问题。[①] 例如，"你的最高学历是什么""在本学

---

① https：//nces. ed. gov/nationsreportcard/subject/field_ pubs/2019/naep_ sq_ teacher_ and_ school_ fact_ sheet. pdf.

年，你是否参加过电脑或者其他数码设备的培训"等。教师问卷由 NAEP 调查样本学生的教师作答，回答与评估学科相关的问题，通过 NAEP 平台以电子方式填写。教师问卷的调查结果对教育政策的制定和促进学生的发展具有重要的意义。作为回报，参与问卷调查的教师可以了解相关问题的初步数据。

教师问卷虽然是自愿填写的，但是 NAEP 在指导语中表达了教师调查问卷的重要性和迫切希望："请你在百忙之中完成我们的问卷！"教师只要进行了问卷的填写，就应该真实、完整地完成问卷。教师问卷不受答题时间的限制，同时采用网上填写的方式，题量一般在 40 道左右。

## 一　教师问卷的调查情况

美国国家教育统计中心（NCES）的网站提供了 2005 年至 2018 年，对 4、8、12 年级的 59 份教师问卷①，其中科学学科的教师问卷共 10 份（见表 2－2）。

表 2－2　科学学科的教师问卷情况

| 年份 | 4 年级 | 8 年级 | 12 年级 |
| --- | --- | --- | --- |
| 2005 年 | 调查 | 调查 | 调查 |
| 2009 年 | 调查 | 调查 | 未调查 |
| 2011 年 | 未调查 | 调查 | 未调查 |
| 2015 年 | 调查 | 调查 | 未调查 |
| 2018 年（试验） | 调查 | 调查 | 未调查 |

根据 NAEP 网站的说明，一般不统计 12 年级教师的信息。同时 2009 年、2015 年、2018 年（试验）项目 4 年级的教师调查中，阅读、数学、科学三个科目在同一份问卷调查。2018 年科学测评项目为试验项目（Pilot），测评结果不对外公开，收集的数据将用于未来 NAEP 测评的开发和实施。②

① https：//nces. ed. gov/nationsreportcard/experience/survey_ questionnaires. aspx.
② https：//nces. ed. gov/nationsreportcard/about/calendar. aspx#2017Note3.

## 二 教师问卷的调查内容

教师问卷主要由两部分构成，第一部分是背景信息、教育经历和培训经历的调查；第二部分是课堂组织与教学的调查。其中，4 年级调查问卷的第二部分"课堂组织与教学"划分为阅读、数学和科学三个学科分别进行调查。根据 NAEP 报告卡的分类情况，教师调查问卷主要涉及两个类别，一是教师因素（Teacher Factors），二是教学内容与实践（Instructional Content and Practice）。教师因素包括人口统计学信息（Demographics）、"准备、证书和经历"（Preparation，Credentials and Experiences）、教师满意度（Teacher Satisfaction）；教学内容与实践包括课程（Curriculum）、课堂管理（Classroom Management）、教学模式/课堂活动（Modes of Instruction/ Classroom Activities）。以下分别介绍两个类别下的人口统计学信息、"准备、证书和经历"、教师满意度、课程、课堂管理、教学模式/课堂活动的调查内容。

（一）人口统计学信息

NAEP 报告卡中教师的人口统计学信息包括 10 个变量，内容是教师的种族信息。这些信息来源于教师调查问卷的第 1 题（例 48）和第 2 题（例 49），这两道题目在历年的调查中均未发生变化，并与学生调查的题目内容一致，与美国人口普查的内容也基本一致。

例 48 你是西班牙裔还是拉丁裔？填涂一个或多个选项。（题目编码：VB331330）

A. 不，我不是西班牙裔、拉丁裔

B. 是的，我是墨西哥人、墨西哥裔或奇卡诺裔

C. 是的，我是波多黎各人或波多黎各裔

D. 是的，我是古巴人或古巴裔

E. 是的，我是其他西班牙裔或拉丁裔背景

例 49 以下哪一（些）项最好地描述了你？填涂一个或多个选项。（题目编码：VB331331）

A. 白人

B. 黑人或非裔美国人

C. 亚裔

D 美国印第安人或阿拉斯加土著民

E 土著夏威夷人或其他太平洋岛民

（二）准备、证书和经历

NAEP 报告卡中的"准备、证书和经历"共包括 64 个变量，内容包括教师的学历、课程学习情况、教师资格证情况、教龄、参与教师培训等，用于教师调查问卷的 20 个问题。教师准备的角度主要包括 3 个题目：首先是调查教师的最高学历，其次是调查教师在本科阶段（例 50）或研究生阶段所修的课程情况。

例 50 以下学科，你在本科阶段是主修、辅修或特别重视，还是没有修过？请选择每行中的合适选项。（题目编码：VB333658）

| 类别 | 主修 | 辅修或特别重视 | 没有 | |
|---|---|---|---|---|
| a. 生物学或其他生命科学 | A | B | C | VB595990 |
| b. 物理、化学或其他物理科学 | A | B | C | VB595991 |
| c. 地球或空间科学 | A | B | C | VB595992 |
| d. 数学或数学教育 | A | B | C | VB595993 |
| e. 自然科学教育 | A | B | C | VB556070 |
| f. 工程或工程教育 | A | B | C | VB304764 |
| g. 初等或中等教育 | A | B | C | VB595189 |
| h. 特殊教育（包括残疾学生） | A | B | C | VE113515 |
| i. 英语学习 | A | B | C | VE113516 |

对教师证书的调查主要涉及 3 个题目，内容是"您是否持有有效的普通或标准证书"，备选项为：有、没有但是正在准备、没有但是不打算获得等选项。此外，还调查了教师是否持有"国家专业教学标准委员会"某一领域的认证证书等，主要调查内容是教师职业资格证的持有情况。

对教师"经历"的调查有 6 个题目，内容涉及教师教龄、是否被授予终身制，以及近两年的教师培训情况等。对教师教龄的调查包括两个问题，一是"你做过多少年的中学或小学教师"，二是"你在 6 年级到 12 年级教了多少年的科学"。这两个问题的回答方式在 2009 年（例 51）和 2015 年（例 52）是不同的；2015 年的题目（例 52）提供了多个备选项，没有要求教师直接填写数字。类似的，2015 年科学教师 8 年级问卷还对个别题目在询问方式和内容上进行了调整。对教师经历的调查还询问了其是否在学校取得了终身任职资格。除了上述内容，对于教师经历的调查还包括教师参加专业发展活动的情况（例 53）。

例 51　算上今年，你当过多少年的中小学教师？如果少于 4 个月，输入"00"。（题目编码：VB337243）

年

例 52　不包括实习，算上今年你在小学或中学做了多少年的教师？（题目编码：VE577729）

A. 不到 1 年　　B. 1～2 年　　　C. 3～5 年　　　　D. 6～10 年

E. 11～20 年　　F. 21 年及以上

例 53　根据你过去两年中参加的教师专业发展活动，选择对下列主题的了解程度。（题目编码：VC304726）

| 类别 | 不了解 | 较少了解 | 一般 | 比较了解 | |
|---|---|---|---|---|---|
| a. 学生如何学习科学 | A | B | C | D | VC304728 |
| b. 科学探究与技术设计 | A | B | C | D | VC304729 |
| c. 科学内容标准 | A | B | C | D | VC304730 |
| d. 科学课程材料（单元、文本） | A | B | C | D | VC304731 |
| e. 科学教学方法 | A | B | C | D | VC304732 |
| f. 教学技术设计 | A | B | C | D | VC304733 |
| g. 科学教学中实验活动的有效利用 | A | B | C | D | VC304734 |
| h. 科学教学中信息与通信技术的有效利用 | A | B | C | D | VC304736 |
| i. 科学学科中评价学生的方法 | A | B | C | D | VC304738 |
| j. 学生对地区和州评估的准备 | A | B | C | D | VC304739 |
| k. 面向不同背景学生（包括英语语言学习者）的科学教学策略 | A | B | C | D | VC304740 |

除了对教师专业发展内容认识程度的调查外，还调查了教师参与或组织不同类型的教师培训的情况，如参观学校、个人或合作研究、参与会议等。此外，还调查了教师参与培训的内容，备选项包括：a. 计算机基础训练，b. 软件应用，c. 互联网应用，d. 其他技术的使用，e. 将计算机等技术融入课堂教学。

（三）教师满意度

对教师满意度的调查包括一个变量，内容是"学校系统为教师提供的教学材料和资源（Instructional Materials，Resources）的状况"。通过学校对教学需求的满足情况来反映教师的满意度（例54）。

例54　关于学校为你的教学提供的教学材料和其他资源，以下哪项描述是正确的？（题目编码：HE001022）

A. 我得到了我需要的所有资源

B. 我得到了我需要的大部分资源

C. 我得到了我需要的部分资源

D. 我没有得到任何我需要的资源

（四）课程

NAEP 报告卡中的课程内容共有 17 个变量，内容是各个学科的教授时间和教学目标的制定。题目有两个，一是调查科学课上教师在各个学科领域（学科领域包括生命科学、地球与空间科学、物理学、工程与技术）教学使用的时间，可供选择的时间长度依次是"无""较少""一般"和"较多"；另一题目是对"教学目标的强调程度"（例55）的调查。

例55　在 8 年级的科学教学中，你在多大程度上强调了以下目标，在每行选择合适的选项。（题目编码：VC976013）

| 类别 | 无 | 较少 | 一般 | 较多 | |
| --- | --- | --- | --- | --- | --- |
| a. 提高学生对科学的兴趣 | A | B | C | D | VC976015 |
| b. 提高对科学在生活中重要性的认识 | A | B | C | D | VC976023 |
| c. 了解科学在环境问题上的应用 | A | B | C | D | VC976026 |

续表

| 类别 | 无 | 较少 | 一般 | 较多 | |
|---|---|---|---|---|---|
| d. 教授科学事实和原理 | A | B | C | D | VC976017 |
| e. 教授科学方法 | A | B | C | D | VC976018 |
| f. 让学生掌握在高年级学习科学所需的知识和技能 | A | B | C | D | VF633272 |
| g. 培养系统观测技能 | A | B | C | D | VC976025 |
| h. 培养探究能力 | A | B | C | D | VC976020 |
| i. 培养实验技能 | A | B | C | D | VC976022 |
| j. 培养解决问题的能力 | A | B | C | D | VF654412 |
| k. 培养科学写作能力 | A | B | C | D | VC976027 |

（五）课堂管理

NAEP报告卡中课堂管理共有两个变量，内容是教师角色和科学课程讲授时间，设置了两个题目。第一个题目询问的是教师在班级教学中的角色（例56）。

例56　以下哪一条最能说明你在班级科学教学中的角色？（题目编码：VB598092）

A. 我不教这个班科学

B. 我教授所有或大多数学科，包括科学

C. 我教的唯一一科目是科学

D. 我们团队教学，我主要负责教授科学

另一题目询问的是教师在一个星期里会花费多少时间给学生讲授科学。2009年的题目（例57）提供了5个备选项，2015年的题目（例58）需要教师手动输入小时和分钟，回答方式从选择式改为了填空式。由此可见，NAEP背景调查的题目基本保持稳定，在个别题目的表述、内容、作答方式上有部分调整。

例57 一般情况下，一个星期一个班的科学教学，你总共花了多少时间？（题目编码：VB598093）

A. 不到 1 小时　　　　　　　　B. 1 ~ 2.9 小时

C. 3 ~ 4.9 小时　　　　　　　　D. 5 ~ 6.9 小时

E. 7 小时及以上

例58 一般情况下，一个星期一个班的科学教学你花多少时间？输入时间和分钟。（题目上编码：VH142009）

每周_____小时_____分钟

（六）教学模式/课堂活动

NAEP 报告卡中的"教学模式/课堂活动"包括 47 个变量，内容涉及教学资源的使用情况、多种教学方法的使用等，设置了五个题目。

对教学资源的使用情况的调查有两个题目，一是教师使用教学资源、设备的情况，二是学生使用教学资源的情况及频次。针对教师使用教学资源、设备的情况，调查了 15 项内容，分别是：a. 台式电脑；b. 笔记本电脑；c. 平板电脑；d. 投影仪；e. 光盘；f. 在线软件；g. 数字音乐播放器（MP3）；h. 有线/卫星/闭路电视；i. DVD 播放机；j. 数码相机；k. 图形计算器；l. 手持数码设备（如手机）；m. 数据采集传感器/探针（连接到手持设备或图形计算器并检测运动、pH、温度、光线的工具）；n. 在线课程管理系统（用于组织信息、作业、成绩和讨论的基于 Web 的软件）；o. 电子白板。针对学生，调查了其使用电脑进行学习的情况，备选的内容包括：a. 搜索科学信息；b. 模拟物理或生物过程，或观察某物是如何工作的（例如，行星如何围绕太阳运行，气体如何膨胀）；c. 制作一张显示科学项目结果的表格或图表。

对多种教学方法的调查有三个题目。一是对学生一对一（One - on - One）辅导与评估的频次。二是在个性化教学方面教师的实施情况，备选项分别是：a. 为一些学生设定不同的学习目标；b. 为一些学生提供额外材料，以补充常规课程；c. 有学生参加不同的课堂活动；d. 用一套不同的教学方法来教一些学生；e. 对不同学生有不同的教学进度。三是关于教师教学行为频次的调查（例59）。

例59　关于以下的内容，你的理科学生进行以下任务的频次是多少？在每行选择合适的选项。（项目编码：VC767836）

| 类别 | 没有或<br>几乎没有 | 每月<br>1~2次 | 每周<br>1~2次 | 每天或<br>几乎每天 | |
|---|---|---|---|---|---|
| a. 阅读一本科学教科书 | A | B | C | D | VC767837 |
| b. 读一本关于科学的书或杂志 | A | B | C | D | VC767838 |
| c. 与其他学生合作进行科学活动或项目 | A | B | C | D | VC767839 |
| d. 准备一份书面的科学报告 | A | B | C | D | VC767841 |
| e. 看一部关于科学的电影、视频或DVD | A | B | C | D | VC767843 |
| f. 观察科学教师做科学活动 | A | B | C | D | VC767845 |
| g. 从事科学方面的实践活动或调查 | A | B | C | D | VC767846 |
| h. 交流学生动手活动的测量结果 | A | B | C | D | VC767849 |
| i. 参加科学考试或测验 | A | B | C | D | VC767850 |
| j. 提出可通过科学调查解决的问题 | A | B | C | D | VC767851 |
| k. 讨论工程师可以解决的各种问题 | A | B | C | D | VC767852 |
| l. 想出解决科学问题的不同方法 | A | B | C | D | VC767854 |
| m. 展示他们所学的科学知识 | A | B | C | D | VC767856 |

## 第三节　学校问卷

学校问卷调查收集学校政策和特点的信息，还包括与评估学科相关的具体问题；[①] 例如，"你校是否具有学生可以用来做功课的无线互联网连接""学校一周有多少固定的志愿者"等问题。学校问卷通常由校长或副校长填写；答卷人通过在线NAEP平台以电子方式填写问卷。学校问卷的调研结果对教育政策的制定和促进学生的发展具有重要的意义。

学校问卷没有撰写与感谢相关的指导语，只是简要介绍了一些题目的作

---

① https：//nces. ed. gov/nationsreportcard/subject/field_ pubs/2019/naep_ sq_ teacher_ and_ school_ fact_ sheet. pdf.

答方式。学校问卷的问题设置一般要求回答准确的数字或百分比，校长或助理在回答前或回答过程中可能需要进行相关的统计工作或计算工作。

## 一　学校问卷的调研情况

美国国家教育统计中心（NCES）网站提供了 2005 年至 2018 年，对 4、8、12 年级的 63 份学校调查问卷①，其中科学学科的学校问卷共 13 份（见表 2－3）。

表 2－3　科学学科的学校问卷情况

| 年份 | 4 年级 | 8 年级 | 12 年级 |
| --- | --- | --- | --- |
| 2005 年 | 调查 | 调查 | 调查 |
| 2009 年 | 调查 | 调查 | 调查 |
| 2011 年 | 未调查 | 调查 | 未调查 |
| 2015 年 | 调查 | 调查 | 调查 |
| 2018 年（试验） | 调查 | 调查 | 调查 |

NAEP 测试和学校问卷调查同时进行，其中 2011 年 4 年级和 12 年级未进行测评，因此也未进行问卷调查。2018 年科学测评项目为试验项目（Pilot），测评结果不对外公开，收集的数据将用于未来 NAEP 测评的开发和实施。② 学校调查历年都是数学、阅读和科学在同一份试卷中进行。本章主要分析 2005 年、2009 年和 2015 年的学校调查问卷。

## 二　学校问卷的调查内容

学校问卷一般由四部分构成，分别是"学校特征与政策""阅读""数学""科学"，不同年份的编排和名称略有不同，但主要内容基本相同。2015 年对部分问题的表述进行了调整，同时增加了部分问题。根据 NAEP 报告卡的分类情况，学校问卷主要涉及三个类别，一是学校因素（School

---

① https：//nces. ed. gov/nationsreportcard/experience/survey_ questionnaires. aspx.

② https：//nces. ed. gov/nationsreportcard/about/calendar. aspx#2017Note3.

Factors），二是教师因素（Teacher Factors），三是教学内容与实践（Instructional Content and Practice）。学校因素包括人口统计学信息（Demographics）、学校组织（Organization）、教学资源（Resources）、学校风气（School Climate）、特许学校补充内容（Charter School Supplement）；教师因素包括教师支持（Teacher Support）；教学内容与实践包括课程（Curriculum）。特许学校要经过州政府立法通过，不受一般教育行政法规的限制，为例外特别许可的学校；其本质是教育革新实验学校，以改进学校不良教学现状为目的。特许学校的调查仅在部分年份开展，仅由特许学校的校长或副校长填写。以下分别介绍学校问卷中的人口统计学信息、学校组织、教学资源、学校风气、教师支持、课程六个方面的内容。

（一）人口统计学信息

NAEP 报告卡中人口统计学信息主要包括 12 个变量，内容为学校特殊生源和特殊项目的参与，设置了 7 个题目，内容涉及三个方面：第一是被确定为英语水平有限的学生（Limited English Proficiency，LEP）所占的比例；第二是重点关注学校午餐计划的参与情况、实施情况和覆盖范围；第三是调查学生参加特殊项目（教学）的情况（例 60）。

例 60　你校大约有百分之几的学生接受以下服务？在每行选择合适的选项。接受超过一项服务的学生，应按每项服务计算。请报告截止你答复本问卷之日前接受下列各项服务的学生所占百分比。（题目编码：VB485284）

| 类别 | 没有 | 1% ~ 5% | 6% ~ 10% | 11% ~ 25% | 26% ~ 50% | 51% ~ 75% | 76% ~ 90% | 大于 90% | |
|---|---|---|---|---|---|---|---|---|---|
| a. 定向 Title I 资助服务① | A | B | C | D | E | F | G | H | VB610145 |
| b. 天才计划 | A | B | C | D | E | F | G | H | VB485286 |
| c. 为母语非英语的学生提供的教学 | A | B | C | D | E | F | G | H | VB485287 |
| d. 英语作为第二语言（不在双语教育项目） | A | B | C | D | E | F | G | H | VB485288 |
| e. 特殊教育 | A | B | C | D | E | F | G | H | VB485289 |

① Title I 项目是一个由美国联邦资助的项目，为生活在低收入家庭高度集中地区的儿童提供教育服务，如补习阅读或补习数学。

（二）学校组织

NAEP 报告卡中学校组织的调查有 58 个变量，其中 39 个用于学校调查，19 个用于教师调查，内容有学校的类型、授课年级、是否统一作息安排等。用于学校调查的题目共有 2 个：一个题目是关于学校教授年级的调查，备选的范围从学前班、幼儿园、1 年级到 12 年级；另一题目是关于学校类型的调查（例 61）。

例 61 下列哪项可以用来描述你的学校？选择所有适合的选项。（题目编码：VE592238）

A. 小学

B. 初中

C. 中学

D. 磁石学校

E. 磁石学校或有特殊重点课程的学校

F. 特殊教育学校

G. 非传统学校

H. 私立学校

I. 私立宗教附属学校

J. 独立特许学校

K. 由当地学区管理的特许学校

L. 其他（具体说明）

（三）教学资源

NAEP 报告卡中教学资源调查内容共有 87 个变量，其中 58 个用于学校调查，29 个用于教师调查，内容是教室教学资源、实验室资源、校内科学资源、科学俱乐部、科学活动等。例如：有台式电脑的教室比例（Percent Classrooms with Desktop Computer for 8th Grade Science）、实验室有自来水（Grade 8 Science Labs have Running Water）、学校提供科学工具包（School Provides Science Kits）等；用于学校调查的题目共有 4 个。

第一个题目调查的是科学实验室的设备条件等情况，从题目的备选项中可以发现，NAEP 关注的内容主要有：a. 示范站（演示台）；b. 学生实验室；c. 化学品和其他用品储存区；d. 电源；e. 自来水；f. 燃烧器用煤气；g. 风罩或风管；h. 安全设备；i. 电脑；j. 互联网连接。第二个题目调查的是学生拥有相关技术资源的比例，备选项分别是：a. 台式电脑；b. 笔记本电脑；c. 平板电脑；d. 投影仪；e. 光盘；f. 在线软件；g. 数字音乐播放器（MP3）；h. 有线/卫星/闭路电视；i. DVD 播放机；j. 数码相机；k. 图形计算器；l. 手持数码设备（如手机）；m. 数据采集传感器/探针（连接到手持设备或图形计算器并检测运动、pH、温度、光线的工具）；n. 在线课程管理系统（用于组织信息、作业、成绩和讨论的基于 Web 的软件）；o. 电子白板。这一题的备选内容与学生问卷的内容一致。第三个题目调查的是学校为学生提供的科学学习机会（例 62）。

例 62　你校为 4 年级学生提供以下学习机会的状况如何？在每行选择合适的选项。（题目编码：VH142331）

| | 无 | 一年 1~2 次 | 一年 3 次及以上 | |
|---|---|---|---|---|
| a. 科学博览会 | A | B | C | VH142332 |
| b. 科学竞赛 | A | B | C | VH142334 |
| c. 与科学有关的实地考察（包括博物馆、动物园、科学中心和其他类似地点） | A | B | C | VH142333 |

第四个题目调查的是教学资源的使用情况，备选项的内容包括：a. 科学教科书（包括类似在线教科书的数字教科书）；b. 科学杂志和书籍（包括数字形式，如在线杂志和书籍）；c. 科学演示用品或设备；d. 科学实验室的用品或设备；e. 学生使用的科学学习电脑；f. 学生使用的科学学习计算机实验室；g. 教师使用的科学教学电脑；h. 教室用计算机科学实验室；i. 科学教学试听材料；j. 科学成套用具；k. 科学测量仪器（例如望远镜、显微镜、温度计或称重秤）。

（四）学校风气

NAEP 报告卡中学校风气的调查内容包括 18 个变量，内容涉及学生信

息、教师信息和家长志愿者等，设置了 14 个题目。

对学生情况的调查主要有 5 个题目，内容分别是"学生总数""上一年学生注册人数""上一年学生退学人数""学生缺课率""学生留级人数"。这些问题除了学生总数要求回答准确数字外，其他询问的均是百分比，但是允许学校提供估计数值。

对教师情况的调查主要有 5 个题目，内容分别是"全职教师、兼职教师数""是否提供终身教职""终身教师和非终身教师比例""一年内新任终身教师比例""教师的缺勤率"。以上题目要求提供数字或选择百分比范围。

学校风气不仅与教师和学生密切相关，与学生的父母或监护人也有千丝万缕的关系，调查问卷同样关注到了学生的家长（例 63）。

例 63　你校学生的父母或监护人从事下列活动的比例大约是多少？在每行选择合适的选项。（题目编码：VE588677）

| 类别 | 没有 | 0% ~ 10% | 11% ~ 25% | 26% ~ 50% | 大于 50% | |
|---|---|---|---|---|---|---|
| a. 作为志愿者定期在教室或学校的其他地方提供帮助 | A | B | C | D | E | VE588679 |
| b. 参加家长会 | A | B | C | D | E | VE588681 |

（五）教师支持

NAEP 报告卡中教师支持的调查内容有 7 个变量，内容是科学专家和科学教练的履职情况，设置了 2 个题目。第一个题目是关于科学专家（Science Specialist）履行职责程度的调查（例 64）。

例 64　你校 8 年级学生获得科学专家提供的下列各项支持的程度如何？在每行选择合适的选项。（题目编码：VH158026）

| 类别 | 无 | 较少 | 一般 | 较多 | |
|---|---|---|---|---|---|
| a. 为个别学生提供与科学课程相关的支持、补救或干预 | A | B | C | D | VH158027 |
| b. 为很多学生提供与科学课程相关的支持、补救或干预 | A | B | C | D | VH158030 |

续表

| 类别 | 无 | 较少 | 一般 | 较多 | |
|------|----|------|------|------|---|
| c. 为个别学生提供丰富的科学知识 | A | B | C | D | VH158029 |
| d. 为很多学生提供丰富的科学知识 | A | B | C | D | VH158028 |

第二个题目是关于科学教练（Science Coach）履行职责程度的调查（例65）。

例65　科学教练为你校8年级教师提供了多大程度的支持？在每行选择合适的选项。（题目编码：VF654613）

| 类别 | 无 | 较少 | 一般 | 较多 | |
|------|----|------|------|------|---|
| a. 为个别教师提供科学内容或科学教学方面的支持与协助 | A | B | C | D | VF654614 |
| b. 向个别教师提供技术支持援助 | A | B | C | D | VF654615 |
| c. 对教师进行科学或科学教学的专业发展 | A | B | C | D | VF654616 |

## （六）课程

NAEP 报告卡中涉及课程调查内容的变量有9个，内容是科学课程构建的依据或资源，设置了1个题目（例66）。

例66　你校科学课程的建设依据下列资源的程度如何？在每一行选择一个选项。（题目编码：VC304219）

| 类别 | 无 | 较少 | 一般 | 较多 | |
|------|----|------|------|------|---|
| a. 国家课程标准或框架 | A | B | C | D | VC304220 |
| b. 地区课程标准或课程指南 | A | B | C | D | VC304221 |
| c. 州/区评估结果 | A | B | C | D | VC304222 |
| d. 学校课程框架和学习标准 | A | B | C | D | VC304223 |
| e. 学校评估结果 | A | B | C | D | VC304224 |
| f. 学校科学系的建议 | A | B | C | D | VC304225 |
| g. 个别教师的酌情决定权 | A | B | C | D | VC304226 |
| h. 商业设计方案 | A | B | C | D | VC304227 |
| i. 互联网资源 | A | B | C | D | VH142091 |

## 第四节　NAEP 测评数据下载与题目编码

NAEP 测评的具体内容可以划分为四个层次：第一层次为年份、学科、年级和测评框架；第二层次为国家、州、地区；第三层次为背景调查获取的变量；第四层次为数据导出的形式，包括平均分、百分比、成就水平（离散）、成就水平（累计）、百分位数、标准差 6 种类型。这四个层次的变量相互交叉，再加上四个层次本身也含有大量的变量，产生的数据可以用"海量"来形容。通过 NAEP 题目编码的启发和对 NAEP 报告卡的反复试验，本研究开发了一套题目编码方法，以确保下载结果的准确和有序。

### 一　测评数据的下载

NAEP 数据的来源是 NAEP 报告卡，其下载的途径和方法如下。

（一）登录网址

登录网址 https：//www. nationsreportcard. gov/ndecore/xplore/NDE，进入的页面是"国家报告卡"（The Nation's Report Card），单击中间的标题"数据工具"（DATA TOOLS）（见图 2 – 1）。

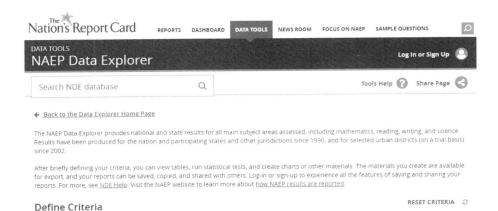

图 2 – 1　国家报告卡

（二）选择学科、年级、年份、规模

用鼠标向下托动垂直滚动条，在学科（SUBJECT）、年级（GRADE）、年份（YEAR）、规模（SCALE）条目下进行选择（见图 2 – 2）。

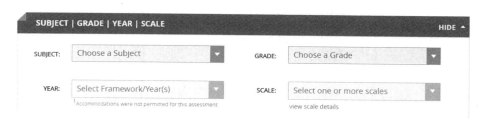

图 2 – 2　学科、年级、年份、规模

单击"学科"右边的下拉箭头，出现的下拉列表框中有很多学科：公民学（Civics）、地理（Geography）、数学（Mathematics）、阅读（Reading）、科学（Science）、美国历史（U. S. History）、词汇（Vocabulary）、写作（Writing），单击"科学"学科。

单击"年级"右边的下拉箭头，列表框中有三个年级："4 年级""8 年级""12 年级"，选择一个年级（只能选择一个年级），例如选择"4 年级"。

单击"年份"右边的下拉箭头，列表框中出现"框架：2009 科学"和"框架：1996 科学"，只能二选一。在"框架：2009 科学"下有"所有年""2015""2019"，可多选；在"框架：1996 科学"下有"所有年""2005""2000""2000[1]""1996""1996[1]"，可多选。有的年份相同，但角标有标注"1"，"1"表示"学校不提供住宿"；也就是说同年份没有标注的是学校为学生提供了住宿的样本数据，有标注"1"的是学校不为学生提供住宿的样本数据（见图 2 – 3）。

单击"规模"右边的下拉箭头，列表框中有四种规模：整体科学（Overall science scale）、物理科学（Physical science scale）、地球科学（Earth science scale）、生命科学（Life science scale），可以多选（见图 2 – 4）。

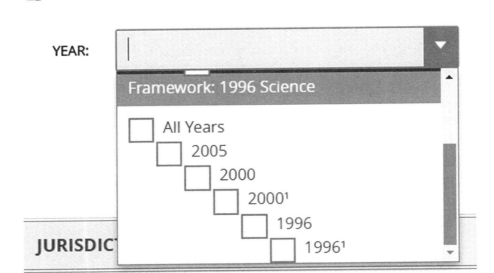

图 2-3 "框架：1996 科学"下的年份

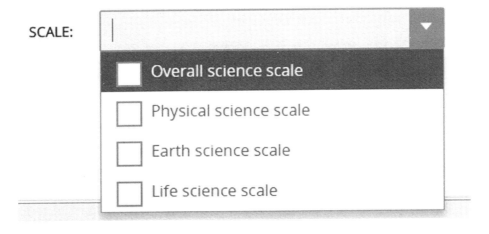

图 2-4 规模

（三）选择区域（范围）

单击区域（范围）（JURISDICTION）下拉箭头，横向列表中出现可供选择的范围，如全国（National）、州（State）、管辖区（District）、领土/其他（Territory/Other）、地区（Region），单击不同的选项可以选择不同数据

的范围。例如选择"全国"后（见图 2 – 5），下拉列表中可以选择全国
（National）、国家公立学校（National public）、国家私立学校（National
private）、大城市（Large city）等，选择州（State）选项后，可以分别导出
美国各州的数据。

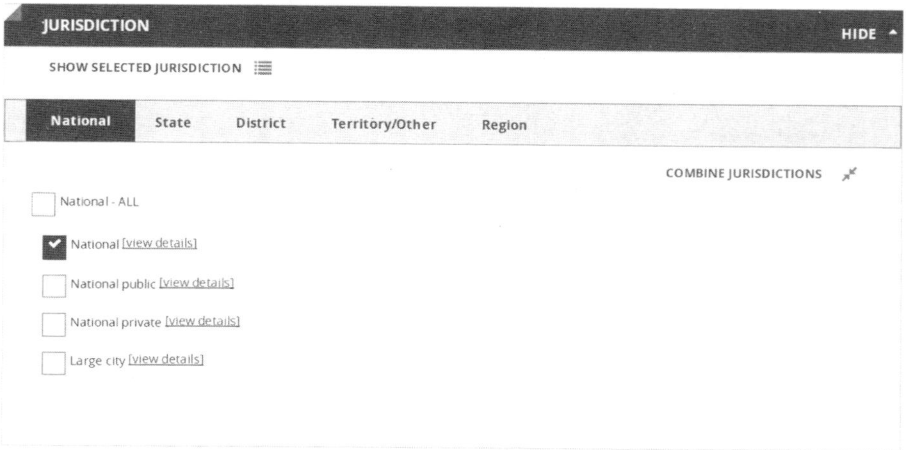

**图 2 – 5　区域**

选择其他类型的区域范围时只要单击对应的横向列表即可，所有的区域
和范围可以同时选择，在生成数据时不会增加变量的数目，即区域的选择范
围无论多少均可认为是一个变量。

（四）选择变量

变量的选择是数据导出的核心部分。单击"变量"（VARIABLE）下拉
箭头，即可显示变量的选择内容（见图 2 – 6）。

首先是"选择类别"（SELECT A CATEGORY），单击下拉箭头，出现相关
的类别内容。可供选择的内容有：主报告组（Major Reporting Groups）、学生因
素（Student Factors）、教学内容与实践（Instructional Content and Practice）、教
师因素（Teacher Factors）、学校因素（School Factors）、社会因素（Community
Factors）、校外因素（Factors Beyond School）、政府因素（Government Factors）、
成就水平变量（Achievement Level as a Variable）（见图 2 – 7）。

图 2 - 6　变量

**图 2 - 7　变量的类别**

　　选择完变量类别后，需要选择相应的子类（SELECT A SUBCATEGORY），
每一个类别下都包括不同的子类，单击子类下拉箭头即可显示具体的内容。

例如，在主报告组类别下单击子类下拉菜单，会分别出现学生因素（Student Factors）、学校因素（School Factors）、社会因素（Community Factors）的选项（见图 2 - 8）。

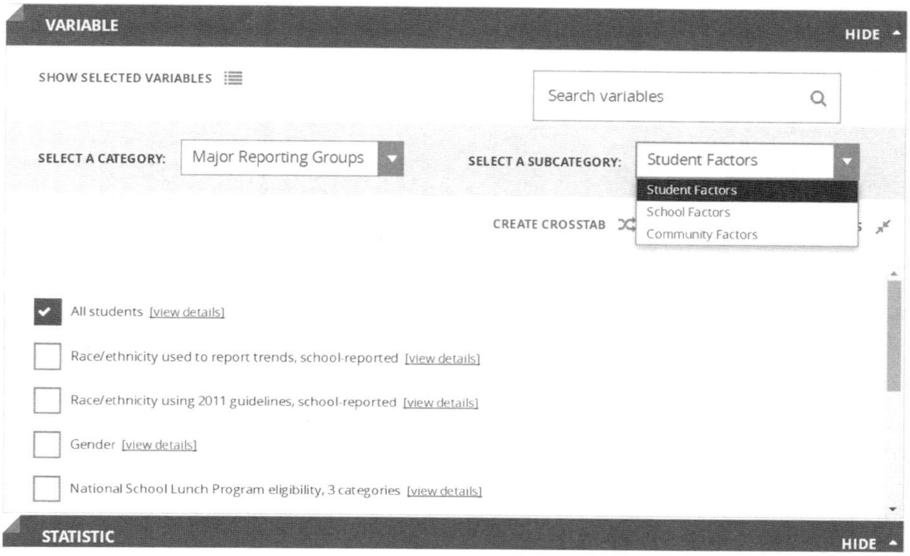

图 2 - 8　主报告组的子类

　　分别选择好类别和子类后，在下拉框的空白处会显示具体的变量。例如，选择"主报告组类别——学生因素子类"后，会出现 10 个变量内容，包括全体学生、种族、性别、学校午餐计划、残疾学生、英语语言学习者等变量。研究者可以根据实际的需求按照"种类—子类—变量"的顺序先后勾选相应的内容。"全体学生"变量默认自动勾选，如不需要，单击取消即可。

　　（五）选择统计数值

　　单击统计数值（STATISTIC）下拉箭头，列表框中出现不同类型的数据统计值选项，可供选择的内容有：平均分（Average scale scores）、百分比（Percentages）、成就水平 - 离散（Achievement levels – discrete）、成就水平 - 累积（Achievement levels – cumulative）、百分位数（Percentiles）、标准差

（Standard deviations）。每次只能同时选择两种数据统计值，"成就水平－离散"和"成就水平－累积"不能同时选择（见图2－9）。

**STATISTIC**                                   HIDE ▲

A maximum of two statistics may be selected

☑ Average scale scores
☐ Percentages
☐ Achievement levels - discrete [+]
☐ Achievement levels - cumulative [+]
☐ Percentiles [+]
☐ Standard deviations

图 2 - 9    统计数值

不过，在先前的"规模"变量下，地球科学、物理科学、生命科学三种规模不提供"成就水平－离散"和"成就水平－累积"的统计数值选项。

（六）数据的导出

分别勾选好学科、年级、年份、规模、区域、变量、统计数值等选项后，在统计数值下拉框后会显示选择变量的基本信息，即选定条件（SELECTED CRITERIA）。图 2 - 10 表示的是：2009 年 4 年级科学（Science，Grade 4，2009）、生命科学框架（Life science scale）、全国和全国公立学校（National，National public）、全体学生（All students）、种族（Race/ethnicity）、性别（Gender）、平均分（Average scale scores）、标准差

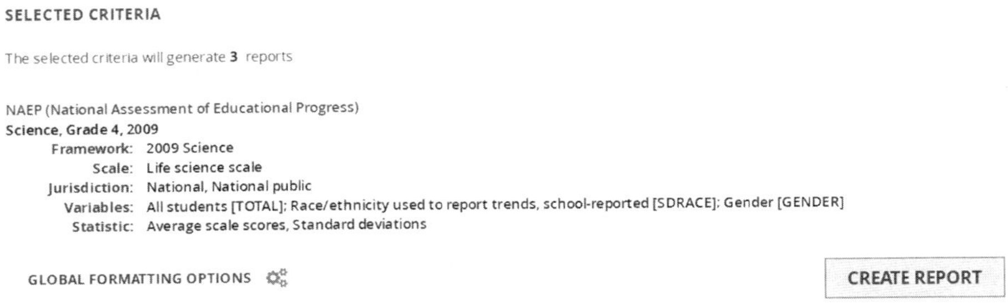

**SELECTED CRITERIA**

The selected criteria will generate **3** reports

NAEP (National Assessment of Educational Progress)
Science, Grade 4, 2009
      Framework:   2009 Science
          Scale:   Life science scale
     Jurisdiction:   National, National public
       Variables:   All students [TOTAL]; Race/ethnicity used to report trends, school-reported [SDRACE]; Gender [GENDER]
        Statistic:   Average scale scores, Standard deviations

**GLOBAL FORMATTING OPTIONS** ⚙                            **CREATE REPORT**

图 2 - 10    选定条件

（Standard deviations）导出的数据结果，共 3 个文件（Reports）。

　　每次导出最多可以生成的报告总数为 15 个，因此要导出大于 15 个报告时需要分批完成。导出报告时用鼠标单击"创建报告"（Create Report），即可进入导出界面（见图 2 – 11）。

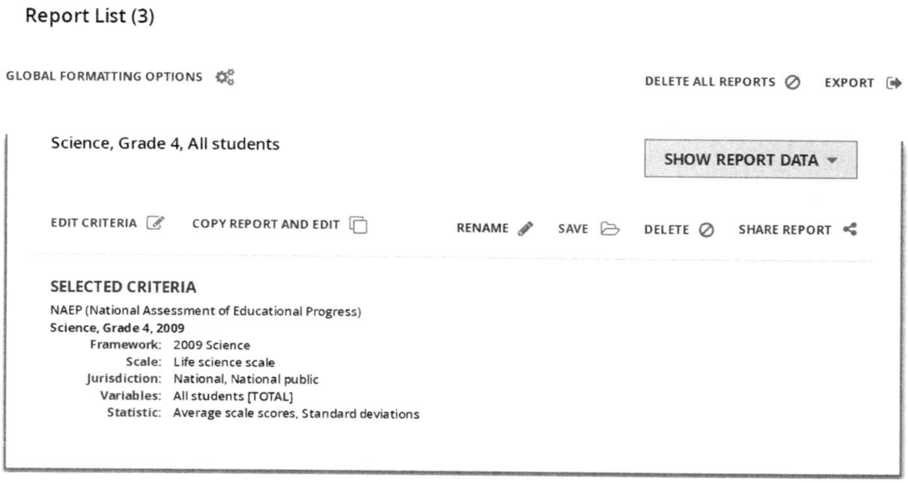

**Report List (3)**

GLOBAL FORMATTING OPTIONS　⚙                               DELETE ALL REPORTS ⊘   EXPORT ➦

Science, Grade 4, All students                               【 SHOW REPORT DATA ▾ 】

EDIT CRITERIA ✎    COPY REPORT AND EDIT ⧉      RENAME ✎   SAVE 🗁   DELETE ⊘   SHARE REPORT ⬷

**SELECTED CRITERIA**
NAEP (National Assessment of Educational Progress)
**Science, Grade 4, 2009**
　　Framework:　2009 Science
　　　　Scale:　Life science scale
　Jurisdiction:　National, National public
　　Variables:　All students [TOTAL]
　　　Statistic:　Average scale scores, Standard deviations

**图 2 – 11　导出界面**

　　在导出界面单击导出（EXPORT）按钮，即可进入导出数据选项（Export Data Options）下载界面（见图 2 – 12）。

　　可以导出的文件类型有 XLS、DOC、PDF、HTML，先选择一种导出文件类型，再勾选要导出的内容，然后单击"导出"（EXPORT）按钮即可进入文件生成界面（见图 2 – 13）。文件生成后选择保存到你电脑中合适的位置。

　　采用以上流程即可下载所需的测评数据。NAEP 报告卡的大量数据和下载限制使得数据下载工作变成了一个庞大的工程。本研究在团队成员的合作努力下，共下载了 38902 个 Word 文件，文件大小总计 24.4G。

## 二　测评数据的题目编码

　　为了确保大量的数据无误、有序地下载和保存，团队编制了一套题目编码规则用于工作的开展。对文件的题目进行编码，也受到了 NAEP 测评的启

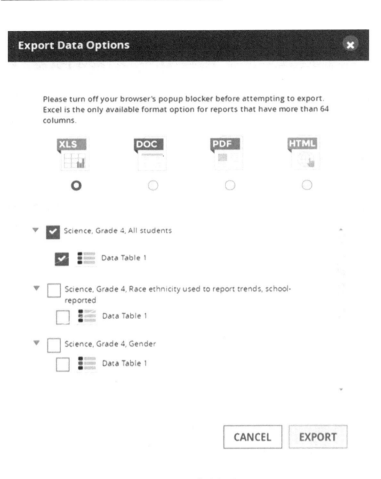

图 2 - 12　统计数值

发。笔者在研读 NAEP 文件、试题、调查问卷和测评结果的过程中，发现了大量的类似"密码"的题目编码，例如，"Question ID：2011 - 8S11 #1 K119401""Question ID：2000 - 4S9 #7 K031607"，其中蕴含着丰富的信息，Question ID 是题目编码，2011 表示的是 2011 年，8 表示的是 8 年级，S 是科学（Science）的首字母，K119401 是具体的编码。每一题目的编码也有讲究，"ID：SDRACE"中的 ID 是 identification 的缩写，意思是题目的身份信息，即题目编码；"SDRACE"表示学生的种族；"ID：T056301"中的 T 表示的是教师因素；学校因素的编码中都有一个字母 C，系 School 中的 c，

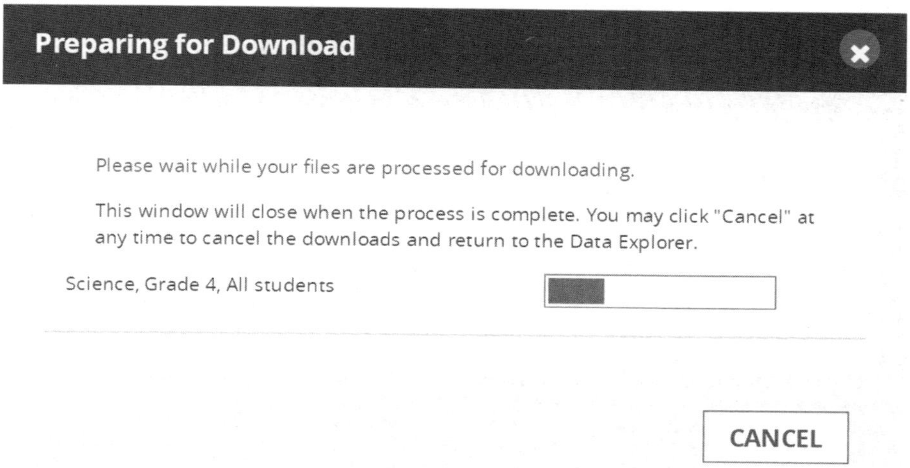

**图 2 - 13  文件生成界面**

例如"ID：CS02801""C038301"；"ID：B017451"中的 B 系 Beyond 中的 B，表示的是校外因素（Factors Beyond School）。

在 NAEP 测评结果的下载过程中，根据报告卡的设计形式和变量顺序，笔者设计了以"首字母 + 数字顺序"为核心的题目编码方法，形成了题目编码体系（见图 2 - 14）。编码体系中的"密码"看似复杂，却有着清晰的逻辑，每一个文件夹的代码由"序号""下载者代码""年级""年份""框架""地区""变量""数据"构成。例如代码"39AL - G8 - Y09 - SE - JNDSR - VT4T3 - SA1P2"表示的含义是"第 39 号文件夹"，下载者是 AL（姓名的首字母），G8 是 8 年级，Y09 表示的是 2009 年的框架（用于 2009 年、2011 年、2015 年的测评），SE 表示框架（Scale）是地球（Earth）科学，JNDSR 表示辖区为全国（四个等级），变量 V（Variable）是教师因素（Teacher，位于下拉框中的第 4 个），T3 表示子类别中的教师支持（T 源自 Support 中的 t，位于下拉框中的第 3 个），S 表示数据类型（Statistic）选的是平均量尺分（Average scale scores），位于下拉框中的第 1 个，另一种数据类型是 P2，位于第 2 个的百分比（Percentages）。

需要逐项说明的是：①序号是下载文件夹的自然顺序编号。②下载者代

| | | |
|---|---|---|
| 19AC-G8-Y09-SE-JNSDR-VI3M4-SA1P2 | 19AL-G8-Y091115-SP-JNSDR-VI3M4-SA1... | 19AP-G8-Y96-SC-JNSDTR-VI3C1-SA1P2 |
| 20AL-G8-Y091115-SP-JNSDR-VI3M4-SP5S6 | 20AP-G8-Y09-SE-JNDSR-VI3M4-SP5S6 | 20AP-G8-Y96-SC-JNSDTR-VI3C1-SA3P5 |
| 21AC-G8-Y09-SE-JNSDR-VT4D1-SA1P2 | 21AL-G8-Y091115-SP-JNSDR-VT4D1-SA1... | 21AP-G8-Y96-SC-JNSDTR-VI3C1-SA1S6 |
| 22AC-G8-Y091115-SP-JNSDR-VT4D1-SP5S6 | 22AP-G8-Y09-SE-JNDSR-VT4D1-SP5S6 | 22AP-G8-Y96-SC-JNSDTR-VI3C2-SA1P2 |
| 23AC-G8-Y09-SE-JNSDR-VT4P2-SA1P2 | 23AL-G8-Y091115-SP-JNSDR-VT4P2-SA1P2 | 23AP-G8-Y96-SC-JNSDTR-VI3C2-SA3P5 |
| 24AL-G8-Y091115-SP-JNSDR-VT4P2-SP5S6 | 24AP-G8-Y09-SE-JNDSR-VT4P2-SP5S6 | 24AP-G8-Y96-SC-JNSDTR-VI3C2-SA1S6 |
| 25AC-G8-Y09-SE-JNSDR-VT4T3-SA1P2 | 25AL-G8-Y091115-SP-JNSDR-VT4T3-SA1P2 | 25AP-G8-Y96-SC-JNSDTR-VI3C3-SA1P2 |
| 26AL-G8-Y091115-SP-JNSDR-VT4T3-SP5S6 | 26AP-G8-Y09-SE-JNDSR-VT4T3-SP5S6 | 26AP-G8-Y96-SC-JNSDTR-VI3C3-SA3P5 |
| 27AC-G8-Y09-SE-JNSDR-VT4T4-SA1P2 | 27AL-G8-Y091115-SP-JNSDR-VT4T4-SA1P2 | 27AP-G8-Y96-SC-JNSDTR-VI3C3-SA1S6 |
| 28AL-G8-Y091115-SP-JNSDR-VT4T4-SP5S6 | 28AP-G8-Y09-SE-JNDSR-VT4T4-SP5S6 | 28AP-G8-Y96-SC-JNSDTR-VI3G4-SA1P2 |
| 29AC-G8-Y09-SE-JNSDR-VS5D1-SA1P2 | 29AL-G8-Y091115-SP-JNSDR-VS5D1-SA1... | 29AP-G8-Y96-SC-JNSDTR-VI3G4-SA3P5 |
| 30AL-G8-Y091115-SP-JNSDR-VS5D1-SP5S6 | 30AP-G8-Y09-SE-JNDSR-VS5D1-SP5S6 | 30AP-G8-Y96-SC-JNSDTR-VI3G4-SA1S6 |
| 31AL-G8-Y091115-SP-JNSDR-VS5O2-SA1... | 31AP-G8-Y09-SE-JNSDR-VS5O2-SA1P2 | 31AP-G8-Y96-SC-JNSDTR-VI3M5-SA1P2 |
| 32AL-G8-Y091115-SP-JNSDR-VS5O2-SP5S6 | 32AP-G8-Y09-SE-JNDSR-VS5O2-SP5S6 | 32AP-G8-Y96-SC-JNSDTR-VI3M5-SA3P5 |
| 33AL-G8-Y091115-SP-JNSDR-VS5R3-SA1P2 | 33AP-G8-Y09-SE-JNDSR-VS5R3-SA1P2 | 33AP-G8-Y96-SC-JNSDTR-VI3M5-SA1S6 |
| 34AL-G8-Y091115-SP-JNSDR-VS5R3-SP5S6 | 34AP-G8-Y09-SE-JNDSR-VS5R3-SP5S6 | 34AP-G8-Y96-SC-JNSDTR-VT4D1-SA1P2 |
| 35AL-G8-Y091115-SP-JNSDR-VS5S4-SA1P2 | 35AP-G8-Y09-SE-JNDSR-VS5S4-SA1P2 | 35AP-G8-Y96-SC-JNSDTR-VT4D1-SA3P5 |
| 36AL-G8-Y091115-SP-JNSDR-VS5S4-SP5S6 | 36AP-G8-Y09-SE-JNDSR-VS5S4-SP5S6 | 36AP-G8-Y96-SC-JNSDTR-VT4D1-SA1S6 |
| 37AL-G8-Y091115-SP-JNSDR-VS5C5-SA1P2 | 37AP-G8-Y09-SE-JNDSR-VS5C5-SA1P2 | 37AP-G8-Y96-SC-JNSDTR-VT4P2-SA1P2 |
| 38AL-G8-Y091115-SP-JNSDR-VS5C5-SP5S6 | 38AP-G8-Y09-SE-JNDSR-VS5C5-SP5S6 | 38AP-G8-Y96-SC-JNSDTR-VT4P2-SA3P5 |
| 39AL-G8-Y091115-SP-JNSDR-VC6F1-SA1P2 | 39AP-G8-Y09-SE-JNDSR-VC6D1-SA1P2 | 39AP-G8-Y96-SC-JNSDTR-VT4P2-SA1S6 |

图 2 - 14　数据的文件夹及其名称（部分）

码可以是其姓名字母，也可由其自主确定两个字母。③年级用"G + 数字"代表，G 的含义是 Grade。④年份只有两个类型，即 Y96 和 Y09；Y96 代表 1996 年框架，对应的年份是 1996 年、2000 年和 2005 年；Y09 代表 2009 年框架，对应的年份是 2009 年、2011 年和 2015 年。⑤框架下有四个选项，S 代表报告卡中的 SCALE，第二个字母 O（C）、P、E、L 分别代表科学、物理科学、地球科学和生命科学。⑥JNDSR 中的 J 代表辖区（Jurisdiction），N、S、D、R 分别代表国家（National）、州（State）、地区（District）、区域（Region，国家的东北部、中西部、南部、西部）。⑦V 代表变量（Variable），后面的"字母 + 数字"的组合分别表示下拉菜单的首字母和菜单的顺序；如果下拉菜单中的第一条首字母为 M，所在的位置为 1，则变量记为 M1；在第一个下拉菜单选择完成后，选择右边的第二个下拉菜单，即子类别的内容，命名方式同样采用"首字母 + 数字顺序"的方式，因此就产生了类似"VM1S1"的命名（见图 2 - 15）。⑧数据的命名方式同样采用"首字母 + 数字顺序"的方式，S 代表数据（Statistic）；因为不同学科可以导出的数据形式差别不大，所以固定了数据的编码，即平均分为 A1、百分比为 P2、成就水平离散为 A3、成就水平累积为 A4、百分位数为 P5、标准差为 S6。

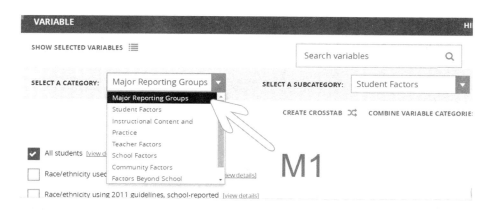

**图 2 - 15 NAEP 报告卡变量选择**

这种下载方式和编码方法是本团队成员反复尝试和改进后的结果，通过变量间的合理合并，使得下载的总工作量在原有预期上减少了三分之二，同时也降低了后期数据处理和分析的难度。不过，题目编码的形式也不局限于此，只要能够全面、有序、高效地管理下载数据即可。

# 第三章  4年级科学教育测评分析

NAEP 测评非常重视 4 年级学生科学素质的评价，如国家评估、州评估以及试验性城区评估均会涉及 4 年级学生的评价。本章要剖析 4 年级学生 1996～2015 年的科学总体成绩、物理科学成绩、生命科学成绩、地球与空间科学成绩，以及学生、教师、学校、家庭四方面背景信息对学生科学素质的影响，以全面获悉美国 4 年级学生的科学素质情况。

## 第一节  4年级学生1996～2015年的科学总体成绩

在 NAEP 国家科学素质测评中，4 年级学生历年的科学总体成绩整体呈现上升趋势。如全国学校学生的 1996 年、2000 年的量尺分数都是 147 分，而 2005 年、2009 年、2015 年分别提高了 4 分、3 分、7 分。公立学校学生的 1996 年、2000 年的量尺分数都是 145 分，而 2005 年、2009 年、2015 年分别提高了 4 分、4 分、8 分。私立学校学生 1996 年、2000 年的量尺分数都是 162 分，而 2009 年提高了 1 分。另外，私立学校学生的量尺分数历年都比全国学校和公立学校学生高，如 1996 年高出 15 分、17 分；2000 年高出 15 分、17 分；2009 年高出 13 分、14 分（见表 3 - 1）。

在 NAEP 国家科学素质测评中，"低于基本水平"的学生比例整体上随着时间推移呈现下降趋势，如 1996 年、2000 年的比例都是 37%，2005 年、2009 年、2015 年分别下降了 5 个、9 个、13 个百分点；"熟练水平"的学生

表 3-1　4 年级学生 1996~2015 年科学量尺分数和样本百分比

单位：分，%

| 类别 | | 1996 年 | 2000 年 | 2005 年 | 2009 年 | 2015 年 | 均值 |
|---|---|---|---|---|---|---|---|
| 全国学校 | 分数 | 147 | 147 | 151↑ | 150 | 154 | 149.8 |
| | 比例 | 100 | 100 | 100 | 100 | 100 | 100 |
| 公立学校 | 分数 | 145↓ | 145↓ | 149↓ | 149↓ | 153↓ | 148.2↓ |
| | 比例 | 100 | 100 | 100 | 100 | 100 | 100 |
| 私立学校 | 分数 | 162↑ | 162↑ | ‡ | 163↑ | ‡ | 162.3↑ |
| | 比例 | 100 | 100 | ‡ | 100 | ‡ | 100 |

注：‡表示数据不符合报告标准；↑表示本年度最高；↓表示本年度最低。

比例整体呈现上升趋势，如 1996 年、2000 年的比例都是 24%，2005 年、2009 年、2015 年分别上升了 2 个、9 个、13 个百分点。公立学校同样如此，如 1996 年、2000 年"低于基本水平"的学生比例都是 39%，2005 年、2009 年、2015 年分别下降了 5 个、10 个、14 个百分点；1996 年、2000 年"熟练水平"的学生比例都是 23%，2005 年、2009 年、2015 年分别上升了 2 个、9 个、13 个百分点。私立学校"低于基本水平"的学生比例在 1996 年、2000 年分别是 20%、19%，而 2009 年下降到了 15%，"熟练水平"的学生比例在 1996 年、2000 年分别是 36%、35%，而 2009 年上升到了 47%。这些测评结果表明美国 4 年级科学教育质量正逐渐提升（见表 3-2）。

表 3-2　4 年级学生 1996~2015 年科学测评各等级人数比例

单位：%

| 类别 | 等级 | 1996 年 | 2000 年 | 2005 年 | 2009 年 | 2015 年 | 均值 |
|---|---|---|---|---|---|---|---|
| 全国学校 | 低于基本水平 | 37 | 37 | 32↓ | 28 | 24↓ | 31.6 |
| | 基本水平 | 35↓ | 35↓ | 39＝ | 39↑ | 38↓ | 37.2↓ |
| | 熟练水平 | 24 | 24 | 26↑ | 33 | 37↑ | 28.8 |
| | 高级水平 | 3↓ | 3↓ | 3↑ | 1＝ | 1＝ | 2.2 |

续表

| 类别 | 等级 | 1996 年 | 2000 年 | 2005 年 | 2009 年 | 2015 年 | 均值 |
|---|---|---|---|---|---|---|---|
| 公立学校 | 低于基本水平 | 39 ↑ | 39 ↑ | 34 ↑ | 29 ↑ | 25 ↑ | 33.2 ↑ |
| | 基本水平 | 35 ↓ | 35 ↓ | 39 = | 39 ↑ | 39 ↑ | 37.4 |
| | 熟练水平 | 23 ↓ | 23 ↓ | 25 ↓ | 32 ↓ | 36 ↑ | 27.8 ↓ |
| | 高级水平 | 3 ↓ | 3 ↓ | 2 ↓ | 1 = | 1 = | 2 ↓ |
| 私立学校 | 低于基本水平 | 20 ↓ | 19 ↓ | ‡ | 15 ↓ | ‡ | 18 ↓ |
| | 基本水平 | 39 ↑ | 41 ↑ | ‡ | 37 ↑ | ‡ | 39 ↑ |
| | 熟练水平 | 36 ↑ | 35 ↑ | ‡ | 47 ↑ | ‡ | 39.3 ↑ |
| | 高级水平 | 6 ↑ | 5 ↑ | ‡ | 1 = | ‡ | 4 ↑ |

注：‡表示数据不符合报告标准；↑表示本年度同一水平中最高；↓表示本年度同一水平中最低；=表示本年度同一水平中相等。

另外，从各等级人数比例均值来看，私立学校"低于基本水平"的学生比例比公立学校低，而"基本水平""熟练水平""高级水平"的学生比例较高。私立学校"低于基本水平"的学生比例为 18%，是最低的；公立学校"低于基本水平"的学生比例为 33.2%，是最高的；全国学校"低于基本水平"的学生比例为 31.6%，仅比公学校低 1.6 个百分点。私立学校达到"基本水平""熟练水平""高级水平"的人数比例分别是 39%、39.3% 和 4%，是三个类别中最高的；公立学校达到"基本水平""熟练水平""高级水平"的人数比例分别是 37.4%、27.8%、2%，比私立学校分别低 1.6 个、11.5 个、2 个百分点；全国学校达到"基本水平""熟练水平""高级水平"的人数比例与公立学校相差不大，分别为 37.2%、28.8%、2.2%。综上分析，私立学校的科学教育质量整体比公立学校高。

NAEP 除了用量尺分数、等级水平来表示学生的素质之外，还用百分位分数（percentile scores）来表示。百分位分数即统计学上的百分位数，将学生的量尺分数从小到大排序，并计算相应的累计百分位，则将某一百分位所对应的量尺分数，称为这一百分位的百分位分数。

从 4 年级学生 1996~2015 年科学测评百分位分数来看，私立学校学生成绩最高，全国学校在其次，公立学校学生成绩最低。具体而言，1996年私立学校学生第10、25、50、75、90百分位分数分别是123分、144分、164分、182分、197分，比全国学校学生的五个百分位分数依次高24分、19分、14分、10分、7分，比公立学校学生的五个百分位分数依次高26分、22分、16分、11分、8分。2009年私立学校学生第10、25、50、75、90百分位分数分别是123分、145分、166分、185分、199分，比全国学校学生依次高19分、17分、13分、10分、7分，比公立学校学生依次高21分、19分、14分、11分、7分。2015年的科学测评结果显示，全国学校学生第10、25、50、75、90百分位分数分别是108分、132分、157分、178分、196分，比公立学校学生均高1分（见表3-3）。

表3-3　4年级学生1996~2015年科学测评百分位分数

单位：分

| 年份 | 类别 | 第10百分位 | 第25百分位 | 第50百分位 | 第75百分位 | 第90百分位 |
|---|---|---|---|---|---|---|
| 1996年 | 全国学校 | 99 | 125 | 150 | 172 | 190 |
| | 公立学校 | 97↓ | 122↓ | 148↓ | 171↓ | 189↓ |
| | 私立学校 | 123↑ | 144↑ | 164↑ | 182↑ | 197↑ |
| 2000年 | 全国学校 | 99 | 125 | 150 | 172 | 190 |
| | 公立学校 | 97↓ | 122↓ | 148↓ | 171↓ | 189↓ |
| | 私立学校 | 125↑ | 144↑ | 163↑ | 181↑ | 196↑ |
| 2005年 | 全国学校 | 109↑ | 130↑ | 153↑ | 173↑ | 189↑ |
| | 公立学校 | 107↓ | 129↓ | 152↓ | 172↓ | 188↓ |
| | 私立学校 | ‡ | ‡ | ‡ | ‡ | ‡ |
| 2009年 | 全国学校 | 104 | 128 | 153 | 175 | 192↓ |
| | 公立学校 | 102↓ | 126↓ | 152↓ | 174↓ | 192↓ |
| | 私立学校 | 123↑ | 145↑ | 166↑ | 185↑ | 199↑ |
| 2015年 | 全国学校 | 108↑ | 132↑ | 157↑ | 178↑ | 196↑ |
| | 公立学校 | 107↓ | 131↓ | 156↓ | 177↓ | 195↓ |
| | 私立学校 | ‡ | ‡ | ‡ | ‡ | ‡ |

注：‡表示数据不符合报告标准；↑表示本年度同一百分位分数最高；↓表示本年度同一百分位分数最低。

# 第二节　4年级学生1996～2015年各学科成绩

NAEP 测评项目中，"科学内容"和"科学实践"两个维度不可分割，学生的科学素质主要通过科学内容作为载体进行评价，科学内容涵盖了生命科学、物理科学、地球与空间科学三个学科。NAEP 测评结果同样对每个学科中学生的素质表现进行了详细的阐明，包括学生的平均成绩和各种影响因素，全面揭示了学生在各学科中的学业质量及出现的问题。

## 一　生命科学平均成绩

在生命科学测评中，4年级学生历年的平均分除了2000年有所下滑外，其他年份的平均分均呈现逐渐上升趋势，如全国学校学生1996年、2005年的平均分都是149分，而2009年、2015年分别提高了1分、5分。该现象与公立学校的测评结果一致，例如公立学校学生1996年的平均分为147分，而2005年、2009年、2015年分别提高了1分、2分、6分。私立学校学生的平均分只有1996年、2000年、2009年的，依次为163分、161分、163分。对比来看，历年测评中公立学校学生的平均分都低于全国学校学生，但是相差仅1～2分，差距不大；而私立学校学生的平均分均高于全国学校学生，相差13～15分，差距悬殊（见表3-4）。

表 3 - 4　4 年级学生 1996～2015 年生命科学成绩平均分

单位：分

| 学校 | 1996 年 | 2000 年 | 2005 年 | 2009 年 | 2015 年 |
|---|---|---|---|---|---|
| 全国学校 | 149 | 146 | 149 ↑ | 150 | 154 |
| 公立学校 | 147 ↓ | 144 ↓ | 148 ↓ | 149 ↓ | 153 ↓ |
| 私立学校 | 163 ↑ | 161 ↑ | ‡ | 163 ↑ | ‡ |

注：‡ 表示数据不符合报告标准；↑ 表示本年度最高；↓ 表示本年度最低。

## 二  物理科学平均分

学生的物理科学成绩除了 2009 年平均分比 2005 年略有下降外, 其他年份均呈上升趋势。诸如, 全国学校学生的物理科学的平均分由 1996 年、2000 年的 146 分, 逐渐上升至 2005 年的 152 分、2009 年的 150 分、2015 年的 154 分。公立学校学生的平均分由 1996 年的 143 分, 逐渐上升至 2000 年的 144 分、2005 年的 150 分、2009 年的 149 分、2015 年的 153 分。私立学校学生的平均分由 1996 年、2000 年的 162 分, 上升至 2009 年的 163 分。历年数据显示, 私立学校学生的平均分高于全国学校和公立学校学生 16 分、19 分 (1996 年), 16 分、18 分 (2000 年), 13 分、14 分 (2009 年), 说明私立学校的教育质量具有很明显的优势 (见表 3 - 5)。

表 3 - 5  4 年级学生 1996~2015 年物理科学平均分

单位: 分

| 学校 | 1996 年 | 2000 年 | 2005 年 | 2009 年 | 2015 年 |
|------|---------|---------|---------|---------|---------|
| 全国学校 | 146 | 146 | 152 ↑ | 150 | 154 ↑ |
| 公立学校 | 143 ↓ | 144 ↓ | 150 ↓ | 149 ↓ | 153 ↓ |
| 私立学校 | 162 ↑ | 162 ↑ | ‡ | 163 ↑ | ‡ |

注: ‡ 表示数据不符合报告标准; ↑ 表示本年度最高; ↓ 表示本年度最低。

## 三  地球与空间科学平均成绩

4 年级地球与空间科学的平均成绩历年呈现整体上升之势 (除 2009 年比 2005 年低 1 分)。如全国学校学生 1996 年的平均分是 147 分, 而 2000 年、2005 年、2009 年、2015 年分别提高了 1 分、4 分、3 分、8 分。公立学校学生 1996 年的平均分是 145 分, 而 2000 年、2005 年、2009 年、2015 年分别提高了 2 分、5 分、4 分、8 分。私立学校学生 1996 年的平均分是 162 分, 而 2000 年、2009 年分别提高了 1 分、2 分 (见表 3 - 6)。三类学校学生的平均分从高到低依次为私立学校、全国学校、公立学校, 这说明私立学校学生的整体科学素质比较高。

表 3 – 6　4 年级学生 1996～2015 年地球与空间科学平均分

单位：分

| 学校 | 1996 年 | 2000 年 | 2005 年 | 2009 年 | 2015 年 |
|---|---|---|---|---|---|
| 全国学校 | 147 | 148 | 151 ↑ | 150 | 155 ↑ |
| 公立学校 | 145 ↓ | 147 ↓ | 150 ↓ | 149 ↓ | 153 ↓ |
| 私立学校 | 162 ↑ | 163 ↑ | ‡ | 164 ↑ | ‡ |

注：‡ 表示数据不符合报告标准；↑ 表示本年度最高；↓ 表示本年度最低。

## 四　各学科平均成绩的比较

在历年测评中，4 年级全国学校学生各学科的平均成绩非常接近，相差仅 0～3 分。例如，1996 年学生的生命科学平均分最高，为 149 分，分别比物理科学、地球与空间科学高 3 分、2 分；2000 年，学生地球与空间科学的平均分最高，为 148 分，比物理科学、生命科学均高出 2 分；2005 年，学生物理科学的平均分最高，为 152 分，比生命科学、地球与空间科学分别高 3 分、1 分；2009 年，学生在生命科学、物理科学、地球与空间科学三个学科的平均分均是 150 分；2015 年，学生地球与空间科学的平均分最高，为 155 分，比物理科学、生命科学两个学科均高 1 分。从均值来看，学生的地球与空间科学得分最高，为 150.2 分；生命科学、物理科学成绩一样，均为 149.6 分。对比发现，4 年级科学课程中，生命科学、物理科学、地球与空间科学三个学科分配合理，教学质量"平分秋色"，学生在这三个领域的科学素质能够得到均衡发展（见表 3 – 7）。

表 3 – 7　4 年级全国学校学生 1996～2015 年各学科平均分

单位：分

| 学科 | 1996 年 | 2000 年 | 2005 年 | 2009 年 | 2015 年 | 均值 |
|---|---|---|---|---|---|---|
| 生命科学 | 149 ↑ | 146 ↓ | 149 ↓ | 150 = | 154 ↓ | 149.6 ↓ |
| 物理科学 | 146 ↓ | 146 ↓ | 152 ↑ | 150 = | 154 ↓ | 149.6 ↓ |
| 地球与空间科学 | 147 | 148 ↑ | 151 | 150 = | 155 ↑ | 150.2 ↑ |

注：↑ 表示本年度最高；↓ 表示本年度最低；= 表示在本年度相等。

三个学科的第 10、25、50、75、90 百分位分数的差值并不显著。具体而言，1996 年 4 年级学生三个学科第 10 百分位分数最高与最低相差 6 分，第 25 百分位分数最高与最低相差 5 分，第 50 百分位分数相差 3 分，第 75 百分位分数相差 2 分，第 90 百分位分数相差 1 分；2000 年三个学科第 10、25、50、75、90 百分位最高与最低分分别相差 2 分、2 分、2 分、4 分、4 分；2005 年三个学科五个百分位最高与最低分分别相差 2 分、2 分、3 分、3 分、5 分；2009 年三个学科五个百分位最高与最低分分别相差 0 分、1 分、1 分、1 分、1 分；2015 年科学素质测评中，分别相差 1 分、1 分、1 分、1 分、3 分（见表 3 - 8）。

表 3 - 8　4 年级学生 1996～2015 年三学科百分位分数

单位：分

| 年份 | 学科 | 第 10 百分位 | 第 25 百分位 | 第 50 百分位 | 第 75 百分位 | 第 90 百分位 |
|---|---|---|---|---|---|---|
| 1996 年 | 生命科学 | 101 | 126 | 152 | 174 | 192 |
| | 物理科学 | 95 | 121 | 149 | 172 | 191 |
| | 地球与空间科学 | 98 | 123 | 150 | 173 | 192 |
| 2000 年 | 生命科学 | 97 | 123 | 149 | 171 | 190 |
| | 物理科学 | 97 | 123 | 149 | 173 | 191 |
| | 地球与空间科学 | 99 | 125 | 151 | 175 | 194 |
| 2005 年 | 生命科学 | 106 | 128 | 151 | 172 | 188 |
| | 物理科学 | 108 | 130 | 154 | 175 | 192 |
| | 地球与空间科学 | 106 | 130 | 154 | 175 | 193 |
| 2009 年 | 生命科学 | 104 | 128 | 152 | 174 | 193 |
| | 物理科学 | 104 | 128 | 153 | 175 | 192 |
| | 地球与空间科学 | 104 | 127 | 152 | 175 | 193 |
| 2015 年 | 生命科学 | 109 | 132 | 156 | 178 | 196 |
| | 物理科学 | 108 | 133 | 157 | 178 | 195 |
| | 地球与空间科学 | 109 | 132 | 156 | 179 | 198 |

## 第三节　学生方面的影响因素

NAEP 采集的学生方面的影响因素有：①人口统计学特征，如性别、年龄、种族等；②课堂经验，如学习的态度及成就感等；③教育支持，如计算机等信息通信技术的学习应用等。这些因素对学生科学素质的影响情况具体分析如下。

## 一　性别

题目：从学校档案卡中获取的学生的性别（Gender）。（题目编码：GENDER；学校记录）

选项：男；女。

使用年份：1996，2000，2005，2009，2015。类别：主报告类；子类别：学生因素。

在 4 年级科学素质测评中，男、女生测评样本的比例历年大致相同，各占 50% 左右。2015 年，男生的平均成绩与女生相同，均为 154 分；在其他年份，男生的平均成绩均高于女生。例如，1996 年、2009 年男生均高于女生 2 分，2000 年、2005 年男生均高于女生 4 分（见表 3 - 9）。对比均值发现，男生的均值分数为 151.0 分，女生为 148.6 分，说明男生的科学素质略高于女生。

表 3 - 9　4 年级不同性别学生 1996 ~ 2015 年科学量尺分数和样本百分比

单位：分，%

| 性别 | | 1996 年 | 2000 年 | 2005 年 | 2009 年 | 2015 年 | 均值 |
|---|---|---|---|---|---|---|---|
| 男 | 分数 | 148 ↑ | 149 ↑ | 153 ↑ | 151 ↑ | 154 = | 151.0 ↑ |
| | 比例 | 50 | 50 | 51 | 51 | 51 | 50.6 |
| 女 | 分数 | 146 ↓ | 145 ↓ | 149 ↓ | 149 ↓ | 154 = | 148.6 ↓ |
| | 比例 | 50 | 50 | 49 | 49 | 49 | 49.4 |

注：↑表示在本年度最高；↓表示在本年度最低；=表示在本年度相等。

根据均值，男生"低于基本水平"、达到"基本水平"的人数比例分别为 30.6% 、36.4% ，比女生依次低 2 个、1.8 个百分点。男生达到"熟练水平""高级水平"的人数比例分别为 30.2% 、2.6% ，比女生依次高 2.8 个、0.8 个百分点（见表 3 - 10）。可以看出，男生达到"熟练水平""高级水平"的人数比例较高，女生在"低于基本水平""基本水平"的人数比例较高，说明男生整体科学素质高于女生。

表 3 - 10　4 年级不同性别学生 1996～2015 年科学测评各等级人数比例

单位：%

| 学生性别 | 等级 | 1996 年 | 2000 年 | 2005 年 | 2009 年 | 2015 年 | 均值 |
|---|---|---|---|---|---|---|---|
| 男 | 低于基本水平 | 36 ↓ | 35 ↓ | 31 ↓ | 27 ↓ | 24 = | 30.6 ↓ |
| | 基本水平 | 35 ↓ | 34 ↓ | 38 ↓ | 38 ↓ | 37 ↓ | 36.4 ↓ |
| | 熟练水平 | 25 ↑ | 26 ↑ | 28 ↑ | 34 ↑ | 38 ↑ | 30.2 ↑ |
| | 高级水平 | 4 ↑ | 4 ↑ | 3 ↑ | 1 = | 1 = | 2.6 ↑ |
| 女 | 低于基本水平 | 38 ↑ | 39 ↑ | 34 ↑ | 28 ↑ | 24 = | 32.6 ↑ |
| | 基本水平 | 36 ↑ | 36 ↑ | 40 ↑ | 40 ↑ | 39 ↑ | 38.2 ↑ |
| | 熟练水平 | 23 ↓ | 22 ↓ | 24 ↓ | 32 ↓ | 36 ↓ | 27.4 ↓ |
| | 高级水平 | 3 ↓ | 2 ↓ | 2 ↓ | 1 = | 1 = | 1.8 ↓ |

注：↑表示本年度同一水平中最高；↓表示本年度同一水平中最低；=表示本年度同一水平中相等。

4 年级学生 2015 年生命科学第 10、25、50、75、90 百分位分数，均是女生高、男生低。地球与空间科学的分数与生命科学的状况相反，第 10、25、50、75、90 百分位分数，均是男生高、女生低。物理科学第 10、25 百分位分数，女生较高，第 50、75、90 百分位分数，男生较高（见表 3 - 11）。综上来看，男生在物理科学、地球与空间科学领域的素质略高于女生，但在生命科学素质方面，女生略占上风。

表 3 - 11　4 年级不同性别学生 2015 年三个学科百分位分数

单位：分

| 学科 | 性别 | 第 10 百分位 | 第 25 百分位 | 第 50 百分位 | 第 75 百分位 | 第 90 百分位 |
|---|---|---|---|---|---|---|
| 生命科学 | 男 | 107 ↓ | 131 ↓ | 155 ↓ | 177 ↓ | 196 ↓ |
| | 女 | 111 ↑ | 134 ↑ | 156 ↑ | 178 ↑ | 197 ↑ |
| 物理科学 | 男 | 106 ↓ | 132 ↓ | 157 ↑ | 178 ↑ | 196 ↑ |
| | 女 | 110 ↑ | 133 ↑ | 156 ↓ | 177 ↓ | 194 ↓ |
| 地球与空间科学 | 男 | 110 ↑ | 134 ↑ | 159 ↑ | 181 ↑ | 200 ↑ |
| | 女 | 108 ↓ | 130 ↓ | 154 ↓ | 176 ↓ | 195 ↓ |

注：↑表示本列本学科最高；↓表示本列本学科最低。

## 二　年龄

题目：小于、等于还是大于本年级学生的平均年龄（modal age）？（4 年级学生的平均年龄为 9 岁，8 年级学生的平均年龄为 13 岁，12 年级学生的平均年龄为 17 岁）（题目编码：MODAGE；学校记录）

选项：小于平均年龄；等于平均年龄；大于平均年龄。

使用年份：1996，2000，2005，2009，2015。类别：学生因素；子类别：人口统计学。

在 4 年级测评中，等于平均年龄和大于平均年龄的学生约占样本量的 99%，小于平均年龄的学生仅占 1%。因"小于平均年龄"的学生样本量趋近于 0%，没有比较价值。比较"等于平均年龄""大于平均年龄"的学生发现，2000 年、2015 年"等于平均年龄"的学生的平均成绩与"大于平均年龄"的学生一致；而 1996 年、2005 年、2009 年，"等于平均年龄"的学生的平均成绩均高于"大于平均年龄"的学生。例如，1996 年全国学校"等于平均年龄"的学生平均成绩比"大于平均年龄"的学生高 2 分，2005 年、2009 年"等于平均年龄"的学生平均成绩比"大于平均年龄"的学生高 3 分（见表 3 - 12）。另外，从均值来看，学生的科学量尺分数从高到低依次为：小于平均年龄的学生、等于平均年龄的学生、大于平均年龄的学生。

表 3 - 12　学生年龄与 4 年级学生 1996 ~ 2015 年科学量尺分数和样本百分比

单位：分，%

| 学生年龄 | | 1996 年 | 2000 年 | 2005 年 | 2009 年 | 2015 年 | 均值 |
|---|---|---|---|---|---|---|---|
| 小于平均年龄 | 分数 | 142 ↓ | 151 ↑ | 155 ↑ | 159 ↑ | 166 ↑ | 154.6 ↑ |
| | 比例 | 1 | 0 | 0 | 0 | 0 | 0.2 |
| 等于平均年龄 | 分数 | 148 ↑ | 147 ↓ | 152 | 151 | 154 ↓ | 150.4 |
| | 比例 | 64 | 63 | 61 | 61 | 63 | 62.4 |
| 大于平均年龄 | 分数 | 146 | 147 ↓ | 149 ↓ | 148 ↓ | 154 ↓ | 148.8 ↓ |
| | 比例 | 36 | 37 | 38 | 38 | 36 | 37 |

注：↑表示在本年度最高；↓表示在本年度最低。

从各等级人数比例均值来看，"小于平均年龄"的学生"低于基本水平"的人数比例最低，为28.6%，达到"熟练水平""高级水平"的人数比例最高，依次为33.4%、3.6%。"等于平均年龄"的学生达到"基本水平"的人数比例最高，为38.2%，达到"高级水平"的人数比例最低，为2.2%。"大于平均年龄"的学生"低于基本水平"的人数比例最高，为33.6%；达到"熟练水平"的人数比例最低，为28.2%（见表3－13）。学生的科学测评等级水平从高到低依次是：小于平均年龄的学生、等于平均年龄的学生、大于平均年龄的学生。

表3－13　学生年龄与4年级学生1996～2015年科学测评各等级人数比例

单位：%

| 学生年龄 | 等级 | 1996年 | 2000年 | 2005年 | 2009年 | 2015年 | 均值 |
|---|---|---|---|---|---|---|---|
| 小于<br>平均年龄 | 低于基本水平 | 43↑ | 31↓ | 29↓ | 19↓ | 21↓ | 28.6↓ |
| | 基本水平 | 32↓ | 39↑ | 36↓ | 39 | 26↓ | 34.4 |
| | 熟练水平 | 22↓ | 25↑ | 31↑ | 41↑ | 48↑ | 33.4↑ |
| | 高级水平 | 3↓ | 4↑ | 5↑ | 1= | 5↑ | 3.6↑ |
| 等于<br>平均年龄 | 低于基本水平 | 36↓ | 37 | 31 | 26 | 24 | 30.8 |
| | 基本水平 | 36↑ | 36 | 40↑ | 40↑ | 39↑ | 38.2↑ |
| | 熟练水平 | 25↑ | 24↓ | 27 | 34 | 36↓ | 29.2 |
| | 高级水平 | 3↓ | 3↓ | 3↓ | 1= | 1↓ | 2.2↓ |
| 大于<br>平均年龄 | 低于基本水平 | 39 | 38 | 36↑ | 30↑ | 25↑ | 33.6↑ |
| | 基本水平 | 34 | 34↓ | 37 | 37↓ | 37 | 35.8 |
| | 熟练水平 | 23 | 24↓ | 25↓ | 32↓ | 37 | 28.2↓ |
| | 高级水平 | 4↑ | 4↑ | 3↓ | 1= | 1↓ | 2.6 |

注：↑表示本年度同一水平中最高；↓表示本年度同一水平中最低；=表示本年度同一水平中相等。

4年级学生2015年三个学科第10、25、50、75、90百分位分数，均是"小于平均年龄"学生最高。生命科学的第10、25、50（并列）百分位分数是"大于平均年龄"学生最低，第50（并列）、75、90百分位分数是"等于平均年龄"学生最低。物理科学的第10、25百分位分数是"大于平均年龄"学生最低，第 50、75、90 百分位分数是"等于平均年龄"学生最低。地球与空间科学同样如此，第 10、25 百分位分数是"大于平均年龄"学生最低，第 50、75、90 百分位分数是"等于平均年龄"学生最低（见表 3 - 14）。

表 3 - 14　学生年龄与 4 年级学生 2015 年三个学科百分位分数

单位：分

| 学科 | 年龄 | 第 10 百分位 | 第 25 百分位 | 第 50 百分位 | 第 75 百分位 | 第 90 百分位 |
|---|---|---|---|---|---|---|
| 生命科学 | 小于平均年龄 | 114 ↑ | 138 ↑ | 163 ↑ | 194 ↑ | 216 ↑ |
| | 等于平均年龄 | 110 | 132 | 156 ↓ | 177 ↓ | 196 ↓ |
| | 大于平均年龄 | 107 ↓ | 131 ↓ | 156 ↓ | 178 | 197 |
| 物理科学 | 小于平均年龄 | 126 ↑ | 149 ↑ | 172 ↑ | 193 ↑ | 208 ↑ |
| | 等于平均年龄 | 109 | 133 | 156 ↓ | 177 ↓ | 195 ↓ |
| | 大于平均年龄 | 107 ↓ | 132 ↓ | 157 | 178 | 196 |
| 地球与空间科学 | 小于平均年龄 | 119 ↑ | 138 ↑ | 166 ↑ | 193 ↑ | 215 ↑ |
| | 等于平均年龄 | 109 | 132 | 156 ↓ | 178 ↓ | 197 ↓ |
| | 大于平均年龄 | 108 ↓ | 132 ↓ | 157 | 180 | 198 |

注：↑表示本列本学科最高；↓表示本列本学科最低。

## 三　残疾状况

题目：是否为残疾学生（Disability status of student）（包括 SD，IEP，504Plan）？（此样本的结果不能推广到残疾学生的总体情况）（题目编码：IEP；学校认定）

选项：残疾；非残疾。

使用年份：1996，2000，2005，2009，2015。类别：主报告类；子类别：学生因素。

残疾学生的调查样本，除了包括那些有残疾的学生（Student with Disability，SD），还包括接受个别化教育计划（Individualized Education Program，IEP）的学生，也包括 504 计划的学生。504 计划的学生，涉及美国《康复法》第 504 条款的规定，"任何残疾人士都不能被排除在参加联邦资助的项目或活动之外，包括小学、中学和高中后教育"。504 计划的学生指的是那些没有资格进入特殊教育学校，例如患糖尿病的学生、哮喘的儿童、过敏症患者，他们接受普通教育，但要为他们提供特殊的环境和条件，诸如将座位排在教室的前排、教师授受心肺复苏培训、为儿童提供无过敏源的环境、为孩子提供安静的空间来参加考试或做家庭作业。1975 年，美国国会通过了《所有残疾儿童教育法》（*Education of All Handicapped Children Act*）。该法案首次提出要为每位接受特殊教育的残疾儿童制订个别化教育计划（Individualized Education Program，IEP）。[1]

4 年级残疾学生样本比例随着时间的推移有所增加，由 1996 年的 8% 逐渐增至 2015 年的 13%，其科学量尺分数亦呈现整体上升趋势，由 1996 年的 125 分增至 2015 年的 131 分。非残疾学生的样本比例逐渐降低，科学量尺分数呈现整体上升趋势，由 1996 年的 149 分增至 2015 年的 157 分（见表 3 - 15）。从均值来看，非残疾学生的科学量尺分数高于残疾学生，说明身体残疾对学生的学业会产生不可避免的负面影响。

表 3 - 15　4 年级残疾与非残疾学生 1996 ~ 2015 年科学量尺分数和样本百分比

单位：分，%

| 类别 | | 1996 年 | 2000 年 | 2005 年 | 2009 年 | 2015 年 | 均值 |
|---|---|---|---|---|---|---|---|
| 残疾学生 | 分数 | 125 ↓ | 120 ↓ | 133 ↓ | 129 ↓ | 131 ↓ | 127.6 ↓ |
| | 比例 | 8 | 8 | 11 | 11 | 13 | 10.2 |
| 非残疾学生 | 分数 | 149 ↑ | 149 ↑ | 159 ↑ | 153 ↑ | 157 ↑ | 153.4 ↑ |
| | 比例 | 92 | 92 | 89 | 89 | 87 | 89.8 |

注：↑ 表示在本年度最高；↓ 表示在本年度最低。

从各等级人数比例均值来看，残疾学生"低于基本水平"的人数比例最高，为 56%，比非残疾学生高 26.8 个百分点；非残疾学生达到"基本水平""熟练水平""高级水平"的人数比例分别为 38%、30.8%、2.2%，

---

① 于素红：《美国个别化教育计划的立法演进与发展》，《中国特殊教育》2011 年第 2 期。

比残疾学生依次高 7.6 个、18 个、0.9 个百分点（见表 3 - 16）。可以看出，非残疾学生整体科学素质高于残疾学生。

表 3 - 16　4 年级残疾与非残疾学生 1996～2015 年科学测评各等级人数比例

单位：%

| 类别 | 等级 | 1996 年 | 2000 年 | 2005 年 | 2009 年 | 2015 年 | 均值 |
|------|------|---------|---------|---------|---------|---------|------|
| 残疾学生 | 低于基本水平 | 64 ↑ | 65 ↑ | 55 ↑ | 49 ↑ | 47 ↑ | 56 ↑ |
|  | 基本水平 | 27 ↓ | 24 ↓ | 32 ↓ | 34 ↓ | 35 ↓ | 30.4 ↓ |
|  | 熟练水平 | 7 ↓ | 11 ↓ | 12 ↓ | 16 ↓ | 18 ↓ | 12.8 ↓ |
|  | 高级水平 | 2 ↓ | 1 ↓ | 1 ↓ | 0 ↓ | 0 ↓ | 1.3 ↓ |
| 非残疾学生 | 低于基本水平 | 35 ↓ | 35 ↓ | 30 ↓ | 25 ↓ | 21 ↓ | 29.2 ↓ |
|  | 基本水平 | 36 ↑ | 36 ↑ | 40 ↑ | 39 ↑ | 39 ↑ | 38 ↑ |
|  | 熟练水平 | 26 ↑ | 25 ↑ | 28 ↑ | 35 ↑ | 40 ↑ | 30.8 ↑ |
|  | 高级水平 | 3 ↑ | 3 ↑ | 3 ↑ | 1 ↑ | 1 ↑ | 2.2 ↑ |

注：↑表示本年度同一水平中最高；↓表示本年度同一水平中最低。

4 年级学生 2015 年三个学科第 10、25、50、75、90 百分位分数，均是非残疾学生高、残疾学生低。例如，物理科学非残疾学生五个百分位分数分别为 114 分、137 分、159 分、180 分、197 分，比残疾学生依次高 33 分、30 分、26 分、22 分、19 分（见表 3 - 17）。该测评结果同样反映出身体残疾对学生的学业会产生非常大的负面影响。

表 3 - 17　4 年级残疾与非残疾学生 2015 年三个学科百分位分数

单位：分

| 学科 | 类别 | 第 10 百分位 | 第 25 百分位 | 第 50 百分位 | 第 75 百分位 | 第 90 百分位 |
|------|------|-------------|-------------|-------------|-------------|-------------|
| 生命科学 | 残疾学生 | 85 ↓ | 109 ↓ | 132 ↓ | 155 ↓ | 179 ↓ |
|  | 非残疾学生 | 111 ↑ | 134 ↑ | 156 ↑ | 178 ↑ | 197 ↑ |
| 物理科学 | 残疾学生 | 81 ↓ | 107 ↓ | 133 ↓ | 158 ↓ | 178 ↓ |
|  | 非残疾学生 | 114 ↑ | 137 ↑ | 159 ↑ | 180 ↑ | 197 ↑ |
| 地球与空间科学 | 残疾学生 | 87 ↓ | 111 ↓ | 135 ↓ | 160 ↓ | 181 ↓ |
|  | 非残疾学生 | 113 ↑ | 136 ↑ | 159 ↑ | 181 ↑ | 199 ↑ |

注：↑表示同一学科同一百分位分数最高；↓表示同一学科同一百分位分数最低。

## 四　英语语言学习者身份

题目：被学校划分为英语语言学习者（status as English language learner）或非英语语言学习者。（题目编码：LEP；学校划分）

选项：英语语言学习者；非英语语言学习者。

使用年份：1996，2000，2005，2009，2015。类别：主报告类；子类别：学生因素。

被确定为"英语语言学习者"（以下简称"语言学习者"）可以参加语言帮扶计划，以帮助他们的英语达到熟练程度，从而消除语言理解障碍，促进他们有效学习课程内容。[1] 在历年测评中，4 年级语言学习者样本比例有所增加，由 1996 年的 4% 逐渐增至 2015 年的 11%，其平均分亦呈现整体上升趋势，较之于 1996 年，2000 年增长了 3 分，2005 年增长了 22 分，2009 年增长了 15 分，2015 年增长了 22 分。非英语语言学习者（以下简称"非语言学习者"）的比例逐渐降低，但其平均分呈现上升趋势，由 1996 年的 149 分增至 2015 年的 158 分（见表 3 - 18）。比较来看，是否为语言学习者对学生的平均成绩具有一定的影响，非语言学习者的平均成绩较高。这可能是因为非语言学习者本身英语功底较强，在接受以英语语言为主的科学课程时，没有多少障碍；而语言学习者在学习科学课程时存在语言障碍。

**表 3 - 18　语言学习者身份与 4 年级学生 1996 ~ 2015 年科学量尺分数和样本百分比**

单位：分，%

| 类别 | | 1996 年 | 2000 年 | 2005 年 | 2009 年 | 2015 年 | 均值 |
|---|---|---|---|---|---|---|---|
| 语言学习者 | 分数 | 99 ↓ | 102 ↓ | 121 ↓ | 114 ↓ | 121 ↓ | 111.4 ↓ |
| | 比例 | 4 | 6 | 8 | 9 | 11 | 7.6 |

---

[1]　National Center for Education Statistics. English language learners，https：//nces. ed. gov/fastfacts/display. asp？id = 96.

续表

| 类别 | | 1996 年 | 2000 年 | 2005 年 | 2009 年 | 2015 年 | 均值 |
|---|---|---|---|---|---|---|---|
| 非语言学习者 | 分数 | 149 ↑ | 149 ↑ | 153 ↑ | 154 ↑ | 158 ↑ | 152.6 ↑ |
| | 比例 | 96 | 94 | 92 | 91 | 89 | 92.4 |

注：↑表示在本年度最高；↓表示在本年度最低。

从各等级人数比例均值来看，语言学习者"低于基本水平"的人数比例最高，为 74.8%，比非语言学习者的比例高 46.4 个百分点；达到"基本水平""熟练水平""高级水平"的人数比例最低，依次为 21.2%、4.2%、0%，比非语言学习者人数比例分别低 17.2 个、26.6 个、2.2 个百分点（见表 3－19）。可以看出，非语言学习者的科学素质较高。

表 3－19　语言学习者身份与 4 年级学生 1996~2015 年科学测评各等级人数比例

单位：%

| 类别 | 等级 | 1996 年 | 2000 年 | 2005 年 | 2009 年 | 2015 年 | 均值 |
|---|---|---|---|---|---|---|---|
| 语言学习者 | 低于基本水平 | 89 ↑ | 87 ↑ | 72 ↑ | 67 ↑ | 59 ↑ | 74.8 ↑ |
| | 基本水平 | 10 ↓ | 12 ↓ | 24 ↓ | 28 ↓ | 32 ↓ | 21.2 ↓ |
| | 熟练水平 | 1 ↓ | 2 ↓ | 4 ↓ | 5 ↓ | 9 ↓ | 4.2 ↓ |
| | 高级水平 | 0 ↓ | 0 ↓ | 0 ↓ | 0 ↓ | 0 ↓ | 0 ↓ |
| 非语言学习者 | 低于基本水平 | 35 ↓ | 34 ↓ | 29 ↓ | 24 ↓ | 20 ↓ | 28.4 ↓ |
| | 基本水平 | 36 ↑ | 37 ↑ | 40 ↑ | 40 ↑ | 39 ↑ | 38.4 ↑ |
| | 熟练水平 | 25 ↑ | 25 ↑ | 28 ↑ | 36 ↑ | 40 ↑ | 30.8 ↑ |
| | 高级水平 | 3 ↑ | 3 ↑ | 3 ↑ | 1 ↑ | 1 ↑ | 2.2 ↑ |

注：↑表示本年度同一水平中最高；↓表示本年度同一水平中最低。

4 年级学生 2015 年三个学科五个百分位分数，均是非语言学习者高，语言学习者低。例如，非语言学习者生命科学五个百分位分数依次是 115 分、136 分、159 分、180 分、198 分，分别高于语言学习者 35 分、33 分、32 分、32 分、31 分（见表 3－20）。该测评结果同样折射出语言障碍对学生学习科学课程会产生很大的负面影响。

表 3-20　语言学习者身份与 4 年级学生 2015 年三个学科百分位分数

单位：分

| 学科 | 类别 | 第 10 百分位 | 第 25 百分位 | 第 50 百分位 | 第 75 百分位 | 第 90 百分位 |
|------|------|------|------|------|------|------|
| 生命科学 | 语言学习者 | 80 ↓ | 103 ↓ | 127 ↓ | 148 ↓ | 167 ↓ |
| | 非语言学习者 | 115 ↑ | 136 ↑ | 159 ↑ | 180 ↑ | 198 ↑ |
| 物理科学 | 语言学习者 | 74 ↓ | 98 ↓ | 123 ↓ | 146 ↓ | 167 ↓ |
| | 非语言学习者 | 115 ↑ | 138 ↑ | 160 ↑ | 180 ↑ | 197 ↑ |
| 地球与空间科学 | 语言学习者 | 79 ↓ | 100 ↓ | 122 ↓ | 145 ↓ | 164 ↓ |
| | 非语言学习者 | 115 ↑ | 137 ↑ | 160 ↑ | 181 ↑ | 199 ↑ |

注：↑表示本列本学科最高；↓表示本列本学科最低。

## 五　学校午餐计划资格

题目：学生是否具有国家的学校午餐计划资格（National School Lunch Program eligibility）？（题目编码：SLUNCH3；基于学校记录）

选项：有资格；无资格；无信息。

使用年份：1996，2000，2005，2009，2015。类别：主报告类；子类别：学生因素。

国家的学校午餐计划是由美国联邦政府资助的，在公立学校、非营利私立学校和寄宿儿童保育机构实施。学校每天为具有资格的学生提供营养均衡、减价或免费的午餐。该计划是根据 1946 年由哈里·杜鲁门总统签署的《国家学校午餐法》制定的。[1]

在 4 年级历年测评中，无学校午餐计划资格学生（简称无资格学生）的平均分均高于有资格学生，如 1996 年、2000 年、2005 年、2009 年、2015 年测评中，无资格学生的科学量尺分数依次高出 30 分、31 分、27 分、29 分、29 分；无信息学生的科学量尺分数均值低于无资格学生 2.6 分，高于有资格学生

---

[1] USDA. National School Lunch Program（NSLP），https：//www.fns.usda.gov/nslp/national - school - lunch - program - nslp.

26.6 分（见表 3 - 21）。比较来看，无资格学生平均成绩较高，可能是这些学生的家庭经济地位较高，无需国家的学校午餐计划资格；因为家庭济地位较高，所以容易获得更多的教育资源。

表 3 - 21　4 年级有无午餐计划资格学生 1996 ~ 2015 年科学量尺分数和样本百分比

单位：分，%

| 类别 | | 1996 年 | 2000 年 | 2005 年 | 2009 年 | 2015 年 | 均值 |
|---|---|---|---|---|---|---|---|
| 有资格学生 | 分数 | 129 ↓ | 127 ↓ | 135 ↓ | 134 ↓ | 140 ↓ | 133 ↓ |
| | 比例 | 35 | 37 | 42 | 45 | 52 | 42.2 |
| 无资格学生 | 分数 | 159 ↑ | 158 | 162 ↑ | 163 ↑ | 169 ↑ | 162.2 ↑ |
| | 比例 | 51 | 46 | 51 | 49 | 42 | 47.8 |
| 无信息学生 | 分数 | 151 | 160 ↑ | 160 | 162 | 165 | 159.6 |
| | 比例 | 14 | 17 | 8 | 6 | 6 | 10.2 |

注：↑ 表示在本年度最高；↓ 表示在本年度最低。

从各等级人数比例均值来看，有资格学生"低于基本水平"的人数比例最高，为 50.6%，达到"基本水平""熟练水平""高级水平"的人数比例最低，依次为 35%、13.8%、0%；无资格学生"低于基本水平"的人数比例最低，为 17.8%，比有资格学生低 32.8 个百分点，达到"基本水平""熟练水平""高级水平"的人数比例最高，依次为 38.8%、40%、3.4%，比有资格学生依次高 3.8 个、26.2 个、3.4 个百分点；无信息学生的各等级水平仅次于无资格学生，但高于有资格学生（见表 3 - 22）。不同类别学生的科学素质排名从高到低依次为：无资格学生、无信息学生、有资格学生。

表 3 - 22　4 年级有无午餐计划资格学生 1996 ~ 2015 年科学测评各等级人数比例

单位：%

| 类别 | 等级 | 1996 年 | 2000 年 | 2005 年 | 2009 年 | 2015 年 | 均值 |
|---|---|---|---|---|---|---|---|
| 有资格学生 | 低于基本水平 | 59 ↑ | 61 ↑ | 52 ↑ | 44 ↑ | 37 ↑ | 50.6 ↑ |
| | 基本水平 | 29 ↓ | 29 ↓ | 36 ↓ | 40 ↑ | 41 ↑ | 35 ↓ |
| | 熟练水平 | 11 ↓ | 9 ↓ | 11 ↓ | 16 ↓ | 22 ↓ | 13.8 ↓ |
| | 高级水平 | 1 ↓ | 0 ↓ | 0 ↓ | 0 ↓ | 0 ↓ | 0 ↓ |

续表

| 类别 | 等级 | 1996 年 | 2000 年 | 2005 年 | 2009 年 | 2015 年 | 均值 |
|------|------|---------|---------|---------|---------|---------|------|
| 无资格学生 | 低于基本水平 | 23 ↓ | 24 | 18 ↓ | 14 ↓ | 10 ↓ | 17.8 ↓ |
|  | 基本水平 | 40 ↑ | 39 ↑ | 42 ↑ | 38 ↓ | 35 ↓ | 38.8 ↑ |
|  | 熟练水平 | 32 ↑ | 32 | 36 ↑ | 47 ↑ | 53 ↑ | 40 ↑ |
|  | 高级水平 | 5 ↑ | 5 ↑ | 4 ↑ | 1 ↑ | 2 ↑ | 3.4 ↑ |
| 无信息学生 | 低于基本水平 | 33 | 22 ↓ | 21 | 15 | 13 | 20.8 |
|  | 基本水平 | 34 | 39 ↑ | 39 | 38 ↓ | 35 ↓ | 37 |
|  | 熟练水平 | 29 | 34 ↑ | 36 ↑ | 46 | 50 | 39 |
|  | 高级水平 | 5 ↑ | 5 ↑ | 4 ↑ | 1 ↑ | 2 ↑ | 3.4 ↑ |

注：↑表示本年度同一水平中最高；↓表示本年度同一水平中最低。

4 年级学生 2015 年三个学科第 10、25、50、75、90 百分位分数，均是无资格学生最高。例如，生命科学测评中，无资格学生的五个百分位分数依次是 129 分、148 分、168 分、188 分、205 分，分别高出有资格学生 31 分、28 分、25 分、24 分、22 分，高出无信息学生 6 分、3 分、1 分、1 分、1 分（见表 3-23）。该测评结果同样折射出家庭经济地位较低对学生学习科学课程会产生负面影响。

表 3-23 4 年级有无午餐计划资格学生 2015 年三个学科百分位分数

单位：分

| 学科 | 类别 | 第 10 百分位 | 第 25 百分位 | 第 50 百分位 | 第 75 百分位 | 第 90 百分位 |
|------|------|------------|------------|------------|------------|------------|
| 生命科学 | 有资格学生 | 98 ↓ | 120 ↓ | 143 ↓ | 164 ↓ | 183 ↓ |
|  | 无资格学生 | 129 ↑ | 148 ↑ | 168 ↑ | 188 ↑ | 205 ↑ |
|  | 无信息学生 | 123 | 145 | 167 | 187 | 204 |
| 物理科学 | 有资格学生 | 96 ↓ | 120 ↓ | 143 ↓ | 165 ↓ | 182 ↓ |
|  | 无资格学生 | 131 ↑ | 150 ↑ | 169 ↑ | 187 ↑ | 203 ↑ |
|  | 无信息学生 | 124 | 145 | 166 | 185 | 203 |
| 地球与空间科学 | 有资格学生 | 98 ↓ | 119 ↓ | 141 ↓ | 163 ↓ | 181 ↓ |
|  | 无资格学生 | 132 ↑ | 152 ↑ | 172 ↑ | 190 ↑ | 207 ↑ |
|  | 无信息学生 | 127 | 149 | 170 | 189 | 206 |

注：↑表示本列本学科最高；↓表示本列本学科最低。

## 六　种族

题目：自 2002 年以来 NAEP 报告中使用的学校报告的种族/族裔（race/ethnicity）（在某些情况下由学生自我报告的数据补充）；在 2011 年，"未分类" 被重新标记为 "混血儿"，以符合美国公共与预算管理办公室（The Office of Management and Budget）指南。（题目编码：SDRACE）

选项：白人；黑人；西班牙裔；亚洲人/太平洋岛民；美国印第安人/阿拉斯加土著；混血儿。

使用年份：1996，2000，2005，2009，2015。类别：主报告类；子类别：学生因素。

4 年级白人、亚洲人/太平洋岛民学生的科学量尺分数较高，黑人、西班牙裔学生的科学量尺分数偏低。如 2015 年，亚洲人/太平洋岛民学生的科学量尺分数最高，为 167 分；其次是白人，科学量尺分数为 166 分；而黑人的科学量尺分数最低，为 133 分（见表 3 - 24）。一般而言，在美国白种人的家庭容易获得较多的教育资源；亚洲人/太平洋岛民勤奋好学、努力刻苦，取得优质成绩也不足为奇；黑人的教育资源贫瘠。

表 3 - 24　4 年级不同种族学生 1996 ~ 2015 年科学量尺分数和样本百分比

单位：分，%

| 学生种族 | | 1996 年 | 2000 年 | 2005 年 | 2009 年 | 2015 年 | 均值 |
|---|---|---|---|---|---|---|---|
| 白人 | 分数 | 158 ↑ | 159 ↑ | 162 ↑ | 163 ↑ | 166 | 161.6 ↑ |
| | 比例 | 67 | 63 | 59 | 56 | 51 | 59.2 |
| 黑人 | 分数 | 120 ↓ | 122 ↓ | 129 ↓ | 127 ↓ | 133 ↓ | 126.2 ↓ |
| | 比例 | 17 | 16 | 16 | 16 | 14 | 15.8 |
| 西班牙裔 | 分数 | 124 | 122 | 133 | 131 | 139 | 129.8 |
| | 比例 | 10 | 15 | 19 | 21 | 25 | 18 |
| 亚洲人/太平洋岛民 | 分数 | 144 | ‡ | 158 | 160 | 167 ↑ | 157.3 |
| | 比例 | 5 | ‡ | 4 | 5 | 6 | 5 |

续表

| 学生种族 | | 1996 年 | 2000 年 | 2005 年 | 2009 年 | 2015 年 | 均值 |
|---|---|---|---|---|---|---|---|
| 美国印第安人／阿拉斯加土著 | 分数 | 129 | 135 | 138 | 135 | 139 | 135.2 |
| | 比例 | 2 | 1 | 1 | 1 | 1 | 1.2 |
| 混血儿 | 分数 | 143 | 150 | 155 | 154 | 158 | 152 |
| | 比例 | 1 | 1 | 1 | 2 | 3 | 1.6 |

注：‡表示数据不符合报告标准；↑表示在本年度最高；↓表示在本年度最低。

从各等级人数比例均值来看，白人学生"低于基本水平"的人数比例最低，为18%，达到"熟练水平"的人数比例最高，为39.2%；混血儿学生达到"基本水平"的人数比例最高，为40%；亚洲人／太平洋岛民学生达到"高级水平"的人数比例最高，为3.25%；黑人学生"低于基本水平"的人数比例最高，为60%，达到"基本水平""熟练水平""高级水平"的比例最低，依次为31.2%、8.8%、0%（见表3－25）。各等级人数比例数据反映出不同类型学生的科学素质排名情况为：白人、亚洲人／太平洋岛民学生的科学素质较高，黑人学生的科学素质偏低。

表3－25 4年级不同种族学生1996～2015年科学测评各等级人数比例

单位：%

| 学生种族 | 等级 | 1996 年 | 2000 年 | 2005 年 | 2009 年 | 2015 年 | 均值 |
|---|---|---|---|---|---|---|---|
| 白人 | 低于基本水平 | 24 ↓ | 23 ↓ | 18 ↓ | 13 ↓ | 12 ↓ | 18 ↓ |
| | 基本水平 | 40 ↑ | 40 ↑ | 43 ↑ | 39 | 37 | 39.8 |
| | 熟练水平 | 32 ↑ | 32 ↑ | 36 ↑ | 46 ↑ | 50 ↑ | 39.2 ↑ |
| | 高级水平 | 5 ↑ | 5 ↑ | 4 | 1 | 1 | 3.2 |
| 黑人 | 低于基本水平 | 71 ↑ | 68 ↑ | 62 ↑ | 53 ↑ | 46 ↑ | 60 ↑ |
| | 基本水平 | 24 | 26 ↓ | 31 ↓ | 36 ↓ | 39 | 31.2 ↓ |
| | 熟练水平 | 5 ↓ | 6 ↓ | 7 ↓ | 11 ↓ | 15 ↓ | 8.8 ↓ |
| | 高级水平 | 0 ↓ | 0 ↓ | 0 ↓ | 0 ↓ | 0 ↓ | 0 ↓ |
| 西班牙裔 | 低于基本水平 | 64 | 66 | 55 | 47 | 38 | 54 |
| | 基本水平 | 27 | 26 ↓ | 34 | 39 | 41 ↑ | 33.4 |
| | 熟练水平 | 9 | 8 | 11 | 14 | 21 | 12.6 |
| | 高级水平 | 1 | 0 ↓ | 0 ↓ | 0 ↓ | 0 ↓ | 0 ↓ |

续表

| 学生种族 | 等级 | 1996 年 | 2000 年 | 2005 年 | 2009 年 | 2015 年 | 均值 |
|---|---|---|---|---|---|---|---|
| 亚洲人/<br>太平洋岛民 | 低于基本水平 | 42 | ‡ | 24 | 19 | 14 | 24.75 |
| | 基本水平 | 34 | ‡ | 40 | 36 ↓ | 33 ↓ | 35.75 |
| | 熟练水平 | 21 | ‡ | 32 | 43 | 50 ↑ | 36.5 |
| | 高级水平 | 3 | ‡ | 5 ↑ | 2 ↑ | 3 ↑ | 3.25 ↑ |
| 美国印第安人/<br>阿拉斯加土著 | 低于基本水平 | 59 | 46 | 48 | 43 | 38 | 46.8 |
| | 基本水平 | 23 ↓ | 36 | 38 | 39 | 41 ↑ | 35.4 |
| | 熟练水平 | 17 | 17 | 14 | 17 | 20 | 17 |
| | 高级水平 | 1 | 1 | 1 | 0 ↓ | 0 ↓ | 1 |
| 混血儿 | 低于基本水平 | 41 | 34 | 27 | 22 | 19 | 28.6 |
| | 基本水平 | 36 | 40 ↑ | 42 | 43 ↑ | 39 | 40 ↑ |
| | 熟练水平 | 20 | 24 | 28 | 35 | 40 | 29.4 |
| | 高级水平 | 3 | 2 | 3 | 1 | 1 | 2 |

注：‡表示数据不符合报告标准；↑表示本年度同一水平中最高；↓表示本年度同一水平中最低。

4 年级学生 2015 年生命科学第 10、25 百分位分数均是白人学生最高，第 50、75、90 百分位分数均是亚洲人/太平洋岛民学生最高；第 10、25、50、75、90 百分位分数均是黑人学生最低。地球与空间科学、物理科学的测评结果与生命科学大体一致（见表 3-26）。说明高分数段学生亚洲人/太平洋岛民偏多，而科学素质整体偏差的是黑人学生。

表 3-26　4 年级不同种族学生 2015 年三个学科百分位分数

单位：分

| 学科 | 学生种族 | 第 10 百分位 | 第 25 百分位 | 第 50 百分位 | 第 75 百分位 | 第 90 百分位 |
|---|---|---|---|---|---|---|
| 生命科学 | 白人 | 126 ↑ | 145 ↑ | 165 | 185 | 202 |
| | 黑人 | 92 ↓ | 113 ↓ | 135 ↓ | 156 ↓ | 175 ↓ |
| | 西班牙裔 | 97 | 120 | 143 | 164 | 183 |
| | 亚洲人/太平洋<br>岛民 | 122 | 145 ↑ | 169 ↑ | 191 ↑ | 210 ↑ |
| | 美国印第安人/<br>阿拉斯加土著 | 96 | 118 | 141 | 163 | 181 |
| | 混血儿 | 114 | 135 | 159 | 181 | 201 |

| 学科 | 学生种族 | 第 10 百分位 | 第 25 百分位 | 第 50 百分位 | 第 75 百分位 | 第 90 百分位 |
|---|---|---|---|---|---|---|
| 物理科学 | 白人 | 127 ↑ | 147 ↑ | 166 | 184 | 200 |
| | 黑人 | 92 ↓ | 114 ↓ | 136 ↓ | 158 ↓ | 176 ↓ |
| | 西班牙裔 | 92 ↓ | 118 | 143 | 165 | 183 |
| | 亚洲人/太平洋岛民 | 121 | 146 | 170 ↑ | 191 ↑ | 210 ↑ |
| | 美国印第安人/阿拉斯加土著 | 95 | 117 | 139 | 160 | 177 |
| | 混血儿 | 114 | 137 | 159 | 181 | 200 |
| 地球与空间科学 | 白人 | 129 ↑ | 149 ↑ | 169 ↑ | 188 | 204 |
| | 黑人 | 92 ↓ | 112 ↓ | 133 ↓ | 154 ↓ | 172 ↓ |
| | 西班牙裔 | 95 | 117 | 140 | 162 | 180 |
| | 亚洲人/太平洋岛民 | 120 | 145 | 169 ↑ | 191 ↑ | 210 ↑ |
| | 美国印第安人/阿拉斯加土著 | 100 | 121 | 143 | 164 | 182 |
| | 混血儿 | 116 | 137 | 160 | 182 | 201 |

注：↑表示本列本学科最高；↓表示本列本学科最低。

## 七　上个月缺课天数

题目：你上个月缺课（absent from school）多少天？　（题目编码：B018101；学生回答）

选项：0 天；1 ~ 2 天；3 ~ 4 天；5 ~ 10 天；10 天以上。

使用年份：2005，2009，2015。类别：学生因素；子类别：学业成绩和学习经历。

从 4 年级测评数据来看，学生缺课天数越多，平均成绩越差。如 2015 年测评中，上个月缺课天数在 0 天、1 ~ 2 天、3 ~ 4 天、5 ~ 10 天、10 天以上的学生比例分别为 51%、30%、12%、5%、3%，他们的科学量尺分数依次为 158 分、153 分、147 分、146 分、128 分（见表 3 - 27）。

表 3 – 27　4 年级不同缺课天数学生 1996 ~ 2015 年科学量尺分数和样本百分比

单位：分，%

| 缺课天数 | | 1996 年 | 2000 年 | 2005 年 | 2009 年 | 2015 年 | 均值 |
|---|---|---|---|---|---|---|---|
| 0 天 | 分数 | — | — | 154 ↑ | 154 ↑ | 158 ↑ | 155.3 ↑ |
| | 比例 | — | — | 52 | 52 | 51 | 51.7 |
| 1 ~ 2 天 | 分数 | — | — | 150 | 150 | 153 | 151 |
| | 比例 | — | — | 29 | 30 | 30 | 29.7 |
| 3 ~ 4 天 | 分数 | — | — | 146 | 144 | 147 | 145.7 |
| | 比例 | — | — | 12 | 11 · | 12 | 11.7 |
| 5 ~ 10 天 | 分数 | — | — | 145 | 143 | 146 | 144.7 |
| | 比例 | — | — | 5 | 5 | 5 | 5 |
| 10 天以上 | 分数 | — | — | 129 ↓ | 124 ↓ | 128 ↓ | 127 ↓ |
| | 比例 | — | — | 3 | 2 | 3 | 2.7 |

注：—表示无数据；↑表示在本年度最高；↓表示在本年度最低。

从各等级人数比例均值来看，上个月缺课天数为 0 天的学生"低于基本水平"的人数比例最低，为 24%，达到"熟练水平""高级水平"的人数比例最高，分别为 35.7%、1.7%；缺课天数为"3 ~ 4 天"的学生达到"基本水平"的人数比例最高，为 39.3%；上个月缺课天数为"10 天以上"的学生"低于基本水平"的人数比例最高，为 55.3%，达到"基本水平""熟练水平""高级水平"的人数比例最低，分别为 32%、12.3%、0%（见表 3 – 28）。可以看出，缺课天数越多的学生，其平均成绩越低；说明科学知识的学习具有进阶性，需要学生全身心地投入，不可断断续续。

表 3 – 28　4 年级不同缺课天数学生 1996 ~ 2015 年科学测评各等级人数比例

单位：%

| 缺课天数 | 等级 | 1996 年 | 2000 年 | 2005 年 | 2009 年 | 2015 年 | 均值 |
|---|---|---|---|---|---|---|---|
| 0 天 | 低于基本水平 | — | — | 29 ↓ | 24 ↓ | 19 ↓ | 24 ↓ |
| | 基本水平 | — | — | 40 ↑ | 39 ↑ | 38 | 39 |
| | 熟练水平 | — | — | 29 ↑ | 37 ↑ | 41 ↑ | 35.7 ↑ |
| | 高级水平 | — | — | 3 ↑ | 1 ↑ | 1 ↑ | 1.7 ↑ |

续表

| 缺课天数 | 等级 | 1996 年 | 2000 年 | 2005 年 | 2009 年 | 2015 年 | 均值 |
|---|---|---|---|---|---|---|---|
| 1～2 天 | 低于基本水平 | — | — | 33 | 28 | 25 | 28.7 |
| | 基本水平 | — | — | 39 | 39 ↑ | 39 | 39 |
| | 熟练水平 | — | — | 25 | 32 | 35 | 30.7 |
| | 高级水平 | — | — | 2 | 1 ↑ | 1 ↑ | 1.3 |
| 3～4 天 | 低于基本水平 | — | — | 39 | 34 | 31 | 34.7 |
| | 基本水平 | — | — | 39 | 39 ↑ | 40 ↑ | 39.3 ↑ |
| | 熟练水平 | — | — | 21 | 26 | 29 | 25.3 |
| | 高级水平 | — | — | 2 | 0 ↓ | 0 ↓ | 0.7 |
| 5～10 天 | 低于基本水平 | — | — | 40 | 36 | 32 | 36 |
| | 基本水平 | — | — | 37 | 38 | 38 | 37.7 |
| | 熟练水平 | — | — | 21 | 26 | 29 | 25.3 |
| | 高级水平 | — | — | 2 | 0 ↓ | 1 ↑ | 1 |
| 10 天以上 | 低于基本水平 | — | — | 60 ↑ | 55 ↑ | 51 ↑ | 55.3 ↑ |
| | 基本水平 | — | — | 29 ↓ | 33 ↓ | 34 ↓ | 32 ↓ |
| | 熟练水平 | — | — | 10 ↓ | 12 ↓ | 15 ↓ | 12.3 ↓ |
| | 高级水平 | — | — | 0 ↓ | 0 ↓ | 0 ↓ | 0 ↓ |

注：—表示无数据；↑表示本年度同一水平中最高；↓表示本年度同一水平中最低。

4 年级学生 2015 年三个学科第 10、25、50、75、90 百分位分数，均是缺课天数为 0 天的学生最高，缺课天数为"10 天以上"的学生最低。例如，地球与空间科学测评中，缺课天数为 0 天的学生的五个百分位分数依次是 115 分、137 分、161 分、183 分、201 分，分别高于缺课天数为"10 天以上"的学生 32 分、31 分、31 分、29 分、26 分（见表 3 - 29）。

表 3 - 29 4 年级不同缺课天数学生 2015 年三个学科百分位分数

单位：分

| 学科 | 缺课天数 | 第 10 百分位 | 第 25 百分位 | 第 50 百分位 | 第 75 百分位 | 第 90 百分位 |
|---|---|---|---|---|---|---|
| 生命科学 | 0 天 | 115 ↑ | 137 ↑ | 159 ↑ | 181 ↑ | 199 ↑ |
| | 1～2 天 | 109 | 131 | 155 | 177 | 195 |
| | 3～4 天 | 103 | 126 | 149 | 171 | 191 |
| | 5～10 天 | 100 | 124 | 149 | 172 | 192 |
| | 10 天以上 | 80 ↓ | 105 ↓ | 131 ↓ | 156 ↓ | 177 ↓ |

续表

| 学科 | 缺课天数 | 第 10 百分位 | 第 25 百分位 | 第 50 百分位 | 第 75 百分位 | 第 90 百分位 |
|------|---------|------------|------------|------------|------------|------------|
| 物理科学 | 0 天 | 115 ↑ | 138 ↑ | 161 ↑ | 181 ↑ | 198 ↑ |
|  | 1～2 天 | 108 | 132 | 156 | 176 | 194 |
|  | 3～4 天 | 102 | 125 | 149 | 171 | 189 |
|  | 5～10 天 | 98 | 123 | 148 | 170 | 189 |
|  | 10 天以上 | 78 ↓ | 103 ↓ | 130 ↓ | 155 ↓ | 174 ↓ |
| 地球与空间科学 | 0 天 | 115 ↑ | 137 ↑ | 161 ↑ | 183 ↑ | 201 ↑ |
|  | 1～2 天 | 108 | 131 | 155 | 178 | 196 |
|  | 3～4 天 | 103 | 125 | 149 | 172 | 191 |
|  | 5～10 天 | 100 | 123 | 148 | 172 | 192 |
|  | 10 天以上 | 83 ↓ | 106 ↓ | 130 ↓ | 154 ↓ | 175 ↓ |

注：↑表示本列本学科最高；↓表示本列本学科最低。

# 第四节 教师方面的影响因素

NAEP 采集的教师方面的变量有：①教师培训，如相关学科的教学资格证、师资培训等；②教学实践，包括课程、课程产品、资源材料、课堂管理、教学模式以及教师的工作满意度等。这些因素对学生科学素质的影响情况具体如下。

## 一 强调数据分析的程度

题目：本学年的课程，你对发展数据分析技能（data analysis skills）的重视程度如何？（题目编码：T061108；教师回答）

选项：非常强调；比较强调；不强调。

使用年份：1996，2000。类别：教学内容和实践；子类别：课程。

题目：本学年的课程，你对数据分析、统计和概率（emphasis on data analysis，statistics，and probability）的重视程度如何？（题目编码：T075354；教师回答）

选项：非常强调；比较强调；不强调。

使用年份：2015。类别：教学内容和实践；子类别：课程。

对数据进行科学分析是不可缺少的科学素质，教师强调的程度越高，学生的成绩本应该越高。然而，基于 4 年级测评的结论并非如此：教师强调数据分析的程度越强，学生的成绩并非越好，甚至越差。例如，1996 年测评中，教师比较强调和不强调数据分析的，学生的成绩比较好（149 分），而教师非常强调的，学生的成绩反而不高（145 分）（见表 3 - 30）。可见，教师在强调学生习得某种技能时，不可操之过急，应该把握一个度。

表 3 - 30　教师强调数据分析的程度与 4 年级学生 1996 ~ 2015 年
科学量尺分数和样本百分比

单位：分，%

| 程度 | | 1996 年 | 2000 年 | 2005 年 | 2009 年 | 2015 年 | 均值 |
|---|---|---|---|---|---|---|---|
| 非常强调 | 分数 | 145 ↓ | 146 | — | — | 154 = | 148.3 ↓ |
| | 比例 | 14 | 19 | | | 20 | 17.7 |
| 比较强调 | 分数 | 149 ↑ | 149 ↑ | — | — | 154 = | 150.7 ↑ |
| | 比例 | 53 | 55 | | | 58 | 55.3 |
| 不强调 | 分数 | 149 ↑ | 144 ↓ | — | — | 154 = | 149 |
| | 比例 | 33 | 26 | | | 22 | 27 |

注：—表示无数据；↑表示在本年度最高；↓表示在本年度最低；=表示在本年度相等。

从各等级人数比例均值来看，对数据分析非常强调的教师，其学生"低于基本水平"的人数比例最高，为 34.3% ；达到"基本水平"的人数比例最低，为 35.3% 。对数据分析比较强调的教师，其学生达到"熟练水平""高级水平"的人数比例最高，分别为 29.7% 、3% ；"低于基本水平"的人数比例最低，为 30.7% 。不强调数据分析的教师，其学生达到"基本水平"的人数比例最高，为 37% ；达到"熟练水平""高级水平"的人数比例最低，分别为 28% 、2.3% （见表 3 - 31）。可以看出，教师强调数据分析的程度越强，学生的成绩并非越好。

表 3 - 31　教师强调数据分析的程度与 4 年级学生 1996 ~ 2015 年
科学测评各等级人数比例

单位：%

| 程度 | 等级 | 1996 年 | 2000 年 | 2005 年 | 2009 年 | 2015 年 | 均值 |
|---|---|---|---|---|---|---|---|
| 非常强调 | 低于基本水平 | 41 ↑ | 38 | — | — | 24 ↑ | 34.3 ↑ |
| | 基本水平 | 32 ↓ | 35 ↓ | — | — | 39 ↑ | 35.3 ↓ |
| | 熟练水平 | 24 ↓ | 24 | — | — | 37 = | 28.3 |
| | 高级水平 | 4 ↑ | 3 ↓ | — | — | 1 = | 2.7 |
| 比较强调 | 低于基本水平 | 34 ↑ | 35 ↓ | — | — | 23 ↓ | 30.7 ↓ |
| | 基本水平 | 36 | 35 ↓ | — | — | 38 ↓ | 36.3 |
| | 熟练水平 | 26 ↑ | 26 ↑ | — | — | 37 = | 29.7 ↑ |
| | 高级水平 | 4 ↑ | 4 ↑ | — | — | 1 = | 3 ↑ |
| 不强调 | 低于基本水平 | 34 ↓ | 40 ↑ | — | — | 24 | 32.7 |
| | 基本水平 | 37 ↑ | 36 ↓ | — | — | 38 ↓ | 37 ↑ |
| | 熟练水平 | 26 ↑ | 21 ↓ | — | — | 37 = | 28 ↓ |
| | 高级水平 | 3 ↓ | 3 ↓ | — | — | 1 = | 2.3 ↓ |

注：—表示无数据；↑表示本年度同一水平中最高；↓表示本年度同一水平中最低。

2015 年生命科学测评第 10 百分位分数，对数据分析比较强调的教师所带的学生最高（为 110 分），不强调数据分析的教师所带的学生和对数据分析非常强调的教师所带的学生分数相同，分数最低（为 108 分）；第 25 百分位分数，对数据分析比较强调的教师所带的学生最高，不强调数据分析的教师所带的学生最低；第 50、75、90 百分位分数，对数据分析比较强调的教师所带的学生和对数据分析非常强调的教师所带的学生分数相同，均系最高，不强调数据分析的教师所带的学生分数最低。地球与空间科学测评第 10、25、50、75、90 百分位分数均是对数据分析比较强调的教师所带的学生最高；不强调数据分析的教师所带的学生第 10、25、50、75 百分位分数最低，第 90 百分位分数同样最高；对数据分析非常强调的教师所带的学生第 75、90 百分位分数最低。物理科学测评第 10、25、50、75、90 百分位分数均是对数据分析非常强调的教师所带的学生最低；对数据分析比较强调的教师所带的学生的第 10、25 （并列）百分位分数最高，第 25 （并列）、50、75、90 百分位分数均是不强调数据分析的教师所带的学生最高（见表 3 - 32）。

表 3 - 32　教师强调数据分析的程度与 4 年级学生 2015 年三个学科百分位分数

单位：分

| 学科 | 程度 | 第 10 百分位 | 第 25 百分位 | 第 50 百分位 | 第 75 百分位 | 第 90 百分位 |
|---|---|---|---|---|---|---|
| 生命科学 | 非常强调 | 108 ↓ | 132 | 156 ↑ | 178 ↑ | 197 ↑ |
| | 比较强调 | 110 ↑ | 133 ↑ | 156 ↑ | 178 ↑ | 197 ↑ |
| | 不强调 | 108 ↓ | 131 ↓ | 155 ↓ | 177 ↓ | 196 ↓ |
| 物理科学 | 非常强调 | 108 ↓ | 132 ↓ | 156 ↓ | 177 ↓ | 194 ↓ |
| | 比较强调 | 109 ↑ | 133 ↑ | 157 | 178 | 195 |
| | 不强调 | 108 ↓ | 133 ↑ | 158 ↑ | 179 ↑ | 197 ↑ |
| 地球与空间科学 | 非常强调 | 109 ↑ | 132 | 157 ↑ | 179 ↓ | 197 ↓ |
| | 比较强调 | 109 ↑ | 133 ↑ | 157 ↑ | 180 ↑ | 198 ↑ |
| | 不强调 | 108 ↓ | 131 ↓ | 156 ↓ | 179 ↓ | 198 ↑ |

注：↑表示本列本学科最高；↓表示本列本学科最低。

## 二　每周花在科学教学上的时间

题目：你一般每周花多少时间在科学教学（science instruction）上？（题目编码：T090101；教师回答）

选项：小于 1 小时；1～1.9 小时；2～2.9 小时；3～3.9 小时；4 小时及以上。

使用年份：2005，2009。类别：教学内容和实践；子类别：教学管理。

从 4 年级测评结果我们可以看出，大部分教师每周花在科学教学上的时间为 2～2.9 个小时，2005 年所占比例为 34%，2009 年所占比重为 32%。并且，教师在科学教学方面花费的时间越多，学生的科学成绩就越高，但是在超过 2 个小时之后，效果就不是特别明显了。诸如 2005 年，教师每周花在科学教学上的时间分别为小于 1 小时、1～1.9 小时、2～2.9 小时、3～3.9 小时、4 小时及以上，对应的学生成绩依次升高，具体分数分别为 141 分、145 分、152 分、153 分、154 分。2009 年，对应的学生成绩同样依次升高，具体分数分别为 138 分、144 分、151 分、153 分、153 分（见表 3 - 33）。

表 3 - 33　教师花在科学教学上的时间与 4 年级学生 1996 ~ 2015 年
科学量尺分数和样本百分比

单位：分，%

| 所花时间 | | 1996 年 | 2000 年 | 2005 年 | 2009 年 | 2015 年 | 均值 |
|---|---|---|---|---|---|---|---|
| 小于 1 小时 | 分数 | — | — | 141 ↓ | 138 ↓ | — | 139.5 ↓ |
| | 比例 | — | — | 6 | 6 | — | 6 |
| 1 ~ 1.9 小时 | 分数 | — | — | 145 | 144 | — | 144.5 |
| | 比例 | — | — | 17 | 15 | — | 16 |
| 2 ~ 2.9 小时 | 分数 | — | — | 152 | 151 | — | 151.5 |
| | 比例 | — | — | 34 | 32 | — | 33 |
| 3 ~ 3.9 小时 | 分数 | — | — | 153 | 153 ↑ | — | 153 |
| | 比例 | — | — | 27 | 28 | — | 27.5 |
| 4 小时及以上 | 分数 | — | — | 154 ↑ | 153 ↑ | — | 153.5 ↑ |
| | 比例 | — | — | 17 | 19 | — | 18 |

注：—表示无数据；↑表示在本年度最高；↓表示在本年度最低。

从各等级人数比例均值来看，教师每周所花时间"小于 1 小时"的，学生"低于基本水平"的人数比例最高，为 43%，达到"基本水平""熟练水平""高级水平"的人数比例最低，分别为 36.5%、20.5%、0.5%。教师所花时间为"2 ~ 2.9 小时"的，学生达到"基本水平"的人数比例最高，为 39.5%；所花时间为"4 小时及以上"的，学生"低于基本水平"的人数比例最低，为 26.5%，达到"基本水平""熟练水平""高级水平"的人数比例最高，分别为 39.5%、32.5%、2%（见表 3 - 34）。测评结果表明，教师在科学教学方面投入的时间越多，所培养的学生科学素质越高。

表 3 – 34　教师花在科学教学上的时间与 4 年级学生 1996～2015 年科学测评各等级人数比例

单位：%

| 所花时间 | 等级 | 1996 年 | 2000 年 | 2005 年 | 2009 年 | 2015 年 | 均值 |
|---|---|---|---|---|---|---|---|
| 小于 1 小时 | 低于基本水平 | — | — | 45 ↑ | 41 ↑ | — | 43 ↑ |
| | 基本水平 | — | — | 36 ↓ | 37 ↓ | — | 36.5 ↓ |
| | 熟练水平 | — | — | 18 ↓ | 23 ↓ | — | 20.5 ↓ |
| | 高级水平 | — | — | 1 ↓ | 0 ↓ | — | 0.5 ↓ |
| 1～1.9 小时 | 低于基本水平 | — | — | 39 | 33 | — | 36 |
| | 基本水平 | — | — | 38 | 38 | — | 38 |
| | 熟练水平 | — | — | 21 | 28 | — | 24.5 |
| | 高级水平 | — | — | 2 | 0 ↓ | — | 1 |
| 2～2.9 小时 | 低于基本水平 | — | — | 31 | 26 | — | 28.5 |
| | 基本水平 | — | — | 40 ↑ | 39 ↑ | — | 39.5 ↑ |
| | 熟练水平 | — | — | 27 | 34 | — | 30.5 |
| | 高级水平 | — | — | 3 ↑ | 1 ↑ | — | 2 ↑ |
| 3～3.9 小时 | 低于基本水平 | — | — | 30 | 25 ↓ | — | 27.5 |
| | 基本水平 | — | — | 39 | 39 ↑ | — | 39 |
| | 熟练水平 | — | — | 28 | 36 ↑ | — | 32 |
| | 高级水平 | — | — | 3 ↑ | 1 ↑ | — | 2 ↑ |
| 4 小时及以上 | 低于基本水平 | — | — | 28 ↓ | 25 ↓ | — | 26.5 ↓ |
| | 基本水平 | — | — | 40 ↑ | 39 ↑ | — | 39.5 ↑ |
| | 熟练水平 | — | — | 29 ↑ | 36 ↑ | — | 32.5 ↑ |
| | 高级水平 | — | — | 3 ↑ | 1 ↑ | — | 2 ↑ |

注：—表示无数据；↑表示本年度同一水平中最高；↓表示本年度同一水平中最低。

　　4 年级学生 2009 年三个学科第 10、25、50、75、90 百分位分数，均是所花时间"小于 1 小时"的教师所带的学生最低。生命科学和地球与空间科学五个百分位分数均是所花时间为"3～3.9 小时"的教师所带的学生最高。物理科学五个百分位分数均是所花时间为"4 小时及以上"的教师所带的学生最高（见表 3 – 35）。

表 3 – 35　教师花在科学教学上的时间与 4 年级学生 2009 年三个学科百分位分数

单位：分

| 学科 | 所花时间 | 第 10 百分位 | 第 25 百分位 | 第 50 百分位 | 第 75 百分位 | 第 90 百分位 |
|---|---|---|---|---|---|---|
| 生命科学 | 小于 1 小时 | 93 ↓ | 116 ↓ | 140 ↓ | 163 ↓ | 183 ↓ |
| | 1 ~ 1.9 小时 | 98 | 121 | 146 | 170 | 189 |
| | 2 ~ 2.9 小时 | 106 | 130 | 153 | 175 | 194 |
| | 3 ~ 3.9 小时 | 108 ↑ | 131 ↑ | 155 ↑ | 177 ↑ | 195 ↑ |
| | 4 小时及以上 | 108 ↑ | 131 ↑ | 154 | 177 ↑ | 195 ↑ |
| 物理科学 | 小于 1 小时 | 91 ↓ | 115 ↓ | 140 ↓ | 164 ↓ | 184 ↓ |
| | 1 ~ 1.9 小时 | 96 | 122 | 148 | 171 | 189 |
| | 2 ~ 2.9 小时 | 106 | 130 | 154 | 176 | 193 |
| | 3 ~ 3.9 小时 | 107 | 131 | 155 ↑ | 176 | 194 ↑ |
| | 4 小时及以上 | 108 ↑ | 132 ↑ | 155 ↑ | 177 ↑ | 194 ↑ |
| 地球与空间科学 | 小于 1 小时 | 93 ↓ | 115 ↓ | 140 ↓ | 164 ↓ | 184 ↓ |
| | 1 ~ 1.9 小时 | 98 | 122 | 147 | 170 | 189 |
| | 2 ~ 2.9 小时 | 106 ↑ | 130 ↑ | 154 | 176 | 194 |
| | 3 ~ 3.9 小时 | 106 ↑ | 130 ↑ | 155 ↑ | 177 ↑ | 195 ↑ |
| | 4 小时及以上 | 106 ↑ | 129 | 154 | 177 ↑ | 195 ↑ |

注：↑ 表示本列本学科最高；↓ 表示本列本学科最低。

## 三　讨论有关科学的新闻事件

题目：在学校学习科学时，你（们）多久讨论一次新闻报道中的科学（discuss science in the news）？（题目编码：K811603；学生回答）

选项：几乎每天；一周 1 ~ 2 次；一个月 1 ~ 2 次；几乎从不。

使用年份：1996。类别：教学内容和实践；子类别：教学模式/课堂活动。

题目：在学校学习科学时，你（们）多久讨论一次新闻报道中的科学？（题目编码：K811653；学生回答）

选项：几乎从不；一个月 1 ~ 2 次；一周 1 ~ 2 次；几乎每天。

使用年份：2005。类别：教学内容和实践；子类别：教学模式/课堂活动。

　　题目：本学年，你（们）多久讨论一次有关科学的新闻事件（news stories about science）？（题目编码：K818801；学生回答）

　　选项：几乎从不；几周 1 次；一周 1 次；每周 2~3 次；几乎每天。

　　使用年份：2009，2015。类别：教学内容和实践；子类别：教学模式/课堂活动。

　　"讨论有关科学的新闻事件"是由学生回答的问题，但其属于"教学内容和实践"类别中的"教学模式/课堂活动"子类别，实际上属于教师因素；学生是否讨论、多久讨论一次，是由教师主导的。因调查问卷中对应题目的选项有差异，所以分别列表展示测评结果。依经验常识判断，教师组织学生讨论新闻中的科学越多，学生的科学素质应该越高。然而，测评数据表明，教师组织学生讨论新闻中的科学的频次越高，学生的平均成绩越低。例如，2015 年测评中，以教师在课堂上讨论新闻中的科学的频次为变量，学生科学量尺分数从高到低依次是：几乎从不（158 分）、几周 1 次（156 分）、一周 1 次（148 分）、每周 2~3 次（141 分）、几乎每天（129 分）；2005 年测评中，学生科学分数从高到低依次是：几乎从不（156 分）和一个月 1~2 次（156 分）、一周 1~2 次（151 分）、几乎每天（139 分）。究其原因，NAEP 是基于课程标准的测评项目，主要考查的是学生课程知识的理解情况，并非侧重考查学生解决生活问题的素质。所以，注重课程知识的教学，更有利于学生科学分数的提高（见表 3 - 36、表 3 - 37）。

　　**表 3 - 36　讨论有关科学的新闻事件与 4 年级学生 2009~2015 年科学量尺分数和样本百分比**

单位：分，%

| 讨论的频次 | 2009 年 | | 2015 年 | | 均值 | |
|---|---|---|---|---|---|---|
| | 分数 | 比例 | 分数 | 比例 | 分数 | 比例 |
| 几乎从不 | 154 ↑ | 48 | 158 ↑ | 54 | 156 ↑ | 51 |
| 几周 1 次 | 153 | 28 | 156 | 25 | 154.5 | 26.5 |
| 一周 1 次 | 145 | 12 | 148 | 10 | 146.5 | 11 |

续表

| 讨论的频次 | 2009 年 | | 2015 年 | | 均值 | |
|---|---|---|---|---|---|---|
| | 分数 | 比例 | 分数 | 比例 | 分数 | 比例 |
| 每周 2~3 次 | 139 | 7 | 141 | 6 | 140 | 6.5 |
| 几乎每天 | 129↓ | 6 | 129↓ | 5 | 129↓ | 5.5 |

注：↑表示在本年度最高；↓表示在本年度最低。

表 3-37　讨论新闻中的科学与 4 年级学生 1996~2005 年科学量尺分数和样本百分比

单位：分，%

| 讨论频次 | 1996 年 | | 2000 年 | | 2005 年 | | 均值 | |
|---|---|---|---|---|---|---|---|---|
| | 分数 | 比例 | 分数 | 比例 | 分数 | 比例 | 分数 | 比例 |
| 几乎从不 | 151 | 57 | — | — | 156↑ | 68 | 153.5 | 62.5 |
| 一个月 1~2 次 | 154↑ | 14 | — | — | 156↑ | 15 | 155↑ | 14.5 |
| 一周 1~2 次 | 145 | 16 | — | — | 151 | 10 | 148 | 13 |
| 几乎每天 | 135↓ | 12 | — | — | 139↓ | 6 | 137↓ | 9 |

注：—表示无数据；↑表示在本年度最高；↓表示在本年度最低。

从各等级人数比例均值来看，几乎从不讨论新闻中科学的学生"低于基本水平"的人数比例最低，为 21.5%，达到"基本水平""熟练水平""高级水平"的人数比例最高，依次为 39%、39%、1%；几乎每天都讨论新闻中科学的学生"低于基本水平"的人数比例最高，为 50%，达到"基本水平""熟练水平""高级水平"的人数比例最低，依次为 33.5%、16%、0%（见表 3-38）。分析发现：几乎从不讨论新闻中科学的学生，其科学成绩较高。

表 3-38　讨论新闻中的科学与 4 年级学生 2009~2015 年科学测评各等级人数比例

单位：%

| 讨论频次 | 等级 | 2009 年 | 2015 年 | 均值 |
|---|---|---|---|---|
| 几乎从不 | 低于基本水平 | 23↓ | 20↓ | 21.5↓ |
| | 基本水平 | 40↑ | 38 | 39↑ |
| | 熟练水平 | 37↑ | 41↑ | 39↑ |
| | 高级水平 | 1↑ | 1↑ | 1↑ |

| 讨论频次 | 等级 | 2009 年 | 2015 年 | 均值 |
|---|---|---|---|---|
| 几周 1 次 | 低于基本水平 | 25 | 22 | 23.5 |
| | 基本水平 | 39 | 39 ↑ | 39 ↑ |
| | 熟练水平 | 35 | 38 | 36.5 |
| | 高级水平 | 1 ↑ | 1 ↑ | 1 ↑ |
| 一周 1 次 | 低于基本水平 | 34 | 29 | 31.5 |
| | 基本水平 | 37 | 38 | 37.5 |
| | 熟练水平 | 29 | 32 | 30.5 |
| | 高级水平 | 0 ↓ | 1 ↑ | 0 ↓ |
| 每周 2~3 次 | 低于基本水平 | 39 | 37 | 38 |
| | 基本水平 | 37 | 37 | 37 |
| | 熟练水平 | 24 | 25 | 24.5 |
| | 高级水平 | 0 ↓ | 0 ↓ | 0 ↓ |
| 几乎每天 | 低于基本水平 | 50 ↑ | 50 ↑ | 50 ↑ |
| | 基本水平 | 33 ↓ | 34 ↓ | 33.5 ↓ |
| | 熟练水平 | 16 ↓ | 16 ↓ | 16 ↓ |
| | 高级水平 | 0 ↓ | 0 ↓ | 0 ↓ |

注：↑表示本年度同一水平中最高；↓表示本年度同一水平中最低。

4 年级学生 2015 年三个学科的第 10、25、50、75、90 百分位分数，均是"几乎从不"讨论新闻中科学的学生最高，"几乎每天"讨论新闻中科学的学生最低。例如，生命科学测评中，"几乎从不"讨论新闻中科学的学生五个百分位分数依次是 115 分、137 分、159 分、180 分、199 分，分别高于"几乎每天"讨论新闻中科学的学生 33 分、30 分、26 分、23 分、21 分（见表 3 - 39）。

表 3 - 39　讨论新闻中的科学与 4 年级学生 2015 年三个学科百分位分数

单位：分

| 学科 | 讨论频次 | 第 10 百分位 | 第 25 百分位 | 第 50 百分位 | 第 75 百分位 | 第 90 百分位 |
|---|---|---|---|---|---|---|
| 生命科学 | 几乎从不 | 115 ↑ | 137 ↑ | 159 ↑ | 180 ↑ | 199 ↑ |
| | 几周 1 次 | 112 | 134 | 157 | 179 | 197 |
| | 一周 1 次 | 103 | 127 | 151 | 173 | 193 |
| | 每周 2 - 3 次 | 94 | 118 | 144 | 168 | 188 |
| | 几乎每天 | 82 ↓ | 107 ↓ | 133 ↓ | 157 ↓ | 178 ↓ |

续表

| 学科 | 讨论频次 | 第 10 百分位 | 第 25 百分位 | 第 50 百分位 | 第 75 百分位 | 第 90 百分位 |
|---|---|---|---|---|---|---|
| 物理科学 | 从不 | 115 ↑ | 138 ↑ | 160 ↑ | 180 ↑ | 198 ↑ |
| | 几周 1 次 | 112 | 135 | 158 | 178 | 196 |
| | 一周 1 次 | 101 | 127 | 152 | 174 | 193 |
| | 每周 2~3 次 | 90 | 116 | 144 | 167 | 186 |
| | 几乎每天 | 80 ↓ | 106 ↓ | 133 ↓ | 157 ↓ | 177 ↓ |
| 地球与空间科学 | 从不 | 115 ↑ | 137 ↑ | 160 ↑ | 182 ↑ | 200 ↑ |
| | 几周 1 次 | 112 | 135 | 158 | 180 | 198 |
| | 一周 1 次 | 101 | 125 | 151 | 174 | 194 |
| | 每周 2~3 次 | 96 | 120 | 146 | 170 | 190 |
| | 几乎每天 | 84 ↓ | 106 ↓ | 131 ↓ | 156 ↓ | 177 ↓ |

注：↑表示本列本学科最高；↓表示本列本学科最低。

## 四 教学资源

题目：你在教学中所需要的教学材料和其他资源（instructional materials and other resources），学校为你提供了多少？（题目编码：T041201；教师回答）

选项：所有；大部分；一些；无。

使用年份：1996，2000。类别：教师因素；子类别：教师满意度。

题目：你在教学中所需要的教学材料和其他资源（instructional materials and other resources），学校为你提供了多少？（题目编码：T092301；教师回答）

选项：所有；大部分；一些；无。

使用年份：2005，2009，2015。类别：教师因素；子类别：教师满意度。

学校提供的教学资源，关键要看教师是否能够运用于科学教学中。鉴于此，NAEP 并未将此因素列入学校因素，而列入了教师因素；我们也将此因素称为教师可用的教学资源。从 4 年级测评数据来看（除 1996 年），教师可用的教学资源越多，学生平均成绩越高。例如，2015 年测评中，分别有 10%、42%、45% 的教师认为可以运用所有、大部分、一些教学资源，还有 3% 的教师回答"无"任何教学资源可用，他们的科学量尺分数依次为 160 分、158 分、152 分、144 分（见表 3 - 40）。

**表 3 - 40　可用的教学资源与 4 年级学生 1996~2015 年**
**科学量尺分数和样本百分比**

单位：分，%

| 可用的教学资源 | | 1996 年 | 2000 年 | 2005 年 | 2009 年 | 2015 年 | 均值 |
|---|---|---|---|---|---|---|---|
| 所有 | 分数 | 146 ↓ | 154 ↑ | 154 ↑ | 153 ↑ | 160 ↑ | 153.4 ↑ |
| | 比例 | 11 | 16 | 19 | 12 | 10 | 13.6 |
| 大部分 | 分数 | 151 ↑ | 149 | 152 | 151 | 158 | 152.2 |
| | 比例 | 50 | 56 | 45 | 46 | 42 | 47.8 |
| 一些 | 分数 | 147 | 140 | 148 | 148 | 152 | 147 |
| | 比例 | 39 | 27 | 34 | 41 | 45 | 37.2 |
| 无 | 分数 | ‡ | 118 ↓ | 137 ↓ | 141 ↓ | 144 ↓ | 135 ↓ |
| | 比例 | 1 | 1 | 2 | 2 | 3 | 1.8 |

注：‡ 表示数据不符合报告标准；↑ 表示在本年度最高；↓ 表示在本年度最低。

从各等级人数比例均值来看，教师可用"所有"教学资源的，学生"低于基本水平"的人数比例最低，为 27.8%，达到"熟练水平"的人数比例最高，为 32.4%；教师可用"大部分"教学资源的，学生达到"基本水平""高级水平"的人数比例最高，分别为 37.6%、2.6%；教师可用的教学资源为"无"的，学生"低于基本水平"的人数比例最高，为 47%，达到"基本水平""熟练水平""高级水平"的人数比例均最低，依次为 32.8%、19.5%、0.2%（见表 3 - 41）。分析发现：教师可用的教学资源越丰富、越能够满足科学教学的需求，学生的成绩就越高。

**表 3 - 41　可用的教学资源与 4 年级学生 1996 ~ 2015 年科学测评各等级人数比例**

单位：%

| 可用的<br>教学资源 | 等级 | 1996 年 | 2000 年 | 2005 年 | 2009 年 | 2015 年 | 均值 |
|---|---|---|---|---|---|---|---|
| 所有 | 低于基本水平 | 38 ↑ | 29 ↓ | 28 | 25 ↓ | 19 ↓ | 27.8 ↓ |
| | 基本水平 | 35 ↓ | 37 ↑ | 40 ↑ | 38 ↓ | 36 ↓ | 37.2 |
| | 熟练水平 | 24 ↓ | 29 ↑ | 29 ↑ | 36 ↑ | 44 ↑ | 32.4 ↑ |
| | 高级水平 | 3 ↓ | 4 ↑ | 3 ↑ | 1 ↑ | 1 = | 2.4 |
| 大部分 | 低于基本水平 | 32 ↓ | 35 | 31 | 26 | 20 | 28.8 |
| | 基本水平 | 37 ↑ | 35 | 39 | 39 ↑ | 38 | 37.6 ↑ |
| | 熟练水平 | 27 ↑ | 26 | 27 | 4 ↓ | 41 | 25 |
| | 高级水平 | 4 ↑ | 4 ↑ | 3 ↑ | 1 ↑ | 1 = | 2.6 ↑ |
| 一些 | 低于基本水平 | 37 | 45 | 6 ↓ | 29 | 25 | 28.4 |
| | 基本水平 | 35 ↓ | 34 | 39 | 39 ↑ | 40 ↑ | 37.4 |
| | 熟练水平 | 25 | 19 | 24 | 32 | 34 | 26.8 |
| | 高级水平 | 3 ↓ | 2 | 2 | 0 ↓ | 1 | 1.6 |
| 无 | 低于基本水平 | ‡ | 67 ↑ | 50 ↑ | 37 ↑ | 34 ↑ | 47 ↑ |
| | 基本水平 | ‡ | 20 ↓ | 33 ↓ | 39 ↑ | 39 | 32.8 ↓ |
| | 熟练水平 | ‡ | 13 ↓ | 15 ↓ | 24 | 26 ↓ | 19.5 ↓ |
| | 高级水平 | ‡ | 0 ↓ | 1 ↓ | 0 ↓ | 1 = | 0.2 ↓ |

注：‡ 表示数据不符合报告标准；↑ 表示本年度同一水平中最高；↓ 表示本年度同一水平中最低；= 表示本年度同一水平中相等。

　　4 年级学生 2015 年三个学科的第 10、25、50、75、90 百分位分数，均是教师可用"所有"教学资源的学生最高，教师"无"可用教学资源的学生最低。例如，物理科学测评中，教师可用"所有"教学资源的学生的五个百分位分数依次是 116 分、140 分、163 分、184 分、201 分，分别高于教师"无"可用教学资源的学生 20 分、19 分、16 分、15 分、14 分（见表 3 - 42）。

表 3 – 42　可用的教学资源与 4 年级学生 2015 年三个学科百分位分数

单位：分

| 学科 | 可用的教学资源 | 第 10 百分位 | 第 25 百分位 | 第 50 百分位 | 第 75 百分位 | 第 90 百分位 |
|---|---|---|---|---|---|---|
| 生命科学 | 所有 | 115 ↑ | 137 ↑ | 160 ↑ | 182 ↑ | 201 ↑ |
| | 大部分 | 113 | 136 | 159 | 181 | 199 |
| | 一些 | 108 | 131 | 154 | 176 | 194 |
| | 无 | 99 ↓ | 122 ↓ | 146 ↓ | 169 ↓ | 189 ↓ |
| 物理科学 | 所有 | 116 ↑ | 140 ↑ | 163 ↑ | 184 ↑ | 201 ↑ |
| | 大部分 | 113 | 137 | 160 | 181 | 198 |
| | 一些 | 107 | 131 | 154 | 175 | 193 |
| | 无 | 96 ↓ | 121 ↓ | 147 ↓ | 169 ↓ | 187 ↓ |
| 地球与空间科学 | 所有 | 116 ↑ | 139 ↑ | 163 ↑ | 185 ↑ | 203 ↑ |
| | 大部分 | 114 | 136 | 160 | 182 | 200 |
| | 一些 | 107 | 130 | 154 | 176 | 195 |
| | 无 | 98 ↓ | 120 ↓ | 145 ↓ | 169 ↓ | 189 ↓ |

注：↑表示本列本学科最高；↓表示本列本学科最低。

# 第五节　学校方面的影响因素

NAEP 采集的学校方面的影响因素有：①学校政策，如能力或成绩分组、评价次数、课程开设、学生分班等；②学校资源，如电脑、卫星电视等设备；③学校氛围，包括全职教师、志愿者、学生缺席率等；④学校特征，即学校的人口统计学，包括午餐、入学条件、人种比例、学校性质等。这些因素对学生科学素质的影响情况具体如下。

## 一　所在的国家区域方位

题目：学校位于美国什么区域方位（Region of the country）？（题目编码：CENSREG；按照美国人口普查定义的国家区域）

选项：东北部；中西部；南部；西部。

使用年份：2005，2009，2015。类别：主报告类；子类别：社区因素。

将全国的学校（亦即学生家庭）按照国家的区域方位分成东北部、中西部、南部和西部共四个地区。4 年级不同区域方位的学生的表现具有一定的差异性，中西部地区学生的科学素质较高，而西部地区学生的科学素质偏低。例如，2015 年东北部地区学生的平均成绩为 156 分，中西部地区学生的平均成绩为 157 分，南部地区学生的平均成绩为 155 分，西部地区学生的平均成绩为 147 分：中西部地区学生的平均成绩最高，西部地区学生的平均成绩最低（见表 3 - 43）。

表 3 - 43　所在国家方位与 4 年级学生 1996 ~ 2015 年科学量尺分数和样本百分比

单位：分，%

| 国家方位 | | 1996 年 | 2000 年 | 2005 年 | 2009 年 | 2015 年 | 均值 |
|---|---|---|---|---|---|---|---|
| 东北部 | 分数 | — | — | 154 | 154 | 156 | 154.7 |
| | 比例 | — | — | 19 | 17 | 16 | 17.3 |
| 中西部 | 分数 | — | — | 155 ↑ | 155 ↑ | 157 ↑ | 155.7 ↑ |
| | 比例 | — | — | 21 | 22 | 21 | 21.3 |
| 南部 | 分数 | — | — | 151 | 150 | 155 | 152 |
| | 比例 | — | — | 36 | 37 | 38 | 37 |
| 西部 | 分数 | — | — | 144 ↓ | 143 ↓ | 147 ↓ | 144.7 ↓ |
| | 比例 | — | — | 24 | 24 | 25 | 24.3 |

注：—表示无数据；↑表示在本年度最高；↓表示在本年度最低。

从各等级人数比例均值来看，东北部地区、中西部地区、南部地区的学生达到"高级水平"的人数比例最高，均为 1.7%，而西部地区的学生达到"高级水平"的人数比例最低，为 1.3%；南部地区的学生达到"基本水平"的人数比例最高，为 39.3%；中西部地区的学生达到"熟练水平"的人数比例最高，为 36.3%，"低于基本水平"的人数比例最低，为 23%；西部地区的学生"低于基本水平"的人数比例最高，为 35.3%，达到"基本水平""熟练水平"的人数比例最低，分别为 37.3%、26%（见表 3 - 44）。可以看出，中西部地区学生的科学素质较高，西部地区学生的科学素质较低。

表 3 – 44　所在国家方位与 4 年级学生 1996～2015 年
科学测评各等级人数比例

单位：%

| 国家方位 | 等级 | 1996 年 | 2000 年 | 2005 年 | 2009 年 | 2015 年 | 均值 |
|---|---|---|---|---|---|---|---|
| 东北部 | 低于基本水平 | — | — | 28 | 24 | 23 | 25 |
| | 基本水平 | — | — | 40 ↑ | 39 | 38 ↓ | 39 |
| | 熟练水平 | — | — | 30 ↑ | 37 | 39 | 35.3 |
| | 高级水平 | — | — | 3 ↑ | 1 = | 1 = | 1.7 ↑ |
| 中西部 | 低于基本水平 | — | — | 27 ↓ | 22 ↓ | 20 ↓ | 23 ↓ |
| | 基本水平 | — | — | 40 ↑ | 38 | 38 ↓ | 38.7 |
| | 熟练水平 | — | — | 30 ↑ | 39 ↑ | 40 ↑ | 36.3 ↑ |
| | 高级水平 | — | — | 3 ↑ | 1 = | 1 = | 1.7 ↑ |
| 南部 | 低于基本水平 | — | — | 33 | 28 | 23 | 28 |
| | 基本水平 | — | — | 40 ↑ | 40 ↑ | 38 ↓ | 39.3 ↑ |
| | 熟练水平 | — | — | 25 | 32 | 38 | 31.7 |
| | 高级水平 | — | — | 3 ↑ | 1 = | 1 = | 1.7 ↑ |
| 西部 | 低于基本水平 | — | — | 41 ↑ | 35 ↑ | 30 ↑ | 35.3 ↑ |
| | 基本水平 | — | — | 36 ↓ | 37 ↓ | 39 ↑ | 37.3 ↓ |
| | 熟练水平 | — | — | 21 ↓ | 27 ↓ | 30 ↓ | 26 ↓ |
| | 高级水平 | — | — | 2 ↓ | 1 = | 1 = | 1.3 ↓ |

注：—表示无数据；↑表示本年度同一水平中最高；↓表示本年度同一水平中最低；=表示本年度同一水平中相等。

4 年级学生的 2015 年生命科学第 10、25、50（并例）百分位分数均是中西部地区学生最高，第 50（并列）、75、90 百分位分数均是东北部地区学生最高，第 10、25、50、75、90 百分位分数均是西部地区学生最低。物理科学第 10、25、50 百分位分数均是中西部地区学生最高，第 75、90 百分位分数均是南部地区学生最高，第 10、25、50、75、90 百分位分数均是西部地区学生最低。地球与空间科学第 10、25、50、75、90 百分位分数均是中西部地区学生最高，西部地区学生最低（见表 3 – 45）。简言之，中西部地区学生的科学素质较高，而西部地区学生的科学素质偏低。

表 3 – 45　所在国家方位与 4 年级学生 2015 年三个学科百分位分数

单位：分

| 学科 | 国家方位 | 第 10 百分位 | 第 25 百分位 | 第 50 百分位 | 第 75 百分位 | 第 90 百分位 |
|------|---------|-----------|-----------|-----------|-----------|-----------|
| 生命科学 | 东北部 | 112 | 135 | 158 ↑ | 180 ↑ | 199 ↑ |
| | 中西部 | 113 ↑ | 136 ↑ | 158 ↑ | 179 | 197 |
| | 南部 | 110 | 133 | 156 | 178 | 197 |
| | 西部 | 102 ↓ | 127 ↓ | 151 ↓ | 173 ↓ | 193 ↓ |
| 物理科学 | 东北部 | 110 | 134 | 158 | 179 | 197 ↑ |
| | 中西部 | 113 ↑ | 136 ↑ | 159 ↑ | 179 | 195 |
| | 南部 | 111 | 135 | 158 | 180 ↑ | 197 ↑ |
| | 西部 | 100 ↓ | 125 ↓ | 150 ↓ | 172 ↓ | 190 ↓ |
| 地球与空间科学 | 东北部 | 111 | 133 | 157 | 180 | 198 |
| | 中西部 | 115 ↑ | 138 ↑ | 161 ↑ | 182 ↑ | 199 ↑ |
| | 南部 | 111 | 133 | 157 | 180 | 199 ↑ |
| | 西部 | 100 ↓ | 124 ↓ | 150 ↓ | 173 ↓ | 193 ↓ |

注：↑表示本列本学科最高；↓表示本列本学科最低。

## 二　学校所在地

题目：学校所在社区的类型（Type of community）是什么？（题目编码：TOL7；根据人口普查数据明确学校所在的社区类型）

选项：大城市；中等城市；大城市郊区；中等城市郊区；大城镇；小城镇；农村。

使用年份：2000，2005。类别：学校因素；子类别：人口统计学。

题目：学校所在社区的类型（Type of community）是什么？（题目编码：UTOL4；基于人口普查数据，该数据用四个类别描述了城市化区域）

选项：城市；郊区；城镇；农村。

使用年份：2009，2015。类别：主报告类；子类别：学校因素。

学校所在城市区域的规模，对学生的成绩也有一定的影响。在 4 年级测评中，郊区（包括大城市郊区和中等城市郊区）学校、城镇（包括大城镇和小城镇）学校以及农村学校的学生的成绩普遍较高，而城市（包括大城市和中等城市）学校的学生成绩普遍偏低。例如，2000 年，农村学校的学生平均成绩最高，为 154 分；2005 年小城镇学校的学生平均成绩最高，为157 分；2009 年农村学校的学生平均成绩最高，为 155 分；2015 年农村学校、郊区学校的学生平均成绩最高，为 157 分（见表 3 - 46）。可见，美国城镇教育与城市教育的均衡处理得较好，城镇学校更加重视学生科学素质的培养与提升。

表 3 - 46　学校所在地与 4 年级学生 1996～2015 年科学量尺分数和样本百分比

单位：分，%

| 学校所在地 | 1996 年 | | 2000 年 | | 2005 年 | | 2009 年 | | 2015 年 | |
|---|---|---|---|---|---|---|---|---|---|---|
| | 分数 | 比例 | 分数 | 比例 | 分数 | 比例 | 分数 | 比例 | 分数 | 比例 |
| 大城市 | — | — | 132 | 20 | 138 | 16 | 142 | 31 | 148 | 31 |
| 中等城市 | — | — | 147 | 11 | 148 | 16 | | | | |
| 大城市郊区 | — | — | 150 | 35 | 154 | 30 | 154 | 36 | 157 | 41 |
| 中等城市郊区 | — | — | 151 | 10 | 156 | 13 | | | | |
| 大城镇 | — | — | ‡ | 1 | 154 | 1 | 150 | 11 | 153 | 11 |
| 小城镇 | — | — | 148 | 9 | 157 | 7 | | | | |
| 农村 | — | — | 154 | 14 | 155 | 18 | 155 | 21 | 157 | 17 |

注：2009 年、2015 年测评中，将"大城市""中等城市"合并为"城市"，将"大城市郊区""中等城市郊区"合并为"郊区"，将"大城镇""小城镇"合并为"城镇"；—表示无数据；‡表示数据不符合报告标准。

从各等级人数比例均值来看，城市学校的学生"低于基本水平"的人数比例最高，为 34%，比农村学校的学生（最低）高 14 个百分点；达到"基本水平""熟练水平"的人数比例最低，分别为 36.5%、28.5%，比农村学校的学生（最高）分别低 4.5 个、10 个百分点；达到"高级水平"的人数比例与郊区学校的学生一致，为最高（见表 3 - 47）。可以看出，农村学校和郊区学校的学生的科学素质较高，城市学校的学生的科学素质偏低。

表 3 – 47　学校所在地与 4 年级学生 2009 ~ 2015 年科学测评各等级人数比例

单位：%

| 学校所在地 | 等级 | 2009 年 | 2015 年 | 均值 |
|---|---|---|---|---|
| 城市 | 低于基本水平 | 37 ↑ | 31 ↑ | 34 ↑ |
|  | 基本水平 | 36 ↓ | 37 ↓ | 36.5 ↓ |
|  | 熟练水平 | 26 ↓ | 31 ↓ | 28.5 ↓ |
|  | 高级水平 | 1 ↑ | 1 = | 1 ↑ |
| 郊区 | 低于基本水平 | 24 | 21 | 22.5 |
|  | 基本水平 | 38 | 38 | 38 |
|  | 熟练水平 | 37 ↑ | 40 ↑ | 38.5 ↑ |
|  | 高级水平 | 1 ↑ | 1 = | 1 ↑ |
| 城镇 | 低于基本水平 | 26 | 24 | 25 |
|  | 基本水平 | 40 | 40 ↑ | 40 |
|  | 熟练水平 | 33 | 35 | 34 |
|  | 高级水平 | 0 ↓ | 1 = | 0.5 ↓ |
| 农村 | 低于基本水平 | 21 ↓ | 19 ↓ | 20 ↓ |
|  | 基本水平 | 42 ↑ | 40 ↑ | 41 ↑ |
|  | 熟练水平 | 37 ↑ | 40 ↑ | 38.5 ↑ |
|  | 高级水平 | 0 ↓ | 1 = | 0.5 ↓ |

　　注：↑表示本年度同一水平中最高；↓表示本年度同一水平中最低；=表示本年度同一水平中相等。

　　2015 年生命科学测评的第 10、25、50、75、90 百分位分数均是城市学校的学生最低，第 10、25 百分位分数均是农村学校的学生最高，第 50 百分位分数是农村学校的学生和郊区学校的学生一致最高，第 75、90 百分位分数是郊区学校的学生最高。地球与空间科学、物理科学大体一致，第 10、25、50、75 百分位分数均是城市学校的学生最低，第 90 百分位分数均是城镇学校的学生最低。物理科学测评的第 10 百分位分数是农村学校的学生最高，第 25 百分位分数是农村学校的学生和郊区学校的学生一致最高，第 50、75、90 百分位分数是郊区学校的学生最高。地球与空间科学测评的第 10、25、50 百分位分数是农村学校的学生最高，第 75、90 百分位分数是郊区学校的学生最高（见表 3 – 48）。

表 3 - 48　学校所在地与 4 年级学生 2015 年三个学科百分位分数

单位：分

| 学科 | 学校所在地 | 第 10 百分位 | 第 25 百分位 | 第 50 百分位 | 第 75 百分位 | 第 90 百分位 |
|---|---|---|---|---|---|---|
| 生命科学 | 城市 | 101 ↓ | 125 ↓ | 150 ↓ | 174 ↓ | 194 ↓ |
| | 郊区 | 113 | 135 | 158 ↑ | 180 ↑ | 198 ↑ |
| | 城镇 | 110 | 132 | 155 | 177 | 195 |
| | 农村 | 116 ↑ | 137 ↑ | 158 ↑ | 179 | 197 |
| 物理科学 | 城市 | 100 ↓ | 125 ↓ | 151 ↓ | 174 ↓ | 194 |
| | 郊区 | 113 | 137 ↑ | 160 ↑ | 180 ↑ | 197 ↑ |
| | 城镇 | 109 | 132 | 155 | 175 | 191 ↓ |
| | 农村 | 115 ↑ | 137 ↑ | 158 | 178 | 195 |
| 地球与空间科学 | 城市 | 100 ↓ | 123 ↓ | 149 ↓ | 174 ↓ | 195 |
| | 郊区 | 113 | 136 | 160 | 182 ↑ | 200 ↑ |
| | 城镇 | 110 | 132 | 156 | 177 | 194 ↓ |
| | 农村 | 118 ↑ | 139 ↑ | 161 ↑ | 181 | 199 |

注：↑表示本列本学科最高；↓表示本列本学科最低。

## 三　特许学校

题目：学校是否为特许学校（charter school）？（题目编码：CHRTRPT；基于抽样框架和学校问卷调查的数据）

选项：特许学校；非特许学校。

使用年份：2005，2009，2015。类别：主报告类；子类别：学校因素。

美国特许学校是 20 世纪 90 年代教育创新的产物，是美国新世纪学校的典范；但其科学教育是否优异呢？在 4 年级测评中，特许学校样本比例呈现上升趋势，由 2005 年的 1%，增加至 2015 年的 4%，非特许学校样本的比例变化则相反。历年测评结果显示，非特许学校学生的平均成绩均高于特许学校，但是差异性正在逐渐缩减。例如，2005 年，非特许学校学生的平均成绩比特许学校学生高 8 分；2015 年，非特许学校学生的平均成绩比特许学校学生高 3 分（见表 3 - 49）。

表3-49  4年级特许学校与非特许学校学生1996~2015年
科学量尺分数和样本百分比

单位：分，%

| 类别 | | 1996 年 | 2000 年 | 2005 年 | 2009 年 | 2015 年 | 均值 |
|---|---|---|---|---|---|---|---|
| 特许学校 | 分数 | — | — | 143 ↑ | 139 ↑ | 151 ↑ | 144.3 ↑ |
| | 比例 | — | — | 1 | 2 | 4 | 2.3 |
| 非特许学校 | 分数 | — | — | 151 ↑ | 150 ↑ | 154 ↑ | 151.7 ↑ |
| | 比例 | — | — | 99 | 98 | 96 | 97.7 |

注：—表示无数据；↑表示在本年度最高；↓表示在本年度最低。

从各等级人数比例均值来看，特许学校的学生"低于基本水平"的人数比例最高，为36%，比非特许学校的人数比例高8.3个百分点。特许学校的学生与非特许学校的学生达到"基本水平"的人数比例相一致，均为38.7%。非特许学校的学生达到"熟练水平""高级水平"的人数比例最高，依次为32%、1.7%，分别比特许学校分别高7个、1个百分点（见表3-50）。可以看出，非特许学校的学生科学素质较高。

表3-50  4年级特许学校与非特许学校学生1996~2015年科学测评各等级人数比例

单位：%

| 类别 | 等级 | 1996 年 | 2000 年 | 2005 年 | 2009 年 | 2015 年 | 均值 |
|---|---|---|---|---|---|---|---|
| 特许学校 | 低于基本水平 | — | — | 43 ↑ | 38 ↑ | 27 ↑ | 36 ↑ |
| | 基本水平 | — | — | 37 ↓ | 40 ↑ | 39 ↑ | 38.7 = |
| | 熟练水平 | — | — | 20 ↓ | 22 ↓ | 33 ↓ | 25 ↓ |
| | 高级水平 | — | — | 1 | 0 ↓ | 1 = | 0.7 ↓ |
| 非特许学校 | 低于基本水平 | — | — | 32 | 27 | 24 | 27.7 ↓ |
| | 基本水平 | — | — | 39 ↑ | 39 ↓ | 38 ↓ | 38.7 = |
| | 熟练水平 | — | — | 26 ↑ | 33 ↑ | 37 ↑ | 32 ↑ |
| | 高级水平 | — | — | 3 ↑ | 1 ↑ | 1 = | 1.7 ↑ |

注：—表示无数据；↑表示本年度同一水平中最高；↓表示本年度同一水平中最低；=表示本年度同一水平中相等。

4年级学生2015年三个学科的第10、25、50、75、90百分位分数，均是非特许学校的学生较高，特许学校的学生较低。例如，生命科学测评中，

非特许学校的学生的五个百分位分数依次是 109 分、132 分、156 分、178
分、197 分，分别高出特许学校学生 1 分、2 分、3 分、3 分、3 分（见表
3 - 51）。对比特许学校、非特许学校的 4 年级学生在各学科测评中的成绩发
现，非特许学校学生不仅整体科学素质较高，而且各个领域均较突出。

表 3 - 51　4 年级特许学校与非特许学校学生 2015 年三个学科百分位分数

单位：分

| 学科 | 类别 | 第 10 百分位 | 第 25 百分位 | 第 50 百分位 | 第 75 百分位 | 第 90 百分位 |
|------|------|------|------|------|------|------|
| 生命科学 | 特许学校 | 108 ↓ | 130 ↓ | 153 ↓ | 175 ↓ | 194 ↓ |
| | 非特许学校 | 109 ↑ | 132 ↑ | 156 ↑ | 178 ↑ | 197 ↑ |
| 物理科学 | 特许学校 | 107 ↓ | 129 ↓ | 153 ↓ | 175 ↓ | 193 ↓ |
| | 非特许学校 | 108 ↑ | 133 ↑ | 157 ↑ | 178 ↑ | 195 ↑ |
| 地球与空间科学 | 特许学校 | 107 ↓ | 128 ↓ | 152 ↓ | 175 ↓ | 195 ↓ |
| | 非特许学校 | 109 ↑ | 132 ↑ | 157 ↑ | 179 ↑ | 198 ↑ |

注：↑表示本列本学科最高；↓表示本列本学科最低。

## 四　学校规模

题目：你校目前的入学人数（school enrollment）是多少？（题目编码：
SENROL4；学校回答为开放式答案，分为四个范围）

选项：1～299 人；300～499 人；500～699 人；700 人及以上。

使用年份：2005，2009，2015。类别：学校因素；子类别：学校氛围。

从 4 年级测评数据来看，学校规模越小，学生的平均成绩越高。这
可能是因为学校学生的人数少，师生比例、教学资源人均配比相对较合
理，有助于学生科学素质的提高。例如，2005 年分别有 16%、31%、
30%、23% 的学生所在学校的规模为 1～299 人、300～499 人、500～699
人、700 人及以上，他们的平均成绩依次为 155 分、153 分、150 分、146
分（见表 3 - 52）。

**表 3 - 52　学校规模与 4 年级学生 1996 ~ 2015 年科学量尺分数和样本百分比**

单位：分，%

| 学校规模 | | 1996 年 | 2000 年 | 2005 年 | 2009 年 | 2015 年 | 均值 |
|---|---|---|---|---|---|---|---|
| 1 ~ 299 人 | 分数 | — | — | 155 ↑ | 154 ↑ | 157 ↑ | 155.3 ↑ |
| | 比例 | | | 16 | 15 | 12 | 14.3 |
| 300 ~ 499 人 | 分数 | — | — | 153 | 151 | 155 | 153 |
| | 比例 | | | 31 | 33 | 30 | 31.3 |
| 500 ~ 699 人 | 分数 | — | — | 150 | 150 | 153 ↓ | 151 |
| | 比例 | | | 30 | 29 | 34 | 31 |
| 700 人及以上 | 分数 | — | — | 146 ↓ | 147 ↓ | 153 ↓ | 148.7 ↓ |
| | 比例 | | | 23 | 23 | 24 | 23.3 |

注：—表示无数据；↑表示在本年度最高；↓表示在本年度最低。

从等级人数比例均值来看，规模为"1 ~ 299 人"的学校，学生"低于基本水平"的人数比例最低，为 23.3% ，达到"基本水平""熟练水平""高级水平"的人数比例最高，分别为 39.3% 、35.3% 、1.7% 。学校规模"700 人及以上"的，学生"低于基本水平"的人数比例最高，为 31.7% ，达到"基本水平""熟练水平""高级水平"的人数比例最低，分别为 37.7% 、29.7% 、1.3% （见表 3 - 53）。可以看出，小规模学校的学生整体科学素质较高，这也佐证了"小而精"教育的精致性、卓越性。

**表 3 - 53　学校规模与 4 年级学生 1996 ~ 2015 年科学测评各等级人数比例**

单位：%

| 学校规模 | 等级 | 1996 年 | 2000 年 | 2005 年 | 2009 年 | 2015 年 | 均值 |
|---|---|---|---|---|---|---|---|
| 1 ~ 299 人 | 低于基本水平 | — | — | 27 ↓ | 23 ↓ | 20 ↓ | 23.3 ↓ |
| | 基本水平 | — | — | 40 ↑ | 39 ↑ | 39 ↑ | 39.3 ↑ |
| | 熟练水平 | — | — | 29 ↑ | 37 ↑ | 40 ↑ | 35.3 ↑ |
| | 高级水平 | — | — | 3 ↑ | 1 = | 1 = | 1.7 ↑ |
| 300 ~ 499 人 | 低于基本水平 | — | — | 30 | 27 | 22 | 26.3 |
| | 基本水平 | — | — | 40 ↑ | 39 ↑ | 38 ↓ | 39 |
| | 熟练水平 | — | — | 27 | 34 | 38 | 33 |
| | 高级水平 | — | — | 3 ↑ | 1 = | 1 = | 1.7 |

续表

| 学校规模 | 等级 | 1996 年 | 2000 年 | 2005 年 | 2009 年 | 2015 年 | 均值 |
|---|---|---|---|---|---|---|---|
| | 低于基本水平 | — | — | 33 | 27 | 25 ↑ | 28.3 |
| 500～699 人 | 基本水平 | — | — | 39 | 39 ↑ | 38 ↓ | 38.7 |
| | 熟练水平 | — | — | 26 | 33 | 36 ↓ | 31.7 |
| | 高级水平 | — | — | 2 ↓ | 1 = | 1 = | 1.3 ↓ |
| | 低于基本水平 | — | — | 39 ↑ | 31 ↑ | 25 | 31.7 ↑ |
| 700 人 | 基本水平 | — | — | 37 ↓ | 38 ↓ | 38 ↓ | 37.7 ↓ |
| 及以上 | 熟练水平 | — | — | 22 ↓ | 31 ↓ | 36 ↓ | 29.7 ↓ |
| | 高级水平 | — | — | 2 ↓ | 1 = | 1 = | 1.3 ↓ |

注：—表示无数据；↑表示本年度同一水平中最高；↓表示本年度同一水平中最低；= 表示本年度同一水平中相等。

从 2015 年三个学科的百分位分数来看，生命科学、地球与空间科学状况一致。学校规模为"1～299 人"的，学生的五个百分位分数均最高；学校规模为"300～499 人"的，学生的分数居中；学校规模为"700 人及以上"的，学生的分数相对较低（见表 3－54）。

**表 3－54　学校规模与 4 年级学生 2015 年三个学科百分位分数**

单位：分

| 学科 | 学校规模 | 第 10 百分位 | 第 25 百分位 | 第 50 百分位 | 第 75 百分位 | 第 90 百分位 |
|---|---|---|---|---|---|---|
| | 1～299 人 | 114 ↑ | 136 ↑ | 158 ↑ | 180 ↑ | 198 ↑ |
| 生命科学 | 300～499 人 | 111 | 134 | 157 | 179 | 197 |
| | 500～699 人 | 108 | 131 ↓ | 155 ↓ | 177 ↓ | 196 ↓ |
| | 700 人及以上 | 107 ↓ | 131 ↓ | 155 ↓ | 177 ↓ | 197 |
| | 1～299 人 | 113 ↑ | 136 ↑ | 158 ↑ | 178 | 195 ↓ |
| 物理科学 | 300～499 人 | 111 | 135 | 158 ↑ | 178 | 196 ↑ |
| | 500～699 人 | 107 | 131 ↓ | 156 ↓ | 177 ↓ | 195 ↓ |
| | 700 人及以上 | 106 ↓ | 132 | 157 | 179 ↑ | 196 ↑ |
| | 1～299 人 | 116 ↑ | 138 ↑ | 161 ↑ | 182 ↑ | 200 ↑ |
| 地球与 | 300～499 人 | 111 | 134 | 158 | 180 | 198 |
| 空间科学 | 500～699 人 | 107 | 131 | 156 | 178 ↓ | 197 ↓ |
| | 700 人及以上 | 106 ↓ | 130 ↓ | 155 ↓ | 178 ↓ | 198 |

注：↑表示本列本学科最高；↓表示本列本学科最低。

物理科学情况复杂。学校规模为 "1～299 人" 的，学生的第 10、25、50 百分位分数最高，第 90 百分位分数最低；学校规模为 "300～499 人" 的，学生的第 50、90 百分位分数最高；学校规模为 "500～699 人" 的，学生第 25、50、75、90 百分位分数最低；学校规模 "700 人及以上" 的，学生第 10 百分位分数最低，第 75、90 百分位分数最高。

整体而言，学校规模小，学生的成绩高；学校规模大，学生的成绩偏低。但是，最高与最低之间，分数相差不大，仅有 1～5 分的差距。

## 五　学校接受 "I 号" 资助

题目：你校是否接受 "I 号" 资助（receive Title I funding）？（题目编码：C051701；学校回答）

选项：未接受；接受，用于学生；接受，用于学校开支。

使用年份：2005，2009，2015。类别：学校因素；子类别：人口统计学特征。

"I 号" 资助是一项联邦政府资助的计划，为在低收入家庭高度集中地区的儿童提供教育服务，如阅读或数学帮扶。从 4 年级测评数据来看，大部分学校接受了 "I 号" 资助，如 2005 年、2009 年、2015 年分别有 65%、65%、71% 的样本学校接受了 "I 号" 资助。未接受 "I 号" 资助学校的学生成绩最高；接受 "I 号" 资助并用于学生的学校，学生的成绩居第二位；接受资助并用于学校开支的学校，学生的成绩最低。例如，2015 年测评中，未接受 "I 号" 资助、接受资助用于学生、接受资助用于学校开支的学校，学生的平均成绩依次为 168 分、157 分、145 分（见表 3 – 55）。

从各等级人数比例均值来看，未接受资助的学校，学生 "低于基本水平"、达到 "基本水平" 的人数比例最低，分别为 15%、37.7%；达到 "熟练水平""高级水平" 的人数比例最高，分别为 45%、2.3%。接受资助用于学生的学校，学生达到 "基本水平" 的人数比例最高，为 40%。接受资助用于学校开支的学校，学生 "低于基本水平" 的人数比例最高，为 40%；

表 3 - 55　学校接受"I 号"资助与 4 年级学生 1996～2015 年
科学量尺分数和样本百分比

单位：分，%

| 类别 | | 1996 年 | 2000 年 | 2005 年 | 2009 年 | 2015 年 | 均值 |
|---|---|---|---|---|---|---|---|
| 未接受 | 分数 | — | — | 161 ↑ | 162 ↑ | 168 ↑ | 163.3 ↑ |
| | 比例 | | | 35 | 35 | 29 | 33 |
| 接受，用于学生 | 分数 | — | — | 154 | 154 | 157 | 155 |
| | 比例 | | | 28 | 24 | 20 | 24 |
| 接受，用于学校开支 | 分数 | — | — | 138 ↓ | 138 ↓ | 145 ↓ | 140.3 ↓ |
| | 比例 | | | 37 | 41 | 51 | 43 |

注：—表示无数据；↑表示在本年度最高；↓表示在本年度最低。

达到"熟练水平""高级水平"的人数比例最低，分别为 21%、0.3%（见表 3 - 56）。可以看出，未接受资助学校的学生科学素质较高，接受资助并用于学校开支的学校，其学生科学素质较低。学校将资助物品用于学生，有助于为学生提供更多的学习资源，从而促进学生科学素质的提升。

表 3 - 56　学校接受"I 号"资助与 4 年级学生 1996～2015 年科学测评各等级人数比例

单位：%

| 类别 | 等级 | 1996 年 | 2000 年 | 2005 年 | 2009 年 | 2015 年 | 均值 |
|---|---|---|---|---|---|---|---|
| 未接受 | 低于基本水平 | — | — | 19 ↓ | 15 ↓ | 11 ↓ | 15 ↓ |
| | 基本水平 | — | — | 41 ↑ | 38 ↓ | 34 ↓ | 37.7 ↓ |
| | 熟练水平 | — | — | 36 ↑ | 46 ↑ | 53 ↑ | 45 ↑ |
| | 高级水平 | — | — | 4 ↑ | 1 ↑ | 2 ↑ | 2.3 ↑ |
| 接受，用于学生 | 低于基本水平 | — | — | 27 | 23 | 21 | 23.7 |
| | 基本水平 | — | — | 41 ↑ | 40 ↑ | 39 | 40 ↑ |
| | 熟练水平 | — | — | 29 | 37 | 40 | 35.3 |
| | 高级水平 | — | — | 3 | 1 ↑ | 1 | 1.7 |
| 接受，用于学校开支 | 低于基本水平 | — | — | 48 ↑ | 40 ↑ | 32 ↑ | 40 ↑ |
| | 基本水平 | — | — | 36 ↓ | 39 | 40 ↑ | 38.3 |
| | 熟练水平 | — | — | 15 ↓ | 21 ↓ | 27 ↓ | 21 ↓ |
| | 高级水平 | — | — | 1 ↓ | 0 ↓ | 0 ↓ | 0.3 ↓ |

注：—表示无数据；↑表示本年度同一水平中最高；↓表示本年度同一水平中最低。

4年级学生2015年三个学科第10、25、50、75、90百分位分数，均是未接受资助学校的学生最高，接受"I号"资助用于学校开支的学校学生最低。例如，生命科学测评中，未接受"I号"资助学校的学生五个百分位分数依次是126分、147分、168分、188分、205分，分别高于接受资助用于学校开支的学校学生24分、23分、20分、18分、16分（见表3-57）。测评结果显示，未接受资助的学校，其学生的科学素质较高；如果接受资助，要将资助用于学生，这样才有助于学生科学素质的提升。

表 3-57 学校接受"I号"资助与4年级学生2015年三个学科百分位分数

单位：分

| 学科 | 类别 | 第10百分位 | 第25百分位 | 第50百分位 | 第75百分位 | 第90百分位 |
|---|---|---|---|---|---|---|
| 生命科学 | 未接受 | 126↑ | 147↑ | 168↑ | 188↑ | 205↑ |
| | 接受,用于学生 | 113 | 135 | 158 | 179 | 197 |
| | 接受,用于学校开支 | 102↓ | 124↓ | 148↓ | 170↓ | 189↓ |
| 物理科学 | 未接受 | 129↑ | 149↑ | 169↑ | 188↑ | 204↑ |
| | 接受,用于学生 | 112 | 136 | 158 | 178 | 195 |
| | 接受,用于学校开支 | 100↓ | 124↓ | 148↓ | 170↓ | 188↓ |
| 地球与空间科学 | 未接受 | 129↑ | 150↑ | 171↑ | 190↑ | 207↑ |
| | 接受,用于学生 | 115 | 137 | 161 | 182 | 200 |
| | 接受,用于学校开支 | 101↓ | 123↓ | 147↓ | 169↓ | 188↓ |

注：↑表示本列本学科最高；↓表示本列本学科最低。

## 第六节 学生家庭方面的影响因素

NAEP采集的家庭方面的因素有：①家庭所在的社区类型，如所在位置、经济状况等；②父母的情况，如父母的受教育程度、父母在家的时间、父母的职业等；③家庭资源，如家里的报纸、杂志以及其他书籍的订阅情况，是否有电脑等。这些因素对学生科学素质的影响情况具体如下。

## 一 学生在家谈论学习

题目：你多久和家里人谈论一次你在学校的学习（talk bout studies at home）？（题目编码：B017451；学生回答）

选项：几乎从不；几周 1 次；一周 1 次；一周 2~3 次；每天谈论。

使用年份：2005，2009，2015。类别：校外因素；子类别：家庭监管环境。

在 4 年级测评中，在家谈论学习的频次对学生成绩具有一定的影响。测评结果表明：一周在家谈论学习 2~3 次有利于学生科学素质的提升。例如，2015 年分别有 18%、14%、11%、20%、37% 的学生在家"几乎从不""几周 1 次""一周 1 次""一周 2~3 次""每天谈论"学习，他们的平均成绩依次为 148 分、150 分、156 分、165 分、152 分（见表 3-58）。可以看出在家谈论学习的频次为"一周 2~3 次"的平均分最高，而在家"几乎从不"谈论学习的学生平均分最低。这说明，在家谈论学习、互动交流有助于科学成绩的提高，但是不可太频繁，应给予学生一定的空间。若每天谈论学习，容易使学生产生厌烦心理，可能适得其反。

表 3-58　在家谈论学习的频次与 4 年级学生 1996~2015 年
科学量尺分数和样本百分比

单位：分，%

| 谈论频次 | | 1996 年 | 2000 年 | 2005 年 | 2009 年 | 2015 年 | 均值 |
|---|---|---|---|---|---|---|---|
| 几乎从不 | 分数 | — | — | 146 ↓ | 145 ↓ | 148 ↓ | 146.3 ↓ |
| | 比例 | — | — | 19 | 19 | 18 | 18.7 |
| 几周 1 次 | 分数 | — | — | 148 | 147 | 150 | 148.3 |
| | 比例 | — | — | 12 | 13 | 14 | 13 |
| 一周 1 次 | 分数 | — | — | 154 | 153 | 156 | 154.3 |
| | 比例 | — | — | 11 | 12 | 11 | 11.3 |

续表

| 谈论频次 | | 1996 年 | 2000 年 | 2005 年 | 2009 年 | 2015 年 | 均值 |
|---|---|---|---|---|---|---|---|
| 一周 2~3 次 | 分数 | — | — | 159 ↑ | 160 ↑ | 165 ↑ | 161.3 ↑ |
| | 比例 | — | — | 20 | 21 | 20 | 20.3 |
| 每天谈论 | 分数 | — | — | 148 | 147 | 152 | 149 |
| | 比例 | — | — | 38 | 36 | 37 | 37 |

注：—表示无数据；↑表示在本年度最高；↓表示在本年度最低。

　　从各等级人数比例均值来看，在家几乎从不谈论学习的学生"低于基本水平"、达到"基本水平"的人数比例最高，分别为 32.7%、41.3%；达到"熟练水平""高级水平"的人数比例最低，依次为 25.7%、0.3%。在家谈论学习的频次为"一周 2~3 次"的学生"低于基本水平"、达到"基本水平"的人数比例最低，分别为 18%、37.3%；达到"熟练水平""高级水平"的人数比例最高，依次为 42.3%、2.3%（见表 3 - 59）。

表 3 - 59　在家谈论学习的频次与 4 年级学生 1996~2015 年<br>科学测评各等级人数比例

单位：%

| 谈论频次 | 等级 | 1996 年 | 2000 年 | 2005 年 | 2009 年 | 2015 年 | 均值 |
|---|---|---|---|---|---|---|---|
| 几乎从不 | 低于基本水平 | — | — | 37 ↑ | 32 ↑ | 29 ↑ | 32.7 ↑ |
| | 基本水平 | — | — | 40 ↑ | 42 ↑ | 42 ↑ | 41.3 ↑ |
| | 熟练水平 | — | — | 22 ↓ | 26 ↓ | 29 ↓ | 25.7 ↓ |
| | 高级水平 | — | — | 1 ↓ | 0 ↓ | 0 ↓ | 0.3 ↓ |
| 几周 1 次 | 低于基本水平 | — | — | 35 | 30 | 26 | 30.3 |
| | 基本水平 | — | — | 39 | 41 | 41 | 40.3 |
| | 熟练水平 | — | — | 24 | 29 | 32 | 28.3 |
| | 高级水平 | — | — | 2 | 0 ↓ | 1 | 1.5 |
| 一周 1 次 | 低于基本水平 | — | — | 29 | 24 | 22 | 25 |
| | 基本水平 | — | — | 39 | 39 | 38 | 38.7 |
| | 熟练水平 | — | — | 29 | 37 | 39 | 35 |
| | 高级水平 | — | — | 3 | 1 ↑ | 1 | 1.7 |

续表

| 谈论频次 | 等级 | 1996 年 | 2000 年 | 2005 年 | 2009 年 | 2015 年 | 均值 |
|---|---|---|---|---|---|---|---|
| 一周2~3次 | 低于基本水平 | — | — | 22 ↓ | 18 ↓ | 14 ↓ | 18 ↓ |
| | 基本水平 | — | — | 40 ↑ | 37 ↓ | 35 ↓ | 37.3 ↓ |
| | 熟练水平 | — | — | 34 ↑ | 44 ↑ | 49 ↑ | 42.3 ↑ |
| | 高级水平 | — | — | 4 ↑ | 1 ↑ | 2 ↑ | 2.3 ↑ |
| 每天谈论 | 低于基本水平 | — | — | 36 | 31 | 26 | 31 |
| | 基本水平 | — | — | 38 ↓ | 37 ↓ | 38 | 37.7 |
| | 熟练水平 | — | — | 24 | 31 | 35 | 30 |
| | 高级水平 | — | — | 2 | 1 ↑ | 1 | 1.3 |

注：—表示无数据；↑表示本年度同一水平中最高；↓表示本年度同一水平中最低。

2015年生命科学测评中，第10、25、50、75、90百分位分数最低的均是在家几乎从不谈论学习的学生，分数最高的均是在家"一周2~3次"谈论学习的学生。物理科学、地球与空间科学的测评结果与生命科学相一致（见表3-60）。这说明在家几乎从不谈论学习的学生科学素质偏低，而在家"一周2~3次"谈论学习的学生整体科学素质较高。所以，家长应注意在家与孩子谈论学习的频次既不要过高，也不要对学习漠不关心。

表3-60　在家谈论学习的频次与4年级学生2015年三个学科百分位分数

单位：分

| 学科 | 谈论频次 | 第10百分位 | 第25百分位 | 第50百分位 | 第75百分位 | 第90百分位 |
|---|---|---|---|---|---|---|
| 生命科学 | 几乎从不 | 106 ↓ | 128 ↓ | 150 ↓ | 171 ↓ | 190 ↓ |
| | 几周1次 | 107 | 129 | 152 | 173 | 192 |
| | 一周1次 | 111 | 134 | 157 | 179 | 197 |
| | 一周2~3次 | 123 ↑ | 144 ↑ | 166 ↑ | 186 ↑ | 204 ↑ |
| | 每天谈论 | 106 | 130 | 154 | 177 | 196 |
| 物理科学 | 几乎从不 | 104 ↓ | 127 ↓ | 150 ↓ | 171 ↓ | 188 ↓ |
| | 几周1次 | 106 | 129 | 152 | 173 | 191 |
| | 一周1次 | 112 | 136 | 159 | 180 | 197 |
| | 一周2~3次 | 123 ↑ | 146 ↑ | 167 ↑ | 186 ↑ | 202 ↑ |
| | 每天谈论 | 105 | 130 | 155 | 177 | 195 |

续表

| 学科 | 谈论频次 | 第10百分位 | 第25百分位 | 第50百分位 | 第75百分位 | 第90百分位 |
|---|---|---|---|---|---|---|
| 地球与空间科学 | 几乎从不 | 106 ↓ | 127 ↓ | 150 ↓ | 172 ↓ | 190 ↓ |
| | 几周1次 | 107 | 129 | 153 | 174 | 193 |
| | 一周1次 | 110 | 133 | 158 | 180 | 198 |
| | 一周2~3次 | 123 ↑ | 145 ↑ | 168 ↑ | 188 ↑ | 206 ↑ |
| | 每天谈论 | 106 | 130 | 155 | 178 | 197 |

注：↑表示本列本学科最高；↓表示本列本学科最低。

## 二　学生家里的杂志

题目：你家定期买杂志（magazines）吗？（题目编码：B000905；学生回答）

选项：是；不是；不清楚。

使用年份：1996，2000，2005，2009。类别：校外因素；子类别：校外时间使用。

学生家里是否定期买杂志同样能够反映出家庭教育资源是否丰富。在4年级测评中，家里"是"定期买杂志的学生平均成绩比"不是"定期买杂志的学生高。譬如，2009年测评中，58%的学生家里"是"定期买杂志，他们的平均分为153分，比"不是"定期买杂志的学生平均分（144分）高9分（见表3-61）。

表3-61　家里定期买杂志与四年级学生1996~2015年
科学量尺分数和样本百分比

单位：分，%

| 定期买杂志 | | 1996年 | 2000年 | 2005年 | 2009年 | 2015年 | 均值 |
|---|---|---|---|---|---|---|---|
| 是 | 分数 | 150 ↑ | 150 ↑ | 154 ↑ | 153 ↑ | — | 151.8 ↑ |
| | 比例 | 72 | 71 | 63 | 58 | — | 66 |
| 不是 | 分数 | 137 ↓ | 136 ↓ | 143 ↓ | 144 ↓ | — | 140 ↓ |
| | 比例 | 17 | 16 | 21 | 24 | — | 19.5 |

续表

| 定期买杂志 | | 1996 年 | 2000 年 | 2005 年 | 2009 年 | 2015 年 | 均值 |
|---|---|---|---|---|---|---|---|
| 不清楚 | 分数 | 141 | 142 | 148 | 149 | — | 145 |
| | 比例 | 11 | 13 | 16 | 17 | | 14.3 |

注：—表示无数据；↑表示在本年度最高；↓表示在本年度最低。

从各等级人数比例均值来看，家里"是"定期买杂志的学生"低于基本水平"的人数比例最低，为 29.8%；而家里"不是"定期买杂志的学生"低于基本水平"的人数比例最高，为 43.5%，二者相差 13.7 个百分点。家里"是"定期买杂志的学生达到"基本水平""熟练水平""高级水平"的人数比例最高，依次为 37.2%、29.8%、3%，比家里"不是"定期买杂志的学生依次高 0.9 个、10.8 个、2.2 个百分点。对家里是否定期买杂志不清楚的学生，其各等级水平的人数比例不是最高，也不是最低（见表 3 - 62）。可以看出，家里"是"定期买杂志的学生科学素质较高。

表 3 - 62　家里定期买杂志与 4 年级学生 1996～2015 年科学测评各等级人数比例

单位：%

| 定期买杂志 | 等级 | 1996 年 | 2000 年 | 2005 年 | 2009 年 | 2015 年 | 均值 |
|---|---|---|---|---|---|---|---|
| 是 | 低于基本水平 | 33 ↓ | 33 ↓ | 28 ↓ | 25 ↓ | — | 29.8 ↓ |
| | 基本水平 | 36 ↑ | 36 | 39 ↑ | 38 ↓ | | 37.2 ↑ |
| | 熟练水平 | 27 ↑ | 27 ↑ | 29 ↑ | 36 ↑ | | 29.8 ↑ |
| | 高级水平 | 4 ↑ | 4 ↑ | 3 ↑ | 1 ↑ | | 3 ↑ |
| 不是 | 低于基本水平 | 48 ↑ | 50 ↑ | 42 ↑ | 34 ↑ | | 43.5 ↑ |
| | 基本水平 | 34 | 33 ↓ | 38 | 40 ↑ | | 36.3 ↓ |
| | 熟练水平 | 16 ↓ | 16 ↓ | 18 ↓ | 26 ↓ | | 19 ↓ |
| | 高级水平 | 1 ↓ | 1 ↓ | 1 ↓ | 0 ↓ | | 0.8 ↓ |
| 不清楚 | 低于基本水平 | 43 | 41 | 35 | 28 | | 36.8 |
| | 基本水平 | 33 ↓ | 37 ↑ | 39 ↑ | 39 | | 37 |
| | 熟练水平 | 21 | 19 | 24 | 32 | | 24 |
| | 高级水平 | 2 | 2 | 2 | 1 ↑ | | 1.8 |

注：—表示无数据；↑表示本年度同一水平中最高；↓表示本年度同一水平中最低。

4 年级学生 2009 年三个学科第 10、25、50、75、90 百分位分数，均是家里"是"定期买杂志的学生最高，家里"不是"定期买杂志的学生最低。例如，物理科学测评中，家里"是"定期买杂志的学生五个百分位分数依次是 107 分、131 分、156 分、177 分、195 分，分别高于家里"不是"定期买杂志的学生 9 分、9 分、10 分、11 分、8 分（见表 3 - 63）。

表 3 - 63　家里定期买杂志与 4 年级学生 2009 年三个学科百分位分数

单位：分

| 学科 | 定期买杂志 | 第 10 百分位 | 第 25 百分位 | 第 50 百分位 | 第 75 百分位 | 第 90 百分位 |
|---|---|---|---|---|---|---|
| 生命科学 | 是 | 108 ↑ | 131 ↑ | 155 ↑ | 177 ↑ | 196 ↑ |
| | 不是 | 98 ↓ | 121 ↓ | 145 ↓ | 168 ↓ | 187 ↓ |
| | 不清楚 | 103 | 127 | 151 | 174 | 192 |
| 物理科学 | 是 | 107 ↑ | 131 ↑ | 156 ↑ | 177 ↑ | 195 ↑ |
| | 不是 | 98 ↓ | 122 ↓ | 146 ↓ | 169 ↓ | 187 ↓ |
| | 不清楚 | 103 | 128 | 152 | 174 | 191 |
| 地球与空间科学 | 是 | 107 ↑ | 131 ↑ | 156 ↑ | 178 ↑ | 196 ↑ |
| | 不是 | 99 | 121 | 145 | 168 | 187 |
| | 不清楚 | 102 | 126 | 151 | 174 | 192 |

注：↑表示本列本学科最高；↓表示本列本学科最低。

## 三　学生家里的电脑

题目：家里有你用的电脑（Computer）吗？（题目编码：B017101；学生回答）

选项：有；没有。

使用年份：2005，2009，2015。类别：校外因素；子类别：校外时间使用。

在 4 年级测评中，家里有电脑可用对学生的科学成绩具有非常大的正向影响，即家里有电脑可用的学生的成绩普遍较高。譬如，2015 年测评中，有 83% 的学生家里有电脑可用，其平均成绩为 156 分；有 17% 的学生家里无电脑可用，其平均成绩为 141 分；有电脑可用的学生的平均成绩高于无电脑可用的学生 15 分。另外，家里有无电脑可用对学生成绩的影响作用正在逐渐减小，也就是家里有电脑可用和无电脑可用的学生之间平均成绩的差距正逐渐缩小。2005 年、2009 年、2015 年测评中，两者之间的差距依次为 19 分、18 分、15 分（见表 3－64）。

表 3－64　家里有无电脑可用与 4 年级学生 1996～2015 年
科学量尺分数和样本百分比

单位：分，%

| 类别 | | 1996 年 | 2000 年 | 2005 年 | 2009 年 | 2015 年 | 均值 |
|---|---|---|---|---|---|---|---|
| 有电脑可用 | 分数 | — | — | 153 ↑ | 152 ↑ | 156 ↑ | 153.7 ↑ |
| | 比例 | — | — | 85 | 88 | 83 | 85.3 |
| 无电脑可用 | 分数 | — | — | 134 ↓ | 134 ↓ | 141 ↓ | 136.3 ↓ |
| | 比例 | — | — | 15 | 12 | 17 | 14.7 |

注：—表示无数据；↑表示在本年度最高；↓表示在本年度最低。

从各等级人数比例均值来看，家里有电脑可用的学生"低于基本水平"的人数比例最低，为 25%，比家里无电脑可用的学生低 19.7 个百分点。家里有电脑可用的学生达到"基本水平""熟练水平""高级水平"的人数比例分别为 39%、34.3%、1.7%，比家里无电脑可用的学生依次高 1.3 个、17 个、1.4 个百分点（见表 3－65）。可以看出，家里有电脑可用的学生整体科学素质高于家里无电脑可用的学生。

表 3－65　家里有无电脑可用与 4 年级学生 1996～2015 年科学测评各等级人数比例

单位：%

| 类别 | 等级 | 1996 年 | 2000 年 | 2005 年 | 2009 年 | 2015 年 | 均值 |
|---|---|---|---|---|---|---|---|
| 有电脑可用 | 低于基本水平 | — | — | 29 ↓ | 25 ↓ | 21 ↓ | 25 ↓ |
| | 基本水平 | — | — | 40 ↑ | 39 ↑ | 38 | 39 ↑ |
| | 熟练水平 | — | — | 28 ↑ | 35 ↑ | 40 ↑ | 34.3 ↑ |
| | 高级水平 | — | — | 3 ↑ | 1 ↑ | 1 ↑ | 1.7 ↑ |

续表

| 类别 | 等级 | 1996 年 | 2000 年 | 2005 年 | 2009 年 | 2015 年 | 均值 |
|---|---|---|---|---|---|---|---|
| 无电脑可用 | 低于基本水平 | — | — | 53 ↑ | 45 ↑ | 36 ↑ | 44.7 ↑ |
| | 基本水平 | — | — | 35 | 38 | 40 ↑ | 37.7 ↓ |
| | 熟练水平 | — | — | 12 | 17 | 23 | 17.3 ↓ |
| | 高级水平 | — | — | 1 | 0 ↓ | 0 ↓ | 0.3 ↓ |

注：—表示无数据；↑表示本年度同一水平中最高；↓表示本年度同一水平中最低。

4 年级学生 2015 年三个学科的第 10、25、50、75、90 百分位分数，均是家里有电脑可用的学生最高，家里无电脑可用的学生最低。例如，生命科学测评中，家里有电脑可用的学生五个百分位分数依次是 112 分、137 分、159 分、181 分、198 分，分别高于家里无电脑可用的学生 16 分、18 分、16 分、17 分、14 分（见表 3 – 66）。该测评结果同样反映出家里是否有电脑可用对学生的科学学业水平会产生很大的影响。

表 3 – 66　家里有无电脑可用与 4 年级学生 2015 年三个学科百分位分数

单位：分

| 学科 | 类别 | 第 10 百分位 | 第 25 百分位 | 第 50 百分位 | 第 75 百分位 | 第 90 百分位 |
|---|---|---|---|---|---|---|
| 生命科学 | 有电脑可用 | 112 ↑ | 137 ↑ | 159 ↑ | 181 ↑ | 198 ↑ |
| | 无电脑可用 | 96 ↓ | 119 ↓ | 143 ↓ | 164 ↓ | 184 ↓ |
| 物理科学 | 有电脑可用 | 112 ↑ | 136 ↑ | 159 ↑ | 180 ↑ | 197 ↑ |
| | 无电脑可用 | 95 ↓ | 119 ↓ | 144 ↓ | 165 ↓ | 183 ↓ |
| 地球与空间科学 | 有电脑可用 | 112 ↑ | 135 ↑ | 159 ↑ | 181 ↑ | 199 ↑ |
| | 无电脑可用 | 97 ↓ | 119 ↓ | 143 ↓ | 165 ↓ | 185 ↓ |

注：↑表示本列本学科最高；↓表示本列本学科最低。

## 四　学生家里的图书

题目：你家里有多少图书（Books in home）？（题目编码：B013801；学生回答）

选项：0～10 本；11～25 本；26～100 本；多于 100 本。

使用年份：2005，2009，2015。类别：校外因素；子类别：校外时间
使用。

　　图书是学习的重要资源，家里图书的数量反映了家庭教育资源的丰富
度。4 年级学生家里图书的多少对其科学成绩具有很大的正向影响，即家里
图书的数量越多，学生的科学成绩越高。例如，2015 年测评中，分别有
13%、23%、34%、30% 的学生的家里图书的数量有 0 ~ 10 本、11 ~ 25 本、
26 ~ 100 本、多于 100 本，他们的平均成绩依次为 133 分、142 分、160 分、
166 分（见表 3 - 67）。

表 3 - 67　家里图书数量与 4 年级学生 1996 ~ 2015 年科学量尺分数和样本百分比

单位：分，%

| 家里图书数量 | | 1996 年 | 2000 年 | 2005 年 | 2009 年 | 2015 年 | 均值 |
|---|---|---|---|---|---|---|---|
| 0 ~ 10 本 | 分数 | — | — | 129↓ | 126↓ | 133↓ | 129.3↓ |
| | 比例 | — | — | 11 | 12 | 13 | 12 |
| 11 ~ 25 本 | 分数 | — | — | 137 | 135 | 142 | 138 |
| | 比例 | — | — | 20 | 21 | 23 | 21.3 |
| 26 ~ 100 本 | 分数 | — | — | 155 | 156 | 160 | 157 |
| | 比例 | — | — | 34 | 33 | 34 | 33.7 |
| 多于 100 本 | 分数 | — | — | 161↑ | 162↑ | 166↑ | 163↑ |
| | 比例 | — | — | 35 | 34 | 30 | 33 |

注：—表示无数据；↑表示在本年度最高；↓表示在本年度最低。

　　从各等级人数比例均值来看，家里图书数量是"0 ~ 10 本"的学生"低
于基本水平"的人数比例最高，为 53%，达到"熟练水平""高级水平"
的人数比例最低，分别为 11%、0%。家里图书数量是"26 ~ 100 本"的学
生达到"基本水平"的人数比例最高，为 41.7%。家里图书数量"多于
100 本"的学生在"低于基本水平"、达到"基本水平"的人数比例最低，
分别为 17.7%、35%，达到"熟练水平""高级水平"的人数比例最高，
分别为 44.7%、2.7%（见表 3 - 68）。可以看出，家里图书数量越多，学生
的科学素质越高。

表 3－68　家里图书数量与 4 年级学生 1996～2015 年科学测评各等级人数比例

单位：%

| 家里图书数量 | 等级 | 1996 年 | 2000 年 | 2005 年 | 2009 年 | 2015 年 | 均值 |
|---|---|---|---|---|---|---|---|
| 0～10 本 | 低于基本水平 | — | — | 60 ↑ | 54 ↑ | 45 ↑ | 53 ↑ |
| | 基本水平 | — | — | 32 ↓ | 37 | 40 | 36.3 |
| | 熟练水平 | — | — | 8 ↓ | 10 ↓ | 15 ↓ | 11 ↓ |
| | 高级水平 | — | — | 0 ↓ | 0 ↓ | 0 ↓ | 0 ↓ |
| 11～25 本 | 低于基本水平 | — | — | 49 | 42 | 35 | 42 |
| | 基本水平 | — | — | 38 | 41 | 43 ↑ | 40.7 |
| | 熟练水平 | — | — | 13 | 17 | 22 | 17.3 |
| | 高级水平 | — | — | 1 | 0 ↓ | 0 ↓ | 0.3 |
| 26～100 本 | 低于基本水平 | — | — | 25 | 20 | 17 | 20.7 |
| | 基本水平 | — | — | 43 ↑ | 42 ↑ | 40 | 41.7 ↑ |
| | 熟练水平 | — | — | 29 | 38 | 43 | 36.7 |
| | 高级水平 | — | — | 2 | 0 ↓ | 1 | 1 |
| 多于 100 本 | 低于基本水平 | — | — | 21 ↓ | 17 ↓ | 15 ↓ | 17.7 ↓ |
| | 基本水平 | — | — | 38 | 35 ↓ | 32 ↓ | 35 ↓ |
| | 熟练水平 | — | — | 36 ↑ | 47 ↑ | 51 ↑ | 44.7 ↑ |
| | 高级水平 | — | — | 5 ↑ | 1 ↑ | 2 ↑ | 2.7 ↑ |

注：—表示无数据；↑表示本年度同一水平中最高；↓表示本年度同一水平中最低。

4 年级学生 2015 年三个学科第 10、25、50、75、90 百分位分数，均是家里图书数量是"0～10 本"的学生最低，家里图书数量"多于 100 本"的学生最高。例如，生命科学测评中，家里图书数量是"0～10 本"的学生五个百分位分数依次是 93 分、115 分、137 分、158 分、177 分，分别低于家里图书数量"多于 100 本"的学生 28 分、29 分、30 分、30 分、29 分（见表 3－69）。

表 3 – 69　家里图书数量与 4 年级学生 2015 年三个学科百分位分数

单位：分

| 学科 | 家里图书数量 | 第 10 百分位 | 第 25 百分位 | 第 50 百分位 | 第 75 百分位 | 第 90 百分位 |
|---|---|---|---|---|---|---|
| 生命科学 | 0 ~ 10 本 | 93 ↓ | 115 ↓ | 137 ↓ | 158 ↓ | 177 ↓ |
| | 11 ~ 25 本 | 101 | 122 | 144 | 165 | 183 |
| | 26 ~ 100 本 | 118 | 139 | 160 | 180 | 198 |
| | 多于 100 本 | 121 ↑ | 144 ↑ | 167 ↑ | 188 ↑ | 206 ↑ |
| 物理科学 | 0 ~ 10 本 | 90 ↓ | 114 ↓ | 137 ↓ | 158 ↓ | 176 ↓ |
| | 11 ~ 25 本 | 99 | 122 | 144 | 165 | 183 |
| | 26 ~ 100 本 | 118 | 141 | 162 | 180 | 196 |
| | 多于 100 本 | 122 ↑ | 146 ↑ | 168 ↑ | 188 ↑ | 204 ↑ |
| 地球与空间科学 | 0 ~ 10 本 | 94 ↓ | 114 ↓ | 136 ↓ | 157 ↓ | 175 ↓ |
| | 11 ~ 25 本 | 99 | 120 | 142 | 164 | 182 |
| | 26 ~ 100 本 | 119 | 141 | 162 | 182 | 199 |
| | 多于 100 本 | 122 ↑ | 146 ↑ | 170 ↑ | 190 ↑ | 207 ↑ |

注：↑表示本列本学科最高；↓表示本列本学科最低。

## 五　学生家里的百科全书

题目：你家里有百科全书（encyclopedia）吗？（题目编码：B000903；学生回答）

选项：有；没有；不知道。

使用年份：1996，2000。类别：校外因素；子类别：校外时间使用。

题目：你家里有百科全书（Encyclopedia）吗？它可以是一套书，也可以在电脑上。（题目编码：B017201；学生回答）

选项：有；没有；不知道。

使用年份：2005，2009。类别：校外因素；子类别：校外时间使用。

较之于家里无百科全书的学生，4 年级学生家里有百科全书的学生的平均成绩较高。例如，2009 年测评中，52% 的学生家里有百科全书，平均成绩为 155 分，比家里无百科全书的学生的平均成绩（136 分）高 19 分（见表 3 - 70）。测评结果说明，百科全书有助于学生理解科学知识，有利于提升学生的科学素质。

表 3 - 70　家里是否有百科全书与 4 年级学生 1996 ~ 2015 年
科学量尺分数和样本百分比

单位：分，%

| 类别 | | 1996 年 | 2000 年 | 2005 年 | 2009 年 | 2015 年 | 均值 |
|---|---|---|---|---|---|---|---|
| 有百科全书 | 分数 | 151 ↑ | 152 ↑ | 155 ↑ | 155 ↑ | — | 153.3 ↑ |
| | 比例 | 72 | 68 | 57 | 52 | | 62.3 |
| 无百科全书 | 分数 | 138 ↓ | 132 ↓ | 138 ↓ | 136 ↓ | — | 136 ↓ |
| | 比例 | 19 | 16 | 15 | 15 | | 16.3 |
| 不知道 | 分数 | 141 | 141 | 149 | 149 | — | 145 |
| | 比例 | 10 | 15 | 28 | 32 | | 21.3 |

注：—表示无数据；↑表示在本年度最高；↓表示在本年度最低。

从各等级人数比例均值来看，家里有百科全书的学生"低于基本水平"的人数比例最低，为 28.7%，比家里无百科全书的学生低 20.3 个百分点；达到"基本水平""熟练水平""高级水平"的人数比例最高，依次为 37.3%、30.3%、3%，比家里无百科全书的学生依次高 4.3 个、13.3 个、2 个百分点（见表 3 - 71）。可以看出，家里有百科全书的学生科学素质较高。

表 3 - 71　家里是否有百科全书与 4 年级学生 1996 ~ 2015 年科学测评各等级人数比例

单位：%

| 类别 | 等级 | 1996 年 | 2000 年 | 2005 年 | 2009 年 | 2015 年 | 均值 |
|---|---|---|---|---|---|---|---|
| 有百科全书 | 低于基本水平 | 33 ↓ | 31 ↓ | — | 22 ↓ | — | 28.7 ↓ |
| | 基本水平 | 37 ↑ | 37 ↑ | | 38 ↓ | | 37.3 ↑ |
| | 熟练水平 | 26 ↑ | 27 ↑ | | 38 ↑ | | 30.3 ↑ |
| | 高级水平 | 4 ↑ | 4 ↑ | — | 1 ↑ | | 3 ↑ |

续表

| 类别 | 等级 | 1996 年 | 2000 年 | 2005 年 | 2009 年 | 2015 年 | 均值 |
|---|---|---|---|---|---|---|---|
| 无百科<br>全书 | 低于基本水平 | 49 ↑ | 55 ↑ | — | 43 ↑ | — | 49 ↑ |
| | 基本水平 | 31 ↓ | 30 ↓ | — | 38 ↓ | — | 33 ↓ |
| | 熟练水平 | 18 ↓ | 14 ↓ | — | 19 ↓ | — | 17 ↓ |
| | 高级水平 | 2 ↓ | 1 ↓ | — | 0 ↓ | — | 1 ↓ |
| 不知道 | 低于基本水平 | 43 | 44 | | 28 | | 38.3 |
| | 基本水平 | 33 | 33 | | 39 ↑ | | 35 |
| | 熟练水平 | 21 | 21 | | 32 | | 24.7 |
| | 高级水平 | 3 | 3 | — | 1 ↑ | — | 2.3 |

注：—表示无数据；↑表示本年度同一水平中最高；↓表示本年度同一水平中最低。

4 年级学生 2009 年三个学科第 10、25、50、75、90 百分位分数，均是家里有百科全书的学生最高。例如，生命科学测评中，家里有百科全书的学生五个百分位分数依次是 110 分、133 分、157 分、179 分、197 分，分别高于家里无百科全书的学生 19 分、19 分、19 分、18 分、17 分（见表 3 - 72）。该测评结果同样折射出家里具有百科全书对学生科学素质提升的重要性。

表 3 - 72　家里是否有百科全书与 4 年级学生 2009 年三个学科百分位分数

单位：分

| 学科 | 类别 | 第 10 百分位 | 第 25 百分位 | 第 50 百分位 | 第 75 百分位 | 第 90 百分位 |
|---|---|---|---|---|---|---|
| 生命科学 | 有百科全书 | 110 ↑ | 133 ↑ | 157 ↑ | 179 ↑ | 197 ↑ |
| | 无百科全书 | 91 ↓ | 114 ↓ | 138 ↓ | 161 ↓ | 180 ↓ |
| | 不知道 | 104 | 127 | 151 | 173 | 192 |
| 物理科学 | 有百科全书 | 110 ↑ | 134 ↑ | 158 ↑ | 179 ↑ | 196 ↑ |
| | 无百科全书 | 89 ↓ | 114 ↓ | 138 ↓ | 160 ↓ | 180 ↓ |
| | 不知道 | 103 | 128 | 152 | 173 | 191 |
| 地球与<br>空间科学 | 有百科全书 | 110 ↑ | 133 ↑ | 157 ↑ | 179 ↑ | 197 ↑ |
| | 无百科全书 | 91 ↓ | 113 ↓ | 137 ↓ | 160 ↓ | 180 ↓ |
| | 不知道 | 103 | 127 | 151 | 174 | 192 |

注：↑表示本列本学科最高；↓表示本列本学科最低。

## 第七节 小结

量尺分数、等级水平和百分位分数对学生科学成绩的描述具有很高的一致性，因此仅以量尺分数（均值）来小结与学生科学分数相关的各种因素。

### 一 4年级学生总体成绩

全国学校4年级学生的科学总体成绩为149.8分，公立学校学生为148.2分，私立学校学生为162.3分；私立学校学生分数最高，公立学校学生分数最低，二者相差14.1分。学生三个学科的分数相差不大，生命科学、物理科学都是149.6分，地球与空间科学为150.2分，相差0.6分（见图3-1）。

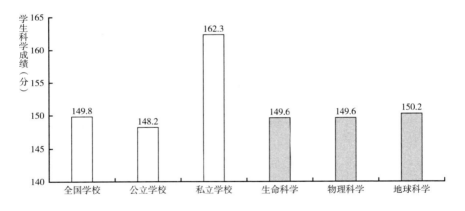

**图3-1 4年级不同学校、不同学科的总体成绩**

### 二 4年级学生方面的影响因素

在分析的7个学生因素中，共有23个不同的状态和水平（见图3-2）。

7个因素按照其不同状态（或水平）对学生科学分数影响的大小排序，依次是：①"是否英语语言学习者"相差41.2分；②"不同种族"相差

35.4 分；③ "是否具有学校午餐计划资格"相差 29.2 分；④ "不同缺课天数"相差 28.3 分；⑤ "是否残疾"相差 25.8 分；⑥ "年龄大小"相差 5.8 分；⑦ "不同性别"相差 2.4 分。

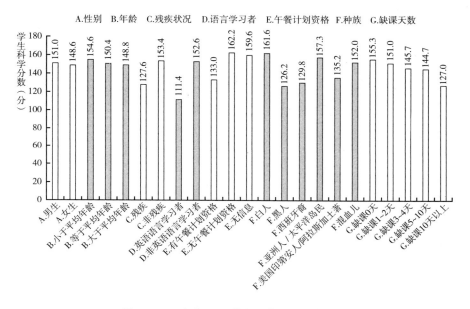

图 3-2  4 年级不同学生因素下的科学成绩

7 个因素中的每个因素，学生科学分数最高的那个状态或水平（按分数高低排序）分别是：① "无午餐计划资格" 162.2 分；② "白人" 161.6 分；③ "缺课 0 天" 155.3 分；④ "小于平均年龄" 154.6 分；⑤ "非残疾" 153.4 分；⑥ "非英语语言学习者" 152.6 分；⑦ "男生" 151.0 分。科学分数最低的那个状态或水平（与上面的顺序对应）分别是：① "有午餐计划资格" 133.0 分；② "黑人" 126.2 分；③ "缺课 10 天以上" 127.0 分；④ "大于平均年龄" 148.8 分；⑤ "残疾" 127.6 分；⑥ "英语语言学习者" 111.4 分；⑦ "女生" 148.6 分。

学生分数最高的 6 个（23 个中前 27%）状态（或水平）是：① "无午餐计划资格" 162.2 分；② "白人" 161.6 分；③ "无信息（午餐计划资格）" 159.6 分；④ "亚洲人/太平洋岛民" 157.3 分；⑤ "缺课 0 天"

155.3 分；⑥ "小于平均年龄" 154.6 分。学生分数最低的 6 个（23 个中后 27%）状态（或水平）是：① "有午餐计划资格" 133.0 分；② "西班牙裔" 129.8 分；③ "残疾" 127.6 分；④ "缺课 10 天以上" 127.0 分；⑤ "黑人" 126.2 分；⑥ "英语语言学习者" 111.4 分。

### 三　4 年级教师方面的影响因素

教师方面的 4 个因素中，共有 17 个不同的状态和水平（见图 3 - 3）。

4 个教师因素按照其不同状态（水平）对学生科学分数影响的大小的排序，依次是：①教师 "每周讨论科学新闻的频次不同" 学生分数相差 27 分；② "教师可用的教学资源不同" 学生分数相差 18.4 分；③教师 "每周花在科学教学上的时间不同" 学生分数相差 14 分；④教师 "强调数据分析的程度不同" 学生分数相差 2.4 分。

4 个因素中的每个因素，学生科学分数最高的那个状态或水平（按分数高低排序）分别是：①教师 "几乎从不讨论科学新闻" 156.0 分；② "每周花在科学教学上的时间在 4 小时及以上" 153.5 分；③ "可用所有教学资源" 153.4 分；④ "比较强调数据分析" 150.7 分。学生科学分数最低的那个状态或水平（与上面的顺序对应）分别是：① "几乎每天讨论科学新闻" 129.0 分；② "每周花在科学教学上的时间小于 1 小时" 139.5 分；③ "无教学资源可用" 135.0 分；④ "非常强调数据分析" 148.3 分。

学生分数最高的 5 个（17 个中前 27%）状态（或水平）是：① "几乎从不讨论科学新闻" 156.0 分；② "几周讨论 1 次科学新闻" 154.5 分；③ "每周花在科学教学上的时间在 4 小时及以上" 153.5 分；④ "可用所有教学资源" 153.4 分；⑤ "每周花在科学教学上的时间为 3 ~ 3.9 小时" 153.0 分。学生分数最低的 5 个（17 个中后 27%）状态（或水平）是：① "每周花在科学教学上的时间为 1 ~ 1.9 小时" 144.5 分；② "每周讨论 2 ~ 3 次科学新闻" 140.0 分；③ "每周花在科学教学上的时间小于 1 小时" 139.5 分；④ "无教学资源可用" 135.0 分；⑤ "几乎每天讨论科学新闻" 129.0 分。

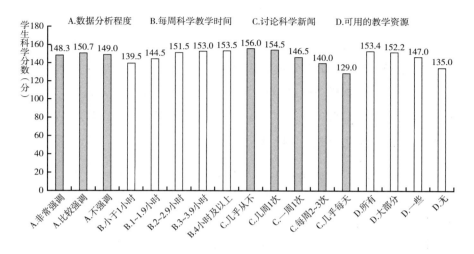

图 3 - 3　4 年级不同教师因素下的科学成绩

## 四　4 年级学校方面的影响因素

学校方面的 5 个因素共有 17 个不同的状态和水平（见图 3 - 4）。

4 个学校因素按照其不同状态（或水平）对学生科学分数影响的大小排序，依次是：①学校"所在的国家区域方位不同"学生分数相差 11 分；②学校"所在地不同（城市、郊区、城镇、农村）"学生分数相差 11 分（并列）；③"是否为特许学校"学生分数相差 7.4 分；④"学校规模不同"学生分数相差 6.6 分。

4 个因素中的每个因素，学生科学分数高的那个状态或水平（按分数高低排序）分别是：①"学校在农村"学生分数为 156.0 分；②"学校在美国中西部"学生分数为 155.7 分；③"学校规模 1～299 人"学生分数为 155.3 分；④"非特许学校"学生分数为 151.7 分。学生科学分数低的那个状态或水平（与上面的顺序对应）分别是：①"学校在城市"学生分数为 145.0 分；②"学校在美国西部"学生分数为 144.7 分；③"学校规模 700 人及以上"学生分数为 148.7 分；④"特许学校"学生分数为 144.3 分。

学生分数最高的 4 个（14 个中前 27%）状态（或水平）是：①"学校

在农村"学生分数为 156.0 分；②"学校在美国中西部"学生分数为 155.7 分；③"学校在郊区"学生分数为 155.5 分；④"学校规模为 1～299 人"学生分数为 155.3 分。学生分数最低的 4 个（14 个中后 27%）状态（或水平）是：①"学校规模 700 人及以上"学生分数为 148.7 分；②"学校在城市"学生分数为 145.0 分；③"学校在美国西部"学生分数为 144.7 分；④"特许学校"学生分数为 144.3 分。

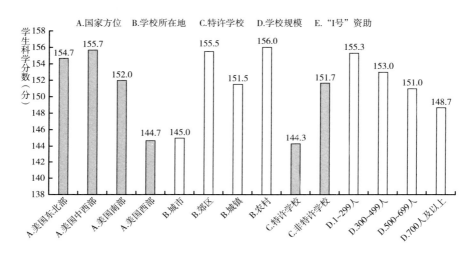

**图 3-4　4 年级不同学校因素下的科学成绩**

## 五　4 年级学生家庭方面的影响因素

学生家庭方面的 5 个因素共有 17 个不同的状态和水平（见图 3-5）。

5 个家庭因素按照其不同状态（或水平）对学生科学分数影响的大小排序，依次是：①"学生家里的图书数量不同"学生分数相差 33.7 分；②"家里有无电脑可用"学生分数相差 17.4 分；③"家里有无百科全书"学生分数相差 17.3 分；④"在家谈论学习的频次不同"学生分数相差 15 分；⑤"家里是否定期买杂志"学生分数相差 11.8 分。

5 个因素中的每个因素，学生科学分数最高的那个状态或水平（按分数高低排序）分别是：①"家里有 100 本以上图书"163.0 分；②"一周在家谈论学习2～3次"161.3分；③"家里有电脑可用"153.7分；④"家里有百科全书"153.3分；⑤"家里定期买杂志"151.8分。科学分数最低的那个状态或水平（与上面的顺序对应）分别是：①"家里有0～10本图书"129.3分；②"几乎从不在家谈论学习"146.3分；③"家里无电脑可用"136.3分；④"家里无百科全书"136.0分；⑤"家里未定期买杂志"140.0分。

学生分数最高的5个（17个中前27%）状态（或水平）是：①"家里有100本以上图书"163.0分；②"一周在家谈论2～3次学习"161.3分；③"家里有26～100本图书"157.0分；④"一周在家谈论1次学习"154.3分；⑤"家里有电脑可用"153.7分。学生分数最低的5个（17个中后27%）状态（或水平）是：①"家里未定期买杂志"140.0分；②"家里有11～25本图书"138.0分；③"家里无电脑可用"136.3分；④"家里无百科全书"136.0分；⑤"家里有0～10本图书"129.3分。

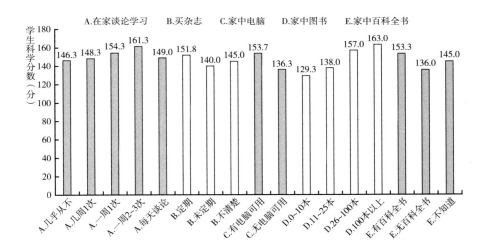

图3-5 4年级不同家庭因素下的科学成绩

# 第四章　8年级科学教育测评分析

对 8 年级科学教育测评的分析与 4 年级保持一致，先分析总体成绩和各学科成绩，然后分析学生方面的影响因素、教师方面的影响因素、学校方面的影响因素、学生家庭方面的影响因素。在四个方面的因素中，本章分析了 8 年级的 22 个因素，其中有 15 个因素与 4 年级相同，诸如性别、年龄、缺课天数、学校午餐计划资格、特许学校、学校所在的国家区域方位、学生家里的图书、报纸、电脑、百科全书、杂志等；这样做的目的，一方面是保持因素的一致性，另一方面是探求这些因素对 4 年级、8 年级学生的影响是否一致。在此基础上，分析了另外 7 个不同的因素，诸如教师的最高学历（学位）、教师每周的科学课教学时间、学生父母受教育水平、学生在家里说（英语之外的）其他语言的频次等，目的是分析尽量多的因素。

## 第一节　8年级学生1996～2015年的科学总体成绩

全国学校 8 年级学生在 1996 年、2000 年和 2005 年的 NAEP 科学量尺分数都为 149 分；在 2009 年上升 1 分至 150 分；2011 年又上升 2 分至 152 分；2015 年升至最高，达 154 分。公立学校 8 年级学生在 1996 年和 2000 年的科学量尺分数都为 148 分；在 2005 年最低，为 147 分；在 2015 年升至最高，达 153 分。私立学校在 1996 年的分数最低，为 162 分；2000 年的分数最高，达 166 分；2009 年和 2011 年分别为 164 分、163 分。量尺分数下面的百分数为调查样本的比例。例如，全国学校 1996 年量尺分数是 149分，100% 意味此分数是从全国学校 8 年级样本学生中所有人的分数统计而来的（见表 4 – 1）。

表 4 – 1   8 年级学生 1996 ~ 2015 年科学量尺分数和样本百分比

单位：分，%

| 类别 | | 1996 年 | 2000 年 | 2005 年 | 2009 年 | 2011 年 | 2015 年 | 均值 |
|---|---|---|---|---|---|---|---|---|
| 全国学校 | 分数 | 149 | 149 | 149↑ | 150 | 152 | 154↑ | 150.5 |
| | 比例 | 100 | 100 | 100 | 100 | 100 | 100 | 100 |
| 公立学校 | 分数 | 148↓ | 148↓ | 147↓ | 149↓ | 151↓ | 153↓ | 149.3↓ |
| | 比例 | 100 | 100 | 100 | 100 | 100 | 100 | 100 |
| 私立学校 | 分数 | 162↑ | 166↑ | ‡ | 164↑ | 163↑ | ‡ | 163.8↑ |
| | 比例 | 100 | 100 | 100 | 100 | 100 | 100 | 100 |

注：↑表示本年度最高；↓表示本年度最低；‡表示数据不符合报告标准。

六次测评量尺分数的均值显示，私立学校学生 163.8 分，高于全国学校学生和公立学校学生；公立学校学生 149.3 分，在三种类别中是最低的，低于私立学校学生 14.5 分，低于全国学校学生 1.2 分。从分数差距上来看，私立学校学生优于公立学校和全国学校；公立学校学生与全国学校学生水平相当，相差无几。

全国学校 8 年级学生在 1996 年的科学测评中，"低于基本水平"的学生比例为 40%，达到"基本水平""熟练水平""高级水平"的人数比例分别为 31%、26%、3%；在 2000 ~ 2015 年的五次测评中，"低于基本水平"的人数比例逐渐降低，而达到"基本水平"和"熟练水平"的人数比例略有升高；六次测评的均值显示，"低于基本水平"的人数比例为 37.7%，达到"基本水平""熟练水平""高级水平"的比例分别为 31.7%、28.0% 和 2.7%（见表 4 – 2）。

表 4 – 2　8 年级学生 1996 ~ 2015 年科学测评各等级人数比例

单位：%

| 类别 | 等级 | 1996 年 | 2000 年 | 2005 年 | 2009 年 | 2011 年 | 2015 年 | 均值 |
|------|------|--------|--------|--------|--------|--------|--------|------|
| 全国学校 | 低于基本水平 | 40 | 41 | 41 ↓ | 37 | 35 | 32 ↓ | 37.7 |
|  | 基本水平 | 31 ↓ | 29 | 30 = | 33 ↓ | 33 ↓ | 34 = | 31.7 ↓ |
|  | 熟练水平 | 26 | 26 | 26 ↑ | 28 | 30 | 32 ↑ | 28.0 |
|  | 高级水平 | 3 ↓ | 4 | 3 = | 2 | 2 ↓ | 2 ↓ | 2.7 |
| 公立学校 | 低于基本水平 | 42 ↑ | — | 43 ↑ | 38 ↑ | 36 ↑ | 33 ↑ | 38.4 ↑ |
|  | 基本水平 | 31 ↓ | — | 30 ↓ | 33 ↓ | 33 ↓ | 34 = | 32.2 |
|  | 熟练水平 | 25 ↓ | — | 24 ↓ | 18 ↓ | 29 ↓ | 31 ↓ | 25.4 ↓ |
|  | 高级水平 | 3 ↓ | — | 3 = | 1 ↓ | 2 ↓ | 2 = | 2.2 ↓ |
| 私立学校 | 低于基本水平 | 24 ↓ | — | — | 20 ↓ | 23 ↓ | ‡ | 22.3 ↓ |
|  | 基本水平 | 35 ↑ | — | — | 36 ↑ | 34 ↑ | ‡ | 35.0 ↑ |
|  | 熟练水平 | 36 ↑ | — | — | 41 ↑ | 40 ↑ | ‡ | 39.0 ↑ |
|  | 高级水平 | 5 ↑ | — | — | 3 ↑ | 3 ↑ | ‡ | 3.7 ↑ |

注：↑ 表示本年度同一水平中最高；↓ 表示本年度同一水平中最低；= 表示本年度同一水平中相等；‡ 表示数据不符合报告标准；— 表示无数据。

公立学校在 1996 ~ 2015 年的五次测评中，"低于基本水平"的人数比例都是最高的，其达到"基本水平"的人数比例有三次是三个类别中最低的，达到"熟练水平"的人数比例都是最低的，达到"高级水平"的人数比例有三次最低。从均值来看，其"低于基本水平"的人数比例为 38.4% ，是三个类别中最高的；达到"熟练水平"的人数比例为 25.4% ，是三个类别中最低的；达到"高级水平"的人数比例（2.2%）也是三个类别中最低的。

私立学校在 1996 年、2009 年和 2011 年三次测评中，"低于基本水平"的人数比例都是最低的，而其达到"基本水平""熟练水平""高级水平"的比例都是最高的。三个类别比较而言，私立学校学生的科学分数最高，公立学校学生的科学成绩最低。

因篇幅所限，我们对数据进行了取舍，在此只分析 2009 年和 2011 年的百分位分数。8 年级学生 2009 年科学测评中，第 10、25、50、75 和 90 百分位分数，都是私立学校学生最高，公立学校学生最低，全国学校学生整体居中。例如，2009 年第 90 百分位分数，私立学校学生是 199 分，全国学校学生是 192 分，公立学校学生是 191 分。2011 年的百分位分数与 2009 年类似：私立学校学生第 90 百分位分数是 199 分，是最高的；全国学校学生第 90 百分位分数为 193 分，居中；公立学校学生第 90 百分位分数是 192 分，是最低的（见表 4 - 3）。

表 4 - 3  8 年级学生 2009 年、2011 年科学百分位分数

单位：分

| 年份 | 类别 | 第 10 百分位 | 第 25 百分位 | 第 50 百分位 | 第 75 百分位 | 第 90 百分位 |
|---|---|---|---|---|---|---|
| 2009 年 | 全国学校 | 103 | 128 | 153 | 175 | 192 |
| | 公立学校 | 102 ↓ | 127 ↓ | 152 ↓ | 174 ↓ | 191 ↓ |
| | 私立学校 | 128 ↑ | 146 ↑ | 165 ↑ | 183 ↑ | 199 ↑ |
| 2011 年 | 全国学校 | 106 | 131 | 155 | 176 | 193 |
| | 公立学校 | 105 ↓ | 129 ↓ | 154 ↓ | 175 ↓ | 192 ↓ |
| | 私立学校 | 125 ↓ | 143 ↑ | 165 ↑ | 184 ↑ | 199 ↑ |

注：↑表示本年度最高；↓表示本年度最低。

# 第二节  8年级学生1996~2015年各学科成绩

NAEP 对学生科学素质的测评，在科学内容维度上包括生命科学、物理科学、地球与空间科学三个学科。学生的生命科学素质、物理科学素质、地球与空间科学素质是其科学素质的必要组成成分，三种素质缺一不可。

8 年级学生的生命科学分数在 1996 年为 149 分，在 2000 年、2005 年、2009 年升高 1 分，达到 150 分，在 2011 年又升高 2 分至 152 分，2015 年升至 155 分。物理科学分数在六次测评中有微小起伏，2005 年最低（146 分），2015 年最高（153 分）。地球与空间科学分数在 1996 年是 149 分，随着时间的推移，至 2015 年升至 152 分。从六次测评的均值来看，生命科学 151 分，物理科学 149.8 分，地球与空间科学 150.3 分（见表 4 - 4）。

表 4 - 4　8 年级学生 1996 ~ 2015 年三个学科量尺分数和样本百分比

单位：分，%

| 学科 | | 1996 年 | 2000 年 | 2005 年 | 2009 年 | 2011 年 | 2015 年 | 均值 |
|---|---|---|---|---|---|---|---|---|
| 生命科学 | 分数 | 149 | 150 | 150 | 150 | 152 | 155 | 151 |
| | 比例 | 100 | 100 | 100 | 100 | 100 | 100 | 100 |
| 物理科学 | 分数 | 150 | 148 | 146 | 150 | 152 | 153 | 149.8 |
| | 比例 | 100 | 100 | 100 | 100 | 100 | 100 | 100 |
| 地球与空间科学 | 分数 | 149 | 150 | 150 | 150 | 151 | 152 | 150.3 |
| | 比例 | 100 | 100 | 100 | 100 | 100 | 100 | 100 |

　　三个学科在同一年份、同一百分位上，分数相差无几。例如，2009 年生命科学、物理科学、地球与空间科学第 10 百分位分数都是 104 分，第 25 百分位分数都是 128 分，第 90 百分位分数分别是 192 分、193 分、193 分，仅相差 1 分；2015 年三学科第 10 百分位分数分别是 110 分、109 分、107 分，相差 3 分；第 90 百分位分数分别为 196 分、194 分、194 分，相差 2 分（见表 4 - 5）。

表 4 - 5　8 年级学生 2009 年、2011 年、2015 年三学科百分位分数

单位：分

| 年份 | 学科 | 第 10 百分位 | 第 25 百分位 | 第 50 百分位 | 第 75 百分位 | 第 90 百分位 |
|---|---|---|---|---|---|---|
| 2009 年 | 生命科学 | 104 | 128 | 153 | 175 | 192 |
| | 物理科学 | 104 | 128 | 153 | 174 | 193 |
| | 地球与空间科学 | 104 | 128 | 153 | 174 | 193 |
| 2011 年 | 生命科学 | 107 | 131 | 155 | 177 | 194 |
| | 物理科学 | 107 | 131 | 154 | 175 | 193 |
| | 地球与空间科学 | 106 | 130 | 153 | 175 | 193 |
| 2015 年 | 生命科学 | 110 | 134 | 158 | 179 | 196 |
| | 物理科学 | 109 | 132 | 155 | 177 | 194 |
| | 地球与空间科学 | 107 | 131 | 155 | 176 | 194 |

# 第三节  学生方面的影响因素

## 一  性别

题目：从学校记录中获取的学生性别（gender）。（题目编码：GENDER；学校记录）

选项：男；女。

使用年份：1996，2000，2005，2009，2011，2015。类别：主报告类；子类别：学生因素。

在 1996～2015 年的六次测评中，男生和女生的调查样本各占 50% 或者是接近 50%，使得调查样本的比例与实际人口中男女性别比 1∶1 保持一致，值得肯定。在历次测评中，均是男生的分数高于女生；从 1996 年至 2015 年，男女生分数相差分别为 2 分、7 分、3 分、4 分、5 分、3 分，相差不多。六次测评的均值，男生为 152.3 分，女生为 148.3 分，男生高于女生 4 分（见表 4 - 6）。

表 4 - 6  8 年级不同性别学生 1996～2015 年科学量尺分数和样本百分比

单位：分，%

| 性别 | | 1996 年 | 2000 年 | 2005 年 | 2009 年 | 2011 年 | 2015 年 | 均值 |
|---|---|---|---|---|---|---|---|---|
| 男生 | 分数 | 150↑ | 153↑ | 150↑ | 152↑ | 154↑ | 155↑ | 152.3↑ |
| | 比例 | 50 | 50 | 50 | 50 | 51 | 51 | 50.3 |
| 女生 | 分数 | 148↓ | 146↓ | 147↓ | 148↓ | 149↓ | 152↓ | 148.3↓ |
| | 比例 | 50 | 50 | 50 | 50 | 49 | 49 | 49.7 |

注：↑表示在本年度最高；↓表示在本年度最低。

8 年级学生的六次测评，男生"低于基本水平"、达到"基本水平"的人数比例均低于女生，男生达到"熟练水平""高级水平"的人数比例均高于女生。六次测评的均值显示，男生"低于基本水平"的人数比例为

35.8%，低于女生（39.3%）；男生达到"基本水平"的人数比例为30.3%，低于女生（33.3%）；而男生达到"熟练水平"的人数比例（30.5%）高于女生（25.8%），达到"高级水平"的人数比例（3.2%）也高于女生（1.7%）（见表4-7）。总体而言，8年级男生达到"熟练水平""高级水平"的人数比例多于女生，而女生"低于基本水平"、达到"基本水平"的人数比例都高于男生。

表4-7　8年级不同性别学生1996~2015年科学测评各等级人数比例

单位：%

| 性别 | 等级 | 1996 年 | 2000 年 | 2005 年 | 2009 年 | 2011 年 | 2015 年 | 均值 |
|---|---|---|---|---|---|---|---|---|
| 男生 | 低于基本水平 | 40 ↓ | 38 ↓ | 39 ↓ | 35 ↓ | 32 ↓ | 31 ↓ | 35.8 ↓ |
|  | 基本水平 | 29 ↓ | 28 ↓ | 29 ↓ | 31 ↓ | 33 ↓ | 32 ↓ | 30.3 ↓ |
|  | 熟练水平 | 27 ↑ | 29 ↑ | 27 ↑ | 32 ↑ | 33 ↑ | 35 ↑ | 30.5 ↑ |
|  | 高级水平 | 4 ↑ | 5 ↑ | 4 ↑ | 2 ↑ | 2 ↑ | 2 ↑ | 3.2 ↑ |
| 女生 | 低于基本水平 | 41 ↑ | 44 ↑ | 43 ↑ | 38 ↑ | 37 ↑ | 33 ↑ | 39.3 ↑ |
|  | 基本水平 | 33 ↑ | 30 ↑ | 31 ↑ | 35 ↑ | 35 ↑ | 36 ↑ | 33.3 ↑ |
|  | 熟练水平 | 24 ↓ | 24 ↓ | 24 ↓ | 26 ↓ | 27 ↓ | 30 ↓ | 25.8 ↓ |
|  | 高级水平 | 2 ↓ | 3 ↓ | 2 ↓ | 1 ↓ | 1 ↓ | 1 ↓ | 1.7 ↓ |

注：↑表示本年度同一水平中最高；↓表示本年度同一水平中最低。

2015年生命科学第10百分位分数，男生为110分，女生为111分，男生比女生低1分；在第25、50、75、90百分位分数，男生比女生分别高1分、2分、2分、2分。物理科学第10、25、50、75、90百分位分数，男生比女生分别高2分、4分、5分、7分、8分，随着百分位的提高，分数的差距也在逐渐扩大。地球与空间科学五个百分位分数，男生比女生分别高1分、2分、4分、5分、6分（见表4-8）。从分数差上可以看出，男女生在生命科学上旗鼓相当；但在物理科学上差距较大，在地球与空间科学上也有一定的差距。

表 4 – 8　8 年级不同性别学生 2015 年三个学科百分位分数

单位：分

| 学科 | 性别 | 第 10 百分位 | 第 25 百分位 | 第 50 百分位 | 第 75 百分位 | 第 90 百分位 |
|---|---|---|---|---|---|---|
| 生命科学 | 男生 | 110 ↓ | 135 ↑ | 159 ↑ | 180 ↑ | 197 ↑ |
|  | 女生 | 111 ↑ | 134 ↓ | 157 ↓ | 178 ↓ | 195 ↓ |
| 物理科学 | 男生 | 110 ↑ | 134 ↑ | 158 ↑ | 180 ↑ | 198 ↑ |
|  | 女生 | 108 ↓ | 130 ↓ | 153 ↓ | 173 ↓ | 190 ↓ |
| 地球与空间科学 | 男生 | 108 ↑ | 132 ↑ | 157 ↑ | 179 ↑ | 197 ↑ |
|  | 女生 | 107 ↓ | 130 ↓ | 153 ↓ | 174 ↓ | 191 ↓ |

注：↑表示同一学科同一百分位分数最高；↓表示同一学科同一百分位分数最低。

## 二　年龄

题目：小于、等于还是大于本年级学生的平均年龄（modal age）？（8 年级学生平均年龄为 13 岁）（题目编码：MODAGE；学校记录）

选项：小于平均年龄；等于平均年龄；大于平均年龄。

使用年份：1996，2000，2005，2009，2011，2015。类别：学生因素；子类别：人口统计学。

被调查的 8 年级学生有的等于平均年龄，有的小于平均年龄，有的大于平均年龄。在样本的组成上，小于平均年龄的学生比例很小，在 0%（四舍五入值，趋近于 0，不代表无）至 1% 之间，大于平均年龄的学生占大约 40%，而等于平均年龄的学生比例最大，约占 60%。8 年级学生六次测评中，小于平均年龄和等于平均年龄者的分数较高，而大于平均年龄的学生分数较低。从均值上来看，小于平均年龄和等于平均年龄的学生分数一样，都是 153.2 分；高于大于平均年龄的学生 6.9 分（见表 4 – 9）。

表 4 – 9　8 年级不同年龄学生 1996～2015 年科学量尺分数和样本百分比

单位：分，%

| 学生年龄 |  | 1996 年 | 2000 年 | 2005 年 | 2009 年 | 2011 年 | 2015 年 | 均值 |
|---|---|---|---|---|---|---|---|---|
| 小于平均年龄 | 分数 | 148 | 148 | 154 ↑ | 155 ↑ | 153 | 161 | 153.2 ↑ |
|  | 比例 | 1 | 0 | 0 | 0 | 0 | 0 | 0.2 |

续表

| 学生年龄 | | 1996 年 | 2000 年 | 2005 年 | 2009 年 | 2011 年 | 2015 年 | 均值 |
|---|---|---|---|---|---|---|---|---|
| 等于平均年龄 | 分数 | 153 ↑ | 152 ↑ | 151 | 153 | 154 ↑ | 156 ↑ | 153.2 ↑ |
| | 比例 | 59 | 60 | 60 | 60 | 60 | 61 | 60.0 |
| 大于平均年龄 | 分数 | 144 ↓ | 146 ↓ | 144 ↓ | 145 ↓ | 148 ↓ | 151 ↓ | 146.3 ↓ |
| | 比例 | 41 | 40 | 40 | 40 | 39 | 39 | 39.8 |

注：↑表示在本年度最高；↓表示在本年度最低；0%是趋近值。

8 年级学生中，大于平均年龄者在六次测评中"低于基本水平"的人数
比例都是最高的，均值为 42.5%，也是三类学生中最高的；同时，其达到
"熟练水平"和"高级水平"的人数比例最低，分别是 25.5% 和 2.3%。大
于平均年龄的学生在三类学生中的科学素质最低（见表 4 – 10）。

表 4 – 10    8 年级不同年龄学生 1996 ~ 2015 年科学测评各等级人数比例

单位：%

| 学生年龄 | 等级 | 1996 年 | 2000 年 | 2005 年 | 2009 年 | 2011 年 | 2015 年 | 均值 |
|---|---|---|---|---|---|---|---|---|
| 小于平均年龄 | 低于基本水平 | 46 | 40 | 37 ↓ | 30 ↓ | 38 | 26 ↓ | 36.2 |
| | 基本水平 | 23 ↓ | 30 ↑ | 30 | 31 ↓ | 24 ↓ | 28 ↓ | 27.7 ↓ |
| | 熟练水平 | 26 | 28 ↑ | 27 ↑ | 38 ↑ | 35 ↑ | 42 ↑ | 32.7 ↑ |
| | 高级水平 | 5 ↑ | 2 ↓ | 6 ↑ | 2 ↑ | 3 ↑ | 4 ↑ | 3.7 ↑ |
| 等于平均年龄 | 低于基本水平 | 35 ↓ | 38 ↓ | 38 | 33 | 32 ↓ | 29 | 34.2 ↓ |
| | 基本水平 | 33 ↑ | 30 ↑ | 31 ↑ | 35 ^ | 35 ↑ | 35 ↑ | 33.2 ↑ |
| | 熟练水平 | 28 ↑ | 28 ↑ | 27 ↑ | 31 | 32 | 34 | 30.0 |
| | 高级水平 | 3 ↓ | 4 ↑ | 3 ↓ | 2 ↑ | 2 | 2 ↓ | 2.7 |
| 大于平均年龄 | 低于基本水平 | 47 ↑ | 45 ↑ | 46 ↑ | 42 ↑ | 39 ↑ | 36 ↑ | 42.5 ↑ |
| | 基本水平 | 28 | 28 ↓ | 28 ↓ | 31 ↓ | 32 | 32 | 29.8 |
| | 熟练水平 | 22 ↓ | 24 ↓ | 23 ↓ | 26 ↓ | 28 ↓ | 30 ↓ | 25.5 ↓ |
| | 高级水平 | 3 ↓ | 4 ↑ | 3 ↓ | 1 ↓ | 1 ↓ | 2 ↓ | 2.3 ↓ |

注：↑表示本年度同一水平中最高；↓表示本年度同一水平中最低。

小于平均年龄者的尖子生较多。其六次测评中达到"高级水平"人数
比例的次数有五次，均值（3.7%）为最高；其达到"熟练水平"的人数比
例有 32.7%，也是三类学生中最高的。

等于平均年龄学生的中等生较多。其达到"基本水平"的人数比例在六次测评中均最高，均值为 33.2%，也是三类学生中最高的；其"低于基本水平"的人数比例均值在三类学生中是最低的，为 34.2%。

2015 年生命科学测评中，小于平均年龄的学生的第 10、25、50、75、90 百分位分数均是最高的，而大于平均年龄者的五个百分位分数都是最低的，等于平均年龄者的分数居中。物理科学测评中，大于平均年龄者的五个百分位分都是最低的，等于平均年龄者的第 10、25 百分位分数最高，小于平均年龄者的第 50、75、90 百分位分数最高。地理与空间科学测评中，大于平均年龄者的五个百分位分数均最低，等于平均年龄者的第 10 百分位分数最高，小于平均年龄者的第 25、50、75、90 百分位分数最高（见表 4-11）。整体而言，小于平均年龄者的分数较高，等于平均年龄者居中，大于平均年龄者的分数较低。

表 4-11 8 年级不同年龄学生 2015 年三个学科百分位分数

单位：分

| 学科 | 学生年龄 | 第 10 百分位 | 第 25 百分位 | 第 50 百分位 | 第 75 百分位 | 第 90 百分位 |
|------|---------|-----------|-----------|-----------|-----------|-----------|
| 生命科学 | 小于平均年龄 | 117 ↑ | 143 ↑ | 169 ↑ | 188 ↑ | 205 ↑ |
| | 等于平均年龄 | 114 | 137 | 160 | 180 | 197 |
| | 大于平均年龄 | 105 ↓ | 130 ↓ | 155 ↓ | 177 ↓ | 195 ↓ |
| 物理科学 | 小于平均年龄 | 107 | 134 | 162 ↑ | 188 ↑ | 205 ↑ |
| | 等于平均年龄 | 113 ↑ | 135 ↑ | 157 | 178 | 195 |
| | 大于平均年龄 | 104 ↓ | 128 ↓ | 152 ↓ | 175 ↓ | 193 ↓ |
| 地球与空间科学 | 小于平均年龄 | 108 | 136 ↑ | 164 ↑ | 186 ↑ | 204 ↑ |
| | 等于平均年龄 | 111 ↑ | 133 | 156 | 177 | 195 |
| | 大于平均年龄 | 102 ↓ | 127 ↓ | 152 ↓ | 175 ↓ | 193 ↓ |

注：↑ 表示同一学科同一百分位分数最高；↓ 表示同一学科同一百分位分数最低。

## 三 种族

题目：学生的种族裔族（Race/ethnicity）。（题目编码：SDRACE；学生报告，学校报告）

选项：白人；黑人/非裔美国人；西班牙裔；亚洲人/太平洋岛民；美国印第安人/阿拉斯加土著；混血儿。

使用年份：1996，2000，2005，2009，2011，2015。类别：主报告类；子类别：学生因素。

8年级学生的种族有白人、黑人/非裔美国人、西班牙裔、亚洲人/太平洋岛民、美国印第安人/阿拉斯加土著、混血儿共6种。六次测评中，均是白人的分数最高，分别为159分、161分、160分、162分、163分、166分；而黑人/非裔美国人的分数最低，分别为121分、121分、124分、126分、129分、132分。从六次测评的均值来看，最高的是白人学生，161.8分；第二是亚洲人/太平洋岛民学生，157.2分；第三是混血儿学生，151.8分；第四是美国印第安人/阿拉斯加土著学生，140.0分；第五是西班牙裔学生，132.2分；第六是黑人/非裔美国人学生，125.5分（见表4-12）。

表4-12  8年级不同种族学生1996~2015年科学量尺分数和样本百分比

单位：分，%

| 种族 | | 1996年 | 2000年 | 2005年 | 2009年 | 2011年 | 2015年 | 均值 |
|---|---|---|---|---|---|---|---|---|
| 白人 | 分数 | 159↑ | 161↑ | 160↑ | 162↑ | 163↑ | 166↑ | 161.8↑ |
| | 比例 | 68 | 66 | 61 | 58 | 55 | 52 | 60.0 |
| 黑人/非裔美国人 | 分数 | 121↓ | 121↓ | 124↓ | 126↓ | 129↓ | 132↓ | 125.5↓ |
| | 比例 | 17 | 16 | 17 | 15 | 15 | 15 | 15.8 |
| 西班牙裔 | 分数 | 128 | 127 | 129 | 132 | 137 | 140 | 132.2 |
| | 比例 | 10 | 13 | 16 | 20 | 21 | 24 | 17.3 |
| 亚洲人/太平洋岛民 | 分数 | 151 | 153 | 156 | 160 | 159 | 164 | 157.2 |
| | 比例 | 3 | 4 | 4 | 5 | 5 | 6 | 4.5 |
| 美国印第安人/阿拉斯加土著 | 分数 | 148 | 147 | 128 | 137 | 141 | 139 | 140.0 |
| | 比例 | 1 | 1 | 1 | 1 | 1 | 1 | 1.0 |
| 混血儿 | 分数 | 142 | 151 | 152 | 151 | 156 | 159 | 151.8 |
| | 比例 | 1 | 1 | 1 | 1 | 2 | 3 | 1.5 |

注：↑表示在本年度最高；↓表示在本年度最低。

六次测评中，白人学生"低于基本水平"的人数比例最低，而其达到"基本水平"的人数比例有五次最高，达到"熟练水平"的人数比例六次最高，达到"高级水平"的人数比例在1996年最高。黑人/非裔美国人学生在六次测评中，"低于基本水平"的人数比例均最高，达到"基本水平""熟练水平""高级水平"的人数比例均最低。亚洲人/太平洋岛民学生达到"高级水平"的学生比例六次测评均为最高；美国印第安人/阿拉斯加土著学生达到"基本水平"的人数比例在2015年与混血儿学生并列第一，达到"高级水平"的学生比例在2000年与亚洲人/太平洋岛民学生并列最高；混血儿学生达到"基本水平"的人数比例在2000年、2009年、2015年的测评中均（并列）最高（见表4-13）。通过六年的均值可以发现，白人学生的科学素质最高，亚洲人/太平洋岛民学生中的尖子生较多，混血儿学生达到"基本水平"的学生最多，美国印第安人/阿拉斯加土著学生比西班牙裔学生好一点儿，黑人/非裔美国人学生的科学素质有待大幅提高。

表4-13　8年级不同种族学生1996~2015年科学测评各等级人数比例

单位：%

| 种族 | 等级 | 1996年 | 2000年 | 2005年 | 2009年 | 2011年 | 2015年 | 均值 |
|---|---|---|---|---|---|---|---|---|
| 白人 | 低于基本水平 | 28↓ | 27↓ | 26↓ | 22↓ | 20↓ | 18↓ | 23.5↓ |
| | 基本水平 | 35↑ | 33↑ | 34↑ | 36↑ | 37↑ | 35 | 35.0↑ |
| | 熟练水平 | 33↑ | 35↑ | 35↑ | 40↑ | 41↑ | 44↑ | 38.0↑ |
| | 高级水平 | 4↑ | 5 | 5 | 2 | 2 | 3 | 3.5 |
| 黑人/非裔美国人 | 低于基本水平 | 77↑ | 75↑ | 72↑ | 67↑ | 63↑ | 59↑ | 68.8↑ |
| | 基本水平 | 18↓ | 18↓ | 21↓ | 25↓ | 27↓ | 29↓ | 23.0↓ |
| | 熟练水平 | 5↓ | 7↓ | 7↓ | 8↓ | 10↓ | 12↓ | 8.2↓ |
| | 高级水平 | 0↓ | 0↓ | 0↓ | 0↓ | 0↓ | 0↓ | 0↓ |
| 西班牙裔 | 低于基本水平 | 65 | 67 | 65 | 57 | 52 | 48 | 59.0 |
| | 基本水平 | 25 | 23 | 24 | 31 | 32 | 34 | 28.2 |
| | 熟练水平 | 10 | 9 | 10 | 12 | 16 | 17 | 12.3 |
| | 高级水平 | 0↓ | 1 | 1 | 0↓ | 0↓ | 1 | 0.5 |
| 亚洲人/太平洋岛民 | 低于基本水平 | 39 | 39 | 34 | 27 | 26 | 21 | 31.0 |
| | 基本水平 | 29 | 26 | 30 | 32 | 33 | 32 | 30.3 |
| | 熟练水平 | 29 | 29 | 30 | 38 | 38 | 43 | 34.5 |
| | 高级水平 | 4↑ | 6↑ | 6↑ | 3↑ | 3↑ | 4↑ | 4.3↑ |

续表

| 种族 | 等级 | 1996 年 | 2000 年 | 2005 年 | 2009 年 | 2011 年 | 2015 年 | 均值 |
|---|---|---|---|---|---|---|---|---|
| 美国印第安人/<br>阿拉斯加土著 | 低于基本水平 | 44 | 48 | 66 | 52 | 49 | 48 | 51.2 |
| | 基本水平 | 31 | 25 | 22 | 31 | 31 | 36 ↑ | 29.3 |
| | 熟练水平 | 24 | 20 | 11 | 17 | 19 | 16 | 17.8 |
| | 高级水平 | 1 | 6 ↑ | 1 | 0 ↓ | 1 | 0 ↓ | 1.5 |
| 混血儿 | 低于基本水平 | 51 | 35 | 38 | 35 | 31 | 26 | 36.0 |
| | 基本水平 | 28 | 33 ↑ | 31 | 36 ↑ | 34 | 36 ↑ | 33.0 |
| | 熟练水平 | 18 | 30 | 27 | 27 | 33 | 35 | 28.3 |
| | 高级水平 | 3 | 2 | 4 | 2 | 2 | 3 | 2.7 |

注：↑表示本年度同一水平中最高；↓表示本年度同一水平中最低。

2015 年生命科学测评中，黑人/非裔美国人学生在五个百分位上的分数都低于其他种族的学生，白人学生在第 10、25 百分位上的分数最高，亚洲人/太平洋岛民学生在第 50、75、90 百分位上的分数最高；物理科学测评中，同样是黑人/非裔美国人学生五个百分位上的分数都低于其他种族的学生，白人学生在第 10、25 百分位上的分数居第一位，亚洲人/太平洋岛民学生在第 50、75、90 百分位的分数最高；地球与空间科学测评中，同样是黑人/非裔美国人在五个百分位上的分数最低，白人学生在第 10、25、50 百分位上的分数最高；亚洲人/太平洋岛民学生在第 50（并列）、75、90 百分位上的分数最高（见表 4 - 14）。

表 4 - 14    8 年级不同种族学生 2015 年三个学科百分位分数

单位：分

| 学科 | 种族 | 第 10<br>百分位 | 第 25<br>百分位 | 第 50<br>百分位 | 第 75<br>百分位 | 第 90<br>百分位 |
|---|---|---|---|---|---|---|
| 生命科学 | 白人 | 129 ↑ | 149 ↑ | 168 | 186 | 202 |
| | 黑人/非裔美国人 | 92 ↓ | 114 ↓ | 136 ↓ | 157 ↓ | 175 ↓ |
| | 西班牙裔 | 96 | 121 | 145 | 166 | 183 |
| | 亚洲人/太平洋岛民 | 120 | 146 | 169 ↑ | 189 ↑ | 205 ↑ |
| | 美国印第安人/阿拉斯加土著 | 95 | 120 | 143 | 164 | 181 |
| | 混血儿 | 116 | 139 | 163 | 184 | 201 |

**续表**

| 学科 | 种族 | 第10百分位 | 第25百分位 | 第50百分位 | 第75百分位 | 第90百分位 |
|---|---|---|---|---|---|---|
| 物理科学 | 白人 | 128 ↑ | 147 ↑ | 166 | 184 | 200 |
| | 黑人/非裔美国人 | 90 ↓ | 111 ↓ | 133 ↓ | 153 ↓ | 171 ↓ |
| | 西班牙裔 | 96 | 119 | 141 | 162 | 180 |
| | 亚洲人/太平洋岛民 | 120 | 144 | 167 ↑ | 187 ↑ | 204 ↑ |
| | 美国印第安人/阿拉斯加土著 | 96 | 117 | 140 | 161 | 178 |
| | 混血儿 | 115 | 137 | 158 | 179 | 198 |
| 地球与空间科学 | 白人 | 127 ↑ | 146 ↑ | 166 ↑ | 184 | 200 |
| | 黑人/非裔美国人 | 88 ↓ | 109 ↓ | 130 ↓ | 151 ↓ | 170 ↓ |
| | 西班牙裔 | 94 | 117 | 140 | 161 | 180 |
| | 亚洲人/太平洋岛民 | 117 | 143 | 166 ↑ | 186 ↑ | 203 ↑ |
| | 美国印第安人/阿拉斯加土著 | 94 | 117 | 140 | 161 | 180 |
| | 混血儿 | 116 | 137 | 159 | 181 | 200 |

注：↑表示同一学科同一百分位分数最高；↓表示同一学科同一百分位分数最低。

## 四　残疾状况

题目：是否为残疾学生（Disability status of student）（包括 SD，IEP，504 Plan）？（题目编码：IEP；学校认定）

选项：残疾；非残疾。

使用年份：1996，2000，2005，2009，2011，2015。类别：主报告类；子类别：学生因素。

1996～2015 年，残疾学生的样本比例从 5% 提高到 10%，而非残疾学生样本的比例从 95% 降至 90%，增大残疾学生的样本比例，会使残疾学生样本的代表性更强。需要说明的是，残疾学生的调查样本比例占 10%，并不意味着在学生总体中，残疾学生占 10%。

8 年级残疾学生 1996 年的分数是 113 分，而非残疾学生的分数是 151 分，残疾学生低于非残疾学生 38 分；在 2000～2015 年的五次测评中，残疾学生的分数分别低于非残疾学生 34 分、32 分、33 分、33 分、38 分。从六次测评的均值来看，残疾学生为 118.8 分，非残疾学生为 153.5 分，二者相差 34.7 分，相差悬殊（见表 4-15）。

表 4 - 15  8 年级残疾与非残疾学生 1996 ~ 2015 年科学量尺分数和样本百分比

单位：分，%

| 类别 | | 1996 年 | 2000 年 | 2005 年 | 2009 年 | 2011 年 | 2015 年 | 均值 |
|---|---|---|---|---|---|---|---|---|
| 残疾学生 | 分数 | 113 ↓ | 118 ↓ | 120 ↓ | 120 ↓ | 122 ↓ | 120 ↓ | 118.8 ↓ |
| | 比例 | 5 | 7 | 10 | 10 | 10 | 10 | 8.7 |
| 非残疾学生 | 分数 | 151 ↑ | 152 ↑ | 152 ↑ | 153 ↑ | 155 ↑ | 158 ↑ | 153.5 ↑ |
| | 比例 | 95 | 93 | 90 | 90 | 90 | 90 | 91.3 |

注：↑表示在本年度最高；↓表示在本年度最低。

全国学校 8 年级残疾学生在 1996 ~ 2015 年的六次测评中，从人数比例均值来看，"低于基本水平"的人数比例是 72.7%，而非残疾学生的人数比例是 34.3%，残疾学生高于非残疾学生 38.4 个百分点；残疾学生达到"基本水平""熟练水平""高级水平"的人数比例分别为 19.5%、7.7%、0.3%，比非残疾学生分别低 13.3 个、22.5 个、2.5 个百分点。残疾学生"低于基本水平"的人数比例在六次测评中均高于非残疾学生，而其达到"基本水平""熟练水平""高级水平"的人数比例在六次测评中均低于非残疾学生（见表 4 - 16）。可以推测，残疾学生的科学素质低于非残疾学生。

表 4 - 16  8 年级残疾与非残疾学生 1996 ~ 2015 年科学各等级人数比例

单位：%

| 类别 | 等级 | 1996 年 | 2000 年 | 2005 年 | 2009 年 | 2011 年 | 2015 年 | 均值 |
|---|---|---|---|---|---|---|---|---|
| 残疾学生 | 低于基本水平 | 82 ↑ | 74 ↑ | 73 ↑ | 69 ↑ | 68 ↑ | 70 ↑ | 72.7 ↑ |
| | 基本水平 | 14 ↓ | 18 ↓ | 19 ↓ | 22 ↓ | 22 ↓ | 22 ↓ | 19.5 ↓ |
| | 熟练水平 | 4 ↓ | 7 ↓ | 8 ↓ | 9 ↓ | 10 ↓ | 8 ↓ | 7.7 ↓ |
| | 高级水平 | 0 ↓ | 1 ↓ | 1 ↓ | 0 ↓ | 0 ↓ | 0 ↓ | 0.3 ↓ |
| 非残疾学生 | 低于基本水平 | 38 ↓ | 38 ↓ | 38 ↓ | 33 ↓ | 31 ↓ | 28 ↓ | 34.3 ↓ |
| | 基本水平 | 32 ↑ | 30 ↑ | 31 ↑ | 34 ↑ | 35 ↑ | 35 ↑ | 32.8 ↑ |
| | 熟练水平 | 27 ↑ | 28 ↑ | 28 ↑ | 31 ↑ | 32 ↑ | 35 ↑ | 30.2 ↑ |
| | 高级水平 | 3 ↑ | 4 ↑ | 4 ↑ | 2 ↑ | 2 ↑ | 2 ↑ | 2.8 ↑ |

注：↑表示本年度同一水平中最高；↓表示本年度同一水平中最低。

2015 年，第 10 百分位上的残疾学生和非残疾学生"生命科学"分数分别是 73 分和 118 分，残疾学生低于非残疾学生 45 分；在第 25、50、75、90 百分位上，两类学生的分数差分别是 41 分、38 分、34 分、30 分；第 10 百分位上的学生差距最大，第 90 百分位上的学生差距最小。残疾学生与非残疾学生"物理科学"五个百分位上的分数差分别是 41 分、39 分、35 分、33 分、29 分；同样，第 10 百分位上的学生差距最大，第 90 百分位上的学生差距最小。两类学生"地球与空间科学"在五个百分位上的分数差分别是 41 分、40 分、37 分、33 分、30 分；与生命科学和物理科学的分数差相似，随着百分位的上升，分数差距变小（见表 4 – 17）。

表 4 – 17　8 年级残疾与非残疾学生 2015 年三个学科百分位分数

单位：分

| 学科 | 类别 | 第 10 百分位 | 第 25 百分位 | 第 50 百分位 | 第 75 百分位 | 第 90 百分位 |
|---|---|---|---|---|---|---|
| 生命科学 | 残疾学生 | 73 ↓ | 98 ↓ | 123 ↓ | 147 ↓ | 168 ↓ |
| | 非残疾学生 | 118 ↑ | 139 ↑ | 161 ↑ | 181 ↑ | 198 ↑ |
| 物理科学 | 残疾学生 | 75 ↓ | 98 ↓ | 123 ↓ | 146 ↓ | 167 ↓ |
| | 非残疾学生 | 116 ↑ | 137 ↑ | 158 ↑ | 179 ↑ | 196 ↑ |
| 地球与空间科学 | 残疾学生 | 73 | 96 | 121 | 145 | 166 |
| | 非残疾学生 | 114 ↑ | 136 ↑ | 158 ↑ | 178 ↑ | 196 ↑ |

注：↑ 表示同一学科同一百分位分数最高；↓ 表示同一学科同一百分位分数最低。

## 五　英语语言学习者身份

题目：被学校划分为英语语言学习者（status as English language learner）或非英语语言学习者。（题目编码：LEP；学校划分）

选项：英语语言学习者；非英语语言学习者。

使用年份：1996，2000，2005，2009，2011，2015。类别：主报告类；子类别：学生因素。

"英语语言学习者"（以下简称"语言学习者"）指的是母语不是英语，而且不能熟练使用英语语言。"非英语语言学习者"（以下简称"非语言学习者"）指的是其母语是英语，或者母语不是英语但其能够熟练使用英语语言。

8 年级学生的调查样本中，语言学习者所占比例较低，平均为 4.3%，非语言学习者样本比例平均为 95.7%。语言学习者在 1996～2015 年六次测评中，平均分均低于非语言学习者；从均值上来看，语言学习者的科学量尺分数是 103.2 分，非语言学习者的科学量尺分数是 152.7 分，语言学习者比非语言学习者低 49.5 分（见表 4-18）。

表 4-18    语言学习者身份与 8 年级学生 1996～2015 年
科学量尺分数和样本百分比

单位：分，%

| 类别 | | 1996 年 | 2000 年 | 2005 年 | 2009 年 | 2011 年 | 2015 年 | 均值 |
|---|---|---|---|---|---|---|---|---|
| 语言学习者 | 分数 | 91 ↓ | 102 ↓ | 107 ↓ | 103 ↓ | 106 ↓ | 110 ↓ | 103.2 ↓ |
| | 比例 | 2 | 3 | 5 | 5 | 5 | 6 | 4.3 |
| 非语言学习者 | 分数 | 150 ↑ | 151 ↑ | 151 ↑ | 153 ↑ | 154 ↑ | 157 ↑ | 152.7 ↑ |
| | 比例 | 98 | 97 | 95 | 95 | 95 | 94 | 95.7 |

注：↑表示在本年度最高；↓表示在本年度最低。

8 年级语言学习者在 1996～2015 年六次测评中，"低于基本水平"的人数比例均高于非语言学习者，其达到"基本水平""熟练水平""高级水平"的人数比例均低于非语言学习者。从六次测评的均值来看，语言学习者"低于基本水平"的人数比例为 86.7%，非语言学习者为 35.3%，二者相差 51.4 个百分点；语言学习者达到"基本水平""熟练水平""高级水平"的人数比例分别为 10.8%、2.5%、0%，非语言学习者分别为 32.5%、29.3%、2.7%，分别相差 21.7 个、26.8 个、2.7 个百分点（见表 4-19）。

表 4 - 19 语言学习者身份与 8 年级学生 1996 ~ 2015 年科学测评各等级人数比例

单位：%

| 类别 | 等级 | 1996 年 | 2000 年 | 2005 年 | 2009 年 | 2011 年 | 2015 年 | 均值 |
|------|------|---------|---------|---------|---------|---------|---------|------|
| 语言学习者 | 低于基本水平 | 96 ↑ | 88 ↑ | 86 ↑ | 86 ↑ | 83 ↑ | 81 ↑ | 86.7 ↑ |
| | 基本水平 | 4 ↓ | 9 ↓ | 11 ↓ | 12 ↓ | 14 ↓ | 15 ↓ | 10.8 ↓ |
| | 熟练水平 | 0 ↓ | 3 ↓ | 3 ↓ | 2 ↓ | 3 ↓ | 4 ↓ | 2.5 ↓ |
| | 高级水平 | 0 ↓ | 0 ↓ | 0 ↓ | 0 ↓ | 0 ↓ | 0 ↓ | 0 ↓ |
| 非语言学习者 | 低于基本水平 | 39 ↓ | 39 ↓ | 39 ↓ | 34 ↓ | 32 ↓ | 29 ↓ | 35.3 ↓ |
| | 基本水平 | 32 ↑ | 29 ↑ | 31 ↑ | 34 ↑ | 34 ↑ | 35 ↑ | 32.5 ↑ |
| | 熟练水平 | 26 ↑ | 27 ↑ | 27 ↑ | 30 ↑ | 32 ↑ | 34 ↑ | 29.3 ↑ |
| | 高级水平 | 3 ↑ | 4 ↑ | 3 ↑ | 2 ↑ | 2 ↑ | 2 ↑ | 2.7 ↑ |

注：↑表示本年度同一水平中最高；↓表示本年度同一水平中最低。

2015 年，三个学科五个百分位分数，均是非语言学习者高于语言学习者。生命科学测评的五个百分位分数，语言学习者比非语言学习者分别低 55 分、52 分、49 分、46 分、42 分；物理科学测评的五个百分位分数，语言学习者比非语言学习者分别低 46 分、44 分、42 分、41 分、39 分；地球与空间科学测评的五个百分位分数，语言学习者比非语言学习者分别低 47 分、47 分、46分、45 分、41 分（见表 4 - 20）。语言学习者与非语言学习者的五个百分位分数相差非常大，说明语言在学生科学学习中扮演着重要的角色。在美国，对英语的使用不熟练，会严重影响科学的学习质量，进而影响科学水平的提高。

表 4 - 20 语言学习者身份与 8 年级学生 2015 年三个学科百分位分数

单位：分

| 学科 | 类别 | 第 10 百分位 | 第 25 百分位 | 第 50 百分位 | 第 75 百分位 | 第 90 百分位 |
|------|------|-------------|-------------|-------------|-------------|-------------|
| 生命科学 | 语言学习者 | 61 ↓ | 86 ↓ | 111 ↓ | 134 ↓ | 155 ↓ |
| | 非语言学习者 | 116 ↑ | 138 ↑ | 160 ↑ | 180 ↑ | 197 ↑ |
| 物理科学 | 语言学习者 | 68 ↓ | 91 ↓ | 115 ↓ | 137 ↓ | 156 ↓ |
| | 非语言学习者 | 114 ↑ | 135 ↑ | 157 ↑ | 178 ↑ | 195 ↑ |
| 地球与空间科学 | 语言学习者 | 65 ↓ | 87 ↓ | 111 ↓ | 133 ↓ | 154 ↓ |
| | 非语言学习者 | 112 ↑ | 134 ↑ | 157 ↑ | 178 ↑ | 195 ↑ |

注：↑表示同一学科同一百分位分数最高；↓表示同一学科同一百分位分数最低。

## 六  学生残疾和英语语言学习者身份

题目：被学校划分为残疾学生（Student disability）或英语语言学习者（English Language Learner status）。（题目编码：SDELL；学校划定）

选项：残疾学生；语言学习者；既残疾又是语言学习者；既不残疾也不是语言学习者。

使用年份：1996，2000，2005，2009，2011，2015。类别：主报告类；子类别：学生因素。

8 年级"既不残疾也不是语言学习者"即"二者都不是"的学生在 1996～2015 年的六次测评中，科学量尺分数均值最高；相反具有双重身份的"残疾＋语言学习者"在 2005～2015 年的四次测评中科学量尺分数最低，其数据不可用时（1996 年、2000 年），则是"语言学习者"的科学量尺分数最低。从科学量尺分数的均值来看，"二者都不是"的学生分数最高，达 155.3 分；残疾学生均值为 122.7 分，居第二位；"语言学习者"分数为 106.5，居第三位；"残疾＋语言学习者"的分数最低，仅 85.8 分（见表 4－21）。

表 4－21  8 年级残疾/语言学习者 1996～2015 年科学量尺分数和样本百分比

单位：分，%

| 类型 | | 1996 年 | 2000 年 | 2005 年 | 2009 年 | 2011 年 | 2015 年 | 均值 |
|---|---|---|---|---|---|---|---|---|
| 残疾学生 | 分数 | 114 | 119 | 122 | 126 | 127 | 128 | 122.7 |
| | 比例 | 5 | 7 | 10 | 10 | 10 | 11 | 8.8 |
| 语言学习者 | 分数 | 93 ↓ | 104 ↓ | 110 | 107 | 110 | 115 | 106.5 |
| | 比例 | 2 | 3 | 5 | 4 | 4 | 5 | 3.8 |
| 残疾＋语言学习者 | 分数 | ‡ | ‡ | 86 ↓ | 81 ↓ | 86 ↓ | 90 ↓ | 85.8 ↓ |
| | 比例 | 0 | 0 | 1 | 1 | 1 | 1 | 0.7 |
| 二者都不是 | 分数 | 152 ↑ | 153 ↑ | 154 ↑ | 156 ↑ | 157 ↑ | 160 ↑ | 155.3 ↑ |
| | 比例 | 93 | 91 | 85 | 85 | 85 | 84 | 87.2 |

注：↑表示在本年度最高；↓表示在本年度最低；‡表示数据不符合报告标准。

8 年级学生中，"二者都不是"的学生在 1996～2015 年的六次测评中，"低于基本水平"的人数比例均最低，而达到"基本水平""熟练水平"

"高级水平"的人数比例均最高；与之相反，"残疾＋语言学习者"在2005～2015年"低于基本水平"的人数比例最高，达到"基本水平""熟练水平""高级水平"的人数比例最低。从均值上来看，"残疾＋语言学习者"的科学素质最差，"二者都不是"的科学素质最优。

在六次测评中，语言学习者达到"高级水平"的人数比例均最低；达到"熟练水平"的人数比例最低的次数为两次，达到"基本水平"的人数比例最低的次数也有两次，"低于基本水平"的人数比例最高的次数有两次。"残疾学生"达到"高级水平"的人数比例最低的次数是四次。另外，从均值的比较上也能发现，"残疾学生"的科学素质优于"语言学习者"（见表4－22）。

**表4－22  8 年级残疾/语言学习者1996～2015年科学测评各等级人数比例**

单位：%

| 类型 | 等级 | 1996 年 | 2000 年 | 2005 年 | 2009 年 | 2011 年 | 2015 年 | 均值 |
|---|---|---|---|---|---|---|---|---|
| 残疾学生 | 低于基本水平 | 81 | 73 | 71 | 64 | 63 | 63 | 69.2 |
| | 基本水平 | 14 | 19 | 20 | 24 | 25 | 25 | 21.2 |
| | 熟练水平 | 4 | 8 | 8 | 12 | 12 | 12 | 9.3 |
| | 高级水平 | 0↓ | 1 | 1 | 0↓ | 0↓ | 0↓ | 0.3 |
| 语言学习者 | 低于基本水平 | 96↑ | 88↑ | 85 | 84 | 81 | 78 | 85.3 |
| | 基本水平 | 4↓ | 9↓ | 12 | 13 | 16 | 18 | 12.0 |
| | 熟练水平 | 0↓ | 3↓ | 3 | 3 | 3 | 4 | 2.7 |
| | 高级水平 | 0↓ | 0↓ | 0↓ | 0↓ | 0↓ | 0↓ | 0↓ |
| 残疾＋语言学习者 | 低于基本水平 | ‡ | ‡ | 95↑ | 95↑ | 94↑ | 93↑ | 94.3↑ |
| | 基本水平 | ‡ | ‡ | 4↓ | 5↓ | 5↓ | 6↓ | 5.0↓ |
| | 熟练水平 | ‡ | ‡ | 1↓ | 0↓ | 1↓ | 1↓ | 0.8↓ |
| | 高级水平 | ‡ | ‡ | 0↓ | 0↓ | 0↓ | 0↓ | 0↓ |
| 二者都不是 | 低于基本水平 | 37↓ | 37↓ | 35↓ | 30↓ | 28↓ | 25↓ | 32.0↓ |
| | 基本水平 | 33↑ | 30↑ | 33↑ | 36↑ | 36↑ | 36↑ | 34.0↑ |
| | 熟练水平 | 28↑ | 29↑ | 29↑ | 32↑ | 34↑ | 37↑ | 31.5↑ |
| | 高级水平 | 3↑ | 4↑ | 4↑ | 2↑ | 2↑ | 2↑ | 2.8↑ |

注：↑表示本年度同一水平中最高；↓表示本年度同一水平中最低；‡表示数据不符合报告标准。

2015年生命科学测评中，"二者都不是"的学生的第10、25、50、75、90百分位分数均是最高的；"残疾＋语言学习者"的五个百分位分数都是最低的；物理科学、地球与空间科学测评中的五个百分位分数也是如此（见表4－23）。"残疾＋语言学习者"的百分位分数最低，"二者都不是"的学生的百分位分数最高，这非常好理解；我们感兴趣和关注的是，只是"语言学习者"和只是"残疾"的学生，哪一类学生的分数高呢？比较发现，三个学科的五个百分位分数，均是"残疾学生"高于"语言学习者"。四类学生的百分位分数的高低顺序依次是：二者都不是的学生、残疾学生、语言学习者、残疾＋语言学习者。

表4－23　8年级残疾/英语语言学习者2015年三个学科百分位分数

单位：分

| 学科 | 类型 | 第10百分位 | 第25百分位 | 第50百分位 | 第75百分位 | 第90百分位 |
|---|---|---|---|---|---|---|
| 生命科学 | 残疾学生 | 82 | 105 | 130 | 154 | 175 |
| | 语言学习者 | 69 | 92 | 115 | 137 | 157 |
| | 残疾＋语言学习者 | 34↓ | 64↓ | 91↓ | 116↓ | 137↓ |
| | 二者都不是 | 123↑ | 142↑ | 163↑ | 182↑ | 199↑ |
| 物理科学 | 残疾学生 | 82 | 105 | 129 | 152 | 173 |
| | 语言学习者 | 74 | 96 | 118 | 140 | 158 |
| | 残疾＋语言学习者 | 47↓ | 71↓ | 95↓ | 117↓ | 139↓ |
| | 二者都不是 | 120↑ | 139↑ | 160↑ | 180↑ | 197↑ |
| 地球与空间科学 | 残疾学生 | 81 | 103 | 128 | 152 | 172 |
| | 语言学习者 | 72 | 93 | 115 | 137 | 156 |
| | 残疾＋语言学习者 | 45↓ | 67↓ | 91↓ | 114↓ | 134↓ |
| | 二者都不是 | 119↑ | 139↑ | 160↑ | 180↑ | 197↑ |

注：↑表示同一学科同一百分位分数最高；↓表示同一学科同一百分位分数最低。

## 七　上个月缺课天数

题目：你上个月缺课（absent from school）多少天？（题目编码：B018101；学生回答）

选项：无缺课；缺课1～2天；缺课3～4天；缺课5～10天；缺课10天以上。

使用年份：2005，2009，2011，2015。类别：学生因素；子类别：学业成绩和学习经历。

将学生缺课的状况分成无缺课、缺课 1 ~ 2 天、缺课 3 ~ 4 天、缺课 5 ~ 10 天、缺课 10 天以上五种类别。8 年级学生 2005 ~ 2015 年的四次测评中，均是"无缺课"的学生分数最高，"缺课 10 天以上"的学生分数最低。四次测评均值显示，"无缺课"学生的分数为 155.5 分，分数最高，比例也最大，有 45.0% 的学生；"缺课 1 ~ 2 天"的学生分数为 152.0 分；"缺课 3 ~ 4 天"的学生分数为 142.8 分；"缺课 5 ~ 10 天"的学生分数为 139.3 分；"缺课 10 天以上"的学生分数为 123.5 分。从中可以发现，学生的科学分数与其缺课的天数成反比，缺课天数越多，分数越低；另外，"无缺课"的人数比例最多，有 45.0%；但这个比例并不令人乐观，似乎有些低；缺课天数越多，学生比例越小（见表 4 - 24）。

表 4 - 24　8 年级不同缺课天数学生 1996 ~ 2015 年科学量尺分数和样本百分比

单位：分，%

| 类别 | | 1996 年 | 2000 年 | 2005 年 | 2009 年 | 2011 年 | 2015 年 | 均值 |
|---|---|---|---|---|---|---|---|---|
| 无缺课 | 分数 | — | — | 153 ↑ | 154 ↑ | 156 ↑ | 159 ↑ | 155.5 ↑ |
| | 比例 | — | — | 44 | 46 | 45 | 45 | 45.0 |
| 缺课 1~2 天 | 分数 | — | — | 150 | 151 | 153 | 154 | 152.0 |
| | 比例 | — | — | 35 | 35 | 35 | 36 | 35.3 |
| 缺课 3~4 天 | 分数 | — | — | 141 | 142 | 143 | 145 | 142.8 |
| | 比例 | — | — | 13 | 13 | 13 | 12 | 12.8 |
| 缺课 5~10 天 | 分数 | — | — | 137 | 137 | 140 | 143 | 139.3 |
| | 比例 | — | — | 5 | 5 | 5 | 5 | 5.0 |
| 缺课 10 天以上 | 分数 | — | — | 121 ↓ | 121 ↓ | 127 ↓ | 125 ↓ | 123.5 ↓ |
| | 比例 | — | — | 2 | 2 | 2 | 2 | 2.0 |

注：—表示无数据；↑表示在本年度最高；↓表示在本年度最低。

在 2000 ~ 2015 年的五次测评中，"无缺课"学生达到"熟练水平"和"高级水平"的人数比例历年都是最大的，均值分别为 32.6% 和 3.0%；"无缺课"学生的科学素质最好。"缺课 1 ~ 2 天"的学生在"基本水平"的人数比例历年都是最高的，均值为 33.0%，其科学素质位列第二。从四种水平的比例来看，"缺课 3~4 天"的学生的科学素质稍好于"缺课 5~10 天"的学生；"缺课 10 天以上"的学生"低于基本水平"的人数比例最大，均值高达 67.2%，其科学素质最差（见表 4-25）。

表 4-25　8 年级不同缺课天数学生 1996~2015 年科学测评各等级人数比例

单位：%

| 类别 | 等级 | 1996 年 | 2000 年 | 2005 年 | 2009 年 | 2011 年 | 2015 年 | 均值 |
|---|---|---|---|---|---|---|---|---|
| 无缺课 | 低于基本水平 | — | 35 | 36 | 32 | 30 | 27 | 32.0 |
| | 基本水平 | — | 29 | 31 ↑ | 34 ↑ | 34 | 34 | 32.4 |
| | 熟练水平 | — | 31 ↑ | 29 ↑ | 32 ↑ | 34 ↑ | 37 ↑ | 32.6 ↑ |
| | 高级水平 | — | 5 ↑ | 4 ↑ | 2 ↑ | 2 ↑ | 2 ↑ | 3.0 ↑ |
| 缺课 1~2 天 | 低于基本水平 | — | 39 | 39 | 35 | 33 | 32 | 35.6 |
| | 基本水平 | — | 30 ↑ | 31 ↑ | 34 ↑ | 35 ↑ | 35 ↑ | 33.0 ↑ |
| | 熟练水平 | — | 27 | 26 | 30 | 31 | 32 | 29.2 |
| | 高级水平 | — | 4 | 3 | 1 | 2 ↑ | 2 ↑ | 2.4 |
| 缺课 3~4 天 | 低于基本水平 | — | 50 | 50 | 46 | 45 | 42 | 46.6 |
| | 基本水平 | — | 29 | 28 | 32 | 32 | 33 | 30.8 |
| | 熟练水平 | — | 19 | 20 | 22 | 22 | 23 | 21.2 |
| | 高级水平 | — | 2 | 2 | 1 | 1 | 1 | 1.4 |
| 缺课 5~10 天 | 低于基本水平 | — | 50 | 55 | 51 | 48 | 45 | 49.8 |
| | 基本水平 | — | 29 | 26 | 30 | 31 | 33 | 29.8 |
| | 熟练水平 | — | 19 | 17 | 18 | 20 | 21 | 19.0 |
| | 高级水平 | — | 3 | 2 | 1 | 1 | 1 | 1.6 |
| 缺课 10 天以上 | 低于基本水平 | — | 71 ↑ | 71 ↑ | 68 | 62 ↑ | 64 ↑ | 67.2 ↑ |
| | 基本水平 | — | 19 | 20 | 22 | 25 | 25 | 22.2 |
| | 熟练水平 | — | 9 | 9 | 10 | 13 | 11 | 10.4 |
| | 高级水平 | — | 1 | 1 | 0 | 0 | 0 | 0.4 |

注：—表示无数据；↑表示本年度同一水平中最高；↓表示本年度同一水平中最低。

以距今最近的 2015 年为例，8 年级学生三个学科的百分位分数都与缺课天数成反比；例如，"无缺课"学生生命科学、物理科学、地球与空间科学的第 10 百分位分数分别是 117 分、109 分、97 分，而"缺课 1~2 天"学生的此分数分别为 115 分、100 分、97 分，分别降低了 2 分、9 分、0 分。三个学科同一百分位分数相差不大；例如，"无缺课"学生三个学科第 50

百分位分数分别是 162 分、160 分、159 分，相差在 3 分之内；第 90 百分位分数分别是 199 分、198 分、197 分，相差在 2 分之内（见表 4 - 26）。

表 4 - 26　8 年级不同种族学生 2015 年三个学科百分位分数

单位：分

| 学科 | 类别 | 第 10 百分位 | 第 25 百分位 | 第 50 百分位 | 第 75 百分位 | 第 90 百分位 |
|---|---|---|---|---|---|---|
| 生命科学 | 无缺课 | 117 ↑ | 140 ↑ | 162 ↑ | 182 ↑ | 199 ↑ |
| | 缺课 1～2 天 | 115 | 137 | 160 | 180 | 198 |
| | 缺课 3～4 天 | 113 | 136 | 159 | 180 | 197 |
| | 缺课 5～10 天 | 112 | 135 | 158 | 179 | 196 |
| | 缺课 10 天以上 | 110 ↓ | 133 ↓ | 156 ↓ | 177 ↓ | 194 ↓ |
| 物理科学 | 无缺课 | 109 ↑ | 132 ↑ | 155 ↑ | 176 ↑ | 194 ↑ |
| | 缺课 1～2 天 | 100 | 124 | 149 | 171 | 189 |
| | 缺课 3～4 天 | 101 | 123 | 147 | 169 | 187 |
| | 缺课 5～10 天 | 99 | 122 ↓ | 146 ↓ | 168 ↓ | 186 ↓ |
| | 缺课 10 天以上 | 97 ↓ | 122 ↓ | 146 | 169 | 188 |
| 地球与空间科学 | 无缺课 | 97 ↑ | 120 ↑ | 144 ↑ | 166 ↑ | 185 |
| | 缺课 1～2 天 | 97 ↑ | 120 ↑ | 144 ↑ | 166 ↑ | 186 ↑ |
| | 缺课 3～4 天 | 78 | 103 | 131 | 154 | 174 |
| | 缺课 5～10 天 | 76 | 101 | 127 | 150 ↓ | 172 |
| | 缺课 10 天以上 | 74 ↓ | 100 ↓ | 126 ↓ | 151 | 171 ↓ |

注：↑表示同一学科同一百分位分数最高；↓表示同一学科同一百分位分数最低。

## 八　学校午餐计划资格

题目：学生是否具有国家的学校午餐计划资格（National School Lunch Program eligibility）？（题目编码：SLUNCH3；基于学校记录）

选项：有资格；无资格；无信息。

使用年份：1996，2000，2005，2009，2011，2015。类别：主报告类；子类别：学生因素。

1996 年的调查样本中有学校午餐计划资格的学生仅有 26%，到了 2000 年，样本比例增加了 1 个百分点至 27%；到 2005 年，有资格学生的样本比例又增加了 10 个百分点，达 37%；以后的历次测评，有资格学生的样本比例继续增加，一直增加到 2015 年的 48%。一方面，可能是由于美国不断增加有午餐计划资格的学生；另一方面可能是仅仅扩大了有午餐计划资格的学生的样本量。无论原因是什么，有资格学生样本比例增大，样本的代表性更好了。

8 年级学生在六次测评中，2000 年、2011 年（并列）、2015 年，是无资格学生的科学量尺分数最高，1996 年、2005 年、2009 年、2011 年（并列），是无信息学生的分数最高。有资格学生的分数均低于无资格学生和无信息学生，六次测评分别低于最高分 28 分、32 分、30 分、31 分、27 分、27 分。从均值来看，无资格学生的比例最大，占 51.7%，分数为 161.0 分；无信息学生的比例为 11.3%，分数也是 161.0 分，二者不分高低；而有资格学生的比例为 37.2%，分数低于无资格和无信息学生 28.3 分（见表 4 – 27）。

表 4 – 27　8 年级有无午餐计划资格学生 1996 ~ 2015 年科学量尺分数和样本百分比

单位：分，%

| 类别 | | 1996 年 | 2000 年 | 2005 年 | 2009 年 | 2011 年 | 2015 年 | 均值 |
|---|---|---|---|---|---|---|---|---|
| 有资格学生 | 分数 | 129 ↓ | 127 ↓ | 130 ↓ | 133 ↓ | 137 ↓ | 140 ↓ | 132.7 ↓ |
| | 比例 | 26 | 27 | 37 | 40 | 45 | 48 | 37.2 |
| 无资格学生 | 分数 | 156 | 159 ↑ | 159 | 161 | 164 ↑ | 167 ↑ | 161.0 ↑ |
| | 比例 | 54 | 52 | 55 | 54 | 50 | 45 | 51.7 |
| 无信息学生 | 分数 | 157 ↑ | 155 | 160 ↑ | 164 ↑ | 164 ↑ | 166 | 161.0 ↑ |
| | 比例 | 20 | 21 | 8 | 6 | 6 | 7 | 11.3 |

注：↑表示在本年度最高；↓表示在本年度最低。

由上面的分析可知，有午餐计划资格学生的分数低于无资格的学生和无信息的学生。但是，其原因并不在于有无午餐计划资格，绝不是"有午餐计划资格"导致了其科学分数低，根本原因在于：具有午餐计划资格的学生，家庭收入低，属于贫困家庭，或寻求失业救济家庭。[1] 倘若不给这些学

---

[1]　USDA. Applying for Free and Reduced Price School Meals, https：//www. fns. usda. gov/school – meals/applying – free – and – reduced – price – school – meals.

生提供学校午餐计划资格，他们的科学分数可能会更低。

　　有资格学生在 1996~2015 年的六次测评中，都是"低于基本水平"的人数比例最高，均值高达 58.8%；而其达到"基本水平""熟练水平""高级水平"的人数比例都低于无资格学生和无信息学生，其均值分别是 27.3%、13.3%、0.5%，是三个类别中最低的。无资格学生和无信息学生的等级水平不相上下：从均值来看，无资格学生"低于基本水平"的人数比例为 25.0%，是最低的，但仅低于无信息学生 0.5 个百分点；达到"基本水平"的人数比例最高，达 33.8%，但也只高于无信息学生 0.8 个百分点；无信息学生达到"熟练水平"和"高级水平"的人数比例分别为 37.5%、4.2%，是三个类别中最高的，但只比无资格学生高 0.2 个、0.7 个百分点（见表 4-28）。

表 4-28　8 年级有无午餐计划资格学生 1996~2015 年科学测评各等级人数比例

单位：%

| 类别 | 等级 | 1996 年 | 2000 年 | 2005 年 | 2009 年 | 2011 年 | 2015 年 | 均值 |
|---|---|---|---|---|---|---|---|---|
| 有资格学生 | 低于基本水平 | 65 ↑ | 68 ↑ | 63 ↑ | 57 ↑ | 52 ↑ | 48 ↑ | 58.8 ↑ |
| | 基本水平 | 23 ↓ | 21 ↓ | 25 ↓ | 29 ↓ | 32 ↓ | 34 ↓ | 27.3 ↓ |
| | 熟练水平 | 11 ↓ | 10 ↓ | 11 ↓ | 14 ↓ | 16 ↓ | 18 ↓ | 13.3 ↓ |
| | 高级水平 | 1 ↓ | 1 ↓ | 1 ↓ | 0 ↓ | 0 ↓ | 0 ↓ | 0.5 ↓ |
| 无资格学生 | 低于基本水平 | 31 ↓ | 29 ↓ | 29 | 24 | 20 ↓ | 17 ↓ | 25.0 ↓ |
| | 基本水平 | 34 ↑ | 32 ↑ | 33 ↑ | 35 ↑ | 35 ↑ | 34 ↓ | 33.8 ↑ |
| | 熟练水平 | 31 | 33 ↑ | 33 | 39 | 42 ↑ | 46 ↑ | 37.3 |
| | 高级水平 | 4 | 5 ↑ | 4 | 2 | 3 ↑ | 3 ↑ | 3.5 |
| 无信息学生 | 低于基本水平 | 31 ↓ | 35 | 28 ↓ | 20 ↓ | 22 | 17 ↓ | 25.5 |
| | 基本水平 | 32 | 30 | 31 | 35 ↑ | 35 ↑ | 35 ↑ | 33.0 |
| | 熟练水平 | 32 ↑ | 31 | 35 ↑ | 42 ↑ | 40 | 45 | 37.5 ↑ |
| | 高级水平 | 5 ↑ | 5 ↑ | 6 ↑ | 3 ↑ | 3 ↑ | 3 ↑ | 4.2 ↑ |

　　注：↑表示本年度同一水平中最高；↓表示本年度同一水平中最低。

　　2005 年的测评中，生命科学学科上有资格学生的第 10、25、50、75、90 百分位分数均低于无资格学生和无信息学生，而无资格学生和无信息学生的分数相等或仅相差 1 分。物理科学、地球与空间科学亦是有资格学生的五个百分位分数低于无资格学生和无信息学生，无资格学生和无信息学生的相同百分位分数最多只差 1 分。从三个学科的百分位分数上也可以发现，有午餐计划资格学生的百分位分数低于无资格学生和无信息学生（见表 4 – 29）。

表 4 – 29　8 年级有无午餐计划资格学生 2015 年三个学科百分位分数

单位：分

| 学科 | 类别 | 第 10 百分位 | 第 25 百分位 | 第 50 百分位 | 第 75 百分位 | 第 90 百分位 |
|---|---|---|---|---|---|---|
| 生命科学 | 有资格学生 | 97 ↓ | 121 ↓ | 144 ↓ | 165 ↓ | 183 ↓ |
| | 无资格学生 | 130 | 150 | 170 ↑ | 188 ↑ | 203 |
| | 无信息学生 | 131 ↑ | 151 ↑ | 170 ↑ | 188 ↑ | 204 ↑ |
| 物理科学 | 有资格学生 | 97 ↓ | 119 ↓ | 141 ↓ | 162 ↓ | 180 ↓ |
| | 无资格学生 | 128 ↑ | 148 ↑ | 168 ↑ | 186 ↑ | 202 ↑ |
| | 无信息学生 | 127 | 147 | 167 | 186 ↑ | 201 |
| 地球与空间科学 | 有资格学生 | 95 ↓ | 117 ↓ | 140 ↓ | 161 ↓ | 180 ↓ |
| | 无资格学生 | 127 ↑ | 147 ↑ | 167 ↑ | 186 ↑ | 202 ↑ |
| | 无信息学生 | 126 | 147 | 167 ↑ | 185 | 201 |

注：↑ 表示同一学科同一百分位分数最高；↓ 表示同一学科同一百分位分数最低。

# 第四节　教师方面的影响因素

## 一　教师的最高学历（学位）

题目：你的最高学历（学位）（Highest academic degree）是什么？（题目编码：T056301；教师报告）

选项：高中；专科；学士；硕士；教育专家；博士；专业学位。

使用年份：1996，2000，2005，2009，2011，2015。类别：教师因素；子类别：准备、证书和经历。

NAEP 测评并不总是以单一因素来分析学生的科学分数的，不时会将两三个因素合并，分析不同因素对学生科学分数的影响作用的大小。在分析教师的最高学历（学位）时，就采用了综合的因素，其中的"高中""专科"属于学历，"学士""硕士""博士"则属于学位，而"专业学位"则属于学位的性质，是针对学术学位而言的；还有"教育专家"，则属于专门人才。这样的分类，虽说没有按单一维度来划分，但符合现实，也具有实际意义。

在七种不同类型的教师中，硕士学位的教师在 1996～2015 年的六次测评中，学生的科学量尺分数有五次是最高的，均值为 153.5 分，高于其他学历（学位）教师所教学生；专科毕业的教师只有 2005 年的数据，其学生的科学量尺分数在均值中最低。从学生科学量尺分数均值的高低来看，七类教师的优劣顺序依次是：硕士学位、教育专家、学士学位、博士学位、专业学位、高中毕业、专科毕业（见表 4－30）。

表 4－30　教师最高学历（学位）与 8 年级学生 1996～2015 年
科学量尺分数和样本百分比

单位：分，%

| 最高学历（学位） | | 1996 年 | 2000 年 | 2005 年 | 2009 年 | 2011 年 | 2015 年 | 均值 |
|---|---|---|---|---|---|---|---|---|
| 高中 | 分数 | ‡ | 151 | ‡ | 133 ↓ | ‡ | ‡ | 142 |
| | 比例 | 0 | 0 | 0 | 0 | 0 | 0 | 0 |
| 专科 | 分数 | ‡ | ‡ | 132 ↓ | ‡ | ‡ | ‡ | 132 ↓ |
| | 比例 | 0 | 0 | 0 | 0 | 0 | 0 | 0 |
| 学士 | 分数 | 151 | 149 ↓ | 148 | 149 | 151 | 154 | 150.3 |
| | 比例 | 58 | 53 | 52 | 48 | 44 | 43 | 49.7 |
| 硕士 | 分数 | 154 ↑ | 152 | 152 ↑ | 153 ↑ | 154 ↑ | 156 ↑ | 153.5 ↑ |
| | 比例 | 34 | 39 | 43 | 46 | 49 | 49 | 43.3 |
| 教育专家 | 分数 | 151 | 151 | 150 | 151 | 153 | 155 | 151.8 |
| | 比例 | 7 | 6 | 4 | 5 | 5 | 6 | 5.5 |
| 博士 | 分数 | 143 ↓ | 156 ↑ | 145 | 143 | 151 | 153 ↓ | 148.5 |
| | 比例 | 1 | 1 | 1 | 1 | 1 | 1 | 1.0 |
| 专业学位 | 分数 | ‡ | ‡ | 140 | 149 | 147 ↓ | 153 ↓ | 147.3 |
| | 比例 | 0 | 0 | 0 | 1 | 1 | 1 | 0.5 |

注：↑ 表示在本年度最高；↓ 表示在本年度最低；‡ 表示数据不符合报告标准。

从学生历年各等级人数比例均值来看，专科学历教师所教的学生"低于基本水平"的人数比例为 61.0%，是 7 类教师中最高的；同时其学生达到"基本水平""熟练水平""高级水平"的人数比例分别为 27.0%、12.0% 和 0%，是 7 类教师中最低的。硕士学位教师所教的学生"低于基本水平"的人数比例为 34.2% ，是最低的；同时，其学生达到"基本水平""熟练水平""高级水平"的人数比例分别为 32.2% 、30.5% 、3.0% ，是最高的。教育专家和博士学位教师的学生达到"高级水平"的人数比例与硕士学位教师一样，比例最高，达 3.0% 。学士学位教师的学生达到"基本水平"的人数比例与硕士学位教师的学生一样最高，比例达 32.2% 。整体上来看，各种学历（学位）教师各有特色：硕士学位教师最佳；教育专家和博士学位教师位列二三，教育专家更能培养学生达到"熟练水平"和"高级水平"；学士学位教师能够培养学生达到"基本水平"；专业学位教师第五，高中学历教师第六；专科学历教师可能最差（见表 4-31）。

表 4-31 教师最高学历（学位）与 8 年级学生 1996~2015 年科学测评各等级人数比例

单位：%

| 最高学历（学位） | 等级 | 1996 年 | 2000 年 | 2005 年 | 2009 年 | 2011 年 | 2015 年 | 均值 |
|---|---|---|---|---|---|---|---|---|
| 高中 | 低于基本水平 | ‡ | 40 | ‡ | 57 ↓ | ‡ | ‡ | 48.5 |
| | 基本水平 | ‡ | 28 | ‡ | 29 ↓ | ‡ | ‡ | 28.5 |
| | 熟练水平 | ‡ | 31 | ‡ | 13 ↓ | ‡ | ‡ | 22.0 |
| | 高级水平 | ‡ | 2 ↓ | ‡ | 0 ↓ | ‡ | ‡ | 1.0 |
| 专科 | 低于基本水平 | ‡ | ‡ | 61 ↑ | ‡ | ‡ | ‡ | 61.0 ↑ |
| | 基本水平 | ‡ | ‡ | 27 ↓ | ‡ | ‡ | ‡ | 27.0 ↓ |
| | 熟练水平 | ‡ | ‡ | 12 ↓ | ‡ | ‡ | ‡ | 12.0 ↓ |
| | 高级水平 | ‡ | ‡ | 0 ↓ | ‡ | ‡ | ‡ | 0 ↓ |
| 学士 | 低于基本水平 | 38 | 41 ↑ | 41 | 38 | 35 | 31 | 37.3 |
| | 基本水平 | 32 | 29 ↑ | 31 ↑ | 33 | 34 ↑ | 34 | 32.2 ↑ |
| | 熟练水平 | 27 | 26 ↓ | 25 | 28 | 29 | 32 | 27.8 |
| | 高级水平 | 3 | 4 | 3 | 1 | 2 ↓ | 2 ↑ | 2.5 |
| 硕士 | 低于基本水平 | 35 ↓ | 38 | 37 ↓ | 33 | 32 ↓ | 30 ↓ | 34.2 ↓ |
| | 基本水平 | 31 | 29 ↑ | 31 | 34 | 34 ↑ | 34 | 32.2 ↑ |
| | 熟练水平 | 29 ↑ | 29 | 28 ↑ | 31 | 32 ↑ | 34 ↑ | 30.5 ↑ |
| | 高级水平 | 4 ↑ | 4 | 4 ↑ | 2 ↑ | 2 ↓ | 2 ↑ | 3.0 ↑ |
| 教育专家 | 低于基本水平 | 37 | 39 | 40 | 36 | 33 | 31 | 36.0 |
| | 基本水平 | 35 ↑ | 27 | 29 | 32 | 34 ↑ | 33 | 31.7 |
| | 熟练水平 | 26 | 28 | 26 | 30 ↑ | 31 | 34 ↑ | 29.2 |
| | 高级水平 | 2 ↓ | 6 ↑ | 4 ↑ | 2 ↑ | 2 ↓ | 2 ↑ | 3.0 ↑ |

续表

| 最高学历<br>（学位） | 等级 | 1996 年 | 2000 年 | 2005 年 | 2009 年 | 2011 年 | 2015 年 | 均值 |
|---|---|---|---|---|---|---|---|---|
| 博士 | 低于基本水平 | 50 ↑ | 36 ↓ | 46 | 45 ↑ | 35 | 34 | 41.0 |
| | 基本水平 | 30 ↓ | 27 ↓ | 26 | 29 ↓ | 34 ↑ | 35 ↑ | 30.2 |
| | 熟练水平 | 16 ↓ | 32 ↑ | 25 | 25 | 28 | 29 ↓ | 25.8 |
| | 高级水平 | 3 | 5 | 3 | 2 ↑ | 3 ↑ | 2 ↑ | 3.0 ↑ |
| 专业学位 | 低于基本水平 | ‡ | ‡ | 51 | 36 | 39 ↑ | 35 ↑ | 40.3 |
| | 基本水平 | ‡ | ‡ | 28 | 36 ↑ | 33 ↓ | 31 ↓ | 32.0 |
| | 熟练水平 | ‡ | ‡ | 19 | 25 | 27 ↓ | 33 | 26.0 |
| | 高级水平 | ‡ | ‡ | 2 | 2 ↑ | 2 ↓ | 1 ↓ | 1.8 |

注：↑表示本年度同一水平中最高；↓表示本年度同一水平中最低；‡表示数据不符合报告标准。

　　2015 年生命科学测评中，硕士学位教师的学生在第 10、25 百分位上分数最高，教育专家的学生在第 50、75、90 百分位上分数最高。专业学位教师的学生在第 10、25、50 百分位分数最低，博士学位教师的学生在第 50、75、90 百分位上的分数最低；学士学位教师的学生在第 50 百分位分数最低。在物理科学测评中，硕士学位教师的学生在 5 个百分位上的分数均是最高的；博士学位教师的学生在第 50、75 百分位上的分数最低；专业学位教师的学生在第 10、25、90 百分位上的分数最低。在地球与空间科学测评中，亦是硕士学位教师的学生最佳，学士学位教师和教育专家的学生居中，博士学位教师和专业学位教师的学生不力（见表 4 - 32）。

表 4 - 32　教师最高学历（学位）与 8 年级学生 2015 年三个学科百分位分数

单位：分

| 学科 | 最高学历<br>（学位） | 第 10 百分位 | 第 25 百分位 | 第 50 百分位 | 第 75 百分位 | 第 90 百分位 |
|---|---|---|---|---|---|---|
| 生命科学 | 高中 | ‡ | ‡ | ‡ | ‡ | ‡ |
| | 专科 | ‡ | ‡ | ‡ | ‡ | ‡ |
| | 学士 | 111 | 135 | 159 ↓ | 179 | 196 |
| | 硕士 | 113 ↑ | 137 ↑ | 159 ↓ | 180 | 197 |
| | 教育专家 | 111 | 136 | 160 ↑ | 181 ↑ | 199 ↑ |
| | 博士 | 111 | 133 | 156 ↓ | 177 ↓ | 194 ↓ |
| | 专业学位 | 105 ↓ | 129 ↓ | 156 ↓ | 178 | 195 |

续表

| 学科 | 最高学历（学位） | 第 10 百分位 | 第 25 百分位 | 第 50 百分位 | 第 75 百分位 | 第 90 百分位 |
|---|---|---|---|---|---|---|
| 物理科学 | 高中 | ‡ | ‡ | ‡ | ‡ | ‡ |
| | 专科 | ‡ | ‡ | ‡ | ‡ | ‡ |
| | 学士 | 110 | 132 | 155 | 177 | 194 |
| | 硕士 | 111 ↑ | 134 ↑ | 158 ↑ | 178 ↑ | 196 ↑ |
| | 教育专家 | 110 | 133 | 156 | 178 ↑ | 195 |
| | 博士 | 112 | 132 | 154 ↓ | 176 ↓ | 195 |
| | 专业学位 | 108 ↓ | 131 ↓ | 157 | 177 | 193 ↓ |
| 地球与空间科学 | 高中 | ‡ | ‡ | ‡ | ‡ | ‡ |
| | 专科 | ‡ | ‡ | ‡ | ‡ | ‡ |
| | 学士 | 108 | 132 | 156 ↑ | 177 | 194 |
| | 硕士 | 110 ↑ | 133 ↑ | 156 ↑ | 178 ↑ | 195 |
| | 教育专家 | 108 | 131 | 155 | 177 | 195 |
| | 博士 | 107 | 129 ↓ | 152 ↓ | 176 ↓ | 196 ↑ |
| | 专业学位 | 105 ↓ | 130 | 156 | 176 ↓ | 192 ↓ |

注：↑表示同一学科同一百分位分数最高；↓表示同一学科同一百分位分数最低；‡表示数据不符合报告标准。

## 二　每周花在科学教学上的时间

题目：你每周总共花多少时间在科学教学（science instruction）上？（题目编码：T092101；教师报告）

选项：小于 1 小时；1~2.9 小时；3~4.9 小时；5~6.9 小时；7 小时及以上。

使用年份：2005，2009，2011。类别：教学内容与实践；子类别：课堂管理。

2005~2011 年三次测评显示，教师每周花在科学教学上的时间"小于 1 小时"，学生的科学量尺分数最低，分别为 146 分、142 分、146 分，平均为 144.7 分；教师每周花在科学教学上的时间在 3~4.9 小时，学生的分数最高，分别为 152 分、153 分、155 分，平均为 153.3 分。但是，教师每周花在科学教学上的时间继续增加，学生的分数并没有随之增加。当教师每周所花时间增加到 5 ~ 6.9 小时时，学生的分数不增反降；继续增加每周所花时间，学生的分数仍没有增加。数据分析发现，教师每周花在科学教学上的时间少于 1 小时，学生的科学成绩最差；教师所花时间保持在 3 ~ 4.9 小时，学生的科学成绩最佳（见表 4 – 33）。

表 4 – 33 教师花在科学教学上的时间与 8 年级学生 1996 ~ 2015 年
科学量尺分数和样本百分比

单位：分，%

| 所花时间 | | 1996 年 | 2000 年 | 2005 年 | 2009 年 | 2011 年 | 2015 年 | 均值 |
|---|---|---|---|---|---|---|---|---|
| 少于 1 小时 | 分数 | — | — | 146 ↓ | 142 ↓ | 146 ↓ | — | 144.7 ↓ |
| | 比例 | — | — | 1 | 1 | 1 | — | 1.0 |
| 1 ~ 2.9 小时 | 分数 | — | — | 147 | 145 | 148 | — | 146.7 |
| | 比例 | — | — | 5 | 4 | 4 | — | 4.3 |
| 3 ~ 4.9 小时 | 分数 | — | — | 152 ↑ | 153 ↑ | 155 ↑ | — | 153.3 ↑ |
| | 比例 | — | — | 58 | 60 | 61 | — | 59.7 |
| 5 ~ 6.9 小时 | 分数 | — | — | 147 | 148 | 151 | — | 148.7 |
| | 比例 | — | — | 23 | 25 | 26 | — | 24.7 |
| 7 小时及以上 | 分数 | — | — | 148 | 148 | 147 | — | 147.7 |
| | 比例 | — | — | 14 | 9 | 8 | — | 10.3 |

注：↑表示在本年度最高；↓表示在本年度最低；—表示无数据。

从 2005 ~ 2011 年三次测评的各等级人数比例均值来看，教师每周花在科学教学上的时间少于 1 小时，学生"低于基本水平"的人数比例为 44.3%，是五个类别中最高的；同时，学生达到"基本水平""熟练水平"的人数比例分别为 29.7%、24.0%，是最低的；但所花时间少于 1 小时，并没有给尖子生的科学学习带来很多不利的影响，但对于达到"基本水平"和"熟练水平"的学生非常大的不利影响。教师每周所花时间在 3 ~ 4.9 小时，学生"低于基本水平"的比例为 33.7%，是最低的；而学生达到"基本水平""熟练水平""高级水平"的比例分别是 33.0%、30.7%、2.7%，是最高的；这说明教师每周花在科学教学上的时间在 3 ~ 4.9 小时是最好的。教师将每周所花时间增加至 5 ~ 6.9 小时，以及继续增加至 7 小时及以上，学生的科学成绩并没有随着所花时间的增加而增加；说明教师所花时间并不是越多越好（见表 4 - 34）。

表 4 - 34　教师花在科学教学上的时间与 8 年级学生 1996 ~ 2015 年
科学测评各等级人数比例

单位：%

| 所花时间 | 等级 | 1996 年 | 2000 年 | 2005 年 | 2009 年 | 2011 年 | 2015 年 | 均值 |
|---|---|---|---|---|---|---|---|---|
| 少于 1 小时 | 低于基本水平 | — | — | 45 ↑ | 46 ↑ | 42 ↑ | | 44.3 ↑ |
| | 基本水平 | — | — | 28 ↓ | 30 ↓ | 31 ↓ | | 29.7 ↓ |
| | 熟练水平 | — | — | 23 ↓ | 23 ↓ | 26 | | 24.0 ↓ |
| | 高级水平 | — | — | 4 | 1 ↓ | 2 ↑ | | 2.3 |
| 1 ~ 2.9 小时 | 低于基本水平 | — | — | 42 | 43 | 38 | | 41.0 |
| | 基本水平 | — | — | 31 ↑ | 31 | 35 ↑ | | 32.3 |
| | 熟练水平 | — | — | 24 | 25 | 26 | | 25.0 |
| | 高级水平 | — | — | 2 ↓ | 1 ↓ | 2 ↑ | | 1.7 ↓ |
| 3 ~ 4.9 小时 | 低于基本水平 | — | — | 37 ↓ | 33 ↓ | 31 ↓ | | 33.7 ↓ |
| | 基本水平 | — | — | 31 ↑ | 34 ↑ | 34 | | 33.0 ↑ |
| | 熟练水平 | — | — | 28 ↑ | 31 ↑ | 33 ↑ | | 30.7 ↑ |
| | 高级水平 | — | — | 4 ↑ | 2 ↑ | 2 ↑ | | 2.7 ↑ |
| 5 ~ 6.9 小时 | 低于基本水平 | — | — | 43 | 39 | 35 | | 39.0 |
| | 基本水平 | — | — | 30 | 33 | 34 | | 32.3 |
| | 熟练水平 | — | — | 24 | 27 | 29 | | 26.7 |
| | 高级水平 | — | — | 3 | 1 ↓ | 2 ↑ | | 2.0 |
| 7 小时及以上 | 低于基本水平 | — | — | 42 | 39 | 40 | | 40.3 |
| | 基本水平 | — | — | 29 | 33 | 33 | | 31.7 |
| | 熟练水平 | — | — | 26 | 26 | 25 ↓ | | 25.7 |
| | 高级水平 | — | — | 3 | 1 ↓ | 1 ↓ | | 1.7 ↓ |

注：—表示无数据；↑表示本年度同一水平中最高；↓表示本年度同一水平中最低。

2011 年，在生命科学成绩上，教师的每周花在科学教学上的时间"少于 1 小时"，第 10、25、50 百分位分数均是最低的；随着教师每周花在科学教学上的时间增加到 3 ~ 4.9 小时，学生的第 10、25、50、75、90 百分位分数升至最高；继续增加教师每周所花时间，学生的科学成绩不升反降，正应验了一个中国成语"过犹不及"的道理。物理科学成绩也是如此，教师每周所花时间"少于 1 小时",学生 5 个百分位分数均最低,教师每周所花时间为 3～4.9 小时,学生的科学成绩最高。在地球与空间科学上,仍然显示教师每周所花时间的最佳长度是 3～4.9 小时,而教师每周所花时间在 7 小时及以上,学生的 5 个百分位分数都是最低的。三个学科的数据都说明,教师每周花在科学教学上的时间应控制在 3～4.9 小时,不要过少,也不要过多(见表 4 - 35)。

表 4 - 35　教师花在科学教学上的时间与 8 年级学生 2011 年三个学科百分位分数

单位:分

| 学科 | 所花时间 | 第 10 百分位 | 第 25 百分位 | 第 50 百分位 | 第 75 百分位 | 第 90 百分位 |
|---|---|---|---|---|---|---|
| 生命科学 | 少于 1 小时 | 100 ↓ | 124 ↓ | 149 ↓ | 174 | 191 |
| | 1～2.9 小时 | 103 | 127 | 152 | 173 | 190 |
| | 3～4.9 小时 | 111 ↑ | 134 ↑ | 158 ↑ | 179 ↑ | 196 ↑ |
| | 5～6.9 小时 | 108 | 131 | 154 | 176 | 193 |
| | 7 小时及以上 | 101 | 126 | 150 | 172 ↓ | 190 ↓ |
| 物理科学 | 少于 1 小时 | 100 ↓ | 123 ↓ | 149 ↓ | 172 ↓ | 188 ↓ |
| | 1～2.9 小时 | 101 | 127 | 152 | 173 | 191 |
| | 3～4.9 小时 | 111 ↑ | 134 ↑ | 157 ↑ | 178 ↑ | 195 ↑ |
| | 5～6.9 小时 | 107 | 130 | 153 | 175 | 192 |
| | 7 小时及以上 | 101 | 124 | 149 ↓ | 172 ↓ | 190 |
| 地球与空间科学 | 少于 1 小时 | 100 | 125 | 150 | 171 | 189 ↓ |
| | 1～2.9 小时 | 102 | 127 | 150 | 171 | 189 ↓ |
| | 3～4.9 小时 | 110 ↑ | 133 ↑ | 156 ↑ | 177 ↑ | 194 ↑ |
| | 5～6.9 小时 | 105 | 129 | 153 | 174 | 192 |
| | 7 小时及以上 | 99 ↓ | 124 ↓ | 148 ↓ | 170 ↓ | 189 ↓ |

注:↑表示同一学科同一百分位分数最高;↓表示同一学科同一百分位分数最低。

## 三　教师了解科学探究和技术设计

题目:通过过去两年的教师专业发展活动,你在多大程度上了解科学探究、技术设计(scientific inquiry and technological design)?(题目编码:

T097302；教师报告）

选项：不了解；了解一些；了解较多；了解很多。

使用年份：2009，2011。类别：教师因素；子类别：准备、证书和经历。

关于"教师了解科学探究和技术设计"，我们将其简称为"教师了解科学探究"。2009年和2011年的测评显示，教师对科学探究"不了解"的学生的科学量尺分数都是最低的，均值为150.5分；而教师对科学探究"了解一些"的学生的科学量尺分数都是最高的，均值为152.5分；教师对科学探究"了解较多""了解很多"，对学生分数的提高没有很大的帮助，其均值分别为152.0分和151.5分。最高分和最低分之间的差值仅2分，教师对科学探究的了解程度，似乎对学生科学量尺分数的影响不是很大（见表4-36）。

表4-36 教师了解科学探究与8年级学生1996~2015年科学量尺分数和样本百分比

单位：分，%

| 类别 | | 1996年 | 2000年 | 2005年 | 2009年 | 2011年 | 2015年 | 均值 |
|---|---|---|---|---|---|---|---|---|
| 不了解 | 分数 | — | — | — | 150↓ | 151↓ | — | 150.5↓ |
| | 比例 | — | — | — | 12 | 13 | — | 12.5 |
| 了解一些 | 分数 | — | — | — | 152↑ | 153↑ | — | 152.5↑ |
| | 比例 | — | — | — | 25 | 25 | — | 25.0 |
| 了解较多 | 分数 | — | — | — | 151 | 153↑ | — | 152.0 |
| | 比例 | — | — | — | 38 | 37 | — | 37.5 |
| 了解很多 | 分数 | — | — | — | 150↓ | 153↑ | — | 151.5 |
| | 比例 | — | — | — | 25 | 25 | — | 25.0 |

注：↑表示在本年度最高；↓表示在本年度最低；—表示无数据。

从2009年和2011年两次测评的各等级人数比例均值来看，对科学探究"不了解"的教师，其学生"低于基本水平"的人数比例最高，为35.5%；对科学探究"了解一些"的教师，其学生"低于基本水平"的人数比例最低，为34.0%；最高和最低之间相差1.5个百分点。达到"基本水平""熟练水平""高级水平"的最大百分比和最小百分比之间的差距分别为 0.5 个、2 个和 0 个百分点。最高和最低两个百分比的差距不大，这说明教师对科学探究的了解程度，对学生科学分数的影响不是很大（见表 4 - 37）。

**表 4 - 37　教师了解科学探究与 8 年级学生 1996～2015 年科学测评各等级人数比例**

单位：%

| 类别 | 等级 | 1996 年 | 2000 年 | 2005 年 | 2009 年 | 2011 年 | 2015 年 | 均值 |
|---|---|---|---|---|---|---|---|---|
| 不了解 | 低于基本水平 | — | — | — | 36 ↑ | 35 ↑ | — | 35.5 ↑ |
| | 基本水平 | — | — | — | 34 ↑ | 34 ↓ | — | 34.0 ↑ |
| | 熟练水平 | — | — | — | 28 | 29 ↓ | — | 28.5 ↓ |
| | 高级水平 | — | — | — | 2 = | 2 = | — | 2.0 = |
| 了解一些 | 低于基本水平 | — | — | — | 35 ↓ | 33 ↓ | — | 34.0 ↓ |
| | 基本水平 | — | — | — | 33 ↓ | 35 ↑ | — | 34.0 ↑ |
| | 熟练水平 | — | — | — | 30 ↑ | 31 | — | 30.5 ↑ |
| | 高级水平 | — | — | — | 2 = | 2 = | — | 2.0 = |
| 了解较多 | 低于基本水平 | — | — | — | 36 ↑ | 33 ↓ | — | 34.5 |
| | 基本水平 | — | — | — | 34 ↑ | 34 ↓ | — | 34.0 ↑ |
| | 熟练水平 | — | — | — | 29 ↓ | 31 | — | 30.0 |
| | 高级水平 | — | — | — | 2 = | 2 = | — | 2.0 = |
| 了解很多 | 低于基本水平 | — | — | — | 36 ↑ | 33 ↓ | — | 34.5 |
| | 基本水平 | — | — | — | 33 ↓ | 34 ↓ | — | 33.5 ↓ |
| | 熟练水平 | — | — | — | 29 ↓ | 32 ↑ | — | 30.5 ↑ |
| | 高级水平 | — | — | — | 2 = | 2 = | — | 2.0 = |

注：—表示无数据；↑表示本年度同一水平中最高；↓表示本年度同一水平中最低。

2011 年生命科学测评中，四个类别教师所教学生在五个百分位上的最高分和最低分之差分别为 4 分、3 分、2 分、2 分、2 分，差别不大。物理科学五个百分位上的最高分和最低分之差分别为 3 分、3 分、3 分、3 分、3 分，差别也不是很大。地球与空间科学上的五个百分位分数之差分别是 2 分、3 分、2 分、2 分、3 分，差距不大。从数据中也可以发现，教师对科学探究的了解程度对学生科学分数影响不大（见表 4 - 38）。

**表 4 – 38　教师了解科学探究与 8 年级学生 2011 年三个学科百分位分数**

单位：分

| 学科 | 类别 | 第 10 百分位 | 第 25 百分位 | 第 50 百分位 | 第 75 百分位 | 第 90 百分位 |
|---|---|---|---|---|---|---|
| 生命科学 | 不了解 | 105 ↓ | 130 ↓ | 154 ↓ | 176 ↓ | 193 ↓ |
| | 了解一些 | 109 ↑ | 133 ↑ | 156 ↑ | 176 ↓ | 193 ↓ |
| | 了解较多 | 109 ↑ | 133 ↑ | 156 ↑ | 178 ↑ | 195 ↑ |
| | 了解很多 | 109 ↑ | 133 ↑ | 156 ↑ | 177 | 195 ↑ |
| 物理科学 | 不了解 | 106 ↓ | 130 ↓ | 153 ↓ | 174 ↓ | 192 ↓ |
| | 了解一些 | 109 ↑ | 133 ↑ | 155 | 175 | 193 |
| | 了解较多 | 108 | 132 | 155 | 177 ↑ | 195 ↑ |
| | 了解很多 | 109 | 132 | 156 ↑ | 177 ↑ | 195 ↑ |
| 地球与空间科学 | 不了解 | 106 ↓ | 129 ↓ | 153 ↓ | 174 ↓ | 191 ↓ |
| | 了解一些 | 108 ↑ | 132 ↑ | 155 ↑ | 175 | 193 |
| | 了解较多 | 107 | 131 | 154 | 176 ↑ | 194 ↑ |
| | 了解很多 | 108 ↑ | 131 | 155 ↑ | 176 ↑ | 194 ↑ |

注：↑表示同一学科同一百分位分数最高；↓表示同一学科同一百分位分数最低。

# 第五节　学校方面的影响因素

## 一　学校所在的国家区域方位

题目：学校位于美国什么区域方位（Region of the country）？（题目编码：CENSREG；按照美国人口普查定义的国家区域）

选项：东北；中西部；南部；西部。

使用年份：2005，2009，2011，2015。类别：主报告类；子类别：社区因素。

从全国的样本来看，中西部地区学校的学生在 2005 ~ 2015 年的四次测评中分数都是最高的，均值也最高，为 155. 8 分；而西部地区学校的学生四次测评的分数都是最低的，均值也最低，为 146. 3 分。东北部地区学校的学生均值为 154 分，仅次于中西部地区学校的学生；南部地区学校的学生均值为 149. 5 分，排第三（见表 4 – 39）。

表 4-39　学校所在国家方位与 8 年级学生 1996~2015 年科学量尺分数和样本百分比

单位：分，%

| 国家方位 | | 1996 年 | 2000 年 | 2005 年 | 2009 年 | 2011 年 | 2015 年 | 均值 |
|---|---|---|---|---|---|---|---|---|
| 东北部 | 分数 | — | ‡ | 153 | 154 | 153 | 156 | 154 |
| | 比例 | — | ‡ | 19 | 17 | 17 | 16 | 17.3 |
| 中西部 | 分数 | — | ‡ | 155↑ | 155↑ | 156↑ | 157↑ | 155.8↑ |
| | 比例 | — | ‡ | 23 | 22 | 21 | 21 | 21.8 |
| 南部 | 分数 | — | ‡ | 145 | 148 | 151 | 154 | 149.5 |
| | 比例 | — | ‡ | 36 | 37 | 37 | 38 | 37.0 |
| 西部 | 分数 | — | ‡ | 144↓ | 144↓ | 147↓ | 150↓ | 146.3↓ |
| | 比例 | — | ‡ | 23 | 24 | 24 | 25 | 24.0 |

注：↑表示在本年度最高；↓表示在本年度最低；—表示无数据；‡表示数据不符合报告标准。

在 2005~2015 年的四次测评中，中西部地区学校的学生"低于基本水平"的比例均值为 30.3%，是四个地区中最低的；其达到"基本水平""熟练水平""高级水平"的比例均值分别为 34.3%、33.5%、2.5%，是四个地区中最高的；中西部地区学生的科学素质最高。其次是东北部地区学校的学生，其达到"高级水平"的学生比例为 2.5%，并列第一。第三是南部地区学校的学生，其四个水平的学生比例不是最高，也不是最低。最差的是西部地区学校的学生，其"低于基本水平"的比例均值为 41.5%，是四个地区最高的；而其达到"基本水平""熟练水平""高级水平"的比例均值分别为 31.5%、25.5%、1.8%，是四个地区最低的（见表 4-40）。

表 4-40　学校所在国家方位与 8 年级学生 1996~2015 年科学测评各等级人数比例

单位：%

| 国家方位 | 等级 | 1996 年 | 2000 年 | 2005 年 | 2009 年 | 2011 年 | 2015 年 | 均值 |
|---|---|---|---|---|---|---|---|---|
| 东北部 | 低于基本水平 | — | ‡ | 36 | 32 | 33 | 30 | 32.8 |
| | 基本水平 | — | ‡ | 30↑ | 33 | 33 | 34 | 32.5 |
| | 熟练水平 | — | ‡ | 30 | 33 | 32↑ | 34 | 32.3 |
| | 高级水平 | — | ‡ | 4↑ | 2↑ | 2↑ | 2= | 2.5↑ |

续表

| 国家方位 | 等级 | 1996 年 | 2000 年 | 2005 年 | 2009 年 | 2011 年 | 2015 年 | 均值 |
|---|---|---|---|---|---|---|---|---|
| 中西部 | 低于基本水平 | — | ‡ | 34 ↓ | 30 ↓ | 29 ↓ | 28 ↓ | 30.3 ↓ |
| | 基本水平 | — | ‡ | 32 | 35 ↑ | 35 ↑ | 35 ↑ | 34.3 ↑ |
| | 熟练水平 | — | ‡ | 31 ↑ | 34 ↑ | 34 | 35 ↑ | 33.5 ↑ |
| | 高级水平 | | ‡ | 4 ↑ | 2 ↑ | 2 ↑ | 2 = | 2.5 ↑ |
| 南部 | 低于基本水平 | | ‡ | 45 | 39 | 35 | 32 | 37.8 |
| | 基本水平 | | ‡ | 30 ↑ | 33 | 34 | 34 | 32.8 |
| | 熟练水平 | | ‡ | 23 | 27 | 29 | 32 | 27.8 |
| | 高级水平 | | ‡ | 3 ↓ | 1 ↓ | 2 ↑ | 2 = | 2.0 |
| 西部 | 低于基本水平 | — | ‡ | 47 ↑ | 43 ↑ | 40 ↑ | 36 ↑ | 41.5 ↑ |
| | 基本水平 | | ‡ | 29 ↓ | 32 ↓ | 32 ↓ | 33 ↓ | 31.5 ↓ |
| | 熟练水平 | | ‡ | 22 ↓ | 24 ↓ | 27 ↓ | 29 ↓ | 25.5 ↓ |
| | 高级水平 | | ‡ | 3 ↓ | 1 ↓ | 1 ↓ | 2 = | 1.8 ↓ |

注：—表示无数据；‡表示数据不符合报告标准；↑表示本年度同一水平中最高；↓表示本年度同一水平中最低；＝表示本年度同一水平中相等。

2015 年生命科学方面，西部地区学校学生的第 10、25、50、75、90 百分位分数均是最低的，中西部地区学校学生的第 10、25、50 百分位分数最高；东北部地区学校学生的第 75、90 百分位分数最高。物理科学方面，仍然是西部地区学校学生的五个百分位分数最低，中西部地区学校学生的第 10、25、50 百分位分数最高，东北地区学校学生的第 50、75、90 百分位分数最高。地球与空间科学方面，西部地区学校学生的五个百分位分数均最低，中西部地区学校学生的五个百分位分数均最高，东北部地区学校学生的第 90 百分位分数并列第一。从三个学科综合情况来看，中西部地区学校学生成绩最优，东北部地区学校学生居第二位，南部地区学校学生处在第三位，西部地区学校学生成绩不及其他方位的学校学生（见表 4－41）。

表 4－41　学校所在国家方位与 8 年级学生 2015 年三个学科百分位分数

单位：分

| 学科 | 国家方位 | 第 10 百分位 | 第 25 百分位 | 第 50 百分位 | 第 75 百分位 | 第 90 百分位 |
|---|---|---|---|---|---|---|
| 生命科学 | 东北部 | 113 | 137 | 160 | 181 ↑ | 199 ↑ |
| | 中西部 | 115 ↑ | 138 ↑ | 161 ↑ | 180 | 197 |
| | 南部 | 111 | 134 | 158 | 179 | 196 |
| | 西部 | 104 ↓ | 130 ↓ | 155 ↓ | 177 ↓ | 194 ↓ |

续表

| 学科 | 国家方位 | 第10百分位 | 第25百分位 | 第50百分位 | 第75百分位 | 第90百分位 |
|------|---------|-----------|-----------|-----------|-----------|-----------|
| 物理科学 | 东北部 | 111 | 134 | 158 ↑ | 180 ↑ | 197 ↑ |
| | 中西部 | 113 ↑ | 136 ↑ | 158 ↑ | 178 | 195 |
| | 南部 | 109 | 132 | 155 | 176 | 194 |
| | 西部 | 104 ↓ | 128 ↓ | 152 ↓ | 174 ↓ | 193 ↓ |
| 地球与空间科学 | 东北部 | 108 | 132 | 156 | 178 | 196 ↑ |
| | 中西部 | 113 ↑ | 136 ↑ | 159 ↑ | 179 ↑ | 196 ↑ |
| | 南部 | 107 | 131 | 155 | 176 | 194 |
| | 西部 | 103 ↓ | 127 ↓ | 151 ↓ | 173 ↓ | 191 ↓ |

注：↑表示同一学科同一百分位分数最高；↓表示同一学科同一百分位分数最低。

## 二  学校所在地

题目：学校所在社区的类型（School location）是什么？（题目编码：UTOL4；基于人口普查数据，该数据用四个类别描述了城市化区域）

选项：城市；郊区；城镇；农村。

使用年份：2009，2011，2015。类别：主报告类；子类别：学校因素。

根据学校所在地的不同，将学校分成四种类型：城市学校、郊区学校、城镇学校、农村学校。在2009~2015年的三次测评中，8年级城市学校学生分数均低于郊区学校、城镇学校和农村学校学生；郊区学校学生分数在2009年（并列）、2015年领先，农村学校学生在2009年（并列）、2011年最高。从均值来看，郊区学校学生155.7分排第一，农村学校学生155.3分排第二，城镇学校学生152.0分排第三，城市学校学生144.7分排第四（见表4-42）。

表4-42  学校所在地与8年级学生1996~2015年科学量尺分数和样本百分比

单位：分，%

| 学校所在地 | | 1996年 | 2000年 | 2005年 | 2009年 | 2011年 | 2015年 | 均值 |
|-----------|------|--------|--------|--------|--------|--------|--------|------|
| 城市 | 分数 | — | — | — | 142 ↓ | 144 ↓ | 148 ↓ | 144.7 ↓ |
| | 比例 | — | — | — | 29 | 30 | 30 | 29.7 |
| 郊区 | 分数 | — | — | — | 154 ↑ | 155 | 158 ↑ | 155.7 ↑ |
| | 比例 | — | — | — | 37 | 36 | 41 | 38.0 |

续表

| 学校所在地 | | 1996 年 | 2000 年 | 2005 年 | 2009 年 | 2011 年 | 2015 年 | 均值 |
|---|---|---|---|---|---|---|---|---|
| 城镇 | 分数 | — | — | — | 149 | 153 | 154 | 152.0 |
| | 比例 | | | | 13 | 12 | 11 | 12.0 |
| 农村 | 分数 | — | — | — | 154 ↑ | 156 ↑ | 156 | 155.3 |
| | 比例 | | | | 22 | 22 | 18 | 20.7 |

注：↑表示在本年度最高；↓表示在本年度最低；—表示无数据。

城市学校学生在 2009 ~ 2015 年的三次测评中，"低于基本水平"的人数比例都是最高的，均值达 43.3% ，高于其他三类学校；城市学校学生达到"基本水平""熟练水平"的人数比例在历年都是最低的，均值分别是31.0% 和 24.3% ，低于其他三类学校。郊区学校学生达到"熟练水平"和"高级水平"的人数比例非常好，均值分别是 34.0% 和 2.0% ，是四类学校中最高的。城镇学校学生和农村学校学生达到"高级水平"的人数比例都是最低的；但是农村学校学生"低于基本水平"的比例最低，同时达到"基本水平"的学生比例最高。分析发现，郊区学校学生尖子生人数比例大，城市学生的"低于基本水平"和达到"基本水平"的学生特别多，农村学校学生达到"基本水平"的学生最多（见表 4 - 43）。

表 4 - 43　学校所在地与 8 年级学生 1996 ~ 2015 年科学各等级人数比例

单位：%

| 学校所在地 | 等级 | 1996 年 | 2000 年 | 2005 年 | 2009 年 | 2011 年 | 2015 年 | 均值 |
|---|---|---|---|---|---|---|---|---|
| 城市 | 低于基本水平 | — | — | — | 46 ↑ | 44 ↑ | 40 ↑ | 43.3 ↑ |
| | 基本水平 | — | — | — | 30 ↓ | 31 ↓ | 32 ↓ | 31.0 ↓ |
| | 熟练水平 | — | — | — | 23 ↓ | 23 ↓ | 27 ↓ | 24.3 ↓ |
| | 高级水平 | — | — | — | 1 ↓ | 1 ↓ | 2 ↑ | 1.3 |
| 郊区 | 低于基本水平 | — | — | — | 33 | 30 | 28 ↓ | 30.3 |
| | 基本水平 | — | — | — | 33 | 34 | 34 | 33.7 |
| | 熟练水平 | — | — | — | 32 ↑ | 34 ↑ | 36 | 34.0 ↑ |
| | 高级水平 | — | — | — | 2 ↑ | 2 ↑ | 2 ↑ | 2.0 ↑ |
| 城镇 | 低于基本水平 | — | — | — | 37 | 33 | 31 | 33.7 |
| | 基本水平 | — | — | — | 35 | 36 ↑ | 36 ↑ | 35.7 |
| | 熟练水平 | — | — | — | 27 | 30 | 31 | 29.3 |
| | 高级水平 | — | — | — | 1 ↓ | 1 ↓ | 1 ↓ | 1.0 ↓ |

续表

| 学校所在地 | 等级 | 1996 年 | 2000 年 | 2005 年 | 2009 年 | 2011 年 | 2015 年 | 均值 |
|---|---|---|---|---|---|---|---|---|
| 农村 | 低于基本水平 | — | — | — | 31 ↓ | 29 ↓ | 28 ↓ | 29.3 ↓ |
| | 基本水平 | — | — | — | 36 ↑ | 36 ↑ | 36 ↑ | 36.0 ↑ |
| | 熟练水平 | — | — | — | 32 ↑ | 34 ↑ | 34 ↑ | 33.3 |
| | 高级水平 | — | — | — | 1 ↓ | 1 ↓ | 1 ↓ | 1.0 ↓ |

注：—表示无数据；↑表示本年度同一水平中最高；↓表示本年度同一水平中最低。

2015 年，城市学校学生在生命科学和地球与空间科学上的各个百分位分数都是最低的，在物理科学上的第 10、25、50、75 百分位分数最低；郊区学校学生在生命科学和物理科学上各个百分位分数都是最高的。农村学校学生在生命科学第 10 百分位、物理科学第 10 和第 25 百分位、地球与空间科学第 10 和第 25 百分位上共五次排在最高。相比较而言，郊区学校学生的百分位分数最高，农村学校学生排第二，城镇学校学生排第三，城市学校学生排第四（见表 4 – 44）。

表 4 – 44　学校所在地与 8 年级学生 2015 年三个学科百分位分数

单位：分

| 学科 | 学校所在地 | 第 10 百分位 | 第 25 百分位 | 第 50 百分位 | 第 75 百分位 | 第 90 百分位 |
|---|---|---|---|---|---|---|
| 生命科学 | 城市 | 101 ↓ | 126 ↓ | 152 ↓ | 175 ↓ | 193 ↓ |
| | 郊区 | 115 ↑ | 139 ↑ | 162 ↑ | 182 ↑ | 199 ↑ |
| | 城镇 | 113 | 136 | 158 | 177 | 194 |
| | 农村 | 115 ↑ | 138 | 160 | 179 | 195 |
| 物理科学 | 城市 | 100 ↓ | 124 ↓ | 149 ↓ | 172 ↓ | 192 |
| | 郊区 | 114 ↑ | 136 ↑ | 159 ↑ | 180 ↑ | 198 ↑ |
| | 城镇 | 110 | 132 | 154 | 174 | 191 ↓ |
| | 农村 | 114 ↑ | 136 ↑ | 157 | 177 | 193 |
| 地球与空间科学 | 城市 | 100 ↓ | 125 ↓ | 151 ↓ | 173 ↓ | 192 ↓ |
| | 郊区 | 113 | 137 | 161 ↑ | 181 ↑ | 197 ↑ |
| | 城镇 | 111 | 135 | 157 | 176 | 192 ↓ |
| | 农村 | 115 ↑ | 138 ↑ | 159 | 178 | 194 |

注：↑表示同一学科同一百分位分数最高；↓表示同一学科同一百分位分数最低。

### 三　特许学校

题目：学校是否为特许学校（charter school）？（题目编码：CHRTRPT；基于抽样框架和学校问卷调查的数据）

选项：特许学校；非特许学校。

使用年份：2005，2009，2011，2015。类别：主报告类；子类别：学校因素。

美国特许学校发端于 20 世纪 90 年代初，至今一直是美国教育改革的热点和重要抓手。其在本质上属于公立学校，但具有更多的自主权，有很大的改革空间，创新了诸多教育理念与教育方法，引发整个教育系统形成了健康的竞争环境。[①]

特许学校学生在 2005～2015 年四次测评中，科学量尺分数均低于非特许学校学生。2005 年测评，特许学校学生的分数是 142 分，非特许学校学生为 149 分，二者相差 7 分；2009 年，特许学校学生比非特许学校学生低 9 分；2011 年低 6 分；2015 年低 5 分；随着时间的推移，二者的分数差逐渐变小。四次测评的均值显示，特许学校学生为 144.5 分，非特许学校学生为 151.3 分，二者相差 6.8 分。不过，特许学校学生的样本比例非常小，2005 年只有 1%，最高时是 2015 年，占 5%（见表 4-45）。

表 4-45　8 年级特许学校与非特许学校学生 1996～2015 年
科学量尺分数和样本百分比

单位：分，%

| 类别 | | 1996 年 | 2000 年 | 2005 年 | 2009 年 | 2011 年 | 2015 年 | 均值 |
|---|---|---|---|---|---|---|---|---|
| 特许学校 | 分数 | — | — | 142 ↓ | 141 ↓ | 146 ↓ | 149 ↓ | 144.5 ↓ |
| | 比例 | — | — | 1 | 2 | 3 | 5 | 2.8 |
| 非特许学校 | 分数 | — | — | 149 ↑ | 150 ↑ | 152 ↑ | 154 ↑ | 151.3 ↑ |
| | 比例 | — | — | 99 | 98 | 97 | 95 | 97.3 |

注：↑表示在本年度最高；↓表示在本年度最低。

---

[①]　魏建国：《为何美国"特许学校"教育改革久盛不衰》，《比较教育研究》2018 年第 2 期。

特许学校在 2005～2015 年四次测评中，"低于基本水平"的比例都是最高的；而达到"基本水平"的比例最低或与非特许学校学生持平；达到"熟练水平"的比例历年最低；达到"高级水平"的比例有三次测评最低。从均值上来看，特许学校学生"低于基本水平"的比例为 44.5%，非特许学校为 35.8%；特许学校学生达到"基本水平""熟练水平""高级水平"的比例分别是 31.5%、22.8%、1.5%，低于非特许学校学生 1.3 个、6.7个、0.8 个百分点（见表 4 - 46）。

表 4 - 46　8年级特许学校与非特许学校学生 1996～2015 年科学测评各等级人数比例

单位：%

| 类别 | 等级 | 1996 年 | 2000 年 | 2005 年 | 2009 年 | 2011 年 | 2015 年 | 均值 |
|---|---|---|---|---|---|---|---|---|
| 特许学校 | 低于基本水平 | — | — | 50 ↑ | 48 ↑ | 42 ↑ | 38 ↑ | 44.5 ↑ |
| | 基本水平 | — | — | 26 ↓ | 32 ↓ | 34 = | 34 = | 31.5 ↓ |
| | 熟练水平 | — | — | 21 ↓ | 20 ↓ | 23 ↓ | 27 ↓ | 22.8 ↓ |
| | 高级水平 | — | — | 3 = | 1 ↓ | 1 ↓ | 1 ↓ | 1.5 ↓ |
| 非特许学校 | 低于基本水平 | — | — | 41 ↓ | 36 ↓ | 34 ↓ | 32 ↓ | 35.8 ↓ |
| | 基本水平 | — | — | 30 ↑ | 33 ↑ | 34 = | 34 = | 32.8 ↑ |
| | 熟练水平 | — | — | 26 ↑ | 29 ↑ | 30 ↑ | 33 ↑ | 29.5 ↑ |
| | 高级水平 | — | — | 3 = | 2 ↑ | 2 ↑ | 2 ↑ | 2.3 ↑ |

注：—表示无数据；↑表示本年度同一水平中最高；↓表示本年度同一水平中最低；=表示本年度同一水平中相等。

2015 年同一学科、同一百分位分数中，特许学校学生的分数均低于非特许学校学生；不过差异有大有小。生命科学五个百分位分数两类学校学生的差距分别是 5 分、5 分、4 分、4 分、3 分，差距越来越小；物理科学五个百分位分数两类学校学生的差距分别是 7 分、8 分、8 分、6分、5 分，差距大于生命科学；地球与空间科学五个百分位分数两类学校学生的差距分别是 5 分、5 分、5 分、5 分、5 分，是非常稳定的差距（见表 4 - 47）。

表 4 - 47　8 年级特许学校与非特许学校学生 2015 年三个学科百分位分数

单位：分

| 学科 | 类别 | 第 10 百分位 | 第 25 百分位 | 第 50 百分位 | 第 75 百分位 | 第 90 百分位 |
|---|---|---|---|---|---|---|
| 生命科学 | 特许学校 | 105 ↓ | 130 ↓ | 154 ↓ | 175 ↓ | 193 ↓ |
| | 非特许学校 | 110 ↑ | 135 ↑ | 158 ↑ | 179 ↑ | 196 ↑ |
| 物理科学 | 特许学校 | 102 ↓ | 124 ↓ | 148 ↓ | 171 ↓ | 190 ↓ |
| | 非特许学校 | 109 ↑ | 132 ↑ | 156 ↑ | 177 ↑ | 195 ↑ |
| 地球与空间科学 | 特许学校 | 104 ↓ | 128 ↓ | 152 ↓ | 173 ↓ | 190 ↓ |
| | 非特许学校 | 109 ↑ | 133 ↑ | 157 ↑ | 178 ↑ | 195 ↑ |

注：↑ 表示同一学科同一百分位分数最高；↓ 表示同一学科同一百分位分数最低。

# 第六节　学生家庭方面的影响因素

## 一　学生在家谈论学习

题目：你多久和家里人谈论一次你在学校的学习（talk bout studies at home）？（题目编码：B017451；学生回答）

选项：几乎从未；几周 1 次；一周 1 次；每周 2 ~ 3 次；每天谈论。

使用年份：2005，2009，2011，2015。类别：校外因素；子类别：家庭监管环境。

在家谈论学习是否有助于提高学生的科学素质？8 年级学生在 2005 ~ 2015 年的四次测评显示，在家"几乎从未"谈论学习的学生，其科学量尺分数都是最低的；随着谈论次数的增多，其科学分数也随着提升；例如，"几乎从未"谈论学习的学生分数均值为 143.0 分，谈论频次为"几周 1 次"的学生分数为 146.5 分，"一周 1 次"的学生均值继续升高到 154.0 分，"每周 2 ~ 3 次"的学生分数最高，达 157.8 分。但是，在家谈论学习的频次并不是越高越好，"每天谈论"的学生分数并不是最高的，其均值为 155.0 分，低于"每周 2 ~ 3 次"的学生 2.8 分（见表 4 - 48）。

表 4 – 48    在家谈论学习与 8 年级学生 1996～2015 年科学量尺分数和样本百分比

单位：分，%

| 谈论频次 | | 1996 年 | 2000 年 | 2005 年 | 2009 年 | 2011 年 | 2015 年 | 均值 |
|---|---|---|---|---|---|---|---|---|
| 几乎从未 | 分数 | — | — | 141↓ | 142↓ | 144↓ | 145↓ | 143.0↓ |
| | 比例 | — | — | 23 | 23 | 23 | 20 | 22.3 |
| 几周 1 次 | 分数 | — | — | 145 | 145 | 147 | 149 | 146.5 |
| | 比例 | — | — | 18 | 18 | 18 | 19 | 18.3 |
| 一周 1 次 | 分数 | — | — | 152 | 154 | 155 | 155 | 154.0 |
| | 比例 | — | — | 18 | 17 | 17 | 17 | 17.3 |
| 每周 2～3 次 | 分数 | — | — | 155↑ | 157↑ | 158↑ | 161↑ | 157.8↑ |
| | 比例 | — | — | 22 | 22 | 22 | 23 | 22.3 |
| 每天谈论 | 分数 | — | — | 151 | 154 | 156 | 159 | 155.0 |
| | 比例 | — | — | 19 | 19 | 20 | 20 | 19.5 |

注：—表示无数据；↑表示在本年度最高；↓表示在本年度最低。

在家谈论学习的频次越高，并不意味着科学成绩就越高。从各等级人数比例均值来看，在家"几乎从未"谈论学习的学生"低于基本水平"的人数比例最高，达 45.8%；而其达到"熟练水平""高级水平"的人数比例又最低；在家从来都不谈论学习是非常不利于科学成绩的提升的。在家谈论学习"几周 1 次"的学生，倒是能够减少"低于基本水平"的比例，但是其达到"高级水平"的人数比例与"几乎从未"谈论的学生一样，仍然最低。在家谈论学习"一周 1 次"倒是能够提高达到"基本水平"的学生的比例，达到最高比例 34.3%。"每周 2～3 次"的学生，"低于基本水平"的比例最低（28.5%），同时达到"熟练水平"的比例最高（35.8%），在家谈论学习保持"每周 2～3 次"对整体学生可能是最好的。"每天谈论"的学生达到"基本水平"的比例最低（31.5%），而达到"高级水平"的学生比例最高（3.0%）（见表 4 – 49）；"每天谈论"可能对学有余力、尖子生提升科学素质更有帮助。

表 4 - 49　在家谈论学习与 8 年级学生 1996～2015 年科学测评各等级人数比例

单位：%

| 谈论频次 | 等级 | 1996 年 | 2000 年 | 2005 年 | 2009 年 | 2011 年 | 2015 年 | 均值 |
|---|---|---|---|---|---|---|---|---|
| 几乎从未 | 低于基本水平 | — | — | 50 ↑ | 46 ↑ | 44 ↑ | 43 ↑ | 45.8 ↑ |
| | 基本水平 | — | — | 30 | 33 | 34 | 33 ↓ | 32.5 |
| | 熟练水平 | — | — | 18 ↓ | 20 ↓ | 22 ↓ | 23 ↓ | 20.8 ↓ |
| | 高级水平 | — | — | 2 ↓ | 1 ↓ | 1 ↓ | 1 ↓ | 1.3 ↓ |
| 几周 1 次 | 低于基本水平 | — | — | 45 | 42 | 39 | 39 | 41.3 |
| | 基本水平 | — | — | 30 | 34 | 34 | 34 | 33.0 |
| | 熟练水平 | — | — | 22 | 23 | 26 | 26 | 24.3 |
| | 高级水平 | — | — | 2 ↑ | 1 ↓ | 1 ↓ | 1 ↓ | 1.3 ↓ |
| 一周 1 次 | 低于基本水平 | — | — | 36 | 32 | 31 | 30 | 32.3 |
| | 基本水平 | — | — | 32 ↑ | 35 ↑ | 35 ↑ | 35 ↑ | 34.3 ↑ |
| | 熟练水平 | — | — | 28 | 32 | 32 | 33 | 31.3 |
| | 高级水平 | — | — | 3 | 2 ↑ | 2 | 2 | 2.3 |
| 每周 2～3 次 | 低于基本水平 | — | — | 34 ↓ | 29 ↓ | 27 ↓ | 24 ↓ | 28.5 ↓ |
| | 基本水平 | — | — | 30 | 33 | 34 | 34 | 32.8 |
| | 熟练水平 | — | — | 31 ↑ | 36 ↑ | 37 ↑ | 39 ↑ | 35.8 ↑ |
| | 高级水平 | — | — | 5 ↑ | 2 ↑ | 2 | 2 | 2.8 |
| 每天谈论 | 低于基本水平 | — | — | 38 | 32 | 30 | 26 | 31.5 |
| | 基本水平 | — | — | 29 ↓ | 32 ↓ | 32 ↓ | 33 ↓ | 31.5 ↓ |
| | 熟练水平 | — | — | 29 | 34 | 36 | 39 | 34.5 |
| | 高级水平 | — | — | 4 | 2 ↑ | 3 ↑ | 3 ↑ | 3.0 ↑ |

注：↑表示本年度最高；↓表示本年度最低；—表示无数据。

从 2015 年生命科学、物理科学、地球与空间科学的百分位分数可以发现，在家"几乎从未"谈论学习的学生在第 10、25、50、75、90 百分位上，分数都是最低的；而"每周 2～3 次"的谈论频次，其五个百分位分数都是最高的；"每天谈论"学习，只提高了第 75、90 百分位分数，亦说明"每天谈论"学习有利于提升尖子生的学习成绩（见表 4 - 50）。

**表 4 – 50 在家谈论学习与 8 年级学生 2015 年三个学科百分位分数**

单位：分

| 学科 | 谈论频次 | 第 10 百分位 | 第 25 百分位 | 第 50 百分位 | 第 75 百分位 | 第 90 百分位 |
|---|---|---|---|---|---|---|
| 生命科学 | 几乎从未 | 101 ↓ | 125 ↓ | 149 ↓ | 170 ↓ | 188 ↓ |
| | 几周 1 次 | 106 | 128 | 152 | 173 | 190 |
| | 一周 1 次 | 114 | 137 | 159 | 179 | 196 |
| | 每周 2～3 次 | 121 ↑ | 143 ↑ | 165 ↑ | 184 ↑ | 201 ↑ |
| | 每天谈论 | 116 | 141 | 164 | 184 ↑ | 201 ↑ |
| 物理科学 | 几乎从未 | 101 ↓ | 123 ↓ | 146 ↓ | 168 ↓ | 186 ↓ |
| | 几周 1 次 | 105 | 127 | 150 | 171 | 189 |
| | 一周 1 次 | 112 | 134 | 157 | 177 | 195 |
| | 每周 2～3 次 | 118 ↑ | 140 ↑ | 162 ↑ | 182 ↑ | 200 ↑ |
| | 每天谈论 | 113 | 138 | 161 | 182 ↑ | 198 |
| 地球与空间科学 | 几乎从未 | 99 ↓ | 122 ↓ | 145 ↓ | 167 ↓ | 185 ↓ |
| | 几周 1 次 | 104 | 126 | 149 | 171 | 189 |
| | 一周 1 次 | 110 | 134 | 156 | 177 | 194 |
| | 每周 2～3 次 | 116 ↑ | 139 ↑ | 162 ↑ | 182 ↑ | 199 ↑ |
| | 每天谈论 | 112 | 137 | 161 | 182 ↑ | 199 ↑ |

注：↑表示本年度最高；↓表示本年度最低。

## 二 学生家里的杂志

题目：你家定期买杂志（magazines）吗？（题目编码：B000905；学生回答）

选项：是；不是；不清楚。

使用年份：1996，2000，2005，2009，2011。类别：校外因素；子类别：校外时间使用。

家里定期买杂志的 8 年级学生在 1996～2011 年的五次测评中，科学量尺分数在三类学生中都是最高的，均值为 154.6 分。家里"不是"定期买杂志的学生的分数居中，均值为 140.0 分，低于家里定期买杂志的学生 14.6 分。对于家里是否定期买杂志"不清楚"的学生，在五次测评中分数都是最低的，均值为 134.0 分，比家里定期买杂志的学生低 20.6 分，比"不是"的学生低 6 分（见表 4 – 51）。

表 4 – 51　学生家定期买杂志与 8 年级学生 1996 ～ 2015 年
科学量尺分数和样本百分比

单位：分，%

| 定期买杂志 | | 1996 年 | 2000 年 | 2005 年 | 2009 年 | 2011 年 | 2015 年 | 均值 |
|---|---|---|---|---|---|---|---|---|
| 是 | 分数 | 153 ↑ | 153 ↑ | 154 ↑ | 155 ↑ | 158 ↑ | — | 154.6 ↑ |
| | 比例 | 82 | 82 | 71 | 63 | 51 | — | 69.8 |
| 不是 | 分数 | 134 | 137 | 138 | 143 | 148 | — | 140.0 |
| | 比例 | 14 | 14 | 22 | 27 | 31 | — | 21.6 |
| 不清楚 | 分数 | 131 ↓ | 127 ↓ | 134 ↓ | 137 ↓ | 141 ↓ | — | 134.0 ↓ |
| | 比例 | 4 | 4 | 7 | 10 | 18 | — | 8.6 |

注：—表示无数据；↑表示本类别在本年度最高；↓表示本类别在本年度最低。

　　家里定期买杂志的学生在五次测评中"低于基本水平"的人数比例都是最低的，均值为 33.0%；相反，达到"基本水平""熟练水平""高级水平"的人数比例都是最高的，均值分别为 32.2%、31.4%、3.4%。对于家里是否定期买杂志"不清楚"的学生，其五次测评"低于基本水平"的人数比例均最高，均值为 56.6%，为最高；其达到"基本水平""熟练水平""高级水平"的人数比例都是最低的，均值分别为 26.6%、16.0% 和 1.2%。家里"不是"定期买杂志的学生达到"高级水平"的人数比例在历次测评中也是最低的，均值为 1.2%。但从整体上来看，家里"不是"定期买杂志的学生水平居中，比"不清楚"的学生科学水平高，比家里定期买杂志的学生的科学水平低（见表 4 – 52）。

表 4 – 52　学生家定期买杂志与 8 年级学生 1996 ～ 2015 年
科学测评各等级人数比例

单位：%

| 定期买杂志 | 等级 | 1996 年 | 2000 年 | 2005 年 | 2009 年 | 2011 年 | 2015 年 | 均值 |
|---|---|---|---|---|---|---|---|---|
| 是 | 低于基本水平 | 36 ↓ | 36 ↓ | 35 ↓ | 31 ↓ | 27 ↓ | — | 33.0 ↓ |
| | 基本水平 | 33 ↑ | 30 ↑ | 31 ↑ | 34 ↑ | 33 ↓ | — | 32.2 ↑ |
| | 熟练水平 | 28 ↑ | 29 ↑ | 29 ↑ | 34 ↑ | 37 ↑ | — | 31.4 ↑ |
| | 高级水平 | 4 ↑ | 5 ↑ | 4 ↑ | 2 ↑ | 2 ↑ | — | 3.4 ↑ |

续表

| 定期买杂志 | 等级 | 1996 年 | 2000 年 | 2005 年 | 2009 年 | 2011 年 | 2015 年 | 均值 |
|---|---|---|---|---|---|---|---|---|
| 不是 | 低于基本水平 | 58 | 56 | 53 | 44 | 39 | — | 50.0 |
| | 基本水平 | 26 | 25 | 29 | 33 | 35 ↑ | | 29.6 |
| | 熟练水平 | 15 ↓ | 17 | 17 | 22 | 25 | | 19.2 |
| | 高级水平 | 1 ↓ | 2 ↓ | 1 ↓ | 1 ↓ | 1 ↓ | | 1.2 ↓ |
| 不清楚 | 低于基本水平 | 63 ↑ | 65 ↑ | 58 ↑ | 51 ↑ | 46 ↑ | — | 56.6 ↑ |
| | 基本水平 | 21 ↓ | 22 ↓ | 26 ↓ | 31 ↓ | 33 ↓ | | 26.6 ↓ |
| | 熟练水平 | 15 ↓ | 11 ↓ | 15 ↓ | 18 ↓ | 21 ↓ | | 16.0 ↓ |
| | 高级水平 | 1 ↓ | 2 ↓ | 1 ↓ | 1 ↓ | 1 ↓ | | 1.2 ↓ |

注：—表示无数据；↑表示本年度同一水平中最高；↓表示本年度同一水平中最低。

2005 年，三个学科第 10、25、50、75 和 90 百分位分数，都随着"不清楚""不是""是"的顺序而升高。例如，三个学科"不清楚"的学生第 10 百分位分数分别是 84 分、79 分、86 分，家里"不是"定期买杂志的学生的分数升高至 93 分、86 分、94 分，家里定期买杂志的学生的分数继续升高到 109 分、101 分和 109 分。家里定期买杂志的学生优于"不是"定期买杂志的学生，而"不清楚"的学生漠不关心家里的学习资源（见表 4-53）。

表 4-53　学生家定期买杂志与 8 年级学生 2005 年三个学科百分位分数

单位：分

| 学科 | 定期买杂志 | 第 10 百分位 | 第 25 百分位 | 第 50 百分位 | 第 75 百分位 | 第 90 百分位 |
|---|---|---|---|---|---|---|
| 生命科学 | 是 | 109 ↑ | 133 ↑ | 157 ↑ | 179 ↑ | 197 ↑ |
| | 不是 | 93 | 116 | 141 | 164 | 183 |
| | 不清楚 | 84 ↓ | 109 ↓ | 137 ↓ | 161 ↓ | 180 ↓ |
| 物理科学 | 是 | 101 ↑ | 127 ↑ | 153 ↑ | 177 ↑ | 196 ↑ |
| | 不是 | 86 | 110 | 137 | 161 | 182 |
| | 不清楚 | 79 ↓ | 106 ↓ | 134 ↓ | 160 ↓ | 181 ↓ |
| 地球与空间科学 | 是 | 109 ↑ | 132 ↑ | 157 ↑ | 179 ↑ | 198 ↑ |
| | 不是 | 94 | 117 | 141 | 165 | 184 |
| | 不清楚 | 86 ↓ | 111 ↓ | 137 ↓ | 162 ↓ | 182 ↓ |

注：↑表示同一学科同一百分位分数最高；↓表示同一学科同一百分位分数最低。

### 三　学生家里的电脑

题目：家里有你用的电脑（Computer）吗？（题目编码：B017101；学生回答）

选项：有；没有。

使用年份：2005，2009，2011，2015。类别：校外因素；子类别：校外时间使用。

学生家里是否有电脑可用，对于学生的科学量尺分数有影响。"家里有电脑可用"的学生在 2005～2015 年的四次测评中，分数分别为 152 分、152 分、153 分、156 分，分别高于"家里无电脑可用"的学生 27 分、24 分、20 分、20 分，分值的悬殊还是比较大的。"家里有电脑可用"的学生四次测评均值为 153.3 分，"家里无电脑可用"的学生的均值为 130.5 分，二者相差 22.8 分（见表 4 - 54）。

表 4 - 54　家里有无电脑可用与 8 年级学生 1996～2015 年科学量尺分数与百分比

单位：分，%

| 类别 | | 1996 年 | 2000 年 | 2005 年 | 2009 年 | 2011 年 | 2015 年 | 均值 |
|---|---|---|---|---|---|---|---|---|
| 有电脑可用 | 分数 | — | — | 152 ↑ | 152 ↑ | 153 ↑ | 156 ↑ | 153.3 ↑ |
| | 比例 | — | — | 89 | 92 | 93 | 88 | 90.5 |
| 无电脑可用 | 分数 | — | — | 125 ↓ | 128 ↓ | 133 ↓ | 136 ↓ | 130.5 ↓ |
| | 比例 | — | — | 11 | 8 | 7 | 1 | 9.5 |

注：—表示无数据；↑表示本类别在本年度最高；↓表示本类别在本年度最低。

四次测评中，"家里有电脑可用"的学生"低于基本水平"的人数比例分别为 37%、34%、33%、29%，均低于"家里无电脑可用"的学生；相反，"家里有电脑可用"的学生达到"基本水平""熟练水平""高级水平"的人数比例，都高于"家里无电脑可用"的学生；从均值上看，达到"基本水平""熟练水平""高级水平"的人数比例分别相差 6 个、18.7 个、2.5 个百分点（见表 4 - 55）。

表 4-55　家里有无电脑可用与 8 年级学生 1996~2015 年
科学测评各等级人数比例

单位：%

| 类别 | 水平 | 1996 年 | 2000 年 | 2005 年 | 2009 年 | 2011 年 | 2015 年 | 均值 |
|---|---|---|---|---|---|---|---|---|
| 有电脑可用 | 低于基本水平 | — | — | 37 ↓ | 34 ↓ | 33 ↓ | 29 ↓ | 33.3 ↓ |
| | 基本水平 | — | — | 31 ↑ | 34 ↑ | 34 ↑ | 34 ↑ | 33.3 ↑ |
| | 熟练水平 | — | — | 28 ↑ | 30 ↑ | 32 ↑ | 34 ↑ | 31.0 ↑ |
| | 高级水平 | — | — | 4 ↑ | 2 ↑ | 2 ↑ | 2 ↑ | 2.5 ↑ |
| 无电脑可用 | 低于基本水平 | — | — | 69 ↑ | 62 ↑ | 57 ↑ | 52 ↑ | 60.0 ↑ |
| | 基本水平 | — | — | 22 ↓ | 27 ↓ | 29 ↓ | 31 ↓ | 27.3 ↓ |
| | 熟练水平 | — | — | 9 ↓ | 11 ↓ | 13 ↓ | 16 ↓ | 12.3 ↓ |
| | 高级水平 | — | — | 0 ↓ | 0 ↓ | 0 ↓ | 0 ↓ | 0 ↓ |

注：↑表示本年度最高；↓表示本年度最低；—表示无数据。

从 2015 年各百分位分数来看，三个学科均为"家里有电脑可用"的学生高于"家里无电脑可用"的学生。例如，物理科学测评中，"家里有电脑可用"和"家里无电脑可用"的学生的五个百分位分数的差值分别为 20 分、20 分、20 分、20 分、19 分（见表 4-56）。家里有无电脑可用可能与学生的科学分数具有因果关系，也可能是相关关系；因为"家里有电脑可用"，所以家庭条件就好，其他诸如图书、父母收入、父母受教育水平等因素和条件也相对较好。

表 4-56　家里有无电脑可用与 8 年级学生 2015 年三个学科百分位分数

单位：分

| 学科 | 类别 | 第 10 百分位 | 第 25 百分位 | 第 50 百分位 | 第 75 百分位 | 第 90 百分位 |
|---|---|---|---|---|---|---|
| 生命科学 | 有电脑可用 | 114 ↑ | 137 ↑ | 160 ↑ | 181 ↑ | 198 ↑ |
| | 无电脑可用 | 92 ↓ | 117 ↓ | 141 ↓ | 162 ↓ | 181 ↓ |
| 物理科学 | 有电脑可用 | 112 ↑ | 135 ↑ | 158 ↑ | 179 ↑ | 196 ↑ |
| | 无电脑可用 | 92 ↓ | 115 ↓ | 138 ↓ | 159 ↓ | 177 ↓ |
| 地球与空间科学 | 有电脑可用 | 111 ↑ | 134 ↑ | 157 ↑ | 178 ↑ | 196 ↑ |
| | 无电脑可用 | 90 ↓ | 113 ↓ | 137 ↓ | 159 ↓ | 177 ↓ |

注：↑表示同一学科同一百分位分数最高；↓表示同一学科同一百分位分数最低。

## 四 学生家里的图书

题目：你家里有多少本书（Books in home）？（题目编码：B013801；学生回答）

选项：0～10 本；11～25 本；26～100 本；100 本以上。

使用年份：2005，2009，2011，2015。类别：校外因素；子类别：校外时间使用。

8 年级学生家里的图书，依据数量分成四个等级：0～10 本、11～25 本、26～100 本、100 本以上。从百分比上来看，家里有 26～100 本书的比例最大，平均为 35.0%，家里只有 0～10 本书的比例最少，平均占 14.8%。2005～2015 年的四次测评中，均显示家里有 100 本以上图书的学生的科学量尺分数最高，均值为 168.8 分。家里只有 0～10 本书的学生的分数最低，平均为 127.8 分。家里有 11～25 本书的学生分数均值为 137.8 分；有 26～100 本书的学生的分数均值为 155.0 分。从中可以发现，学生的科学分数与家里图书的数量成正比，图书数量越多，学生分数越高（见表 4 - 57）。

表 4 - 57　家里图书数量与 8 年级学生 1996～2015 年科学量尺分数和样本百分比

单位：分，%

| 图书数量 | | 1996 年 | 2000 年 | 2005 年 | 2009 年 | 2011 年 | 2015 年 | 均值 |
|---|---|---|---|---|---|---|---|---|
| 0～10 本 | 分数 | — | — | 124 ↓ | 127 ↓ | 129 ↓ | 131 ↓ | 127.8 ↓ |
| | 比例 | — | — | 12 | 14 | 15 | 18 | 14.8 |
| 11～25 本 | 分数 | — | — | 133 | 136 | 139 | 143 | 137.8 |
| | 比例 | — | — | 20 | 21 | 22 | 24 | 21.8 |
| 26～100 本 | 分数 | — | — | 151 | 153 | 156 | 160 | 155.0 |
| | 比例 | — | — | 36 | 35 | 35 | 34 | 35.0 |
| 100 本以上 | 分数 | — | — | 165 ↑ | 167 ↑ | 170 ↑ | 173 ↑ | 168.8 ↑ |
| | 比例 | — | — | 32 | 30 | 27 | 25 | 28.5 |

注：—表示无数据；↑表示在本年度最高；↓表示在本年度最低。

家里有 "0~10 本" 书的学生六次测评中 "低于基本水平" 的比例都是最高的，均值为 67.7%，超过了三分之二；同时，其达到 "熟练水平" "高级水平" 的人数比例都是最低的；其达到 "基本水平" "熟练水平" "高级水平" 的均值分别为 24.2% 、8.2% 、0%，相比于其他藏书数量都是最低的。家里有 "11~25 本" 书的学生科学成绩比 "0~10 本" 书的学生好一些，但比 "26~100 本" 书的学生要差；图书量在 "26~100 本" 的学生达到 "基本水平" 的人数比例最高，平均有 36.0%。家里有图书 "100 本以上" 的学生成绩最好，其 "低于基本水平" 的人数比例均值只有 19.5%，是四个类别中最低的；而其达到 "熟练水平" "高级水平" 的人数比例均值分别为 44.2% 、5.7%，是四个类别中最高的，其科学成绩最好（见表 4-58）。

表 4-58　家里图书数量与 8 年级学生 1996~2015 年科学成绩各等级人数比例

单位：%

| 图书数量 | 等级 | 1996 年 | 2000 年 | 2005 年 | 2009 年 | 2011 年 | 2015 年 | 均值 |
|---|---|---|---|---|---|---|---|---|
| 0~10 本 | 低于基本水平 | 76 ↑ | 74 ↑ | 71 ↑ | 65 ↑ | 61 ↑ | 59 ↑ | 67.7 ↑ |
| | 基本水平 | 18 ↓ | 19 ↓ | 22 ↓ | 27 ↓ | 29 ↓ | 30 | 24.2 ↓ |
| | 熟练水平 | 5 ↓ | 7 ↓ | 7 ↓ | 9 ↓ | 10 ↓ | 11 ↓ | 8.2 ↓ |
| | 高级水平 | 0 ↓ | 0 ↓ | 0 ↓ | 0 ↓ | 0 ↓ | 0 ↓ | 0 ↓ |
| 11~25 本 | 低于基本水平 | 60 | 63 | 60 | 53 | 50 | 44 | 55 |
| | 基本水平 | 28 | 25 | 27 | 32 | 33 | 36 | 30.2 |
| | 熟练水平 | 11 | 12 | 12 | 15 | 17 | 19 | 14.3 |
| | 高级水平 | 1 | 1 | 0 | 0 | 0 | 0 | 0.3 |
| 26~100 本 | 低于基本水平 | 41 | 39 | 37 | 31 | 27 | 23 | 33.0 |
| | 基本水平 | 34 ↑ | 33 ↑ | 35 ↑ | 38 ↑ | 38 ↑ | 38 ↑ | 36.0 ↑ |
| | 熟练水平 | 23 | 26 | 26 | 30 | 33 | 37 | 29.2 |
| | 高级水平 | 2 | 2 | 2 | 1 | 1 | 2 | 1.7 |
| 100 本以上 | 低于基本水平 | 26 ↓ | 22 ↓ | 22 ↓ | 18 ↓ | 16 ↓ | 13 ↓ | 19.5 ↓ |
| | 基本水平 | 32 | 30 | 30 | 32 | 30 | 29 ↓ | 30.5 |
| | 熟练水平 | 36 ↑ | 39 ↑ | 40 ↑ | 47 ↑ | 50 ↑ | 53 ↑ | 44.2 ↑ |
| | 高级水平 | 6 ↑ | 8 ↑ | 7 ↑ | 4 ↑ | 4 ↑ | 5 ↑ | 5.7 ↑ |

注：↑表示本年度最高；↓表示本年度最低。

2015 年三个学科各百分位分数，都随着图书数量的增多而提高。例如，生命科学第 90 百分位分数，"0 ~ 10 本"的学生为 175 分、"11 ~ 25 本"的学生为 183 分、"26 ~ 100 本"的学生为 197 分、"100 本以上"的学生为 209 分，分数分别提高 8 分、14 分、12 分；物理科学第 90 百分位分数随着图书数量的增多，分别提高了 8 分、14 分、12 分；地球与空间科学第 90 百分位分数也分别提高了 9 分、13 分、13 分（见表 4 – 59）。

表 4 – 59    家里图书数量与 8 年级学生 2015 年三个学科百分位分数

单位：分

| 学科 | 图书数量 | 第 10 百分位 | 第 25 百分位 | 第 50 百分位 | 第 75 百分位 | 第 90 百分位 |
|---|---|---|---|---|---|---|
| 生命科学 | 0 ~ 10 本 | 90 ↓ | 114 ↓ | 136 ↓ | 157 ↓ | 175 ↓ |
| | 11 ~ 25 本 | 101 | 124 | 147 | 167 | 183 |
| | 26 ~ 100 本 | 123 | 143 | 163 | 181 | 197 |
| | 100 本以上 | 136 ↑ | 157 ↑ | 176 ↑ | 193 ↑ | 209 ↑ |
| 物理科学 | 0 ~ 10 本 | 91 ↓ | 114 ↓ | 135 ↓ | 156 ↓ | 173 ↓ |
| | 11 ~ 25 本 | 99 | 121 | 144 | 164 | 181 |
| | 26 ~ 100 本 | 120 | 140 | 161 | 179 | 195 |
| | 100 本以上 | 133 ↑ | 153 ↑ | 173 ↑ | 191 ↑ | 207 ↑ |
| 地球与空间科学 | 0 ~ 10 本 | 89 ↓ | 111 ↓ | 133 ↓ | 154 ↓ | 172 ↓ |
| | 11 ~ 25 本 | 98 | 120 | 143 | 163 | 181 |
| | 26 ~ 100 本 | 120 | 140 | 160 | 179 | 194 |
| | 100 本以上 | 133 ↑ | 153 ↑ | 173 ↑ | 191 ↑ | 207 ↑ |

注：↑ 表示同一学科同一百分位分数最高；↓ 表示同一学科同一百分位分数最低。

## 五    学生家里的百科全书

题目：你家里有百科全书吗（Encyclopedia）？它可以是一套书，也可以在电脑上。（题目编码：B017201；学生回答）

选项：有；没有；不清楚。

使用年份：1996，2000，2005，2009，2011。类别：校外因素；子类

别：校外时间使用。

学生家里有百科全书对于提高学生科学分数也是很有帮助的。8 年级学生在 1996～2011 年五次测评中，家里"有百科全书"的学生的科学量尺分数均最高，均值为 153.8 分；家里"无百科全书"的学生分数有三次测评最低，均值为 137.6 分。对于家里有没有百科全书"不知道"的学生有两次测评分数最低，均值为 135.4 分，是三个类别中分数最低的（见表 4 - 60）。

表 4 - 60　家里的百科全书与 8 年级学生 1996～2015 年科学量尺分数与百分比

单位：分，%

| 类别 | | 1996 年 | 2000 年 | 2005 年 | 2009 年 | 2011 年 | 2015 年 | 均值 |
|---|---|---|---|---|---|---|---|---|
| 有百科全书 | 分数 | 153 ↑ | 153 ↑ | 153 ↑ | 154 ↑ | 156 ↑ | — | 153.8 ↑ |
| | 比例 | （79） | （79） | （78） | （73） | （70） | — | （75.8） |
| 无百科全书 | 分数 | 139 | 138 | 133 ↓ | 138 ↓ | 140 ↓ | | 137.6 |
| | 比例 | （17） | （15） | （13） | （14） | （14） | | （14.6） |
| 不知道 | 分数 | 129 ↓ | 128 ↓ | 135 | 140 | 145 | | 135.4 ↓ |
| | 比例 | （3） | （6） | （9） | （13） | （16） | — | （9.4） |

注：—表示无数据；↑表示在本年度最高；↓表示在本年度最低。

家里"有百科全书"的学生在五次测评中，"低于基本水平"的人数比例均最低，均值为 34.0%，也是三个类别中最低的；同时，达到"基本水平""熟练水平""高级水平"的人数比例是最高的，均值分别为 32.6%、30.2%、3.0%，高于其他两个类别。家里"无百科全书"的学生达到"基本水平"和"熟练水平"的人数比例均值分别为 26.8% 和 18.2%，是三个类别中最低的。可见，家里的百科全书对于提高学生的科学素质，特别是达到基本水平、提升至熟练水平具有比较大的作用。对于家里是否有百科全书"不知道"的学生，"低于基本水平"的人数比例最高，而达到"熟练水平"和"高级水平"的人数比例最低；这说明，其家里可能没有百科全书，也可能有百科全书，但从来没有用过，对百科全书等资源不闻不问（见表 4 - 61）。

表 4 - 61 家里的百科全书与 8 年级学生 1996~2015 年科学测评各等级人数比例

单位：%

| 类别 | 水平 | 1996 年 | 2000 年 | 2005 年 | 2009 年 | 2011 年 | 2015 年 | 均值 |
|---|---|---|---|---|---|---|---|---|
| 有百科全书 | 低于基本水平 | 36 ↓ | 36 ↓ | 36 ↓ | 32 ↓ | 30 ↓ | — | 34.0 ↓ |
| | 基本水平 | 33 ↑ | 30 ↑ | 32 ↑ | 34 ↑ | 34 ↑ | — | 32.6 ↑ |
| | 熟练水平 | 28 ↑ | 29 ↑ | 28 ↑ | 32 ↑ | 34 ↑ | — | 30.2 ↑ |
| | 高级水平 | 3 ↑ | 4 ↑ | 4 ↑ | 2 ↑ | 2 ↑ | — | 3.0 ↑ |
| 无百科全书 | 低于基本水平 | 52 | 55 | 60 | 51 | 48 | — | 53.2 |
| | 基本水平 | 26 | 24 | 24 ↓ | 29 ↓ | 31 ↓ | — | 26.8 ↓ |
| | 熟练水平 | 19 | 19 | 14 ↓ | 18 ↓ | 21 ↓ | — | 18.2 ↓ |
| | 高级水平 | 2 | 2 | 1 ↓ | 1 ↓ | 1 ↓ | — | 1.4 |
| 不知道 | 低于基本水平 | 63 ↑ | 62 ↑ | 56 ↑ | 47 ↑ | 42 ↑ | — | 54.0 ↑ |
| | 基本水平 | 24 ↓ | 22 ↓ | 26 | 31 | 33 | — | 27.2 |
| | 熟练水平 | 13 ↓ | 15 ↓ | 17 | 22 | 24 | — | 18.2 ↓ |
| | 高级水平 | 0 ↓ | 1 ↓ | 1 ↓ | 1 ↓ | 1 ↓ | — | 0.8 ↓ |

注：↑表示本年度最高；↓表示本年度最低；—表示无数据。

从 2015 年三个学科的百分位分数可以发现，无论是第 10、25、50 百分位分数，还是第 75、90 百分位分数，均是"有百科全书"的学生最高；但对"无百科全书"的学生来说，其第 25、50、75、90 百分位分数都是最低的；"不知道"的学生的各百分位分数一般高于"无百科全书"的学生 3~4 分，说明这些学生家里有的"无百科全书"，有的"有百科全书"，即便"不知道"，但对于提高其科学分数还是有一定的相关性的（见表 4 - 62）。

表 4 - 62 家里的百科全书与 8 年级学生 2005 年三个学科百分位分数

单位：分

| 学科 | 类别 | 第 10 百分位 | 第 25 百分位 | 第 50 百分位 | 第 75 百分位 | 第 90 百分位 |
|---|---|---|---|---|---|---|
| 生命科学 | 有百科全书 | 109 ↑ | 133 ↑ | 157 ↑ | 178 ↑ | 196 ↑ |
| | 无百科全书 | 84 ↓ | 108 ↓ | 134 ↓ | 160 ↓ | 180 ↓ |
| | 不知道 | 84 ↓ | 110 | 138 | 163 | 183 |
| 物理科学 | 有百科全书 | 102 ↑ | 127 ↑ | 152 ↑ | 176 ↑ | 195 ↑ |
| | 无百科全书 | 78 | 103 ↓ | 130 ↓ | 157 ↓ | 180 ↓ |
| | 不知道 | 77 ↓ | 105 | 134 | 161 | 183 |

续表

| 学科 | 类别 | 第 10 百分位 | 第 25 百分位 | 第 50 百分位 | 第 75 百分位 | 第 90 百分位 |
|---|---|---|---|---|---|---|
| 地球与<br>空间科学 | 有百科全书 | 109 ↑ | 132 ↑ | 156 ↑ | 178 ↑ | 197 ↑ |
| | 无百科全书 | 87 | 110 ↓ | 136 ↓ | 161 ↓ | 182 ↓ |
| | 不知道 | 86 ↓ | 111 | 139 | 164 | 184 |

注：↑表示同一学科同一百分位分数最高；↓表示同一学科同一百分位分数最低。

## 六 学生家里的报纸

题目：你家一周至少有四份报纸（Newspaper）吗？（题目编码：B017001；学生回答）

选项：是；不是；不清楚。

使用年份：2005，2009。类别：校外因素；子类别：校外时间使用。

8 年级学生 2005 年、2009 年两次测评均显示，家里一周"有"4 份报纸的学生科学分数都高于家里"无"4 份报纸的学生；而对家里是否有以及有几份报纸"不清楚"的学生，其分数最低。均值显示，家里一周有 4 份报纸的学生分数最高，平均 153.5 分；家里"无"报纸的比"有"4 份报纸的学生低 4 分；而"不清楚"的学生，其分数最低，比"无"报纸的学生低 9 分，比"有"4 份报纸的学生低 13 分（见表 4-63）。

**表 4-63 家里一周有 4 份报纸与 8 年级学生 1996~2015 年科学量尺分数和样本百分比**

单位：分，%

| 4 份报纸 | | 1996 年 | 2000 年 | 2005 年 | 2009 年 | 2011 年 | 2015 年 | 均值 |
|---|---|---|---|---|---|---|---|---|
| 有 | 分数 | — | — | 153 ↑ | 154 ↑ | — | — | 153.5 ↑ |
| | 比例 | — | — | 45 | 37 | — | — | 41.0 |
| 无 | 分数 | — | — | 148 | 151 | — | — | 149.5 |
| | 比例 | — | — | 40 | 42 | — | — | 41.0 |
| 不清楚 | 分数 | — | — | 139 ↓ | 142 ↓ | — | — | 140.5 ↓ |
| | 比例 | — | — | 15 | 21 | — | — | 18.0 |

注：—表示无数据；↑表示在本年度最高；↓表示在本年度最低。

从四个等级来看，一周家里"有"4 份报纸的学生在历年测评中"低于基本水平"的人数比例都是最低的，而其达到"熟练水平""高级水平"的人数比例又都是最高的，家里"有"4 份报纸的学生科学素质尖子生较多。对于家里有无报纸"不清楚"的学生历次测评中，"低于基本水平"的人数比例都是最高的，同时其达到"熟练水平"和"高级水平"的人数比例又都是最低的，均值显示，其达到"基本水平"的人数比例在三类学生中也是最低的。家里"无"4 份报纸的学生的科学素质状况低于"有"4 份报纸的学生，但高于"不清楚"的学生（见表 4 - 64）。

表 4 - 64　家里一周有 4 份报纸与 8 年级学生 1996 ~ 2015 年科学各等级人数比例

单位：%

| 4 份报纸 | 等级 | 1996 年 | 2000 年 | 2005 年 | 2009 年 | 2011 年 | 2015 年 | 均值 |
|---|---|---|---|---|---|---|---|---|
| 有 | 低于基本水平 | 37 ↓ | 37 ↓ | 36 ↓ | 32 ↓ | — | — | 35.5 ↓ |
| | 基本水平 | 32 ↑ | 29 ↑ | 30 | 32 ↓ | | | 30.8 |
| | 熟练水平 | 28 ↑ | 29 ↑ | 30 ↑ | 33 ↑ | | | 30.0 ↑ |
| | 高级水平 | 4 ↑ | 5 ↑ | 4 ↑ | 2 ↑ | | | 3.8 ↑ |
| 无 | 低于基本水平 | 46 | 46 | 42 | 35 | | | 42.3 |
| | 基本水平 | 30 | 29 ↑ | 31 | 34 ↑ | | | 31.0 ↑ |
| | 熟练水平 | 21 | 22 | 24 | 29 | | | 24.0 |
| | 高级水平 | 2 | 3 | 3 | 1 | | | 2.3 |
| 不清楚 | 低于基本水平 | 63 ↑ | 62 ↑ | 52 ↑ | 46 ↑ | | | 55.8 ↑ |
| | 基本水平 | 24 ↓ | 24 ↓ | 29 ↓ | 33 | | | 27.5 ↓ |
| | 熟练水平 | 13 ↓ | 13 ↓ | 18 ↓ | 21 ↓ | | | 16.3 ↓ |
| | 高级水平 | 0 ↓ | 1 ↓ | 1 ↓ | 1 ↓ | | | 0.8 ↓ |

注：—表示无数据；↑表示本年度同一水平中最高；↓表示本年度同一水平中最低。

2015 年，生命科学第 10 百分位上，家里"有"4 份报纸、"无"4 份报纸以及"不清楚"的学生分数分别是 106 分、103 分、92 分，逐级降低，第 25、50、75 和 90 百分位分数也按"有""无""不清楚"的顺序降低。物理科学、地球与空间科学的分数，也因"有""无""不清楚"而不同；例如，物理科学第 75 百分位"有"四份报纸、"无"报纸、"不清楚"的学生的分数分别是 178 分、171 分、163 分，相差 7 分、8 分；地球与空间科学第 90 百分位三类别学生的分数分别是 198 分、192 分、185 分，分别相差 7 分、7 分（见表 4－65）。

表 4－65　家里一周有 4 份报纸与 8 年级学生 2015 年三个学科百分位分数

单位：分

| 学科 | 4 份报纸 | 第 10 百分位 | 第 25 百分位 | 第 50 百分位 | 第 75 百分位 | 第 90 百分位 |
|---|---|---|---|---|---|---|
| 生命科学 | 有 | 106 ↑ | 132 ↑ | 157 ↑ | 179 ↑ | 197 ↑ |
| | 无 | 103 | 127 | 151 | 173 | 191 |
| | 不清楚 | 92 ↓ | 117 ↓ | 142 ↓ | 165 ↓ | 184 ↓ |
| 物理科学 | 有 | 98 ↑ | 125 ↑ | 153 ↑ | 178 ↑ | 198 ↑ |
| | 无 | 96 | 121 | 147 | 171 | 191 |
| | 不清楚 | 85 ↓ | 111 ↓ | 138 ↓ | 163 ↓ | 184 ↓ |
| 地球与空间科学 | 有 | 106 ↑ | 131 ↑ | 157 ↑ | 179 ↑ | 198 ↑ |
| | 无 | 103 | 127 | 151 | 174 | 192 |
| | 不清楚 | 93 ↓ | 117 ↓ | 142 ↓ | 166 ↓ | 185 ↓ |

注：↑表示同一学科同一百分位分数最高；↓表示同一学科同一百分位分数最低。

## 七　学生父母受教育水平

题目：父母的受教育水平（Parental educational level）：父母任何一方达到的最高水平。（题目编码：PARED；学生回答）

选项：没上完高中；高中毕业；高中毕业后受培训；大学毕业；不清楚。

使用年份：1996，2000，2005，2009，2011，2015。类别：主报告类；子类别：学生因素。

8 年级学生 1996 年测评数据显示，父母"没上完高中"的学生科学量尺分数为 130 分，父母"高中毕业"的学生分数为 140 分，父母"高中毕业后受培训"的学生分数是 154 分，父母"大学毕业"的学生分数最高，有 158 分，对父母受教育水平"不清楚"的学生分数最低，为 129 分。2000～2015 年的四次测评也显示，父母"没上完高中"的学生、对父母受教育水平"不清楚"的学生的分数分别有两次最低；父母"大学毕业"的学生分数最高。从五次测评的均值来看，父母"没上完高中""高中毕业""高中毕业后受培训""大学毕业""不清楚"的学生的分数分别是 131.2 分、139.6 分、153.6 分、161.4 分、131.0 分（见表 4 - 66）。可见，对父母受教育水平"不清楚"的学生分数最低；从整体上来看，学生科学测评分数随着父母受教育程度的提高而升高。

表 4 - 66　学生父母受教育水平与 8 年级学生 1996～2015 年
科学量尺分数和样本百分比

单位：分，%

| 受教育水平 | | 1996 年 | 2000 年 | 2005 年 | 2009 年 | 2011 年 | 2015 年 | 均值 |
|---|---|---|---|---|---|---|---|---|
| 没上完高中 | 分数 | 130 | 126 ↓ | — | 131 | 132 ↓ | 137 | 131.2 |
| | 比例 | 6 | 7 | — | 7 | 7 | 7 | 6.8 |
| 高中毕业 | 分数 | 140 | 137 | — | 139 | 140 | 142 | 139.6 |
| | 比例 | 19 | 18 | — | 17 | 17 | 15 | 17.2 |
| 高中毕业后受培训 | 分数 | 154 | 154 | — | 152 | 153 | 155 | 153.6 |
| | 比例 | 19 | 19 | — | 16 | 15 | 15 | 16.8 |
| 大学毕业 | 分数 | 158 ↑ | 161 ↑ | — | 161 ↑ | 162 ↑ | 165 ↑ | 161.4 ↑ |
| | 比例 | 45 | 46 | — | 49 | 50 | 52 | 48.4 |
| 不清楚 | 分数 | 129 ↓ | 129 | — | 130 ↓ | 133 | 134 ↓ | 131.0 ↓ |
| | 比例 | 10 | 10 | — | 11 | 11 | 11 | 10.6 |

注：—表示无数据；↑表示在本年度最高；↓表示在本年度最低。

从 8 年级学生在 1996～2015 年的五次测评的各等级人数比例均值可以看出，父母"没上完高中"的学生"低于基本水平"的人数比例最高，有 60.4%；而其达到"熟练水平"和"高级水平"的人数比例又最低，分别是 11.2%、0.2%。对父母受教育水平"不清楚"的学生的状况也不好，其"低于基本水平"的人数比例比最高值仅低 0.4 个百分点，为 60.0%；达到"基本水平"的比例最低，为 26.6%。父母"高中毕业后受培训"的学生达到"基本水平"的人数比例最高，均值为 36.4%。父母"大学毕业"的学生达到"熟练水平"和"高级水平"的人数比例最高，均值分别为 36.8% 和 4.2%（见表 4 - 67）。因此，从学生父母受教育水平来看，学生的科学素质等级，从高到低的顺序依次是：父母"大学毕业"的学生、父母"高中毕业后受培训"的学生、父母"高中毕业"的学生，最差的两类学生是对父母受教育水平"不清楚"和父母"没上完高中"的学生。

表 4 –67　学生父母受教育水平与 8 年级学生 1996～2015 年科学测评各等级人数比例

单位：%

| 受教育水平 | 等级 | 1996 年 | 2000 年 | 2005 年 | 2009 年 | 2011 年 | 2015 年 | 均值 |
|---|---|---|---|---|---|---|---|---|
| 没上完高中 | 低于基本水平 | 65 ↑ | 68 ↑ | — | 59 | 58 ↑ | 52 | 60.4 ↑ |
| | 基本水平 | 25 | 24 | — | 30 | 30 | 33 | 28.4 |
| | 熟练水平 | 10 ↓ | 8 ↓ | — | 11 ↓ | 12 ↓ | 15 ↓ | 11.2 ↓ |
| | 高级水平 | 1 ↓ | 0 ↓ | — | 0 ↓ | 0 ↓ | 0 ↓ | 0.2 ↓ |
| 高中毕业 | 低于基本水平 | 52 | 54 | — | 49 | 47 | 46 | 49.6 |
| | 基本水平 | 30 | 29 | — | 33 | 35 | 35 | 32.4 |
| | 熟练水平 | 17 | 16 | — | 18 | 18 | 19 | 17.6 |
| | 高级水平 | 1 ↓ | 1 | — | 0 ↓ | 0 ↓ | 0 ↓ | 0.4 |
| 高中毕业后受培训 | 低于基本水平 | 33 | 35 | — | 33 | 31 | 30 | 32.4 |
| | 基本水平 | 35 ↑ | 32 ↑ | — | 38 ↑ | 39 ↑ | 38 ↑ | 36.4 ↑ |
| | 熟练水平 | 29 | 30 | — | 28 | 29 | 31 | 29.4 |
| | 高级水平 | 2 | 3 | — | 1 | 1 | 1 | 1.6 |
| 大学毕业 | 低于基本水平 | 29 | 28 | — | 24 | 23 | 20 | 24.8 |
| | 基本水平 | 32 | 30 | — | 34 | 33 | 33 | 32.4 |
| | 熟练水平 | 34 ↑ | 35 ↑ | — | 30 ↑ | 41 ↑ | 44 ↑ | 36.8 ↑ |
| | 高级水平 | 5 ↑ | 7 ↑ | — | 3 ↑ | 3 ↑ | 3 ↑ | 4.2 ↑ |
| 不清楚 | 低于基本水平 | 64 | 64 | — | 60 ↑ | 57 | 55 ↑ | 60.0 |
| | 基本水平 | 24 ↓ | 23 ↓ | — | 28 ↓ | 28 ↓ | 30 ↓ | 26.6 ↓ |
| | 熟练水平 | 11 | 12 | — | 12 | 15 | 15 ↓ | 13.0 |
| | 高级水平 | 1 ↓ | 1 | — | 0 ↓ | 0 ↓ | 0 ↓ | 0.4 |

注：—表示无数据；↑表示本年度同一水平中最高；↓表示本年度同一水平中最低。

无一例外地，任一学科、任一百分位分数，都是父母"大学毕业"的学生最高；对父母受教育水平"不清楚"的学生在第 10、25、50、75 百分位上，分数最低；而在第 90 百分位分数上，父母"没上完高中"的学生最低（见表 4 –68）。

表 4－68　学生父母受教育水平与 8 年级学生 2015 年三个学科百分位分数

单位：分

| 学科 | 受教育水平 | 第 10 百分位 | 第 25 百分位 | 第 50 百分位 | 第 75 百分位 | 第 90 百分位 |
|---|---|---|---|---|---|---|
| 生命科学 | 没上完高中 | 95 | 118 | 141 | 162 | 179 ↓ |
| | 高中毕业 | 101 | 124 | 146 | 165 | 182 |
| | 高中毕业后受培训 | 117 | 138 | 158 | 177 | 193 |
| | 大学毕业 | 125 ↑ | 147 ↑ | 168 ↑ | 187 ↑ | 203 ↑ |
| | 不清楚 | 88 ↓ | 113 ↓ | 138 ↓ | 161 ↓ | 179 ↓ |
| 物理科学 | 没上完高中 | 96 | 117 | 138 | 158 ↓ | 175 ↓ |
| | 高中毕业 | 99 | 121 | 142 | 162 | 179 |
| | 高中毕业后受培训 | 114 | 134 | 155 | 174 | 190 |
| | 大学毕业 | 123 ↑ | 145 ↑ | 166 ↑ | 185 ↑ | 201 ↑ |
| | 不清楚 | 90 ↓ | 113 ↓ | 137 ↓ | 158 ↓ | 177 |
| 地球与空间科学 | 没上完高中 | 94 | 115 | 138 | 157 ↓ | 175 ↓ |
| | 高中毕业 | 99 | 120 | 142 | 163 | 180 |
| | 高中毕业后受培训 | 113 | 133 | 154 | 174 | 190 |
| | 大学毕业 | 122 ↑ | 144 ↑ | 165 ↑ | 185 ↑ | 201 ↑ |
| | 不清楚 | 85 ↓ | 110 ↓ | 135 ↓ | 157 ↓ | 176 |

注：↑ 表示同一学科同一百分位分数最高；↓ 表示同一学科同一百分位分数最低。

## 八　在家里说英语之外的其他语言

题目：你在家里说英语以外的语言（Language other than English spoken in home）的频繁程度如何？（题目编码：B018201；学生回答）

选项：从不说；偶尔说；一半时间说；总是或大部分时间说。

使用年份：2005，2009，2011，2015。类别：学生因素；子类别：人口统计学信息。

美国是个多民族国家，而且是个移民国家，虽说其官方语言是英语，但在很多家庭，并不全说英语。NAEP 将学生在家里除了英语之外说其他语言的频次分为四种情况：从不说、偶尔说、一半时间说、总是或大部分时间说。

全国学校 8 年级学生在 2005～2015 年的四次测评中，在家里"从不说"其他语言的学生分数总是最高的，而"总是或大部分时间说"其他语言的学生，其分数总是最低的。从均值来看，从高到低依次是："从不说"其他语言的学生 155.5 分，"偶尔说"其他语言的学生 154.8 分，"一半时间说"的学生 144.8 分，"总是或大部分时间说"的学生 137.0 分（见表 4 - 69）。

表 4 - 69 在家说其他语言与 8 年级学生 1996～2015 年
科学量尺分数和样本百分比

单位：分，%

| 说其他语言频次 | | 1996 年 | 2000 年 | 2005 年 | 2009 年 | 2011 年 | 2015 年 | 均值 |
|---|---|---|---|---|---|---|---|---|
| 从不说 | 分数 | — | — | 153 ↑ | 155 ↑ | 156 ↑ | 158 ↑ | 155.5 ↑ |
| | 比例 | — | — | 57 | 55 | 55 | 54 | 55.3 |
| 偶尔说 | 分数 | — | — | 153 ↑ | 154 | 155 | 157 | 154.8 |
| | 比例 | — | — | 21 | 20 | 19 | 18 | 19.5 |
| 一半时间说 | 分数 | — | — | 141 | 144 | 146 | 148 | 144.8 |
| | 比例 | — | — | 8 | 9 | 9 | 10 | 9.0 |
| 总是或大部分时间说 | 分数 | — | — | 133 ↓ | 135 ↓ | 138 ↓ | 142 ↓ | 137.0 ↓ |
| | 比例 | — | — | 14 | 16 | 17 | 18 | 16.3 |

注：—表示无数据；↑表示在本年度最高；↓表示在本年度最低。

在家里"从不说"其他语言的学生"低于基本水平"的人数比例最低，同时其达到"基本水平""熟练水平""高级水平"的人数比例都最高，其科学素质较高；"偶尔说"其他语言的学生"低于基本水平"的人数比例略高于"从不说"的学生，达到"基本水平""熟练水平""高级水平"的人数比例略低于"从不说"的学生，居第二位；"一半时间说"其他语言的学生居第三位；"总是或大部分时间说"的学生"低于基本水平"的人数比例最高，而其达到"基本水平""熟练水平""高级水平"的人数比例都最低（见表 4 - 70）。

表 4 – 70　在家说其他语言与 8 年级学生 1996～2015 年科学测评各等级人数比例

单位：%

| 说其他语言频次 | 等级 | 1996 年 | 2000 年 | 2005 年 | 2009 年 | 2011 年 | 2015 年 | 均值 |
|---|---|---|---|---|---|---|---|---|
| 从不说 | 低于基本水平 | 37 ↓ | 36 ↓ | 36 ↓ | 31 ↓ | 29 ↓ | 27 ↓ | 32.7 ↓ |
| | 基本水平 | 32 ↑ | 30 ↑ | 32 ↑ | 35 ↑ | 35 ↑ | 34 ↑ | 33.0 ↑ |
| | 熟练水平 | 28 ↑ | 30 ↑ | 29 ↑ | 33 ↑ | 34 ↑ | 37 ↑ | 31.8 ↑ |
| | 高级水平 | 4 ↑ | 4 ↑ | 4 ↑ | 2 ↑ | 2 ↑ | 2 ↑ | 3.0 ↑ |
| 偶尔说 | 低于基本水平 | 39 | 43 | 37 | 33 | 31 | 29 | 35.3 |
| | 基本水平 | 32 ↑ | 28 | 30 | 33 | 33 | 33 ↓ | 31.5 |
| | 熟练水平 | 26 | 25 | 29 ↑ | 32 | 34 ↑ | 36 | 30.3 |
| | 高级水平 | 3 | 4 ↑ | 4 ↑ | 2 ↑ | 2 ↑ | 2 ↑ | 2.8 |
| 一半时间说 | 低于基本水平 | — | — | 51 | 43 | 41 | 39 | 43.5 |
| | 基本水平 | — | — | 28 | 33 | 33 | 34 ↑ | 32.0 |
| | 熟练水平 | — | — | 19 | 22 | 25 | 25 | 22.8 |
| | 高级水平 | — | — | 2 | 1 ↓ | 1 ↓ | 2 ↑ | 1.5 |
| 总是或大部分时间说 | 低于基本水平 | 57 ↑ | 58 ↑ | 60 ↑ | 54 ↑ | 50 ↑ | 46 ↑ | 54.2 ↑ |
| | 基本水平 | 27 ↓ | 26 ↓ | 25 ↓ | 30 ↓ | 31 ↓ | 33 ↓ | 28.7 ↓ |
| | 熟练水平 | 15 ↓ | 14 ↓ | 13 ↓ | 16 ↓ | 17 ↓ | 20 ↓ | 15.8 ↓ |
| | 高级水平 | 1 ↓ | 2 ↓ | 1 ↓ | 1 ↓ | 1 ↓ | 1 ↓ | 1.2 ↓ |

注：—表示无数据；↑表示本年度同一水平中最高；↓表示本年度同一水平中最低。

　　2015 年生命科学测评中，在家"从不说"其他语言的学生第 10、25、50、75、90 百分位分数分别是 117 分、140 分、162 分、182 分、198 分，在四种"频次"中都是最高的；而在家"总是或大部分时间说"其他语言的学生，五个百分位分数都是最低的，最高与最低分别相差 19 分、17 分、15 分、13 分、10 分。物理科学测评中，在家"从不说"其他语言的学生五个百分位分数最高，"总是或大部分时间说"其他语言的学生五个百分位分数最低，"偶尔说"其他语言的学生在第 75、90 百分位上的分数并列最高，最高、最低分别相差 18 分、19 分、18 分、16 分、14 分。地球与空间科学的测评分数与物理科学相似，最高与最低分相差分别是 19 分、19 分、17 分、16 分、14 分（见表 4 – 71）。三个学科的最高分与最低分之差，随着百分位的升高，差距逐步变小。

表 4 – 71　在家说其他语言与 8 年级学生 2015 年三个学科百分位分数

单位：分

| 学科 | 说其他语言频次 | 第 10 百分位 | 第 25 百分位 | 第 50 百分位 | 第 75 百分位 | 第 90 百分位 |
|---|---|---|---|---|---|---|
| 生命科学 | 从不说 | 117 ↑ | 140 ↑ | 162 ↑ | 182 ↑ | 198 ↑ |
| | 偶尔说 | 113 | 137 | 161 | 181 | 198 |
| | 一半时间说 | 103 | 128 | 152 | 173 | 192 |
| | 总是或大部分时间说 | 98 ↓ | 123 ↓ | 147 ↓ | 169 ↓ | 188 ↓ |
| 物理科学 | 从不说 | 115 ↑ | 138 ↑ | 160 ↑ | 180 ↑ | 197 ↑ |
| | 偶尔说 | 112 | 135 | 158 | 180 ↑ | 197 ↑ |
| | 一半时间说 | 104 | 127 | 150 | 172 | 190 |
| | 总是或大部分时间说 | 97 ↓ | 119 ↓ | 142 ↓ | 164 ↓ | 183 ↓ |
| 地球与空间科学 | 从不说 | 114 ↑ | 137 ↑ | 159 ↑ | 180 ↑ | 196 |
| | 偶尔说 | 111 | 134 | 158 | 180 ↑ | 197 ↑ |
| | 一半时间说 | 101 | 124 | 148 | 171 | 190 |
| | 总是或大部分时间说 | 95 ↓ | 118 ↓ | 142 ↓ | 164 ↓ | 183 ↓ |

注：↑表示同一学科同一百分位分数最高；↓表示同一学科同一百分位分数最低。

# 第七节　小结

以量尺分数（均值）来小结 8 年级学生的科学总体成绩、学生方面的影响因素、教师方面的影响因素、学校方面的影响以及学生家庭方面的影响因素。

## 一　8 年级学生总体成绩

全国学校 8 年级学生的科学量尺平均分为 150.5 分，公立学校平均分为 149.3 分，私立学校为 163.8 分。私立学校学生高于公立学校和全国学校 14.5 分、13.3 分；公立学校学生和全国学校相关不多，仅相差 1.2 分。全国学校 8 年级学生的生命科学平均 151 分，物理科学平均 149.8 分，地球与空间科学平均 150.3 分，三个学科相差无几（见图 4 – 1）。

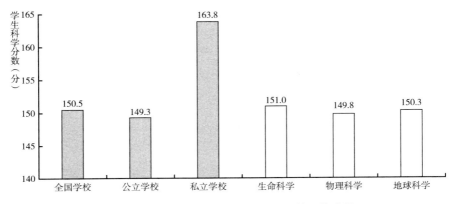

**图 4 - 1　8 年级不同学校、不同学科的总体成绩**

## 二　8年级学生方面的影响因素

在分析的 6 个学生因素中，共有 21 个不同的状态和水平（见图 4 - 2）。

6 个因素按照其不同状态（或水平）对学生科学分数影响的大小排序，依次是：① "是否英语语言学习者" 相差 49.5 分；② "不同种族" 相差 36.3

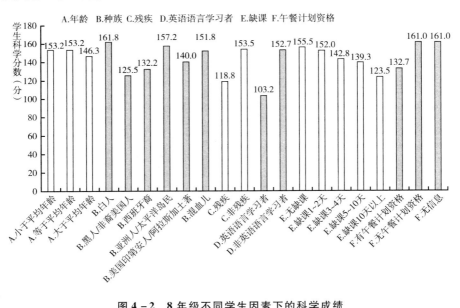

**图 4 - 2　8 年级不同学生因素下的科学成绩**

分；③ "是否残疾" 相差 34.7 分；④ "不同缺课天数" 相差 32.0 分；⑤ "是否具有学校午餐计划资格" 相差 28.3 分；⑥ "年龄大小" 相差 6.9 分。

6 个因素中的每个因素，学生科学分数最高的那个状态或水平（按分数高低排序）分别是：① "白人" 161.8 分；② "无午餐计划资格" 及 "无信息" 学生（并列）161.0 分；③ "无缺课" 155.5 分；④ "非残疾" 153.5 分；⑤ "小于平均年龄" 及 "等于平均年龄" 153.2 分；⑥ "非英语语言学习者" 152.7 分。科学分数最低的那个状态或水平（与上面的顺序对应）分别是：① "黑人/非裔美国人" 125.5 分；② "有午餐计划资格" 132.7 分；③ "缺课 10 天以上" 123.5 分；④ "残疾" 118.8 分；⑤ "大于平均年龄" 146.3 分；⑥ "英语语言学习者" 103.2 分。

学生分数最高的 6 个（21 个中前 27%）状态（或水平）是：① "白人" 161.8 分；② "无午餐计划资格" 161.0 分；③ "无信息"（午餐计划资格）学生（并列）161.0 分；④ "亚洲人/太平洋岛民" 157.2 分；⑤ "无缺课" 155.5 分；⑥ "非残疾" 153.5 分。学生分数最低的 6 个（21 个中后 27%）状态（或水平）是：① "有午餐计划资格" 132.7 分；② "西班牙裔" 132.2 分；③ "黑人/非裔美国人" 125.5 分；④ "缺课 10 天以上" 123.5 分；⑤ "残疾" 118.8 分；⑥ "英语语言学习者" 103.2 分。

## 三　8 年级教师方面的影响因素

8 年级教师方面的 3 个因素中，共有 16 个不同的状态和水平（见图 4 – 3）。

3 个教师因素按照其不同状态（水平）对学生科学分数影响的大小的排序，依次是：① "教师的最高学历（学位）不同" 学生分数相差 21.5 分；② "教师每周花在科学教学上的时间不同" 学生分数相差 8.6 分；③ "教师了解科学探究的程度不同" 学生分数相差 2.0 分。

3 个因素中的每个因素，学生科学分数最高的那个状态或水平（按分数高低排序）分别是：①教师 "硕士学位" 153.5 分；②教师 "每周花 3 ~ 4.9 小时在科学教学上" 153.3 分；③教师对科学探究 "了解一些" 152.5 分。学生科学分数最低的那个状态或水平（与上面的顺序对应）分别是：

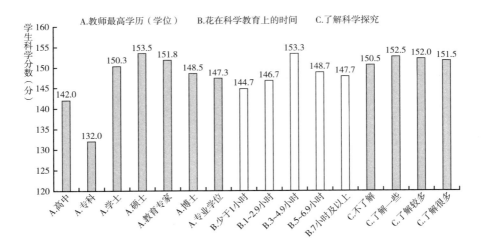

图 4 - 3　8 年级不同教师因素下的科学成绩

①教师"专科学历"132.0 分；②教师"每周花在科学教学上的时间少于 1 小时"144.7 分；③教师对科学探究"不了解"150.5 分。

学生分数最高的 4 个（16 个中前 27%）状态（或水平）是：①教师"硕士学位"153.5 分；②教师"每周花 3～4.9 小时在科学教学上"153.3 分；③教师对科学探究"了解一些"152.5 分；④教师对科学探究"了解较多"152.0 分。学生分数最低的 4 个（16 个中后 27%）状态（或水平）是：①教师"每周花 1～2.9 小时在科学教学上"146.7 分；②教师"每周花在科学教学上的时间少于 1 小时"144.7 分；③教师"高中学历"142.0 分；④教师"专科学历"132.0 分。

## 四　8 年级学校方面的影响因素

学校方面的 3 个因素共有 10 个不同的状态和水平（见图 4 - 4）。

3 个学校因素按照其不同状态（或水平）对学生科学分数影响的大小排序，依次是：①学校"所在地不同（城市、郊区、城镇、农村）"学生分数相差 11 分；②学校"所在的国家区域方位不同"学生分数相差 9.5 分；③学校"是否是特许学校"学生分数相差 6.8 分。

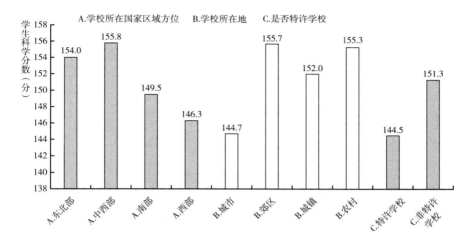

图4-4 8年级不同学校因素下的科学成绩

3个因素中的每个因素，学生科学分数高的那个状态或水平（按分数高低排序）分别是：①"学校在美国中西部"学生分数为155.8分；②"学校在郊区"学生分数为155.7分；③"非特许学校"学生分数为151.3分。学生科学分数低的那个状态或水平（与上面的顺序对应）分别是：①"学校在美国西部"学生分数为146.3分；②"学校在城市"学生分数为144.7分；③"特许学校"学生分数为144.5分。

学生分数最高的3个（10个中前27%）状态（或水平）是：①"学校在美国中西部"学生分数为155.8分；②"学校在郊区"学生分数为155.7分；③"学校在农村"学生分数为155.3分。学生分数最低的3个（10个中后27%）状态（或水平）是：①"学校在美国西部"学生分数为146.3分；②"学校在城市"学生分数为144.7分；③"特许学校"学生分数为144.5分。

## 五 8年级学生家庭方面的影响因素

学生家庭方面的8个因素共有29个不同的状态和水平（见图4-5）。

8个家庭因素按照其不同状态（或水平）对学生科学分数影响的大小排序，依次是：①"学生家里的图书数量不同"学生分数相差41分；②"学

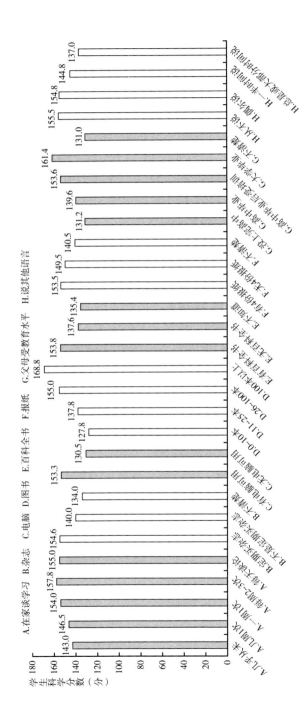

图 4－5　8 年级不同家庭因素下的科学成绩

生父母受教育水平不同"学生分数相差 30.4 分；③"家里有无电脑可用"学生分数相差 22.8 分；④"家里是否定期买杂志"学生分数相差 20.6 分；⑤"在家里说英语之外的其他语言的频次不同"学生分数相差 18.5 分；⑥"家里有无百科全书"学生分数相差 18.4 分；⑦"在家谈论学习的频次不同"学生分数相差 14.8 分；⑧"家里每周是否有 4 份报纸"学生分数相差 13.0 分。

8 个因素中的每个因素，学生科学分数最高的那个状态或水平（按分数高低排序）分别是：①"家里有 100 本以上图书"168.8 分；②"父母大学毕业"161.4 分；③"每周在家谈论学习 2～3 次"157.8 分；④"在家里从不说英语之外的其他语言"155.5 分（并列）；⑤"家里定期买杂志"154.6 分；⑥"家里有百科全书"153.8 分；⑦"家里每周有 4 份报纸"153.5 分；⑧"家里有电脑可用"153.3 分。科学分数最低的那个状态或水平（与上面的顺序对应）分别是：①"家里有 0～10 本图书"127.8 分；②"不清楚父母受教育水平"131.0 分；③"几乎从未在家谈论过学习"143.0 分；④"在家里总是或大部分时间说英语之外的其他语言"137.0 分；⑤"不清楚家里是否定期买杂志"134.0 分；⑥"不知道家里有无百科全书"135.4 分；⑦"不清楚家里每周有无报纸"140.5 分；⑧"家里无电脑可用"130.5 分。

学生分数最高的 8 个（29 个中前 27%）状态（或水平）是：①"家里有 100 本以上图书"168.8 分；②"父母大学毕业"161.4 分；③"每周在家谈论学习 2～3 次"157.8 分；④"在家里从不说英语之外的其他语言"155.5 分；⑤"每天在家谈论学习"155.0 分；⑥"家里有 26～100 本图书"155.0 分（并列）；⑦"在家里偶尔说英语之外的其他语言"154.8 分；⑧"家里定期买杂志"154.6 分。学生分数最低的 8 个（29 个中后 27%）状态（或水平）是：①"家里无百科全书"137.6 分；②"在家里总是或大部分时间说英语之外的其他语言"137.0 分；③"不知道家里有无百科全书"135.4 分；④"不清楚家里是否定期买杂志"134.0 分；⑤"父母没上完高中"131.2 分；⑥"不清楚父母受教育水平"131.0 分；⑦"家里无电脑可用"130.5 分；⑧"家里有 0～10 本图书"127.8 分。

# 第五章  12年级科学教育测评分析

通过对 4 年级、8 年级各方面多个因素的分析发现，这些因素对 4 年级、8 年级学生的科学成绩的影响存在非常大的一致性；由此推测，这些因素对 12 年级学生的影响可能也类似。因此，本章在分析 12 年级的因素时，多是分析与前两章不同的影响因素，诸如学生的教育目标、读科学教科书、接受技术培训，教师做演示、科学测验、教学语言艺术的专业发展，学校的科学实验室用品、科学测量仪器、科学视听资料、使用数字白板的课堂比例，学生家庭中使用互联网、和谁一起生活、在家谈论学习等。

## 第一节  12年级学生1996~2015年的科学总体成绩

全国学校 12 年级学生在 1996~2015 年的五次测评中，科学量尺分数分别是 150 分、146 分、147 分、150 分、150 分，均值为 148.6 分；公立学校 12 年级学生在五次测评中的科学量尺分数分别是 150 分、145 分、146 分、149 分、149 分，均值为 147.8 分，低于全国学校 12 年级学生 0.8 分，低于私立学校 12 年级学生 9.7 分；私立学校 12 年级学生在 1996 年、2000 年的科学量尺分数分别是 155 分、160 分，均值为 157.5 分，高于全国学校和公立学校学生；这些数据都是从所有（即 100%）的调查样本中统计得到的（见表 5 - 1）。整体上来看，公立学校与全国学校学生的整体水平相差不大，私立学校学生的分数高于全国学校和公立学校学生比较多。

表 5-1　12 年级学生 1996~2015 年科学测评量尺分数和样本百分比

单位：分，%

| 类别 | | 1996 年 | 2000 年 | 2005 年 | 2009 年 | 2011 年 | 2015 年 | 均值 |
|---|---|---|---|---|---|---|---|---|
| 全国学校 | 分数 | 150 ↓ | 146 | 147 ↑ | 150 ↑ | — | 150 ↑ | 148.6 |
| | 比例 | 100 | 100 | 100 | 100 | — | 100 | 100 |
| 公立学校 | 分数 | 150 ↓ | 145 ↓ | 146 ↓ | 149 ↓ | — | 149 ↓ | 147.8 ↓ |
| | 比例 | 100 | 100 | 100 | 100 | — | 100 | 100 |
| 私立学校 | 分数 | 155 ↑ | 160 ↑ | ‡ | ‡ | — | ‡ | 157.5 ↑ |
| | 比例 | 100 | 100 | ‡ | ‡ | — | ‡ | 100 |

注：—表示无数据；‡表示数据不符合报告标准；↑表示本年度最高；↓表示本年度最低。

　　从全国学校、公立学校 12 年级学生 1996~2015 年的五次测评分数的均值和私立学校 1996 年、2000 年的分数均值来看，私立学校"低于基本水平"的学生比例为 33.5%，是最低的；公立学校"低于基本水平"的学生比例为 44.8%，是最高的；全国学校"低于基本水平"的学生比例为 43.4%，仅比公立学校低 1.4 个百分点。私立学校达到"基本水平""熟练水平""高级水平"的人数比例分别是 41.5%、22.0% 和 2.5%，是三个类别中最高的；公立学校学生达到"基本水平""熟练水平""高级水平"的人数比例分别是 36.0%、17.4%、2.0%，比私立学校学生分别低 5.5 个、4.6 个、0.5 个百分点。全国学校学生达到"基本水平""熟练水平""高级水平"的人数比例比公立学校学生分别高 0.2 个、0.8 个、0 个百分点，二者水平相当（见表 5-2）。

表 5-2　12 年级学生 1996~2015 年科学测评各等级人数比例

单位：%

| 类别 | 等级 | 1996 年 | 2000 年 | 2005 年 | 2009 年 | 2011 年 | 2015 年 | 均值 |
|---|---|---|---|---|---|---|---|---|
| 全国学校 | 低于基本水平 | 43 | 48 | 46 ↓ | 40 ↓ | — | 40 ↓ | 43.4 |
| | 基本水平 | 35 ↓ | 34 | 35 = | 39 = | — | 38 = | 36.2 |
| | 熟练水平 | 19 | 16 | 17 ↑ | 19 = | — | 20 ↑ | 18.2 |
| | 高级水平 | 3 ↑ | 2 ↓ | 2 = | 1 = | — | 2 = | 2.0 ↓ |

续表

| 类别 | 等级 | 1996 年 | 2000 年 | 2005 年 | 2009 年 | 2011 年 | 2015 年 | 均值 |
|---|---|---|---|---|---|---|---|---|
| 公立学校 | 低于基本水平 | 44 ↑ | 50 ↑ | 48 ↑ | 41 ↑ | — | 41 ↑ | 44.8 ↑ |
| | 基本水平 | 35 ↓ | 33 ↓ | 35 = | 39 = | — | 38 = | 36.0 ↓ |
| | 熟练水平 | 18 ↓ | 15 ↓ | 16 ↓ | 19 ↓ | — | 19 ↓ | 17.4 ↓ |
| | 高级水平 | 3 ↑ | 2 ↓ | 2 = | 1 = | — | 2 = | 2.0 ↓ |
| 私立学校 | 低于基本水平 | 37 ↓ | 30 ↓ | ‡ | — | — | — | 33.5 ↓ |
| | 基本水平 | 41 ↑ | 42 ↑ | ‡ | — | — | — | 41.5 ↑ |
| | 熟练水平 | 20 ↑ | 24 ↑ | ‡ | — | — | — | 22.0 ↑ |
| | 高级水平 | 2 ↓ | 3 ↑ | ‡ | — | — | — | 2.5 ↑ |

注：—表示无数据；‡表示数据不符合报告标准；↑表示本年度同一水平中最高；↓表示本年度同一水平中最低；=表示本年度同一水平中相等。

以全国学校和公立学校 2009 年、2015 年科学测评为例来分析 12 年级学生的百分位分数。2009 年的科学测评，全国学校学生第 10、25、50、75、90 百分位分数分别是 104 分、126 分、151 分、174 分、194 分，比公立学校学生的五个百分位分数都高出 1 分。2015 年，全国学校学生第 10、25、50、90 百分位分数都比私立学校学生高 1 分，第 75 百分位分数高出 2 分（见表 5 - 3）。从百分位分数来看，公立学校 12 年级学生的科学分数比全国学校学生低 1 ~ 2 分，差别不大。

表 5 - 3　12 年级学生 2009 ~ 2015 年科学测评百分位分数

单位：分

| 年份 | 类别 | 第 10 百分位 | 第 25 百分位 | 第 50 百分位 | 第 75 百分位 | 第 90 百分位 |
|---|---|---|---|---|---|---|
| 2009 年 | 全国学校 | 104 ↑ | 126 ↑ | 151 ↑ | 174 ↑ | 194 ↑ |
| | 公立学校 | 103 ↓ | 125 ↓ | 150 ↓ | 173 ↓ | 193 ↓ |
| | 私立学校 | — | — | — | — | — |
| 2011 年 | 全国学校 | — | — | — | — | — |
| | 公立学校 | — | — | — | — | — |
| | 私立学校 | — | — | — | — | — |
| 2015 年 | 全国学校 | 103 ↑ | 126 ↑ | 151 ↑ | 176 ↑ | 196 ↑ |
| | 公立学校 | 102 ↓ | 125 ↓ | 150 ↓ | 174 ↓ | 195 ↓ |
| | 私立学校 | — | — | — | — | — |

注：—表示无数据；↑表示本年度同一百分位分数最高；↓表示本年度同一百分位分数最低。

## 第二节　12年级学生1996～2015年各学科成绩

通过对全国学校 12 年级所有（100%）被调查样本的统计可知，生命科学 1996～2015 年五次测评的分数分别是 150 分、148 分、148 分、150 分、151 分；物理科学五次测评的分数分别是 150 分、147 分、148 分、150 分、150 分；地球与空间科学五次测评的分数分别是 151 分、145 分、145 分、150 分、151 分。三个学科均值最高的是生命科学（149.4 分），物理科学（149.0 分）居中，地球与空间科学（148.4 分）最低；但最高与最低仅相差 1 分，差值微乎其微（见表 5 - 4）。

表 5 - 4　12 年级学生 1996～2015 年三学科测评量尺分数和样本百分比

单位：分，%

| 学科 | | 1996 年 | 2000 年 | 2005 年 | 2009 年 | 2015 年 | 均值 |
|---|---|---|---|---|---|---|---|
| 生命科学 | 分数 | 150 ↓ | 148 ↑ | 148 ↑ | 150 = | 151 ↑ | 149.4 ↑ |
| | 比例 | 100 | 100 | 100 | 100 | 100 | 100 |
| 物理科学 | 分数 | 150 ↓ | 147 | 148 ↑ | 150 = | 150 ↓ | 149.0 |
| | 比例 | 100 | 100 | 100 | 100 | 100 | 100 |
| 地球与空间科学 | 分数 | 151 ↑ | 145 ↓ | 145 ↓ | 150 = | 151 ↑ | 148.4 ↓ |
| | 比例 | 100 | 100 | 100 | 100 | 100 | 100 |

注：↑表示在本年度最高；↓表示在本年度最低；=表示在本年度相等。

1996 年，12 年级学生三个学科第 10 百分位分数最高与最低相差 2 分，第 25 百分位分数最高与最低相差 2 分，第 50 百分位分数相差 1 分，第 75 百分位分数相差 1 分，第 90 百分位分数相差 3 分。2000 年三个学科第 10、25、50、75、90 百分位最高与最低分分别相差 4 分、4 分、4 分、4 分、5 分。2005 年三个学科五个百分位最高与最低分分别相差 2 分、3 分、3 分、3 分、4 分。2009 年三个学科五个百分位最高与最低分分别相差 1 分、0 分、1 分、0 分、1 分。2015 年分别相差 4 分、2 分、1 分、2 分、3 分（见表5 - 5）。不同学科在相同的百分位上分数差值不大。

表 5 − 5　12 年级学生 1996 ~ 2015 年三学科百分位分数

单位：分

| 年份 | 学科 | 第 10 百分位 | 第 25 百分位 | 第 50 百分位 | 第 75 百分位 | 第 90 百分位 |
|---|---|---|---|---|---|---|
| 1996 年 | 生命科学 | 105 | 128 | 152 | 174 | 192 |
| | 物理科学 | 103 | 126 | 151 | 175 | 195 |
| | 地球与空间科学 | 105 | 127 | 152 | 175 | 194 |
| 2000 年 | 生命科学 | 103 | 126 | 150 | 172 | 190 |
| | 物理科学 | 99 | 123 | 148 | 173 | 193 |
| | 地球与空间科学 | 99 | 122 | 146 | 169 | 188 |
| 2005 年 | 生命科学 | 101 | 126 | 150 | 172 | 191 |
| | 物理科学 | 100 | 124 | 150 | 173 | 192 |
| | 地球与空间科学 | 99 | 123 | 147 | 170 | 188 |
| 2009 年 | 生命科学 | 105 | 127 | 151 | 174 | 194 |
| | 物理科学 | 106 | 127 | 150 | 174 | 195 |
| | 地球与空间科学 | 105 | 127 | 151 | 174 | 194 |
| 2015 年 | 生命科学 | 103 | 126 | 151 | 176 | 197 |
| | 物理科学 | 104 | 126 | 150 | 174 | 197 |
| | 地球与空间科学 | 107 | 128 | 151 | 174 | 194 |

# 第三节　学生方面的影响因素

## 一　教育目标

题目：你想达到什么教育目标（educational goals）？（题目编码：B016201；学生回答）

选项：不到高中毕业；高中毕业；高中毕业后接受其他教育；大学毕业；读研究生；不知道。

使用年份：2000，2005，2009。类别：学生因素；子类别：情感倾向。

全国学校 12 年级被调查的学生具有不同的教育目标，有 1% 的学生并不计划读完高中，这部分学生的比例最小；有 5% ~ 6% 的学生计划读到高中毕业；有 7% ~ 10% 的学生目标是在高中毕业后再接受其他教育；有 55% ~ 59% 学生的目标是大学毕业，这部分学生的比例最大；还有 23% ~ 26% 的学生的目标是攻读研究生学位；当然，还有 2% ~ 3% 的学生不知道自己的目标是什么。

在 2000 年和 2009 年的科学测评中，目标是"读研究生"的学生的量尺分数最高，分别是 167 分、171 分；"不到高中毕业"的学生的分数最低，分别是 108 分、113 分。2005 年的测评，最高的仍是计划"读研究生"的学生，高达 166 分；最低的是将目标指向"高中毕业"的学生，分数仅 111 分。从均值来看，分数最高的是将目标指向"读研究生"的学生，168.0 分；第二是目标为"大学毕业"的学生，147.0 分；第三是"不知道"目标的学生，135.0 分；第四是接受"高中毕业后接受其他教育"的学生，132.0 分；第五是读"不到高中毕业"的学生，113.3 分；最低的是目标仅指向"高中毕业"的学生，112.3 分（见表 5 - 6）。

表 5 - 6　12 年级不同教育目标的学生 1996 ~ 2015 年科学量尺分数和样本百分比

单位：分，%

| 教育目标 | | 1996 年 | 2000 年 | 2005 年 | 2009 年 | 2015 年 | 均值 |
|---|---|---|---|---|---|---|---|
| 不到高中毕业 | 分数 | — | 108 ↓ | 119 | 113 ↓ | — | 113.3 |
| | 比例 | — | 1 | 1 | 1 | — | 1.0 |
| 高中毕业 | 分数 | — | 112 | 111 ↓ | 114 | — | 112.3 ↓ |
| | 比例 | — | 6 | 5 | 5 | — | 5.3 |
| 高中毕业后接受其他教育 | 分数 | — | 132 | 133 | 131 | — | 132.0 |
| | 比例 | — | 10 | 9 | 7 | — | 8.7 |
| 大学毕业 | 分数 | — | 146 | 147 | 148 | — | 147.0 |
| | 比例 | — | 55 | 59 | 59 | — | 57.7 |
| 读研究生 | 分数 | — | 167 ↑ | 166 ↑ | 171 ↑ | — | 168.0 ↑ |
| | 比例 | — | 26 | 23 | 26 | — | 25.0 |
| 不知道 | 分数 | — | 135 | 134 | 136 | — | 135.0 |
| | 比例 | — | 3 | 3 | 2 | — | 2.7 |

注：—表示无数据；↑表示在本年度最高；↓表示在本年度最低。

依据 2000 年、2005 年、2009 年三次测评各等级人数比例均值可以发现，层次水平最好的是具有"读研究生"目标的学生，其"低于基本水平"的人数比例只有 21.3%，是六类学生中最低的；同时，其达到"基本水平""熟练水平""高级水平"的学生的比例分别是 39.7%、34.3%、5.0%，都是六类学生中最高的。位居第二的是计划"大学毕业"的学生，其达到"基本水平""熟练水平""高级水平"的学生的比例分别是 39.3%、14.3%、1.0%；位列第三、第四的是"高中毕业后接受其他教育"的学生和"不知道"目标的学生，二者差距不大；位列第五、第六的是目标定位于"不到高中毕业"和"高中毕业"的学生（见表 5-7）。

表 5-7 12 年级不同教育目标的学生 1996~2015 年科学测评各等级人数比例

单位：%

| 教育目标 | 等级 | 1996 年 | 2000 年 | 2005 年 | 2009 年 | 2015 年 | 均值 |
|---|---|---|---|---|---|---|---|
| 不到高中毕业 | 低于基本水平 | — | 88 ↑ | 75 | 84 ↑ | — | 82.3 |
| | 基本水平 | — | 11 ↓ | 18 | 11 ↓ | — | 13.3 ↓ |
| | 熟练水平 | — | 2 ↓ | 7 | 4 | — | 4.3 |
| | 高级水平 | — | 0 ↓ | 0 ↓ | 1 | — | 0.3 |
| 高中毕业 | 低于基本水平 | — | 85 | 84 ↑ | 79 | — | 82.7 ↑ |
| | 基本水平 | — | 13 | 14 ↓ | 18 | — | 15.0 |
| | 熟练水平 | — | 2 ↓ | 2 ↓ | 3 ↓ | — | 2.3 ↓ |
| | 高级水平 | — | 0 ↓ | 0 ↓ | 0 ↓ | — | 0 ↓ |
| 高中毕业后接受其他教育 | 低于基本水平 | — | 67 | 65 | 61 | — | 64.3 |
| | 基本水平 | — | 27 | 28 | 34 | — | 29.7 |
| | 熟练水平 | — | 6 | 6 | 4 | — | 5.3 |
| | 高级水平 | — | 0 ↓ | 0 ↓ | 0 ↓ | — | 0 ↓ |
| 大学毕业 | 低于基本水平 | — | 48 | 47 | 42 | — | 45.7 |
| | 基本水平 | — | 37 | 38 | 43 ↑ | — | 39.3 |
| | 熟练水平 | — | 13 | 15 | 15 | — | 14.3 |
| | 高级水平 | — | 1 | 1 | 1 | — | 1.0 |
| 读研究生 | 低于基本水平 | — | 23 ↓ | 23 ↓ | 18 ↓ | — | 21.3 ↓ |
| | 基本水平 | — | 39 ↑ | 40 ↑ | 40 | — | 39.7 ↑ |
| | 熟练水平 | — | 33 ↑ | 32 ↑ | 38 ↑ | — | 34.3 ↑ |
| | 高级水平 | — | 6 ↑ | 5 ↑ | 4 ↑ | — | 5.0 ↑ |

**续表**

| 教育目标 | 等级 | 1996 年 | 2000 年 | 2005 年 | 2009 年 | 2015 年 | 均值 |
|---|---|---|---|---|---|---|---|
| 不知道 | 低于基本水平 | — | 62 | 62 | 55 | — | 59.7 |
| | 基本水平 | — | 27 | 27 | 31 | — | 28.3 |
| | 熟练水平 | — | 10 | 10 | 14 | — | 11.3 |
| | 高级水平 | — | 1 | 1 | 0↓ | — | 0.7 |

注：—表示无数据；↑表示本年度同一水平中最高；↓表示本年度同一水平中最低。

2009 年 12 年级学生的生命科学第 10、25、50、75、90 百分位分数，均是具有"读研究生"目标的学生最高，而只具有"高中毕业"目标的学生最低。地球与空间科学的分数与生命科学的状况相同，亦是具有"读研究生"目标的学生最高，具有"高中毕业"目标的学生最低。物理科学方面，目标是"读研究生"的学生在五个百分位上分数都是最高的；计划"高中毕业"的学生在第 10、25、50、90 百分位上分数最低，计划"不到高中毕业"的学生在第 75 百分位上的分数最低（见表 5-8）。

**表 5-8　12 年级不同教育目标的学生 2009 年三个学科百分位分数**

单位：分

| 学科 | 教育目标 | 第 10 百分位 | 第 25 百分位 | 第 50 百分位 | 第 75 百分位 | 第 90 百分位 |
|---|---|---|---|---|---|---|
| 生命科学 | 不到高中毕业 | 79 | 99 | 119 | 137 | 157 |
| | 高中毕业 | 69↓ | 91↓ | 113↓ | 135↓ | 156↓ |
| | 高中毕业后接受其他教育 | 89 | 111 | 132 | 151 | 168 |
| | 大学毕业 | 108 | 127 | 149 | 169 | 187 |
| | 读研究生 | 129↑ | 150↑ | 173↑ | 193↑ | 211↑ |
| | 不知道 | 88 | 111 | 134 | 160 | 183 |
| 物理科学 | 不到高中毕业 | 76 | 97 | 120 | 135↓ | 160 |
| | 高中毕业 | 73↓ | 96↓ | 119↓ | 139 | 158↓ |
| | 高中毕业后接受其他教育 | 93 | 112 | 131 | 149 | 167 |
| | 大学毕业 | 107 | 126 | 147 | 168 | 187 |
| | 读研究生 | 129↑ | 150↑ | 172↑ | 194↑ | 213↑ |
| | 不知道 | 94 | 115 | 138 | 159 | 184 |

续表

| 学科 | 教育目标 | 第 10 百分位 | 第 25 百分位 | 第 50 百分位 | 第 75 百分位 | 第 90 百分位 |
|------|----------|------------|------------|------------|------------|------------|
| 地球与空间科学 | 不到高中毕业 | 78 | 98 | 120 | 144 | 162 |
| | 高中毕业 | 72 ↓ | 95 ↓ | 118 ↓ | 141 ↓ | 160 ↓ |
| | 高中毕业后接受其他教育 | 94 | 115 | 136 | 157 | 174 |
| | 大学毕业 | 107 | 127 | 149 | 170 | 189 |
| | 读研究生 | 125 ↑ | 146 ↑ | 168 ↑ | 190 ↑ | 208 ↑ |
| | 不知道 | 94 | 117 | 140 | 166 | 187 |

注：↑ 表示本列本学科最高；↓ 表示本列本学科最低。

## 二　学习科学是因为客观需要

题目：你学习科学是因为客观需要（because required，because I have to）。（题目编码：K816606；学生回答）

选项：非常不同意；不同意；同意；非常同意。

使用年份：2009，2015。类别：学生因素；子类别：情感倾向。

从 2009 年、2015 年两次测评的均值来看，对"学习科学是因为客观需要"非常不同意的学生占 15.5% 左右，其分数最高，达 170.5 分；非常同意的学生也不多，占 18.0% 左右，其分数最低，133.0 分；最高与最低相差 37.5 分。四种类别分数从高到低的顺序是：非常不同意、不同意、同意、非常同意。这样看来，学习科学不是因为客观需要；"客观需要"太狭隘，而且"客观需要"是学生外在的因素，不是内在的（见表 5 - 9）。

从 2009 年和 2015 年两年测评的各等级人数比例均值来看，对"学习科学是因为客观需要"非常不同意的学生，其"低于基本水平"的人数比例为 20.5%，是四个类别中最低的，而其达到"熟练水平""高级水平"的人数比例分别为 39.5%、5.5%，是四个类别中最高的；"不同意"的学生达到"基本水平"的人数比例为 44.0%，是四个类别中最高的。"非常同意"的学生"低于基本水平"的人数比例为 60.0%，人数在四个类别中最

高；其达到"基本水平""熟练水平""高级水平"的人数比例分别为
33.0%、6.5%、0%，都是最低的。"同意"的学生达到"高级水平"的人
数比例也是最低的。由此来看，四类学生中科学水平从高到低依次是：非常
不同意、不同意、同意、非常同意（见表 5 – 10）。

表 5 – 9　学习科学是因为客观需要与 12 年级学生 1996～2015 年

科学量尺分数和样本百分比

单位：分，%

| 类别 | | 1996 年 | 2000 年 | 2005 年 | 2009 年 | 2015 年 | 均值 |
|---|---|---|---|---|---|---|---|
| 非常不同意 | 分数 | — | — | — | 169 ↑ | 172 ↑ | 170.5 ↑ |
| | 比例 | — | — | — | 15 | 16 | 15.5 |
| 不同意 | 分数 | — | — | — | 159 | 159 | 159.0 |
| | 比例 | — | — | — | 34 | 35 | 34.5 |
| 同意 | 分数 | — | — | — | 142 | 141 | 141.5 |
| | 比例 | — | — | — | 31 | 32 | 31.5 |
| 非常同意 | 分数 | — | — | — | 134 ↓ | 132 ↓ | 133.0 ↓ |
| | 比例 | — | — | — | 19 | 17 | 18.0 |

注：—表示无数据；↑表示在本年度最高；↓表示在本年度最低。

表 5 – 10　学习科学是因为客观需要与 12 年级学生 1996～2015 年科学测评各等级人数比例

单位：%

| 类别 | 等级 | 1996 年 | 2000 年 | 2005 年 | 2009 年 | 2015 年 | 均值 |
|---|---|---|---|---|---|---|---|
| 非常不同意 | 低于基本水平 | — | — | — | 22 ↓ | 19 ↓ | 20.5 ↓ |
| | 基本水平 | — | — | — | 34 ↓ | 34 | 34.0 |
| | 熟练水平 | — | — | — | 39 ↑ | 40 ↑ | 39.5 ↑ |
| | 高级水平 | — | — | — | 5 ↑ | 6 ↑ | 5.5 ↑ |
| 不同意 | 低于基本水平 | — | — | — | 28 | 29 | 28.5 |
| | 基本水平 | — | — | — | 45 ↑ | 43 ↑ | 44.0 ↑ |
| | 熟练水平 | — | — | — | 25 | 27 | 26.0 |
| | 高级水平 | — | — | — | 2 | 2 | 2.0 |
| 同意 | 低于基本水平 | — | — | — | 48 | 50 | 49.0 |
| | 基本水平 | — | — | — | 40 | 38 | 39.0 |
| | 熟练水平 | — | — | — | 12 | 12 | 12.0 |
| | 高级水平 | — | — | — | 0 ↓ | 0 ↓ | 0 ↓ |

续表

| 类别 | 等级 | 1996 年 | 2000 年 | 2005 年 | 2009 年 | 2015 年 | 均值 |
|---|---|---|---|---|---|---|---|
| 非常同意 | 低于基本水平 | — | — | — | 59 ↑ | 61 ↑ | 60.0 ↑ |
| | 基本水平 | — | — | — | 34 ↓ | 32 ↓ | 33.0 ↓ |
| | 熟练水平 | — | — | — | 7 ↓ | 6 ↓ | 6.5 ↓ |
| | 高级水平 | — | — | — | 0 ↓ | 0 ↓ | 0 ↓ |

注：—表示无数据；↑表示本年度同一水平中最高；↓表示本年度同一水平中最低。

2015 年三个学科的测评结果，都是"非常不同意"学生的五个百分位分数最高，而"非常同意"的学生五个百分位上的分数都是最低的。生命科学五个百分位分数最高与最低分别相差 33 分、39 分、44 分、43 分、42 分；物理科学五个百分位分数最高与最低分别相差 30 分、37 分、42 分、47 分、50 分；地球与空间科学分别相差 31 分、36 分、38 分、39 分、40 分（见表 5 - 11）。由此看来，无论科学成绩水平高低，要提高科学成绩，不能或者不能只是"因为客观需要才学习科学"，要有内在的情感、内在的动机、内在的需要。

表 5 - 11　学习科学是因为客观需要与 12 年级学生 2015 年三个学科百分位分数

单位：分

| 学科 | 类别 | 第 10 百分位 | 第 25 百分位 | 第 50 百分位 | 第 75 百分位 | 第 90 百分位 |
|---|---|---|---|---|---|---|
| 生命科学 | 非常不同意 | 122 ↑ | 149 ↑ | 176 ↑ | 198 ↑ | 216 ↑ |
| | 不同意 | 116 | 138 | 161 | 183 | 202 |
| | 同意 | 97 | 119 | 142 | 164 | 182 |
| | 非常同意 | 89 ↓ | 110 ↓ | 132 ↓ | 155 ↓ | 174 ↓ |
| 物理科学 | 非常不同意 | 121 ↑ | 147 ↑ | 174 ↑ | 199 ↑ | 220 ↑ |
| | 不同意 | 115 | 136 | 158 | 181 | 200 |
| | 同意 | 99 | 119 | 142 | 163 | 183 |
| | 非常同意 | 91 ↓ | 110 ↓ | 132 ↓ | 152 ↓ | 170 ↓ |
| 地球与空间科学 | 非常不同意 | 126 ↑ | 150 ↑ | 173 ↑ | 194 ↑ | 212 ↑ |
| | 不同意 | 117 | 138 | 159 | 180 | 198 |
| | 同意 | 102 | 122 | 143 | 163 | 181 |
| | 非常同意 | 95 ↓ | 114 ↓ | 135 ↓ | 155 ↓ | 172 ↓ |

注：↑表示本列本学科最高；↓表示本列本学科最低。

### 三　读科学教科书

题目：在学校学习科学，你多久读一次科学教科书（read science textbook）？（题目编码：K811601；学生回答）

选项：几乎每天；一周 1 ~ 2 次；一月 1 ~ 2 次；几乎不。

使用年份：1996，2000。类别：教学内容与实践；子类别：教学模式/班级活动。

题目：今年，你在学校或在家多久读一次科学教科书（read science textbook）？（题目编码：K817301；学生回答）

选项：几乎不；几周 1 次；大约每周 1 次；一周 2 ~ 3 次；几乎每天。

使用年份：2009，2015。类别：教学内容与实践；子类别：教学模式/班级活动。

1996 年、2000 年与 2009 年、2015 年测评所用的题目并不完全一样。1996 年和 2000 年的测评分数均值显示，"几乎不"读科学教科书的学生，其分数最低，只有 135.0 分；"一月 1 ~ 2 次"读科学教科书的学生，分数提高很多，达 150.5 分；继续增加阅读频次，"一周 1 ~ 2 次"读科学教科书，分数继续提高到 157.5 分；"几乎每天"读科学教科书，分数有所下降，降到 155.5 分。2009 年、2015 年所用的题目进一步细化，将"一周 1 ~ 2 次"分解成了"大约每周 1 次"和"一周 2 ~ 3 次"；测评分数均值显示，"几乎不"读科学教科书的学生，仍然是分数最低，为 147.5 分；"几周 1 次"读科学教科书的学生，分数升高到 155.0 分，升高了 7.5 分；"大约每周 1 次""一周 2 ~ 3 次""几乎每天"读教科书的频次，分数差别不大，分数差值为 2 分、0.5 分；相对而言，"几乎每天"读教科书的学生的分数最高（见表 5 - 12）。

从 1996 年和 2000 年的各等级人数比例均值来看，"几乎不"读科学教科书的学生，"低于基本水平"的人数比例最高，达 62.5%；而达到"基本水平""熟练水平""高级水平"的人数比例最低，分别是28.5%、8.5%、1.0%。"一周1~2次"读教科书的学生"低于基本水平"的人数比例最低，达到"基本水平""熟练水平""高级水平"的人数比例最高；不过，"一周1~2次"和"几乎每天"读的学生所达到的水平的人数比例相差很小，四个等级水平分别相差1.5个、0.5个、1个、0.5个百分点。2009年和2015年的测评题目细化之后，仍然是"几乎不"读科学教科书的学生状况最差，而"一周2~3次"读科学教科书的学生达到"熟练水平"的人数比例最大，为31.0%；"几乎每天"读科学教科书的学生"低于基本水平"的人数比例最低，达到"熟练水平""高级水平"的人数比例最高（见表5-13）。

表5-12 读科学教科书与12年级学生1996~2015年科学量尺分数和样本百分比

单位：分，%

| 读教科书频次 | | 1996年 | 2000年 | 均值 | 读教科书频次 | | 2009年 | 2015年 | 均值 |
|---|---|---|---|---|---|---|---|---|---|
| 几乎不 | 分数 | 138↓ | 132↓ | 135.0↓ | 几乎不 | 分数 | 145↓ | 150↓ | 147.5↓ |
| | 比例 | 35 | 28 | 31.5 | | 比例 | 22 | 31 | 26.5 |
| 一月1~2次 | 分数 | 153 | 148 | 150.5 | 几周1次 | 分数 | 155 | 155 | 155.0 |
| | 比例 | 11 | 11 | 11.0 | | 比例 | 16 | 19 | 17.5 |
| 一周1~2次 | 分数 | 161↑ | 154↑ | 157.5↑ | 大约每周1次 | 分数 | 158 | 161 | 159.5 |
| | | | | | | 比例 | 20 | 18 | 19.0 |
| | 比例 | 29 | 32 | 30.5 | 一周2~3次 | 分数 | 161↑ | 162 | 161.5 |
| | | | | | | 比例 | 23 | 19 | 21.0 |
| 几乎每天 | 分数 | 158 | 153 | 155.5 | 几乎每天 | 分数 | 161↑ | 163↑ | 162.0↑ |
| | 比例 | 25 | 29 | 27.0 | | 比例 | 19 | 14 | 16.5 |

注：↑表示在本年度最高；↓表示在本年度最低。

表5-13 读科学教科书与12年级学生1996~2015年科学测评各等级人数比例

单位：%

| 读教科书频次 | 等级 | 1996年 | 2000年 | 均值 | 2009年 | 2015年 | 均值 |
|---|---|---|---|---|---|---|---|
| 几乎不 | 低于基本水平 | 59↑ | 66↑ | 62.5↑ | 46↑ | 40↑ | 43.0↑ |
| | 基本水平 | 31↓ | 26↓ | 28.5↓ | 34↓ | 37↓ | 35.5↓ |
| | 熟练水平 | 9↓ | 8↓ | 8.5↓ | 19↓ | 21↓ | 20.0↓ |
| | 高级水平 | 1↓ | 1↓ | 1.0↓ | 1↓ | 2↓ | 1.5↓ |

续表

| 读教科书频次 | 等级 | 1996 年 | 2000 年 | 均值 | 2009 年 | 2015 年 | 均值 |
|---|---|---|---|---|---|---|---|
| 一月 1～2 次/几周 1 次 | 低于基本水平 | 40 | 45 | 42.5 | 34 | 34 | 34.0 |
| | 基本水平 | 37 | 36 | 36.5 | 40↑ | 37↓ | 38.5 |
| | 熟练水平 | 21 | 17 | 19.0 | 24 | 25 | 24.5 |
| | 高级水平 | 3 | 1↓ | 2.0 | 2 | 3 | 2.5 |
| 大约每周 1 次 | 低于基本水平 | — | — | — | 30 | 28 | 29.0 |
| | 基本水平 | — | — | — | 40↑ | 39↑ | 39.5↑ |
| | 熟练水平 | — | — | — | 28 | 29 | 28.5 |
| | 高级水平 | — | — | — | 2 | 3 | 2.5 |
| 一周 1～2 次/一周 2～3 次 | 低于基本水平 | 30↓ | 39↓ | 34.5↓ | 28↓ | 28 | 28.0 |
| | 基本水平 | 39↑ | 38↑ | 38.5↑ | 39 | 37↓ | 38.0 |
| | 熟练水平 | 26↑ | 20↑ | 23.0↑ | 30↑ | 32↑ | 31.0↑ |
| | 高级水平 | 5↑ | 3↑ | 4.0↑ | 3↑ | 3 | 3.0 |
| 几乎每天 | 低于基本水平 | 33 | 39↓ | 36.0 | 28↓ | 27↓ | 27.5↓ |
| | 基本水平 | 39↑ | 37 | 38.0 | 38 | 38 | 38.0 |
| | 熟练水平 | 24 | 20↑ | 22.0 | 30↑ | 32↑ | 31.0↑ |
| | 高级水平 | 4 | 3↑ | 3.5 | 3↑ | 4↑ | 3.5↑ |

注：—表示无数据；↑表示本年度同一水平中最高；↓表示本年度同一水平中最低。

从 2015 年三个学科的百分位分数来看，"几乎不"读科学教科书的学生，无论层次高低，其分数在本层级的学生中都是最低的；而"一周 2～3次"和"几乎每天"读科学教科书的学生，其在本层次的学生中，分数都是最高或是名列前茅的（见表 5－14）。

表 5－14 读科学教科书与 12 年级学生 2015 年三个学科百分位分数

单位：分

| 学科 | 读教科书频次 | 第 10 百分位 | 第 25 百分位 | 第 50 百分位 | 第 75 百分位 | 第 90 百分位 |
|---|---|---|---|---|---|---|
| 生命科学 | 几乎不 | 101↓ | 125↓ | 151↓ | 176↓ | 197↓ |
| | 几周 1 次 | 105 | 130 | 158 | 183 | 204 |
| | 大约每周 1 次 | 113 | 138 | 164 | 187 | 207 |
| | 一周 2～3 次 | 113 | 138 | 165 | 189 | 209 |
| | 几乎每天 | 116↑ | 141↑ | 167↑ | 191↑ | 211↑ |

续表

| 学科 | 读教科书频次 | 第 10 百分位 | 第 25 百分位 | 第 50 百分位 | 第 75 百分位 | 第 90 百分位 |
|------|------|------|------|------|------|------|
| 物理科学 | 几乎不 | 101 ↓ | 125 ↓ | 151 ↓ | 177 ↓ | 199 ↓ |
| | 几周 1 次 | 106 | 130 | 156 | 181 | 204 |
| | 大约每周 1 次 | 112 | 135 | 160 | 185 | 205 |
| | 一周 2 ~ 3 次 | 114 ↑ | 138 ↑ | 165 ↑ | 189 ↑ | 209 |
| | 几乎每天 | 114 ↑ | 137 | 163 | 189 ↑ | 211 ↑ |
| 地球与空间科学 | 几乎不 | 105 ↓ | 128 ↓ | 152 ↓ | 175 ↓ | 195 ↓ |
| | 几周 1 次 | 108 | 131 | 155 | 179 | 199 |
| | 大约每周 1 次 | 116 ↑ | 138 | 161 | 183 | 201 |
| | 一周 2 ~ 3 次 | 115 | 139 ↑ | 163 ↑ | 186 ↑ | 205 ↑ |
| | 几乎每天 | 116 ↑ | 139 ↑ | 163 ↑ | 184 | 203 |

注：↑表示本列本学科最高；↓表示本列本学科最低。

## 四　学习科学主要靠记忆

题目：你认同"学习科学主要靠记忆"（Learning science is mostly memorizing）这一观点吗？（题目编码：K811003；学生回答）

选项：认同；不确定；不认同。

使用年份：1996，2000。类别：学生因素；子类别：情感倾向。

对于"学习科学主要靠记忆"这一问题，不同的学生具有不同的认识；有的学生认同（agree），有的学生不确定（not sure），有的学生的不认同（not agree）。不同的观点导致学生学习科学的方法各异，进而使其科学分数有高有低。

在 1996 年、2000 年的科学测评中，不认同"学习科学主要靠记忆"的学生的科学量尺分数均最高，分别是 157 分、150 分；而对这一问题不确定的学生的分数最低，分别是 146 分、144 分，与最高分相差 11 分、6 分。从均值上来看，不认同的学生 153.5 分；认同的学生分数居中，147.5 分；不确定的学生分数最低，145.0 分；三者依次相差 6 分、2.5 分（见表 5 - 15）。

表 5 – 15　对学习科学主要靠记忆持不同观点的 12 年级学生 1996～2015 年
科学量尺分数和样本百分比

单位：分，%

| 学习科学<br>主要靠记忆 | | 1996 年 | 2000 年 | 2005 年 | 2009 年 | 2015 年 | 均值 |
|---|---|---|---|---|---|---|---|
| 认同 | 分数 | 148 | 147 | — | — | — | 147.5 |
| | 比例 | 34 | 37 | — | — | — | 35.5 |
| 不确定 | 分数 | 146↓ | 144↓ | — | — | — | 145.0↓ |
| | 比例 | 27 | 27 | — | — | — | 27.0 |
| 不认同 | 分数 | 157↑ | 150↑ | — | — | — | 153.5↑ |
| | 比例 | 39 | 35 | — | — | — | 37.0 |

注：—表示无数据；↑表示在本年度最高；↓表示在本年度最低。

　　从 1996 年、2000 年两次测评的各等级人数比例均值来看，对"学习科学主要靠记忆"不确定的学生"低于基本水平"的人数比例最高，达49.0%；而认同"学习科学主要靠记忆"的学生达到"基本水平"的人数比例最高，但是达到"熟练水平""高级水平"的人数比例最低。对此不认同的学生"低于基本水平"的人数比例、达到"基本水平"的人数比例均最低，而达到"熟练水平""高级水平"的人数比例最高。由此可见，依靠记忆学习科学，对学生达到"基本水平"有帮助，但难以使学生达到"熟练水平"和"高级水平"；不认同"学习科学主要靠记忆"的学生，运用适合科学学习的方法、策略，有助于其达到"熟练水平"和"高级水平"；不确定的同学最差，几乎半数"低于基本水平"（见表 5 – 16）。

表 5 – 16　对学习科学主要靠记忆持不同观点的 12 年级学生 1996～2015 年
科学测评各等级人数比例

单位：%

| 学习科学<br>主要靠记忆 | 等级 | 1996 年 | 2000 年 | 2005 年 | 2009 年 | 2015 年 | 均值 |
|---|---|---|---|---|---|---|---|
| 认同 | 低于基本水平 | 46 | 47 | — | — | — | 46.5 |
| | 基本水平 | 37↑ | 37↑ | — | — | — | 37.0↑ |
| | 熟练水平 | 15↓ | 14↓ | — | — | — | 14.5↓ |
| | 高级水平 | 1↓ | 1↓ | — | — | — | 1.0↓ |

续表

| 学习科学<br>主要靠记忆 | 等级 | 1996 年 | 2000 年 | 2005 年 | 2009 年 | 2015 年 | 均值 |
|---|---|---|---|---|---|---|---|
| 不确定 | 低于基本水平 | 47 ↑ | 51 ↑ | — | — | — | 49.0 ↑ |
| | 基本水平 | 36 | 33 | — | — | — | 34.5 |
| | 熟练水平 | 16 | 14 ↓ | — | — | — | 15.0 |
| | 高级水平 | 2 | 2 | — | — | — | 2.0 |
| 不认同 | 低于基本水平 | 35 ↓ | 44 ↓ | — | — | — | 39.5 ↓ |
| | 基本水平 | 35 ↓ | 32 ↓ | — | — | — | 33.5 ↓ |
| | 熟练水平 | 25 ↑ | 20 ↑ | — | — | — | 22.5 ↑ |
| | 高级水平 | 5 ↑ | 4 ↑ | — | — | — | 4.5 ↑ |

注：—表示无数据；↑表示本年度同一水平中最高；↓表示本年度同一水平中最低。

2000 年的生命科学测评成绩上，对"学习科学主要靠记忆"不确定的学生的第 10、25、50、75、90 百分位分数都是最低的；认同"学习科学主要靠记忆"的学生的第 10、25 百分位分数最高，不认同的学生的第 50、75、90 百分位分数最高。物理科学、地球与空间科学的五个百分位分数与生命科学大同小异（见表 5-17）。这说明，依靠记忆学习科学对于成绩靠后的 25% 的学生是有用的；但是随着科学成绩的提高，科学成绩排名在 75% 学生之前的那些学生，不能主要依靠记忆学习科学。

表 5-17　对学习科学主要靠记忆持不同观点的 12 年级学生 2000 年三个学科百分位分数

单位：分

| 学科 | 学习科学<br>主要靠记忆 | 第 10 百分位 | 第 25 百分位 | 第 50 百分位 | 第 75 百分位 | 第 90 百分位 |
|---|---|---|---|---|---|---|
| 生命科学 | 认同 | 109 ↑ | 129 ↑ | 150 | 170 | 188 |
| | 不确定 | 99 ↓ | 122 ↓ | 147 ↓ | 169 ↓ | 186 ↓ |
| | 不认同 | 101 | 127 | 153 ↑ | 177 ↑ | 196 ↑ |
| 物理科学 | 认同 | 103 ↑ | 125 ↑ | 148 | 171 | 189 ↓ |
| | 不确定 | 96 ↓ | 120 ↓ | 145 ↓ | 169 ↓ | 189 ↓ |
| | 不认同 | 100 | 124 | 152 ↑ | 179 ↑ | 200 ↑ |
| 地球与<br>空间科学 | 认同 | 103 ↑ | 124 ↑ | 146 | 167 ↓ | 185 ↓ |
| | 不确定 | 97 ↓ | 119 ↓ | 144 ↓ | 167 ↓ | 186 |
| | 不认同 | 98 | 124 ↑ | 150 ↑ | 175 ↑ | 194 ↑ |

注：↑表示本列本学科最高；↓表示本列本学科最低。

## 五　接受技术培训

题目：本学年，你是否接受过技术培训（accepted to technical training program）？（题目编码：B0269H1；学生回答）

选项：是；未回答。

使用年份：2015。类别：学生因素；子类别：人口统计学。

对于是否接受过技术培训，回答"是"的学生的比例很小，只有 4%，其科学量尺分数是 138 分；而未回答的学生很多，占 96%，其科学分数高于回答"是"的学生 13 分，达 151 分（见表 5 – 18）。未回答的学生，推测多数应该是没有接受技术培训的学生。接受技术培训对学生分数的提高具有负面的影响。

表 5 – 18　接受技术培训与 12 年级学生 1996～2015 年科学量尺分数和样本百分比

单位：分，%

| 接受过培训 | | 1996 年 | 2000 年 | 2005 年 | 2009 年 | 2015 年 | 均值 |
|---|---|---|---|---|---|---|---|
| 是 | 分数 | — | — | — | — | 138 ↓ | 138.0 ↓ |
| | 比例 | — | — | — | — | 4 | 4.0 |
| 未回答 | 分数 | — | — | — | — | 151 ↑ | 151.0 ↑ |
| | 比例 | — | — | — | — | 96 | 96.0 |

注：—表示无数据；↑表示在本年度最高；↓表示在本年度最低。

接受过技术培训的学生"低于基本水平"的人数比例为 50%，高于未回答的学生 11 个百分点；而达到"基本水平"的人数比例为 40%，高于未回答的学生 2 个百分点，基本持平。回答"是"的学生达到"熟练水平""高级水平"的学生分别有 10%、0%，分别低于未回答的学生 11 个、2 个百分点（见表 5 – 19）。总体而言，接受技术培训对学生科学等级水平的提高具有一定的抑制作用。

表 5 – 19   接受技术培训与 12 年级学生 1996 ~ 2015 年科学测评各等级人数比例

单位：%

| 接受过培训 | 等级 | 1996 年 | 2000 年 | 2005 年 | 2009 年 | 2015 年 | 均值 |
|---|---|---|---|---|---|---|---|
| 是 | 低于基本水平 | — | — | — | — | 50 ↑ | 50.0 ↑ |
| | 基本水平 | — | — | — | — | 40 ↑ | 40.0 ↑ |
| | 熟练水平 | — | — | — | — | 10 ↓ | 10.0 ↓ |
| | 高级水平 | — | — | — | — | 0 ↓ | 0 ↓ |
| 未回答 | 低于基本水平 | — | — | — | — | 39 ↓ | 39.0 ↓ |
| | 基本水平 | — | — | — | — | 38 ↓ | 38.0 ↓ |
| | 熟练水平 | — | — | — | — | 21 ↑ | 21.0 ↑ |
| | 高级水平 | — | — | — | — | 2 ↑ | 2.0 ↑ |

注：—表示无数据；↑表示本年度同一水平中最高；↓表示本年度同一水平中最低。

2015 年，接受过技术培训的学生，其生命科学第 10、25、50、75、90 百分位分数，分别低于未回答的学生 12 分、11 分、14 分、17 分、19 分；接受过技术培训的学生，其物理科学五个百分位分数分别低于未回答的学生 8 分、9 分、10 分、13 分、17 分；地球与空间科学分别相差 7 分、8 分、9 分、10 分、14 分（见表 5 – 20）。随着学生层次的提高，接受技术培训对其分数的负面影响增大。

表 5 – 20   接受技术培训与 12 年级学生 2015 年三个学科百分位分数

单位：分

| 学科 | 接受过培训 | 第 10 百分位 | 第 25 百分位 | 第 50 百分位 | 第 75 百分位 | 第 90 百分位 |
|---|---|---|---|---|---|---|
| 生命科学 | 是 | 92 ↓ | 115 ↓ | 138 ↓ | 160 ↓ | 179 ↓ |
| | 未回答 | 104 ↑ | 126 ↑ | 152 ↑ | 177 ↑ | 198 ↑ |
| 物理科学 | 是 | 96 ↓ | 117 ↓ | 140 ↓ | 162 ↓ | 180 ↓ |
| | 未回答 | 104 ↑ | 126 ↑ | 150 ↑ | 175 ↑ | 197 ↑ |
| 地球与空间科学 | 是 | 100 ↓ | 121 ↓ | 143 ↓ | 164 ↓ | 180 ↓ |
| | 未回答 | 107 ↑ | 129 ↑ | 152 ↑ | 174 ↑ | 194 ↑ |

注：↑表示本列本学科最高；↓表示本列本学科最低。

# 第四节　教师方面的影响因素

## 一　做实践活动

　　题目：在学校学习科学时，你（们）多久做一次实践活动或科学调查（do hands-on activities or investigations in science）？（题目编码：K811613；学生回答）

　　选项：几乎每天；每周 1～2 次；每月 1～2 次，几乎不。

　　使用年份：1996，2000。类别：教学内容与实践；子类别：教学模式。

　　"做实践活动或科学调查"（以下简称"做实践活动"）的主体是学生，但其不是学生方面的因素。学生做不做，归根到底在于教师的"教学内容与实践"方式；具体而言，学生做不做实践活动、做的频次是多少，都决定于教师的"教学模式"。因此，学生"做实践活动"属于教师方面的影响因素。

　　从 1996 年和 2000 年两次测评的均值来看，"几乎不"做实践活动的学生比例有 15.5%，是 4 个类别中比例最小的；"每月 1～2 次"实践活动的比例最大，占 36.5%；"每周 1～2 次"实践活动的比例次之，占 25.5%；"几乎每天"做实践活动的比例为 22.5%，居第三。从科学分数的高低来看，"每月 1～2 次"实践活动的学生的科学量尺分数最高，达 159.0 分；而"几乎每天"做实践活动的学生的分数却是最低的，仅 127.5 分，与最高分差 31.5 分；"几乎不"做实践活动的学生分数为 155.0 分，比"每周 1～2 次"实践活动的学生还高 3.5 分（见表 5 - 21）。看来，安排学生做实践活动要有一个度，并不是越多越好，控制在"每月 1～2 次"最佳。

表 5－21　做实践活动与 12 年级学生 1996～2015 年科学量尺分数和样本百分比

单位：分，%

| 做实践活动 | | 1996 年 | 2000 年 | 2005 年 | 2009 年 | 2015 年 | 均值 |
|---|---|---|---|---|---|---|---|
| 几乎不 | 分数 | 158 | 152 | — | — | — | 155.0 |
| | 比例 | 13 | 18 | — | — | — | 15.5 |
| 每月 1～2 次 | 分数 | 162↑ | 156↑ | — | — | — | 159.0↑ |
| | 比例 | 36 | 37 | — | — | — | 36.5 |
| 每周 1～2 次 | 分数 | 153 | 150 | — | — | — | 151.5 |
| | 比例 | 26 | 25 | — | — | — | 25.5 |
| 几乎每天 | 分数 | 130↓ | 125↓ | — | — | — | 127.5↓ |
| | 比例 | 24 | 21 | — | — | — | 22.5 |

注：—表示无数据；↑表示在本年度最高；↓表示在本年度最低。

"几乎每天"做实践活动的学生"低于基本水平"的人数比例最高，高达 70%、75%，均值高达 72.5%；"几乎不"做实践活动的学生达到"基本水平"的人数比例最高，两次测评的比例分别是 41% 和 39%，平均为 40.0%；而"每月 1～2 次"实践活动的学生达到"熟练水平"和"高级水平"的人数比例最高，均值分别是 24.0% 和 4.0%。从学生在四个等级的人数比例来看，"每月 1～2 次"实践活动有利于培养高层次学生，"几乎不"做实践活动有利于学生达到"基本水平"，"每周 1～2 次"实践活动有点偏多，对学生科学水平的提高具有负面影响；"几乎每天"做实践活动对学生科学学习最不利（见表 5－22）。

表 5－22　做实践活动与 12 年级学生 1996～2015 年科学测评各等级人数比例

单位：%

| 做实践活动 | 等级 | 1996 年 | 2000 年 | 2005 年 | 2009 年 | 2015 年 | 均值 |
|---|---|---|---|---|---|---|---|
| 几乎不 | 低于基本水平 | 31 | 40 | — | — | — | 35.5 |
| | 基本水平 | 41↑ | 39↑ | — | — | — | 40.0↑ |
| | 熟练水平 | 25 | 20 | — | — | — | 22.5 |
| | 高级水平 | 3 | 2 | — | — | — | 2.5 |
| 每月 1～2 次 | 低于基本水平 | 28 | 37 | — | — | — | 32.5 |
| | 基本水平 | 40 | 38 | — | — | — | 39.0 |
| | 熟练水平 | 27↑ | 21↑ | — | — | — | 24.0↑ |
| | 高级水平 | 5↑ | 3↑ | — | — | — | 4.0↑ |

续表

| 做实践活动 | 等级 | 1996 年 | 2000 年 | 2005 年 | 2009 年 | 2015 年 | 均值 |
|---|---|---|---|---|---|---|---|
| 每周 1~2 次 | 低于基本水平 | 40 | 44 | — | — | — | 42.0 |
| | 基本水平 | 39 | 36 | — | — | — | 37.5 |
| | 熟练水平 | 19 | 17 | — | — | — | 18.0 |
| | 高级水平 | 3 | 2 | — | — | — | 2.5 |
| 几乎每天 | 低于基本水平 | 70 ↑ | 75 ↑ | — | — | — | 72.5 ↑ |
| | 基本水平 | 25 | 20 | — | — | — | 22.5 |
| | 熟练水平 | 5 | 4 | — | — | — | 4.5 |
| | 高级水平 | 0 | 0 | — | — | — | 0 |

注：—表示无数据；↑表示本年度同一水平中最高。

2000 年的生命科学测评显示，在第 10、25、50、75、90 这五个百分位上，均是"每月 1~2 次"实践活动的学生分数最高，而"几乎每天"做实践活动的学生分数最低。三个学科具有很高的一致性；物理科学、地球与空间科学也如此。做实践活动的四个频次比较来看，最好的是"每月 1~2 次"实践活动，其次是"几乎不"做实践活动，第三是"每周 1~2 次"实践活动，居于最后的是"几乎每天"都做实践活动（见表 5 – 23）。

表 5 – 23　做实践活动与 12 年级学生 2000 年三个学科百分位分数

单位：分

| 学科 | 做实践活动 | 第 10 百分位 | 第 25 百分位 | 第 50 百分位 | 第 75 百分位 | 第 90 百分位 |
|---|---|---|---|---|---|---|
| 生命科学 | 几乎不 | 111 | 134 | 156 | 175 | 193 |
| | 每月 1~2 次 | 116 ↑ | 137 ↑ | 158 ↑ | 179 ↑ | 196 ↑ |
| | 每周 1~2 次 | 108 | 130 | 152 | 173 | 191 |
| | 几乎每天 | 84 ↓ | 105 ↓ | 127 ↓ | 148 ↓ | 167 ↓ |
| 物理科学 | 几乎不 | 106 | 129 | 154 | 176 | 194 |
| | 每月 1~2 次 | 111 ↑ | 134 ↑ | 157 ↑ | 181 ↑ | 200 ↑ |
| | 每周 1~2 次 | 104 | 126 | 151 | 175 | 194 |
| | 几乎每天 | 84 ↓ | 104 ↓ | 127 ↓ | 149 ↓ | 169 ↓ |
| 地球与空间科学 | 几乎不 | 108 | 130 | 153 | 173 | 190 |
| | 每月 1~2 次 | 112 ↑ | 133 ↑ | 155 ↑ | 176 ↑ | 194 ↑ |
| | 每周 1~2 次 | 105 | 126 | 150 | 171 | 190 |
| | 几乎每天 | 80 ↓ | 101 ↓ | 123 ↓ | 144 ↓ | 164 ↓ |

注：↑表示本列本学科最高；↓表示本列本学科最低。

## 二 用互联网来学习科学

题目：今年的科学课上，你多久使用一次互联网来学习科学（use internet to learn about science）？（题目编码：K817304；学生回答）

选项：几乎没有；几周 1 次；大约每周 1 次；一周 2 ~ 3 次；几乎每天。

使用年份：2015。类别：教学内容与实践；子类别：教学模式/班级活动。

在科学课堂上使用互联网学习科学的频次不同，学生的科学成绩也不一样。"几乎没有"使用互联网的教师的比例不在少数，有 24%，其学生的科学量尺分数最低，为 144 分。"几周 1 次"使用互联网的教师比例仍是 24%，其学生的分数提高了 12 分，达 156 分；"大约每周 1 次"使用互联网的教师有 21%，其学生的分数又提高了 6 分，为 162 分；"一周 2 ~ 3 次"使用互联网的教师比例为 18%，其学生的分数最高，达 165 分；"几乎每天"使用的教师比例为 12%，其频次最高，但其学生的分数并不是最高的，为 164 分（见表 5 - 24）。

表 5 - 24 用互联网学习科学与 12 年级学生 1996 ~ 2015 年
科学量尺分数和样本百分比

单位：分，%

| 使用频次 | 1996 年 | 2000 年 | 2005 年 | 2009 年 | 2015 年 | 均值 |
|---|---|---|---|---|---|---|
| 几乎没有 | — | — | — | — | 144 ↓ | 144.0 ↓ |
|  | — | — | — | — | 24 | 24.0 |
| 几周 1 次 | — | — | — | — | 156 | 156.0 |
|  | — | — | — | — | 24 | 24.0 |
| 大约每周 1 次 | — | — | — | — | 162 | 162.0 |
|  | — | — | — | — | 21 | 21.0 |

| 使用频次 | 1996 年 | 2000 年 | 2005 年 | 2009 年 | 2015 年 | 均值 |
|---|---|---|---|---|---|---|
| 一周 2～3 次 | — | — | — | — | 165↑ | 165.0↑ |
|  | — | — | — | — | 18 | 18.0 |
| 几乎每天 | — | — | — | — | 164 | 164.0 |
|  | — | — | — | — | 12 | 12.0 |

注：—表示无数据；↑表示在本年度最高；↓表示在本年度最低。

在科学课堂上"几乎没有"使用互联网的教师，其学生"低于基本水平"的人数比例最高，达 47%，而其学生达到"高级水平"的人数比例最低，仅 1%，说明在科学课堂上不使用互联网是不足取的。"几周 1 次"使用互联网的教师，学生达到四个等级水平的人数比例不在最高，也不在最低。"大约每周 1 次"使用互联网的教师，学生达到"基本水平"的人数比例最高，达 40%；"一周 2～3 次"使用互联网的教师，其学生"低于基本水平"的人数比例最低，为 24%，达到"高级水平"的人数比例最高，达 4%；而"几乎每天"使用互联网的教师，学生达到"熟练水平"的人数比例最高，达 35%（见表 5－25）。相比较而言，"一周 2～3 次"使用互联网可能是最佳的频次。

表 5－25　用互联网学习科学与 12 年级学生 1996～2015 年科学测评各等级人数比例

单位：%

| 使用频次 | 等级 | 1996 年 | 2000 年 | 2005 年 | 2009 年 | 2015 年 | 均值 |
|---|---|---|---|---|---|---|---|
| 几乎没有 | 低于基本水平 | — | — | — | — | 47↑ | 47.0↑ |
|  | 基本水平 | — | — | — | — | 36 | 36.0 |
|  | 熟练水平 | — | — | — | — | 17 | 17.0 |
|  | 高级水平 | — | — | — | — | 1↓ | 1.0↓ |
| 几周 1 次 | 低于基本水平 | — | — | — | — | 33 | 33.0 |
|  | 基本水平 | — | — | — | — | 39 | 39.0 |
|  | 熟练水平 | — | — | — | — | 26 | 26.0 |
|  | 高级水平 | — | — | — | — | 2 | 2.0 |
| 大约每周 1 次 | 低于基本水平 | — | — | — | — | 27 | 27.0 |
|  | 基本水平 | — | — | — | — | 40↑ | 40.0↑ |
|  | 熟练水平 | — | — | — | — | 31 | 31.0 |
|  | 高级水平 | — | — | — | — | 3 | 3.0 |

续表

| 使用频次 | 等级 | 1996 年 | 2000 年 | 2005 年 | 2009 年 | 2015 年 | 均值 |
|---|---|---|---|---|---|---|---|
| 一周 2～3 次 | 低于基本水平 | — | — | — | — | 24 ↓ | 24.0 ↓ |
| | 基本水平 | — | — | — | — | 38 | 38.0 |
| | 熟练水平 | — | — | — | — | 33 | 33.0 |
| | 高级水平 | — | — | — | — | 4 ↑ | 4.0 ↑ |
| 几乎每天 | 低于基本水平 | — | — | — | — | 26 | 26.0 |
| | 基本水平 | — | — | — | — | 35 ↓ | 35.0 ↓ |
| | 熟练水平 | — | — | — | — | 35 ↑ | 35.0 ↑ |
| | 高级水平 | — | — | — | — | 3 | 3.0 |

注：一表示无数据；↑ 表示本年度同一水平中最高；↓ 表示本年度同一水平中最低。

三个学科中，"几乎没有"使用互联网的教师，其学生在第 10、25、50、75、90 百分位上的分数均是最低的，而其在五个百分位上的最高分数，分布在"一周 2～3 次""几乎每天"两种频次上。具体而言，对于成绩靠后的 10%、25% 的学生，教师"一周 2～3 次"使用互联网比较好；而对于成绩高于 50%、75% 的学生，"几乎每天"使用互联网比较好；对于成绩高于 90% 学生的尖子生，还是"一周 2～3 次"使用互联网最好（见表 5 - 26）。

表 5 - 26　用互联网学习科学与 12 年级学生 2015 年三个学科百分位分数

单位：分

| 学科 | 使用频次 | 第 10 百分位 | 第 25 百分位 | 第 50 百分位 | 第 75 百分位 | 第 90 百分位 |
|---|---|---|---|---|---|---|
| 生命科学 | 几乎没有 | 98 ↓ | 120 ↓ | 145 ↓ | 171 ↓ | 193 ↓ |
| | 几周 1 次 | 108 | 132 | 159 | 182 | 202 |
| | 大约每周 1 次 | 114 | 139 | 164 | 188 | 208 |
| | 一周 2～3 次 | 118 ↑ | 143 ↑ | 168 | 192 ↑ | 212 ↑ |
| | 几乎每天 | 113 | 141 | 169 ↑ | 192 ↑ | 210 |
| 物理科学 | 几乎没有 | 98 ↓ | 120 ↓ | 145 ↓ | 171 ↓ | 193 ↓ |
| | 几周 1 次 | 108 | 132 | 157 | 182 | 204 |
| | 大约每周 1 次 | 114 | 137 | 162 | 186 | 206 |
| | 一周 2～3 次 | 117 ↑ | 141 ↑ | 166 ↑ | 191 ↑ | 213 ↑ |
| | 几乎每天 | 112 | 138 | 166 ↑ | 191 ↑ | 211 |

| 学科 | 使用频次 | 第 10 百分位 | 第 25 百分位 | 第 50 百分位 | 第 75 百分位 | 第 90 百分位 |
|---|---|---|---|---|---|---|
| 地球与空间科学 | 几乎没有 | 101 ↓ | 123 ↓ | 146 ↓ | 169 ↓ | 190 ↓ |
| | 几周 1 次 | 110 | 133 | 157 | 179 | 197 |
| | 大约每周 1 次 | 116 | 139 | 162 | 185 | 204 |
| | 一周 2～3 次 | 119 ↑ | 142 ↑ | 164 | 186 | 206 ↑ |
| | 几乎每天 | 115 | 140 | 165 ↑ | 187 ↑ | 206 ↑ |

注：↑表示本列本学科最高；↓表示本列本学科最低。

## 三 进行观察或测量

题目：在学校学习科学时，你多久出去一次进行观察或测量（observe or measure）？（题目编码：K811612。学生回答）

选项：几乎每天；每周 1～2 次；每月 1～2 次；几乎没有。

使用年份：1996 年。类别：教学内容与实践；子类别：教学模式/班级活动。

教师"几乎每天"组织学生出去进行观察或测量，学生的科学量尺分数并不如想得那么高，相反是最低的，仅 136 分。"每周 1～2 次"进行观察或测量也不是最好的；最好的是"每月 1～2 次"外出进行观察或测量，学生的分数最高，达 156 分；"几乎没有"外出进行观察或测量的并不是最坏的，比"每周 1～2 次""几乎每天"外出进行观察或测量要好（见表 5－27）。由此可见，组织学生出去进行观察或测量要保持一个合理的度。

表 5－27 进行观察或测量与 12 年级学生 1996～2015 年科学量尺分数和样本百分比

单位：分，%

| 频次 | | 1996 年 | 2000 年 | 2005 年 | 2009 年 | 2015 年 | 均值 |
|---|---|---|---|---|---|---|---|
| 几乎每天 | 分数 | 136 ↓ | — | — | — | — | 136.0 ↓ |
| | 比例 | 3 | — | — | — | — | 3.0 |
| 每周 1～2 次 | 分数 | 145 | — | — | — | — | 145.0 |
| | 比例 | 9 | — | — | — | — | 9.0 |

续表

| 频次 | | 1996 年 | 2000 年 | 2005 年 | 2009 年 | 2015 年 | 均值 |
|------|------|---------|---------|---------|---------|---------|------|
| 每月 1～2 次 | 分数 | 156↑ | — | — | — | — | 156.0↑ |
| | 比例 | 29 | — | — | — | — | 29.0 |
| 几乎没有 | 分数 | 151 | — | — | — | — | 151.0 |
| | 比例 | 59 | — | — | — | — | 59.0 |

注：—表示无数据；↑表示在本年度最高；↓表示在本年度最低。

从学生达到各等级水平的人数比例来看，"几乎每天"外出进行观察或测量的学生，"低于基本水平"的人数比例为 62%，是四种频次中最高的；而其达到"基本水平""熟练水平""高级水平"的为比例分别为 25%、12%、1%，都是四种频次中最低的；"几乎每天"进行观察或测量对学生最不利。"每月 1～2 次"外出进行观察或测量的学生"低于基本水平"的人数比例为 35%，是四种频次中最低的，达到"基本水平""熟练水平""高级水平"的人数比例为 40%、22%、3%，都是四种频次中最高的；"每月 1～2 次"外出进行观察或测量是最好的频次。"几乎没有"和"每周 1～2 次"外出进行观察或测量也不足取，但相对而言，"几乎没有"要比"每周 1～2 次"好一些（见表 5－28）。

表 5－28　进行观察或测量与 12 年级学生 1996～2015 年科学测评各等级人数比例

单位：%

| 频次 | 等级 | 1996 年 | 2000 年 | 2005 年 | 2009 年 | 2015 年 | 均值 |
|------|------|---------|---------|---------|---------|---------|------|
| 几乎每天 | 低于基本水平 | 62↑ | — | — | — | — | 62.0↑ |
| | 基本水平 | 25↓ | — | — | — | — | 25.0↓ |
| | 熟练水平 | 12↓ | — | — | — | — | 12.0↓ |
| | 高级水平 | 1↓ | — | — | — | — | 1.0↓ |
| 每周 1～2 次 | 低于基本水平 | 51 | — | — | — | — | 51.0 |
| | 基本水平 | 34 | — | — | — | — | 34.0 |
| | 熟练水平 | 14 | — | — | — | — | 14.0 |
| | 高级水平 | 1↓ | — | — | — | — | 1.0↓ |

续表

| 频次 | 等级 | 1996 年 | 2000 年 | 2005 年 | 2009 年 | 2015 年 | 均值 |
|---|---|---|---|---|---|---|---|
| 每月 1~2 次 | 低于基本水平 | 35 ↓ | — | — | — | — | 35.0 ↓ |
| | 基本水平 | 40 ↑ | — | — | — | — | 40.0 ↑ |
| | 熟练水平 | 22 ↑ | — | — | — | — | 22.0 ↑ |
| | 高级水平 | 3 ↑ | — | — | — | — | 3.0 ↑ |
| 几乎没有 | 低于基本水平 | 43 | — | — | — | — | 43.0 |
| | 基本水平 | 35 | — | — | — | — | 35.0 |
| | 熟练水平 | 19 | — | — | — | — | 19.0 |
| | 高级水平 | 3 ↑ | — | — | — | — | 3.0 ↑ |

注：—表示无数据；↑表示本年度同一水平中最高；↓表示本年度同一水平中最低。

　　2015 年，生命科学学科均是"几乎每天"外出进行观察或测量的学生，其第 10、25、50、75、90 百分位分数均最低，而"每月 1~2 次"外出进行观察或测量的，分数最高；"几乎没有"外出的，分数排第二位，"每周 1~2 次"外出的，分数排第三位。物理科学、地球与空间科学的百分位分数从高到低依次是："每月 1~2 次"外出进行观察或测量的学生、"每周 1~2 次"外出进行观察或测量的学生、"几乎没有"外出进行观察或测量的学生、"几乎每天"外出进行观察或测量的学生（见表 5－29）。

表 5－29　进行观察或测量与 12 年级学生 2015 年三个学科百分位分数

单位：分

| 学科 | 频次 | 第 10 百分位 | 第 25 百分位 | 第 50 百分位 | 第 75 百分位 | 第 90 百分位 |
|---|---|---|---|---|---|---|
| 生命科学 | 几乎每天 | 90 ↓ | 110 ↓ | 134 ↓ | 161 ↓ | 181 ↓ |
| | 每周 1~2 次 | 99 | 121 | 145 | 167 | 184 |
| | 每月 1~2 次 | 113 ↑ | 136 ↑ | 158 ↑ | 177 ↑ | 194 ↑ |
| | 几乎没有 | 105 | 128 | 153 | 176 | 194 |
| 物理科学 | 几乎每天 | 89 ↓ | 110 ↓ | 133 ↓ | 160 ↓ | 183 ↓ |
| | 每周 1~2 次 | 100 | 122 | 144 | 168 | 186 |
| | 每月 1~2 次 | 111 ↑ | 134 ↑ | 157 ↑ | 179 ↑ | 197 ↑ |
| | 几乎没有 | 104 | 126 | 152 | 177 | 196 |
| 地球与空间科学 | 几乎每天 | 91 ↓ | 112 ↓ | 136 ↓ | 161 ↓ | 182 ↓ |
| | 每周 1~2 次 | 103 | 126 | 148 | 170 | 188 |
| | 每月 1~2 次 | 113 ↑ | 135 ↑ | 158 ↑ | 179 ↑ | 196 ↑ |
| | 几乎没有 | 105 | 128 | 153 | 176 | 195 |

注：↑表示本列本学科最高；↓表示本列本学科最低。

## 四 教师做演示

题目：你在学校学习科学时，你的老师多久做一次科学演示（teacher does a science demonstration）？（题目编码：K811702；学生回答）

选项：几乎每天；每周 1~2 次；每月 1~2 次；几乎不。

使用年份：1996，2000。类别：教学内容与实践；子类别：教学模式/班级活动。

进行科学教学，教师"几乎不"做演示的比例还是比较高的，在 20%~24%；其学生的科学量尺分数在四种频次中是最低的，均值仅 132.0 分。"每月 1~2 次"演示的教师有 21.0%，其学生的分数均值有很大的提高，升高 20.5 分，达 152.5 分。"每周 1~2 次"演示的教师比例很大，有 38%~39%，其学生的分数均值在四种频次中最高，达 156.0 分。"几乎每天"演示的教师比例有 18.5% 左右，但是学生的分数均值比最高均值低 2 分，为 154.0 分（见表5-30）。

表 5-30 教师做演示与 12 年级学生 1996~2015 年科学量尺分数和样本百分比

单位：分，%

| 频次 | | 1996 年 | 2000 年 | 2005 年 | 2009 年 | 2015 年 | 均值 |
|---|---|---|---|---|---|---|---|
| 几乎每天 | 分数 | 159 ↑ | 149 | — | — | — | 154.0 |
| | 比例 | 17 | 20 | — | — | — | 18.5 |
| 每周 1~2 次 | 分数 | 159 ↑ | 153 ↑ | — | — | — | 156.0 ↑ |
| | 比例 | 38 | 39 | — | — | — | 38.5 |
| 每月 1~2 次 | 分数 | 154 | 151 | — | — | — | 152.5 |
| | 比例 | 21 | 21 | — | — | — | 21.0 |
| 几乎不 | 分数 | 134 ↓ | 130 ↓ | — | — | — | 132.0 ↓ |
| | 比例 | 24 | 20 | — | — | — | 22.0 |

注：—表示无数据；↑表示在本年度最高；↓表示在本年度最低。

从 1996 年和 2000 年两次测评各等级人数比例均值来看，"几乎不"演示的教师，其学生"低于基本水平"的人数比例最高，达 66.0%，同时其学生达到"基本水平""熟练水平""高级水平"的人数比例最低，仅 25.5%、8.0%、1.0%；"几乎不"演示不利于学生科学分数的提高。"每周 1~2 次"演示的教师，其学生"低于基本水平"的人数比例最低，为 36.0%；而其学生达到"基本水平""熟练水平"的人数比例最高，达 39.5%、21.5%；"几乎每天"演示的教师，学生达到"熟练水平"的人数比例也是 21.5%，并列最高；"每月 1~2 次"演示的教师，学生达到"高级水平"的比例为 3.5%，是最高的（见表 5-31）。相对而言，"每周 1~2 次"演示对整体学生科学分数的提高最有利。

表 5-31 教师做演示与 12 年级学生 1996~2015 年科学测评各等级人数比例

单位：%

| 频次 | 等级 | 1996 年 | 2000 年 | 2005 年 | 2009 年 | 2015 年 | 均值 |
|------|------|---------|---------|---------|---------|---------|------|
| 几乎每天 | 低于基本水平 | 33 | 45 | — | — | — | 39.0 |
| | 基本水平 | 39 | 35 | — | — | — | 37.0 |
| | 熟练水平 | 25 ↑ | 18 | — | — | — | 21.5 ↑ |
| | 高级水平 | 4 ↑ | 2 | — | — | — | 3.0 |
| 每周 1~2 次 | 低于基本水平 | 32 ↓ | 40 ↓ | — | — | — | 36.0 ↓ |
| | 基本水平 | 41 ↑ | 38 ↑ | — | — | — | 39.5 ↑ |
| | 熟练水平 | 24 | 19 ↑ | — | — | — | 21.5 ↑ |
| | 高级水平 | 3 | 3 ↑ | — | — | — | 3.0 |
| 每月 1~2 次 | 低于基本水平 | 41 | 42 | — | — | — | 41.5 |
| | 基本水平 | 36 | 37 | — | — | — | 36.5 |
| | 熟练水平 | 19 | 18 | — | — | — | 18.5 |
| | 高级水平 | 4 ↑ | 3 ↑ | — | — | — | 3.5 ↑ |
| 几乎不 | 低于基本水平 | 64 ↑ | 68 ↑ | — | — | — | 66.0 ↑ |
| | 基本水平 | 28 ↓ | 23 ↓ | — | — | — | 25.5 ↓ |
| | 熟练水平 | 8 ↓ | 8 ↓ | — | — | — | 8.0 ↓ |
| | 高级水平 | 1 ↓ | 1 ↓ | — | — | — | 1.0 ↓ |

注：一表示无数据；↑表示本年度同一水平中最高；↓表示本年度同一水平中最低。

2000 年，生命科学的第 10、25、50、75、90 百分位分数，都是"每周 1~2 次"演示的教师教出学生的分数最高；而"几乎不"演示的教师，其学生的分数在同层次中最低。物理科学也是教师"每周 1～2 次"演示，学生在五个百分位上分数最高，而教师"几乎不"演示的学生在五个百分位上分数最低。地球与空间科学与生命科学、物理科学的状况完全一样。教师进行演示的四种频次，对学生科学分数提高最有利的是"每周 1～2 次"演示，其次是"每月 1～2 次"演示，第三是"几乎每天"演示，最不利于学生分数提高的是"几乎不"演示（见表 5－32）。

表 5－32  教师做演示与 12 年级学生 2000 年三个学科百分位分数

单位：分

| 学科 | 频次 | 第 10 百分位 | 第 25 百分位 | 第 50 百分位 | 第 75 百分位 | 第 90 百分位 |
|---|---|---|---|---|---|---|
| 生命科学 | 几乎每天 | 105 | 129 | 152 | 174 | 191 |
| | 每周 1～2 次 | 114 ↑ | 134 ↑ | 155 ↑ | 176 ↑ | 193 ↑ |
| | 每月 1～2 次 | 110 | 132 | 154 | 175 | 192 |
| | 几乎不 | 85 ↓ | 107 ↓ | 131 ↓ | 154 ↓ | 177 ↓ |
| 物理科学 | 几乎每天 | 101 | 125 | 151 | 175 | 194 |
| | 每周 1～2 次 | 109 ↑ | 131 ↑ | 155 ↑ | 177 ↑ | 196 ↑ |
| | 每月 1～2 次 | 104 | 127 | 153 | 176 | 195 |
| | 几乎不 | 86 ↓ | 107 ↓ | 131 ↓ | 155 ↓ | 180 ↓ |
| 地球与空间科学 | 几乎每天 | 102 | 125 | 149 | 172 | 190 |
| | 每周 1～2 次 | 109 ↑ | 130 ↑ | 152 ↑ | 173 ↑ | 191 ↑ |
| | 每月 1～2 次 | 107 | 128 | 151 | 173 | 191 |
| | 几乎不 | 82 ↓ | 104 ↓ | 128 ↓ | 152 ↓ | 175 ↓ |

注：↑表示本列本学科最高；↓表示本列本学科最低。

## 五  科学测验

题目：在学校学习科学时，你多久参加一次科学测验（a science test or quiz）？（题目编码：K811610；学生回答）

选项：几乎每天；一周 1～2 次；一月 1～2 次；几乎没有。

使用年份：1996，2000。类别：教学内容与实践；子类别：教学模式／班级活动。

题目：在今年的科学课上，你多久参加一次科学测验（a science test or quiz）？（题目编码：K820405；学生回答）

选项：几乎没有；几周1次；大约一周1次；一周2~3次；几乎每天。

使用年份：2009，2015。类别：教学内容与实践；子类别：教学模式/班级活动。

NAEP测评在2009~2015年所用的题目，与1996~2005年所用的题目不完全相同。1996~2005年的题目有四个选项：几乎没有、一月1~2次、一周1~2次、几乎每天。而2009~2015年的题目有五个选项，多出的选项是：一周2~3次。

1996年和2000年的测评中，"几乎没有"参加科学测验的学生，科学量尺分数最低；而"一月1~2次"参加科学测验的学生，科学量尺分数最高。2009年和2015年，亦是"几乎没有"参加科学测验的学生科学量尺分数最低；而"几周1次"参加科学测验的学生的分数最高。整体来看，"几周1次""一月1~2次"参加科学测验的频次最有利于学生分数的提高，而"几乎没有"组织科学测验的，学生的科学分数最低；耐人寻味的是，"几乎每天"测验，虽说对学生分数的提高不是最差，但并不好（见表5-33）。

从1996~2015年四次测评各等级人数比例的均值来看，"一月1~2次/几周1次"测验的，学生"低于基本水平"的人数比例最低，平均为30.0%；而达到"基本水平""熟练水平""高级水平"的人数比例分别为39.3%、27.0%、3.5%，都是最高的；这种测验频次最好。其次是"一周1~2次/大约一周1次"的测验频次；第三是"一周2~3次"的测验频次；第四是"几乎每天"都测验的频次；最不好的是"几乎没有"测验的，在这种情况下，学生"低于基本水平"的比例为71.8%，是最高的；而学生达到"基本水平""熟练水平""高级水平"的比例分别是22.3%、5.8%、1.0%，都是最低的（见表5-34）。

表 5 - 33　科学测验频次与 12 年级学生 1996～2015 年科学量尺分数和样本百分比

单位：分，%

| 频次 | | 1996 年 | 2000 年 | 2005 年 | 频次 | | 2009 年 | 2015 年 | 均值 |
|---|---|---|---|---|---|---|---|---|---|
| 几乎没有 | 分数 | 132 ↓ | 123 ↓ | — | 几乎没有 | 分数 | 121 ↓ | 127 ↓ | 125.8 ↓ |
| | 比例 | 20 | 16 | — | | 比例 | 5 | 5 | 11.5 |
| 一月 1～2 次 | 分数 | 160 ↑ | 155 ↑ | — | 几周 1 次 | 分数 | 161 ↑ | 163 ↑ | 159.8 ↑ |
| | 比例 | 25 | 27 | — | | 比例 | 29 | 30 | 27.8 |
| 一周 1～2 次 | 分数 | 156 | 151 | — | 大约一周 1 次 | 分数 | 161 ↑ | 160 | 157.0 |
| | 比例 | 49 | 49 | — | | 比例 | 48 | 45 | 47.8 |
| | | | | | 一周 2～3 次 | 分数 | 152 | 150 | 151.0 |
| | | | | | | 比例 | 13 | 14 | 13.5 |
| 几乎每天 | 分数 | 144 | 139 | | 几乎每天 | 分数 | 136 | 144 | 140.8 |
| | 比例 | 7 | 8 | | | 比例 | 5 | 5 | 6.3 |

注：—表示无数据；↑表示在本年度最高；↓表示在本年度最低。

表 5 - 34　科学测验频次与 12 年级学生 1996～2015 年科学测评各等级人数比例

单位：%

| 科学测验频次 | 等级 | 1996 年 | 2000 年 | 2005 年 | 2009 年 | 2015 年 | 均值 |
|---|---|---|---|---|---|---|---|
| 几乎没有 | 低于基本水平 | 68 ↑ | 78 ↑ | — | 74 ↑ | 67 ↑ | 71.8 ↑ |
| | 基本水平 | 26 ↓ | 19 ↓ | — | 20 ↓ | 24 ↓ | 22.3 ↓ |
| | 熟练水平 | 6 ↓ | 3 ↓ | — | 6 ↓ | 8 ↓ | 5.8 ↓ |
| | 高级水平 | 3 | 0 ↓ | — | 0 ↓ | 1 ↓ | 1.0 ↓ |
| 一月 1～2 次/几周 1 次 | 低于基本水平 | 31 ↓ | 36 ↓ | — | 27 ↓ | 26 ↓ | 30.0 ↓ |
| | 基本水平 | 38 | 39 ↑ | — | 41 ↑ | 39 ↑ | 39.3 ↑ |
| | 熟练水平 | 25 ↑ | 22 ↑ | — | 30 ↑ | 31 ↑ | 27.0 ↑ |
| | 高级水平 | 5 ↑ | 3 ↑ | — | 2 | 4 ↑ | 3.5 ↑ |
| 一周 1～2 次/大约一周 1 次 | 低于基本水平 | 35 | 42 | — | 29 | 29 | 33.8 |
| | 基本水平 | 40 ↑ | 37 | — | 39 | 39 ↑ | 38.8 |
| | 熟练水平 | 23 | 18 | — | 29 | 29 | 24.8 |
| | 高级水平 | 3 | 2 | — | 3 ↑ | 3 | 2.8 |
| 一周 2～3 次 | 低于基本水平 | — | — | — | 39 | 40 | 39.5 |
| | 基本水平 | — | — | — | 38 | 37 | 37.5 |
| | 熟练水平 | — | — | — | 21 | 22 | 21.5 |
| | 高级水平 | — | — | — | 3 ↑ | 1 ↓ | 2.0 |

续表

| 科学测验频次 | 等级 | 1996 年 | 2000 年 | 2005 年 | 2009 年 | 2015 年 | 均值 |
|---|---|---|---|---|---|---|---|
| 几乎每天 | 低于基本水平 | 51 | 56 | — | 53 | 47 | 51.8 |
| | 基本水平 | 33 | 30 | — | 33 | 34 | 32.5 |
| | 熟练水平 | 15 | 12 | — | 12 | 19 | 14.5 |
| | 高级水平 | 1↓ | 2 | — | 1 | 1↓ | 1.3 |

注：一表示无数据；↑表示本年度同一水平中最高；↓表示本年度同一水平中最低。

2015 年，从生命科学的第 10、25、50、75、90 百分位分数来看，"几周 1 次"测验的，学生的分数都是最高的；"几乎没有"测验的，学生的分数最低；其他三种频次的优劣顺序是：大约一周 1 次、一周 2～3 次、几乎每天。物理科学、地球与空间科学的状况，与生命科学一样；测验的频次从最好到最差的顺序依次是：几周 1 次、大约一周 1 次、一周 2～3 次、几乎每天、几乎没有（见表 5－35）。

表 5－35　科学测验频次与 12 年级学生 2015 年三个学科百分位分数

单位：分

| 学科 | 科学测验频次 | 第 10 百分位 | 第 25 百分位 | 第 50 百分位 | 第 75 百分位 | 第 90 百分位 |
|---|---|---|---|---|---|---|
| 生命科学 | 几乎没有 | 84↓ | 106↓ | 129↓ | 154↓ | 178↓ |
| | 几周 1 次 | 116↑ | 140↑ | 165↑ | 189↑ | 209↑ |
| | 大约一周 1 次 | 112 | 137 | 163 | 186 | 206 |
| | 一周 2～3 次 | 101 | 125 | 151 | 177 | 198 |
| | 几乎每天 | 90 | 117 | 146 | 174 | 197 |
| 物理科学 | 几乎没有 | 85↓ | 106↓ | 129↓ | 155↓ | 178↓ |
| | 几周 1 次 | 117↑ | 139↑ | 163↑ | 188↑ | 211↑ |
| | 大约一周 1 次 | 112 | 136 | 161 | 186 | 207 |
| | 一周 2～3 次 | 101 | 125 | 150 | 176 | 197 |
| | 几乎每天 | 94 | 117 | 142 | 169 | 193 |
| 地球与空间科学 | 几乎没有 | 92↓ | 111↓ | 133↓ | 155↓ | 177↓ |
| | 几周 1 次 | 119↑ | 141↑ | 163↑ | 185↑ | 204↑ |
| | 大约一周 1 次 | 114 | 137 | 161 | 183 | 201 |
| | 一周 2～3 次 | 103 | 125 | 150 | 174 | 194 |
| | 几乎每天 | 97 | 120 | 146 | 170 | 188 |

注：↑表示本列本学科最高；↓表示本列本学科最低。

## 六　教学语言艺术的专业发展

题目：在过去两年里，为你们学校教师提供的专业发展活动有多少内容是侧重于教学语言艺术的（instructional strategies for teaching language arts）？（题目编码：C049204；学校回答）

选项：没有；小部分；部分；大部分。

使用年份：2005，2015。类别：教师因素；子类别：准备、资历和经验。

教师的"教学语言艺术的专业发展"或者称之为"教学语言策略的专业发展"属于教师因素的"准备、资历和经验"。从百分比来看，没有进行"教学语言艺术的专业发展"的教师比例很小，均值为 7.5%；进行过一些教学语言艺术的专业发展的教师比例约有三分之一（均值 29.0%）；进行过较多教学语言艺术的专业发展的教师比例最多，约有 40.0%；进行过很多教学语言艺术的专业发展的教师比例均值有 23.5%（表 5 – 35）。

从 2005 年的测评来看，没有进行过教学语言艺术的专业发展的教师，其学生的科学量尺分数反而最高，为 154 分；进行过很多教学语言艺术的专业发展的教师，其学生的分数却是最低，仅 143 分，二者相差 11 分。2015 年的测评也是如此，而且学生的分数随着教师进行教学语言艺术的专业发展程度的加大而降低（见表 5 – 36）。

表 5 – 36　教学语言艺术的专业发展与 12 年级学生 1996 ~ 2015 年科学量尺分数和样本百分比

单位：分，%

| 专业发展类别 | 1996 年 | 2000 年 | 2005 年 | 2009 年 | 2015 年 | 均值 |
|---|---|---|---|---|---|---|
| 无 | — | — | 154↑ | — | 160↑ | 157.0↑ |
| | — | — | 7 | — | 8 | 7.5 |
| 一些 | — | — | 151 | — | 152 | 151.5 |
| | — | — | 30 | — | 28 | 29.0 |

续表

| 专业发展类别 | 1996年 | 2000年 | 2005年 | 2009年 | 2015年 | 均值 |
|---|---|---|---|---|---|---|
| 较多 | — | — | 146 | — | 149 | 147.5 |
| | — | — | 39 | — | 41 | 40.0 |
| 很多 | — | — | 143↓ | — | 147↓ | 145.0↓ |
| | — | — | 24 | — | 23 | 23.5 |

注：—表示无数据；↑表示在本年度最高；↓表示在本年度最低。

　　从2005年和2015年测评的各等级人数比例均值来看，没有接受教学语言艺术的专业发展的教师，其学生"低于基本水平"的人数比例为33.5%，是四个类别中最低的；而其学生达到"基本水平""熟练水平""高级水平"的人数比例分别是39.5%、24.0%、3.0%，都是四个类别中最高的。与之相反，接受过很多教学语言专业发展的教师，其学生"低于基本水平"的人数比例为47.5%，是四个类别中最高的；而其达到"基本水平""熟练水平"的人数比例分别是35.0%、16.5%，是四个类别中最低的。接受过一些教学语言艺术的专业发展的教师，其学生达到"基本水平"的人数比例并列第一。从学生达到的等级水平来看，学生的科学分数也与教师接受教学语言艺术的专业发展的程度成反比（见表5-37）。

表5-37　教学语言艺术的专业发展与12年级学生1996~2015年科学测评各等级人数比例

单位：%

| 专业发展 | 等级 | 1996年 | 2000年 | 2005年 | 2009年 | 2015年 | 均值 |
|---|---|---|---|---|---|---|---|
| 无 | 低于基本水平 | — | — | 37↓ | — | 30↓ | 33.5↓ |
| | 基本水平 | — | — | 39↑ | — | 40 | 39.5↑ |
| | 熟练水平 | — | — | 21↑ | — | 27↑ | 24.0↑ |
| | 高级水平 | — | — | 3↑ | — | 3↑ | 3.0↑ |
| 一些 | 低于基本水平 | — | — | 41 | — | 37 | 39.0 |
| | 基本水平 | — | — | 38 | — | 41↑ | 39.5↑ |
| | 熟练水平 | — | — | 19 | — | 21 | 20.0 |
| | 高级水平 | — | — | 2↓ | — | 1↓ | 1.5↓ |
| 较多 | 低于基本水平 | — | — | 48 | — | 41 | 44.5 |
| | 基本水平 | — | — | 34↓ | — | 38 | 36.0 |
| | 熟练水平 | — | — | 16 | — | 19↓ | 17.5 |
| | 高级水平 | — | — | 2↓ | — | 2 | 2.0 |

**续表**

| 专业发展 | 等级 | 1996 年 | 2000 年 | 2005 年 | 2009 年 | 2015 年 | 均值 |
|---|---|---|---|---|---|---|---|
| 很多 | 低于基本水平 | — | — | 51 ↑ | — | 44 ↑ | 47.5 ↑ |
| | 基本水平 | — | — | 34 ↓ | — | 36 ↓ | 35.0 ↓ |
| | 熟练水平 | — | — | 14 ↓ | — | 19 ↓ | 16.5 ↓ |
| | 高级水平 | — | — | 2 ↓ | — | 2 | 2.0 |

注：—表示无数据；↑表示本年度同一水平中最高；↓表示本年度同一水平中最低。

从 2015 年生命科学百分位分数来看，没有接受教学语言艺术的专业发展的教师，其学生在第 10、25、50、75、90 百分位上的分数都是最高的；接受很多教学语言艺术的专业发展的教师，其学生在第 10、25、50、75 百分位上的分数最低。物理科学、地球与空间科学也有此规律。三个学科的不同点在于第 90 百分位上的最低分（见表 5 - 38）。

表 5 - 38　教学语言艺术的专业发展与 12 年级学生 2015 年三个学科百分位分数

单位：分

| 学科 | 专业发展类别 | 第 10 百分位 | 第 25 百分位 | 第 50 百分位 | 第 75 百分位 | 第 90 百分位 |
|---|---|---|---|---|---|---|
| 生命科学 | 无 | 115 ↑ | 137 ↑ | 161 ↑ | 184 ↑ | 206 ↑ |
| | 一些 | 107 | 129 | 153 | 177 | 197 |
| | 较多 | 102 | 124 | 150 | 175 | 196 ↓ |
| | 很多 | 98 ↓ | 121 ↓ | 148 ↓ | 174 ↓ | 197 |
| 物理科学 | 无 | 115 ↑ | 136 ↑ | 160 ↑ | 185 ↑ | 206 ↑ |
| | 一些 | 108 | 129 | 152 | 175 | 197 |
| | 较多 | 101 | 124 | 148 | 172 | 194 ↓ |
| | 很多 | 99 ↓ | 121 ↓ | 146 ↓ | 171 ↓ | 195 |
| 地球与空间科学 | 无 | 119 ↑ | 139 ↑ | 161 ↑ | 182 ↑ | 201 ↑ |
| | 一些 | 110 | 131 | 152 | 174 | 192 ↓ |
| | 较多 | 107 | 128 | 150 | 173 | 193 |
| | 很多 | 102 ↓ | 124 ↓ | 148 ↓ | 172 ↓ | 193 |

注：↑表示本列本学科最高；↓表示本列本学科最低。

以上分析可以发现，学生的科学分数与教师的教学语言艺术的专业发展成反比；但并不是说，教师的教学语言越差学生的科学成绩越好。这是因为，作为教师，教学语言要具有一定的水准，要达到教师能力标准的要求。美国国际培训、绩效、教学标准委员会制定的《教师能力标准》要求教师要能够"①根据受众、情境及文化背景，采用合适的语言；②使用合适的语言及非语言符号"[①]。依此推测，在达到标准的前提下，教师再接受教学语言艺术的专业发展，对学生科学成绩的提高不仅没有积极的促进作用，反而会带来负面影响。

## 七　使用评价标准来评价学生学业的专业发展

题目：在过去两年，为你学校教师提供的专业发展活动在多大程度上侧重于使用评价标准来评价学生的学业（Professional development suing rubrics to evaluate student work）？（题目编码：C049213；学校回答）

选项：不侧重；有一点儿侧重；比较侧重；非常侧重。

使用年份：2015。类别：教师因素；子类别：准备、证书和经历。

2015 年的测评数据显示，"不侧重"用评价标准评价学生学业的教师，其学生的科学量尺分数为 155 分，是四个类别中最高的，其样本的比例不大，只有 8%。"有一点儿侧重"用评价标准的，学生的分数下降了 4 分，至 151 分；而"比较侧重""非常侧重"用评价标准的，学生的分数最低，为 149 分（见表 5 - 39）。侧重用评价标准评价学生的学业，这样的教师专业发展反而不利于学生科学分数的提高，令人匪夷所思。

"不侧重"用评价标准评价学生学业的教师，学生"低于基本水平"的人数比例最低，为 35%；而其达到"基本水平""熟练水平"和"高级水平"的人数比例最高，分别是 40%、23% 和 2%。"有一点儿侧重"用评价标准，学生达到"高级水平"的人数比例降至最低，为 1%。"比较侧重"

---

① James D. Klein, J. Michael Spector, ect：《教师能力标准》，顾小清译，华东师范大学出版社，2007，第 18 页。

用评价标准的，学生"低于基本水平"的人数比例最高，达41%；而其达到"基本水平"的用比例在四个类别中最低，为38%。"非常侧重"用评价标准的，学生"低于基本水平"的人数比例也是最高的，同时达到"熟练水平"的人数比例在四个类别中最低，为19%；尽管其达到"高级水平"的人数比例最高，但其人数比例很小，只有2%（见表5-40）。从学生达到的等级水平也可以发现，教师专业发展越侧重于使用评价标准来评价学生的学业，学生的科学分数和水平越低。

表5-39 侧重评价标准的专业发展与12年级学生1996~2015年
科学量尺分数和样本百分比

单位：分，%

| 评价标准 | | 1996年 | 2000年 | 2005年 | 2009年 | 2015年 | 均值 |
|---|---|---|---|---|---|---|---|
| 不侧重 | 分数 | — | — | — | — | 155↑ | 155.0↑ |
| | 比例 | — | — | — | — | 8 | 8.0 |
| 有一点儿侧重 | 分数 | — | — | — | — | 151 | 151.0 |
| | 比例 | — | — | — | — | 33 | 33.0 |
| 比较侧重 | 分数 | — | — | — | — | 149↓ | 149.0↓ |
| | 比例 | — | — | — | — | 37 | 37.0 |
| 非常侧重 | 分数 | — | — | — | — | 149↓ | 149.0↓ |
| | 比例 | — | — | — | — | 22 | 22.0 |

注：—表示无数据；↑表示在本年度最高；↓表示在本年度最低。

表5-40 侧重评价标准的专业发展与12年级学生1996~2015年科学测评各等级人数比例

单位：%

| 评价标准 | 等级 | 1996年 | 2000年 | 2005年 | 2009年 | 2015年 | 均值 |
|---|---|---|---|---|---|---|---|
| 不侧重 | 低于基本水平 | — | — | — | — | 35↓ | 35.0↓ |
| | 基本水平 | — | — | — | — | 40↑ | 40.0↑ |
| | 熟练水平 | — | — | — | — | 23↑ | 23.0↑ |
| | 高级水平 | — | — | — | — | 2↑ | 2.0↑ |
| 有一点儿侧重 | 低于基本水平 | — | — | — | — | 39 | 39.0 |
| | 基本水平 | — | — | — | — | 39 | 39.0 |
| | 熟练水平 | — | — | — | — | 21 | 21.0 |
| | 高级水平 | — | — | — | — | 1↓ | 1.0↓ |

续表

| 评价标准 | 等级 | 1996 年 | 2000 年 | 2005 年 | 2009 年 | 2015 年 | 均值 |
|---|---|---|---|---|---|---|---|
| 比较侧重 | 低于基本水平 | — | — | — | — | 41 ↑ | 41.0 ↑ |
| | 基本水平 | — | — | — | — | 38 ↓ | 38.0 ↓ |
| | 熟练水平 | — | — | — | — | 20 | 20.0 |
| | 高级水平 | — | — | — | — | 2 | 2.0 |
| 非常侧重 | 低于基本水平 | — | — | — | — | 41 ↑ | 41.0 ↑ |
| | 基本水平 | — | — | — | — | 39 | 39.0 |
| | 熟练水平 | — | — | — | — | 19 ↓ | 19.0 ↓ |
| | 高级水平 | — | — | — | — | 2 ↑ | 2.0 ↑ |

注：—表示无数据；↑表示本年度同一水平中最高；↓表示本年度同一水平中最低。

从 2015 年学生的百分位分数也可以看出，三个学科"不侧重"用评价标准的，其学生的第 10、25、50、75、90 百分位分数均是最高的；而"有一点儿侧重""比较侧重""非常侧重"用评价标准的，学生的百分位分数都不是最高的，有的反而是最低的，"比较侧重"和"非常侧重"尤其突出（见表 5 - 41）。

表 5 - 41　侧重评价标准的专业发展与 12 年级学生 2015 年三个学科百分位分数

单位：分

| 学科 | 评价标准 | 第 10 百分位 | 第 25 百分位 | 第 50 百分位 | 第 75 百分位 | 第 90 百分位 |
|---|---|---|---|---|---|---|
| 生命科学 | 不侧重 | 112 ↑ | 133 ↑ | 156 ↑ | 179 ↑ | 201 ↑ |
| | 有一点儿侧重 | 104 | 127 | 152 | 176 | 196 ↓ |
| | 比较侧重 | 101 ↓ | 125 ↓ | 151 | 176 | 197 |
| | 非常侧重 | 103 | 125 ↓ | 150 ↓ | 175 ↓ | 196 ↓ |
| 物理科学 | 不侧重 | 110 ↑ | 130 ↑ | 154 ↑ | 178 ↑ | 201 ↑ |
| | 有一点儿侧重 | 105 | 127 | 151 | 175 | 197 |
| | 比较侧重 | 101 ↓ | 124 ↓ | 148 ↓ | 173 | 196 |
| | 非常侧重 | 103 | 124 ↓ | 149 | 172 ↓ | 193 ↓ |
| 地球与空间科学 | 不侧重 | 114 ↑ | 133 ↑ | 155 ↑ | 177 ↑ | 198 ↑ |
| | 有一点儿侧重 | 108 | 130 | 152 | 174 | 193 |
| | 比较侧重 | 106 ↓ | 127 ↓ | 150 ↓ | 174 | 194 |
| | 非常侧重 | 107 | 127 ↓ | 150 ↓ | 172 ↓ | 192 ↓ |

注：↑表示本列本学科最高；↓表示本列本学科最低。

# 第五节　学校方面的影响因素

## 一　科学实验室用品

题目：12 年级科学教师可用的科学实验室用品或设备（Supplies or equipment for science labs）有多少？（题目编码：C075004；学校回答）

选项：没有；有一些；有比较多；有很多。

使用年份：2009，2015。类别：学校因素；子类别：资源。

"科学实验室用品"属于学校因素中的"资源"。科学实验室用品的有与无，以及有多少，对学生科学成绩是否有影响，是一个非常重要的议题。从全国学校的调查来看，"没有"科学实验用品的比例平均只有 0.5%；"有一些"的也很少，只占 3.5%；"有比较多"的占 22.0%；"有很多"的占绝大多数，有 74.0%。

从 2009 年学生的科学分数来看，"没有"科学实验室用品的学校，其学生数据不符合报告标准；"有一些"科学实验室用品的学校，其学生的科学量尺分数最低，只有 138 分；"有比较多"科学实验室用品的学校，其学生的分数居中；"有很多"科学实验室用品的学校，学生的分数最高，达 153 分。2015 年，"没有"科学实验室用品的学校，其学生的分数最低，"有很多"科学实验室用品的学校，其学生的分数最高。从均值也可以看出，学生的科学分数从高到低依次是：有很多、有比较多、有一些、没有，最高与最低相差 36 分（见表 5 - 42）。

从 2009 年和 2015 年两次测评的各等级人数比例均值来看，"没有"科学实验室用品的学校，其学生"低于基本水平"的人数比例非常高，高达 75.0%；而其达到"基本水平""熟练水平""高级水平"的人数比例在四个类别中是最低的，分别是 22.0%、3.0%、0%。与之相反，"有很多"科学实验室用品的学校，其学生"低于基本水平"的人数比例在四类学校中最低，比例为 36.5%；而其达到"基本水平""熟练水平""高级水平"的人数比例在四个类别中都是最高的，分别是 39.5%、22.0%、2.0%（见表 5 – 43）。

表 5 – 42　科学实验室用品与 12 年级学生 1996 ~ 2015 年科学量尺分数和样本百分比

单位：分，%

| 科学实验室用品 | | 1996 年 | 2000 年 | 2005 年 | 2009 年 | 2015 年 | 均值 |
|---|---|---|---|---|---|---|---|
| 没有 | 分数 | — | — | — | ‡ | 117 ↓ | 117.0 ↓ |
| | 比例 | — | — | — | 0 | 1 | 0.5 |
| 有一些 | 分数 | — | — | — | 138 ↓ | 133 | 135.5 |
| | 比例 | — | — | — | 3 | 4 | 3.5 |
| 有比较多 | 分数 | — | — | — | 144 | 146 | 145.0 |
| | 比例 | — | — | — | 19 | 25 | 22.0 |
| 有很多 | 分数 | — | — | — | 153 ↑ | 153 ↑ | 153.0 ↑ |
| | 比例 | — | — | — | 78 | 70 | 74.0 |

注：—表示无数据；‡表示数据不符合报告标准；↑表示在本年度最高；↓表示在本年度最低。

表 5 – 43　科学实验室用品与 12 年级学生 1996 ~ 2015 年科学测评各等级人数比例

单位：%

| 科学实验室用品 | 等级 | 1996 年 | 2000 年 | 2005 年 | 2009 年 | 2015 年 | 均值 |
|---|---|---|---|---|---|---|---|
| 没有 | 低于基本水平 | — | — | — | ‡ | 75 ↑ | 75.0 ↑ |
| | 基本水平 | — | — | — | ‡ | 22 ↓ | 22.0 ↓ |
| | 熟练水平 | — | — | — | ‡ | 3 ↓ | 3.0 ↓ |
| | 高级水平 | — | — | — | ‡ | 0 ↓ | 0 ↓ |
| 有一些 | 低于基本水平 | — | — | — | 54 ↑ | 60 | 57.0 |
| | 基本水平 | — | — | — | 35 ↓ | 33 | 34.0 |
| | 熟练水平 | — | — | — | 11 ↓ | 7 | 9.0 |
| | 高级水平 | — | — | — | 0 ↓ | 0 ↓ | 0 ↓ |
| 有比较多 | 低于基本水平 | — | — | — | 46 | 44 | 45.0 |
| | 基本水平 | — | — | — | 39 | 39 ↑ | 39.0 |
| | 熟练水平 | — | — | — | 14 | 16 | 15.0 |
| | 高级水平 | — | — | — | 0 ↓ | 1 | 0.5 |

续表

| 科学实验室用品 | 等级 | 1996 年 | 2000 年 | 2005 年 | 2009 年 | 2015 年 | 均值 |
|---|---|---|---|---|---|---|---|
| 有很多 | 低于基本水平 | — | — | — | 37 ↓ | 36 ↓ | 36.5 ↓ |
| | 基本水平 | — | — | — | 40 ↑ | 39 ↑ | 39.5 ↑ |
| | 熟练水平 | — | — | — | 21 ↑ | 23 ↑ | 22.0 ↑ |
| | 高级水平 | — | — | — | 2 ↑ | 2 ↑ | 2.0 ↑ |

注：—表示无数据；‡表示数据不符合报告标准；↑表示本年度同一水平中最高；↓表示本年度同一水平中最低。

从 2015 年生命科学百分位分数来看，"没有"科学实验室用品的学校，其学生在第 10、25、50、75、90 百分位上的分数都是最低的；随着科学实验室用品的增多，学生的科学成绩逐步提高，"有很多"科学实验室用品的学校，其学生的五个百分位上的分数都是最高的。物理科学、地球与空间科学的百分位分数与生命科学一样，"没有"科学实验室用品的学校，其学生的百分位分数最低，"有很多"科学实验室用品的学校，学生的百分位分数最高（见表 5－44）。由此可见，学生的科学分数与科学实验室用品的多少成正比。

表 5－44　科学实验室用品与 12 年级学生 2015 年三个学科百分位分数

单位：分

| 学科 | 科学实验室用品 | 第 10 百分位 | 第 25 百分位 | 第 50 百分位 | 第 75 百分位 | 第 90 百分位 |
|---|---|---|---|---|---|---|
| 生命科学 | 没有 | 81 ↓ | 100 ↓ | 122 ↓ | 143 ↓ | 168 ↓ |
| | 有一些 | 89 | 110 | 133 | 157 | 176 |
| | 有比较多 | 101 | 123 | 148 | 171 | 192 |
| | 有很多 | 106 ↑ | 129 ↑ | 154 ↑ | 179 ↑ | 200 ↑ |
| 物理科学 | 没有 | 78 ↓ | 97 ↓ | 117 ↓ | 139 ↓ | 162 ↓ |
| | 有一些 | 90 | 109 | 132 | 153 | 171 |
| | 有比较多 | 100 | 122 | 145 | 169 | 191 |
| | 有很多 | 107 ↑ | 129 ↑ | 153 ↑ | 177 ↑ | 199 ↑ |
| 地球与空间科学 | 没有 | 76 ↓ | 100 ↓ | 124 ↓ | 144 ↓ | 161 ↓ |
| | 有一些 | 96 | 117 | 139 | 159 | 177 |
| | 有比较多 | 105 | 125 | 148 | 170 | 190 |
| | 有很多 | 110 ↑ | 131 ↑ | 154 ↑ | 176 ↑ | 196 ↑ |

注：↑表示本列本学科最高；↓表示本列本学科最低。

## 二　科学测量仪器

题目：12 年级科学教师可用的科学测量仪器（Scientific measurement instruments）（如望远镜、显微镜、温度计、秤）有多少？（题目编码：C075011。学校回答）

选项：无；一些；比较多；非常多。

使用年份：2009，2015。类别：学校因素；子类别：资源。

从 2009 年和 2015 年两次测评的均值来看，教师"无"可用的科学测量仪器，学生的科学量尺分数最低，只有 116 分；随着可用的科学测量仪器的增多，学生的分数也随着提高；当教师可用"非常多"科学测量仪器时，学生的分数最高，达 153.5 分（见表 5 – 45）。可见，学生的分数与教师可用的科学测量仪器的多少成正比。

**表 5 – 45　科学测量仪器与 12 年级学生 1996 ~ 2015 年科学量尺分数和样本百分比**

单位：分，%

| 科学测量仪器 | | 1996 年 | 2000 年 | 2005 年 | 2009 年 | 2015 年 | 均值 |
|---|---|---|---|---|---|---|---|
| 无 | 分数 | — | — | — | ‡ | 116 ↓ | 116.0 ↓ |
| | 比例 | — | — | — | ‡ | 1 | 1.0 |
| 一些 | 分数 | — | — | — | 137 ↓ | 134 | 135.5 |
| | 比例 | — | — | — | 3 | 5 | 4.0 |
| 比较多 | 分数 | — | — | — | 145 | 146 | 145.5 |
| | 比例 | — | — | — | 23 | 27 | 25.0 |
| 非常多 | 分数 | — | — | — | 153 | 154 ↑ | 153.5 ↑ |
| | 比例 | — | — | — | 73 | 67 | 70.0 |

注：—表示无数据；‡表示数据不符合报告标准；↑表示在本年度最高；↓表示在本年度最低。

从 2009 年和 2015 年两次测评的各等级人数比例均值来看，当教师"无"可用的科学测量仪器时，学生"低于基本水平"的人数比例为 76.0%，在四个类别中最高；同时，其达到"基本水平""熟练水平""高级水平"的人数比例分别是 21.0%、3.0%、0%，都是四个类别中最低的。
当教师可用的科学测量仪器"非常多"时，学生"低于基本水平"的人数比
例最低，为 36.5%；而达到"基本水平""熟练水平""高级水平"的人数比
例最高，分别是 39.0%、22.5%、2.0%。教师可用的科学测量仪器"比较
多"和只有"一些"时，前者学生达到的等级水平优于后者（见表 5-46）。

表 5-46 科学测量仪器与 12 年级学生 1996~2015 年科学测评各等级人数比例

单位：%

| 科学测量仪器 | 等级 | 1996 年 | 2000 年 | 2005 年 | 2009 年 | 2015 年 | 均值 |
|---|---|---|---|---|---|---|---|
| 无 | 低于基本水平 | — | — | — | ‡ | 76 ↑ | 76.0 ↑ |
| | 基本水平 | — | — | — | ‡ | 21 ↓ | 21.0 ↓ |
| | 熟练水平 | — | — | — | ‡ | 3 ↓ | 3.0 ↓ |
| | 高级水平 | — | — | — | ‡ | 0 ↓ | 0 ↓ |
| 一些 | 低于基本水平 | — | — | — | 59 ↑ | 59 | 59.0 |
| | 基本水平 | — | — | — | 31 ↓ | 32 | 31.5 |
| | 熟练水平 | — | — | — | 10 ↓ | 9 | 9.5 |
| | 高级水平 | — | — | — | 0 ↓ | 0 | 0 |
| 比较多 | 低于基本水平 | — | — | — | 45 | 44 | 44.5 |
| | 基本水平 | — | — | — | 38 | 38 | 38.0 |
| | 熟练水平 | — | — | — | 16 | 17 | 16.5 |
| | 高级水平 | — | — | — | 1 | 1 | 1.0 |
| 非常多 | 低于基本水平 | — | — | — | 37 ↓ | 36 ↓ | 36.5 ↓ |
| | 基本水平 | — | — | — | 39 ↑ | 39 ↑ | 39.0 ↑ |
| | 熟练水平 | — | — | — | 22 ↑ | 23 ↑ | 22.5 ↑ |
| | 高级水平 | — | — | — | 2 ↑ | 2 ↑ | 2.0 ↑ |

注：—表示无数据；‡表示数据不符合报告标准；↑表示本年度同一水平中最高；↓表示本年
度同一水平中最低。

2015 年生命科学上，教师"无"可用的科学测量仪器时，五个百分位
分数都是最低的，而可用的科学测量仪器"非常多"时，五个百分位分数
都是最高的；最高与最低分别相差 30 分、33 分、34 分、38 分、37 分。物
理科学也是如此，最高与最低的五个百分位分数相差分别是 31 分、34 分、
36 分、41 分、39 分。地球与空间科学依然如此，最高与最低的五个百分位
分数相差分别是 37 分、34 分、32 分、35 分、38 分（见表 5-47）。

表 5－47　科学测量仪器与 12 年级学生 2015 年三个学科百分位分数

单位：分

| 学科 | 科学测量仪器 | 第 10 百分位 | 第 25 百分位 | 第 50 百分位 | 第 75 百分位 | 第 90 百分位 |
|---|---|---|---|---|---|---|
| 生命科学 | 无 | 77 ↓ | 97 ↓ | 121 ↓ | 141 ↓ | 163 ↓ |
| | 一些 | 89 | 111 | 135 | 159 | 181 |
| | 比较多 | 101 | 123 | 148 | 171 | 192 |
| | 非常多 | 107 ↑ | 130 ↑ | 155 ↑ | 179 ↑ | 200 ↑ |
| 物理科学 | 无 | 76 ↓ | 95 ↓ | 117 ↓ | 137 ↓ | 161 ↓ |
| | 一些 | 90 | 110 | 133 | 155 | 175 |
| | 比较多 | 101 | 122 | 145 | 169 | 192 |
| | 非常多 | 107 ↑ | 129 ↑ | 153 ↑ | 178 ↑ | 200 ↑ |
| 地球与空间科学 | 无 | 73 ↓ | 98 ↓ | 122 ↓ | 142 ↓ | 158 ↓ |
| | 一些 | 95 | 116 | 139 | 160 | 179 |
| | 比较多 | 105 | 125 | 148 | 170 | 190 |
| | 非常多 | 110 ↑ | 132 ↑ | 154 ↑ | 177 ↑ | 196 ↑ |

注：↑表示本列本学科最高；↓表示本列本学科最低。

## 三　科学教学视听资料

题目：12 年级科学教师在多大程度上运用科学教学视听资料（audiovisual materials for science instruction）？（题目编码：C075009；学校回答）

选项：一点儿也不；一些；比较多；非常多。

使用年份：2009，2015。类别：学校因素；子类别：资源。

从 2009 年和 2015 年两次测评的均值来看，"一点儿也不"用科学教学视听资料的教师的比例很小，只有 1.5%，其学生的科学量尺分数最低，为 137.0 分；运用"一些"的教师占 11.0%，其学生的分数升高 5 分，达 142.0 分；运用"比较多"的教师有近三分之一（32.5%），其学生的分数又升高 8 分，达 150.0 分；而运用"非常多"的教师比例过半，有 54.5%，其学生的分数最高，达 152.5 分（见表 5 - 48）。学生分数随着教师运用科学教学视听资料的增多而提高。

表 5 - 48    科学教学视听资料与 12 年级学生 1996～2015 年科学量尺分数和样本百分比

单位：分，%

| 运用程度 | | 1996 年 | 2000 年 | 2005 年 | 2009 年 | 2015 年 | 均值 |
|---|---|---|---|---|---|---|---|
| 一点儿也不 | 分数 | — | — | — | 142 | 132 ↓ | 137.0 ↓ |
| | 比例 | — | — | — | 0 | 3 | 1.5 |
| 一些 | 分数 | — | — | — | 141 ↓ | 143 | 142.0 |
| | 比例 | — | — | — | 9 | 13 | 11.0 |
| 比较多 | 分数 | — | — | — | 150 | 150 | 150.0 |
| | 比例 | — | — | — | 32 | 33 | 32.5 |
| 非常多 | 分数 | — | — | — | 152 ↑ | 153 ↑ | 152.5 ↑ |
| | 比例 | — | — | — | 58 | 51 | 54.5 |

注：—表示无数据；↑表示在本年度最高；↓表示在本年度最低。

从 1996 年和 2015 年学生达到各等级水平的人数比例均值来看，"一点儿也不"用科学教学视听资料的教师，其学生"低于基本水平"的人数比例最高，达 53.5%；达到"基本水平"的人数比例仅比最低值（36.5%）高 0.5 个百分点；达到"熟练水平""高级水平"的人数比例最低，分别为 8.5%、1.0%。运用"一些"的教师，学生达到"基本水平"的人数比例最低，为 36.5%；但其他情况比"一点儿也不"用的教师要好一点儿。运用"比较多"的教师，其学生达到"基本水平"的人数比例（并列）最高，为 39.5%；而运用得"非常多"的教师，学生"低于基本水平"的人数比例最低，为 37.0%；同时达到"基本水平""熟练水平""高级水平"的人数比例都是最高的，分别是 39.5%、22.0%、2.0%（见表 5 - 49）。学生的科学测评等级水平，随着教师运用科学教学视听资料的增多而提高。

2015 年的测评显示，三个学科的五个百分位上，均为教师"一点儿也不"用科学教学视听资料的学生在同一水平中的分数最低；教师用"一些"科学教学视听资料的学生的百分位分数提高一些；教师用"比较多"科学教学视听资料时，学生的百分位分数又提高几分；当教师用"非常多"科学教学视听资料时，学生的百分位分数达到最高（见表 5 - 50）。可见，学生的科学分数与教师运用科学教学视听资料的程度成正比。

表 5 - 49  科学教学视听资料与 12 年级学生 1996～2015 年科学测评各等级人数比例

单位：%

| 运用程度 | 等级 | 1996 年 | 2000 年 | 2005 年 | 2009 年 | 2015 年 | 均值 |
|---|---|---|---|---|---|---|---|
| 一点儿也不 | 低于基本水平 | — | — | — | 47 | 60 ↑ | 53.5 ↑ |
| | 基本水平 | — | — | — | 43 ↑ | 31 ↓ | 37.0 |
| | 熟练水平 | — | — | — | 8 ↓ | 9 ↓ | 8.5 ↓ |
| | 高级水平 | — | — | — | 2 ↑ | 0 ↓ | 1.0 ↓ |
| 一些 | 低于基本水平 | — | — | — | 51 ↑ | 47 | 49.0 |
| | 基本水平 | — | — | — | 36 ↓ | 37 | 36.5 ↓ |
| | 熟练水平 | — | — | — | 12 | 15 | 13.5 |
| | 高级水平 | — | — | — | 1 ↓ | 1 | 1.0 ↓ |
| 比较多 | 低于基本水平 | | | | 40 | 39 | 39.5 |
| | 基本水平 | | | | 40 | 39 ↑ | 39.5 ↑ |
| | 熟练水平 | | | | 19 | 20 | 19.5 |
| | 高级水平 | | | | 1 ↓ | 1 | 1.0 |
| 非常多 | 低于基本水平 | — | — | — | 37 ↓ | 37 ↓ | 37.0 ↓ |
| | 基本水平 | — | — | — | 40 | 39 ↑ | 39.5 ↑ |
| | 熟练水平 | — | — | — | 22 ↑ | 22 ↑ | 22.0 ↑ |
| | 高级水平 | — | — | — | 2 ↑ | 2 ↑ | 2.0 ↑ |

注：—表示无数据；↑表示本年度同一水平中最高；↓表示本年度同一水平中最低。

表 5 - 50  科学教学视听资料与 12 年级学生 2015 年三个学科百分位分数

单位：分

| 学科 | 运用程度 | 第 10 百分位 | 第 25 百分位 | 第 50 百分位 | 第 75 百分位 | 第 90 百分位 |
|---|---|---|---|---|---|---|
| 生命科学 | 一点儿也不 | 85 ↓ | 109 ↓ | 134 ↓ | 159 ↓ | 179 ↓ |
| | 一些 | 99 | 121 | 145 | 168 | 189 |
| | 比较多 | 103 | 126 | 151 | 176 | 197 |
| | 非常多 | 106 ↑ | 129 ↑ | 154 ↑ | 179 ↑ | 200 ↑ |
| 物理科学 | 一点儿也不 | 87 ↓ | 108 ↓ | 131 ↓ | 157 ↓ | 177 ↓ |
| | 一些 | 97 | 118 | 142 | 166 | 189 |
| | 比较多 | 104 | 126 | 150 | 173 | 195 |
| | 非常多 | 107 ↑ | 129 ↑ | 153 ↑ | 177 ↑ | 200 ↑ |

续表

| 学科 | 运用程度 | 第10百分位 | 第25百分位 | 第50百分位 | 第75百分位 | 第90百分位 |
|---|---|---|---|---|---|---|
| 地球与空间科学 | 一点儿也不 | 89 ↓ | 112 ↓ | 135 ↓ | 156 ↓ | 175 ↓ |
| | 一些 | 102 | 123 | 145 | 167 | 186 |
| | 比较多 | 109 | 129 | 152 | 174 | 194 |
| | 非常多 | 110 ↑ | 131 ↑ | 154 ↑ | 176 ↑ | 196 ↑ |

注：↑表示本列本学科最高；↓表示本列本学科最低。

## 四　使用数字白板的比例

题目：12年级科学课使用数字白板（digital whiteboard）的比例是多少？（题目编码：C075212；学校回答）

选项：0%；1%～25%；26%～50%；51%～75%；76%～99%；100%。

使用年份：2009，2015。类别：学校因素；子类别：资源。

从2009年、2015年的测评来看，"使用数字白板的比例"为26%～50%的学校，其学生的科学量尺分数分别是155分、153分，均为最高；而"使用数字白板的比例"为76%～99%的学校，学生的分数反而最低，分别为149分、147分，比最高分分别低6分、6分。使用数字白板的比例按学生科学分数的高低排序为：26%～50%最佳，其次是51%～75%，之后是100%、0%、1%～25%，最差的是76%～99%（见表5–51）。

表5–51　使用数字白板的比例与12年级学生1996～2015年科学量尺分数和样本百分比

单位：分，%

| 使用数字白板的比例 | | 1996年 | 2000年 | 2005年 | 2009年 | 2015年 | 均值 |
|---|---|---|---|---|---|---|---|
| 0% | 分数 | — | — | — | 150 | 148 | 149.0 |
| | 比例 | — | — | — | 30 | 16 | 23.0 |
| 1%～25% | 分数 | — | — | — | 150 | 148 | 149.0 |
| | 比例 | — | — | — | 34 | 14 | 24.0 |

续表

| 使用数字白板的比例 | | 1996 年 | 2000 年 | 2005 年 | 2009 年 | 2015 年 | 均值 |
|---|---|---|---|---|---|---|---|
| 26%～50% | 分数 | — | — | — | 155 ↑ | 153 ↑ | 154.0 ↑ |
| | 比例 | — | — | — | 12 | 12 | 12.0 |
| 51%～75% | 分数 | — | — | — | 153 | 152 | 152.5 |
| | 比例 | — | — | — | 6 | 8 | 7.0 |
| 76%～99% | 分数 | — | — | — | 149 ↓ | 147 ↓ | 148.0 ↓ |
| | 比例 | — | — | — | 6 | 11 | 8.5 |
| 100% | 分数 | — | — | — | 149 ↓ | 151 | 150.0 |
| | 比例 | — | — | — | 11 | 38 | 24.5 |

注：—表示无数据；↑表示在本年度最高；↓表示在本年度最低。

　　从各等级人数比例的均值来看，"使用数字白板的比例"在 26%～50%时，"低于基本水平"的人数比例最低，达到"熟练水平""高级水平"的人数比例最高；使用比例在 51%～75%时，学生水平与前者逊色不了多少，二者难分伯仲，都是比较恰当的使用数字白板的比例。使用比例在 76%～99%时，"低于基本水平"的人数比例为 42.5%，是最高的，而达到"熟练水平""高级水平"的人数比例是最低的，这一使用白板的比例最不好。使用白板的比例在 0%、1%～25%、100%时，学生在各等级水平的人数比例彼此相当（见表 5-52）。

表 5-52　使用数字白板的比例与 12 年级学生 1996～2015 年科学测评各等级人数比例

单位：%

| 使用数字白板的比例 | 等级 | 1996 年 | 2000 年 | 2005 年 | 2009 年 | 2015 年 | 均值 |
|---|---|---|---|---|---|---|---|
| 0% | 低于基本水平 | — | — | — | 40 | 42 | 41.0 |
| | 基本水平 | — | — | — | 39 ↓ | 39 | 39.0 |
| | 熟练水平 | — | — | — | 19 | 18 | 18.5 |
| | 高级水平 | — | — | — | 1 ↓ | 1 ↓ | 1.0 ↓ |
| 1%～25% | 低于基本水平 | — | — | — | 40 | 42 | 41.0 |
| | 基本水平 | — | — | — | 39 ↓ | 39 | 39.0 |
| | 熟练水平 | — | — | — | 19 | 17 ↓ | 18.0 ↓ |
| | 高级水平 | — | — | — | 1 ↓ | 1 ↓ | 1.0 ↓ |

续表

| 使用数字白板的比例 | 等级 | 1996 年 | 2000 年 | 2005 年 | 2009 年 | 2015 年 | 均值 |
|---|---|---|---|---|---|---|---|
| 26%～50% | 低于基本水平 | — | — | — | 35 ↓ | 37 ↓ | 36.0 ↓ |
| | 基本水平 | — | — | — | 39 | 38 ↓ | 38.5 ↓ |
| | 熟练水平 | — | — | — | 23 ↑ | 22 ↑ | 22.5 ↑ |
| | 高级水平 | — | — | — | 2 ↑ | 2 ↑ | 2.0 ↑ |
| 51%～75% | 低于基本水平 | — | — | — | 37 | 37 ↓ | 37.0 |
| | 基本水平 | — | — | — | 42 ↑ | 41 ↑ | 41.5 ↑ |
| | 熟练水平 | — | — | — | 20 | 20 | 20.0 |
| | 高级水平 | — | — | — | 2 ↑ | 2 ↑ | 2.0 ↑ |
| 76%～99% | 低于基本水平 | — | — | — | 41 ↑ | 44 ↑ | 42.5 ↑ |
| | 基本水平 | — | — | — | 40 | 38 ↓ | 39.0 |
| | 熟练水平 | — | — | — | 18 ↓ | 18 | 18.0 ↓ |
| | 高级水平 | — | — | — | 1 ↓ | 1 ↓ | 1.0 ↓ |
| 100% | 低于基本水平 | — | — | — | 40 | 38 | 39.0 |
| | 基本水平 | — | — | — | 40 | 38 ↓ | 39.0 |
| | 熟练水平 | — | — | — | 19 | 22 ↑ | 20.5 |
| | 高级水平 | — | — | — | 1 ↓ | 2 ↑ | 1.5 |

注：—表示无数据；↑表示本年度同一水平中最高；↓表示本年度同一水平中最低。

从 2015 年三个学科的最高百分位分数来看，使用数字白板的比例为 26%～50% 时，学生的科学分数最佳；而使用数字白板的比例在 76%～99% 时，学生的科学分数最差。分析可知，在科学课堂上使用数字白板要保持一个恰当的度，在 26%～50% 的课堂上使用为佳；过少使用电子白板不好，过多使用也不好（见表 5－53）。

表 5－53　使用数字白板的比例与 12 年级学生 2015 年三个学科百分位分数

单位：分

| 学科 | 使用数字白板的比例 | 第 10 百分位 | 第 25 百分位 | 第 50 百分位 | 第 75 百分位 | 第 90 百分位 |
|---|---|---|---|---|---|---|
| 生命科学 | 0% | 101 ↓ | 125 | 150 | 175 | 196 |
| | 1%～25% | 102 | 124 ↓ | 148 ↓ | 172 ↓ | 193 ↓ |
| | 26%～50% | 105 | 128 | 154 ↑ | 179 ↑ | 199 ↑ |
| | 51%～75% | 107 ↑ | 130 ↑ | 154 ↑ | 176 | 196 |
| | 76%～99% | 102 | 124 ↓ | 148 ↓ | 172 ↓ | 193 ↓ |
| | 100% | 104 | 127 | 153 | 178 | 199 |

| 学科 | 使用数字白板的比例 | 第 10 百分位 | 第 25 百分位 | 第 50 百分位 | 第 75 百分位 | 第 90 百分位 |
|------|------|------|------|------|------|------|
| 物理科学 | 0% | 103 | 124 | 148 | 171 | 194 |
| | 1%～25% | 102 | 123 | 147 | 171 | 193 |
| | 26%～50% | 108↑ | 130↑ | 154↑ | 179↑ | 202↑ |
| | 51%～75% | 108↑ | 128 | 152 | 175 | 194 |
| | 76%～99% | 101↓ | 122↓ | 146↓ | 170↓ | 192↓ |
| | 100% | 103 | 126 | 151 | 176 | 198 |
| 地球与空间科学 | 0% | 106 | 127 | 149 | 171 | 191↓ |
| | 1%～25% | 107 | 127 | 149 | 172 | 191↓ |
| | 26%～50% | 113↑ | 132 | 154↑ | 176↑ | 195↑ |
| | 51%～75% | 112 | 133↑ | 154↑ | 174 | 193 |
| | 76%～99% | 103↓ | 125↓ | 148↓ | 171↓ | 191↓ |
| | 100% | 107 | 129 | 153 | 176 | 196 |

注：↑表示本列本学科最高；↓表示本列本学科最低。

## 五 学校组织学生参加科学竞赛

题目：学校组织 12 年级学生参加科学竞赛（Science competitions）的次数？（题目编码：C098702；学校回答）

选项：从来没有；每年 1～2 次；每年 3 次或更多。

使用年份：2015。类别：学校因素；子类别：资源。

2015 年的测评显示，"从来没有"组织学生参加科学竞赛的学校，12 年级学生的科学量尺分数最低，只有 146 分；而"每年 1～2 次"组织学生参加科学竞赛的学校，其学生的分数升高 6 分，达 152 分；"每年 3 次或更多"组织学生参加科学竞赛的学校，学生的分数最高，达 158 分（见表 5－54）。

从四个等级水平来看，"从来没有"组织学生参加科学竞赛的学校，其学生"低于基本水平"的人数比例为 45%，为最高；而其学生达到"基本水平""熟练水平""高级水平"的人数比例分别为 37%、17%、1%，是三个类别中最低的。"每年 1~2 次"组织学生参加科学竞赛的学校，其学生达到"基本水平"的人数比例最高，达40%；"每年 3 次或更多"组织学生参加科学竞赛的学校，其学生达到"熟练水平"和"高级水平"的人数比例最高，达27%和3%（见表 5－55）。由此可见，从来不组织学生参加科学竞赛的学校，学生"低于基本水平"的人数比例很高，每年组织 1~2 次可以提高学生达到基本水平的人数比例，而每年组织 3 次或更多则可以使学生达到熟练水平和高级水平。

表 5－54　学校组织参加科学竞赛与 12 年级学生 1996~2015 年
科学量尺分数和样本百分比

单位：分，%

| 科学竞赛次数 | | 1996 年 | 2000 年 | 2005 年 | 2009 年 | 2015 年 | 均值 |
| --- | --- | --- | --- | --- | --- | --- | --- |
| 从来没有 | 分数 | — | — | — | — | 146 ↓ | 146.0 ↓ |
| | 比例 | — | — | — | — | 36 | 36.0 |
| 每年 1~2 次 | 分数 | — | — | — | — | 152 | 152.0 |
| | 比例 | — | — | — | — | 52 | 52.0 |
| 每年 3 次或更多 | 分数 | — | — | — | — | 158 ↑ | 158.0 ↑ |
| | 比例 | — | — | — | — | 12 | 12.0 |

注：—表示无数据；↑表示在本年度最高；↓表示在本年度最低。

表 5－55　学校组织参加科学竞赛与 12 年级学生 1996~2015 年科学测评各等级人数比例

单位：%

| 科学竞赛次数 | 等级 | 1996 年 | 2000 年 | 2005 年 | 2009 年 | 2015 年 | 均值 |
| --- | --- | --- | --- | --- | --- | --- | --- |
| 从来没有 | 低于基本水平 | — | — | — | — | 45 ↑ | 45.0 ↑ |
| | 基本水平 | — | — | — | — | 37 ↓ | 37.0 ↓ |
| | 熟练水平 | — | — | — | — | 17 ↓ | 17.0 ↓ |
| | 高级水平 | — | — | — | — | 1 ↓ | 1.0 ↓ |
| 每年 1~2 次 | 低于基本水平 | — | — | — | — | 38 | 38.0 |
| | 基本水平 | — | — | — | — | 40 ↑ | 40 ↑ |
| | 熟练水平 | — | — | — | — | 21 | 21.0 |
| | 高级水平 | — | — | — | — | 2 | 2.0 |
| 每年 3 次或更多 | 低于基本水平 | — | — | — | — | 32 | 32.0 |
| | 基本水平 | — | — | — | — | 38 | 38.0 |
| | 熟练水平 | — | — | — | — | 27 ↑ | 27.0 ↑ |
| | 高级水平 | — | — | — | — | 3 ↑ | 3.0 ↑ |

注：—表示无数据；↑表示本年度同一水平中最高；↓表示本年度同一水平中最低。

从2015年生命科学的百分位分数来看，"从来没有"组织学生参加科学竞赛的学校，其学生的五个百分位分数都是最低的，"每年3次或更多"组织学生参加科学竞赛的学校，其学生的五个百分位分数都是最高的。物理科学、地球与空间科学与生命科学一样，"每年3次或更多"组织学生参加科学竞赛的学校，学生五个百分位分数最高；"每年1～2次"组织学生参加科学竞赛的学校，学生的百分位分数居中；"从来没有"组织学生参加科学竞赛的学校，学生的五个百分位分数最低（见表5-56）。

表5-56　学校组织参加科学竞赛与12年级学生2015年三个学科百分位分数

单位：分

| 学科 | 科学竞赛次数 | 第10百分位 | 第25百分位 | 第50百分位 | 第75百分位 | 第90百分位 |
|---|---|---|---|---|---|---|
| 生命科学 | 从来没有 | 99↓ | 122↓ | 147↓ | 172↓ | 193↓ |
|  | 每年1～2次 | 106 | 128 | 153 | 177 | 197 |
|  | 每年3次或更多 | 109↑ | 133↑ | 159↑ | 184↑ | 206↑ |
| 物理科学 | 从来没有 | 98↓ | 120↓ | 145↓ | 170↓ | 192↓ |
|  | 每年1～2次 | 107 | 128 | 151 | 175 | 197 |
|  | 每年3次或更多 | 110↑ | 133↑ | 158↑ | 184↑ | 207↑ |
| 地球与空间科学 | 从来没有 | 103↓ | 124↓ | 148↓ | 170↓ | 190↓ |
|  | 每年1～2次 | 110 | 131 | 153 | 175 | 195 |
|  | 每年3次或更多 | 112↑ | 133↑ | 156↑ | 179↑ | 198↑ |

注：↑表示本列本学科最高；↓表示本列本学科最低。

## 六　对科学学习的毕业要求

题目：你所在的学校或地区对9～12年级科学课程学习的毕业要求（graduation requirement for science）是多少年？（题目编码：C097901；学校回答）

选项：不到两年；两年；三年；四年；四年以上。

使用年份：2015。类别：教学内容与实践；子类别：课程设置。

"对科学学习的毕业要求"有五种，分别是：不到两年、两年、三年、四年、四年以上。但是，2015 年的测评显示，"不到两年"和"四年以上"的调查样本都为 0，数据不符合报告标准。因此，实际要求只有三种：两年、三年、四年。

"对科学学习的毕业要求"是两年的学校，其学生的科学量尺分数最低，为 147 分。而毕业要求是三年的学校，其学生的科学量尺分数最高，为 152 分；最高与最低相差 5 分。毕业要求是四年的学校，学生的分数居中，为 149 分。对科学分数的比较发现，"对科学的毕业要求"最好是三年，最不好的是两年。在百分比上，"对科学学习的毕业要求"是三年的样本比例最高，达 65%；要求两年、四年的样本比例都是 17%，属于少数（见表 5 – 57）。

表 5 – 57　对科学学习的毕业要求与 12 年级学生 1996 ~ 2015 年

科学量尺分数和样本百分比

单位：分，%

| 毕业要求 | | 1996 年 | 2000 年 | 2005 年 | 2009 年 | 2015 年 | 均值 |
|---|---|---|---|---|---|---|---|
| 不到两年 | 分数 | — | — | — | — | ‡ | ‡ |
| | 比例 | — | — | — | — | 0 | 0 |
| 两年 | 分数 | — | — | — | — | 147 ↓ | 147.0 ↓ |
| | 比例 | — | — | — | — | 17 | 17.0 |
| 三年 | 分数 | — | — | — | — | 152 ↑ | 152.0 ↑ |
| | 比例 | — | — | — | — | 65 | 65.0 |
| 四年 | 分数 | — | — | — | — | 149 | 149.0 |
| | 比例 | — | — | — | — | 17 | 17.0 |
| 四年以上 | 分数 | — | — | — | — | ‡ | ‡ |
| | 比例 | — | — | — | — | 0 | 0 |

注：—表示无数据；‡表示数据不符合报告标准；↑表示在本年度最高；↓表示在本年度最低。

从 2015 年的测评各等级人数比例来看，"对科学学习的毕业要求"是两年的学校，学生"低于基本水平"的人数比例为 44%，是三个类别中最高的；而其学生达到"基本水平""熟练水平"的人数比例分别是 37%、17%，又都是三个类别中最低的。因此认为，要求两年的毕业要求，对学生科学水平的提高不利。"对科学学习的毕业要求"是三年的学校，学生"低于基本水平"的人数比例为 38%，是三个类别中最低的；而其学生达到"基本水平""熟练水平""高级水平"的人数比例分别是 39%、21%、2%（并列），都是最高的（见表 5－58）。毕业要求"三年"最有利于学生科学水平的提高；毕业要求是四年的学校，学生的科学水平比不上三年的学校，但优于两年的学校。

表 5－58　对科学学习的毕业要求与 12 年级学生 1996～2015 年科学测评各等级人数比例

单位：%

| 毕业要求 | 等级 | 1996 年 | 2000 年 | 2005 年 | 2009 年 | 2015 年 | 均值 |
|---|---|---|---|---|---|---|---|
| 两年 | 低于基本水平 | — | — | — | — | 44 ↑ | 44.0 ↑ |
| | 基本水平 | — | — | — | — | 37 ↓ | 37.0 ↓ |
| | 熟练水平 | — | — | — | — | 17 ↓ | 17.0 ↓ |
| | 高级水平 | — | — | — | — | 2 ↑ | 2.0 ↑ |
| 三年 | 低于基本水平 | — | — | — | — | 38 ↓ | 38.0 ↓ |
| | 基本水平 | — | — | — | — | 39 ↑ | 39.0 ↑ |
| | 熟练水平 | — | — | — | — | 21 ↑ | 21.0 ↑ |
| | 高级水平 | — | — | — | — | 2 ↑ | 2.0 ↑ |
| 四年 | 低于基本水平 | — | — | — | — | 41 | 41.0 |
| | 基本水平 | — | — | — | — | 38 | 38.0 |
| | 熟练水平 | — | — | — | — | 19 | 19.0 |
| | 高级水平 | — | — | — | — | 1 ↓ | 1.0 ↓ |

注：一表示无数据；↑表示本年度同一水平中最高；↓表示本年度同一水平中最低。

从 2015 年三个学科的百分位分数来看，无一例外，三个学科都是"对科学学习的毕业要求"是三年的，第 10、25、50、75、90 百分位分数最高；而毕业要求是"两年"的百分位分数最低的数目有 14 个，毕业要求是"四年"的百分位分数最低的数目有 2 个（见表 5－59）。从百分位分数的分析也可以发现，最优的是"三年"的毕业要求，次之的是"四年"的毕业要求，最差的是"两年"的毕业要求。

**表 5-59　对科学学习的毕业要求与 12 年级学生 2015 年三个学科百分位分数**

单位：分

| 学科 | 毕业要求 | 第 10 百分位 | 第 25 百分位 | 第 50 百分位 | 第 75 百分位 | 第 90 百分位 |
|---|---|---|---|---|---|---|
| 生命科学 | 两年 | 100 ↓ | 122 ↓ | 147 ↓ | 173 ↓ | 195 ↓ |
| | 三年 | 105 ↑ | 128 ↑ | 153 ↑ | 177 ↑ | 198 ↑ |
| | 四年 | 101 | 124 | 150 | 175 | 196 |
| 物理科学 | 两年 | 102 | 122 ↓ | 146 ↓ | 171 ↓ | 195 ↓ |
| | 三年 | 105 ↑ | 127 ↑ | 151 ↑ | 175 ↑ | 197 ↑ |
| | 四年 | 101 ↓ | 123 | 149 | 173 | 196 |
| 地球与空间科学 | 两年 | 105 ↓ | 125 ↓ | 147 ↓ | 170 ↓ | 191 ↓ |
| | 三年 | 109 ↑ | 130 ↑ | 152 ↑ | 175 ↑ | 195 ↑ |
| | 四年 | 105 ↓ | 127 | 151 | 174 | 194 |

注：↑表示本列本学科最高；↓表示本列本学科最低。

## 七　学校安全

题目：你认为你在学校安全（safe）吗？（题目编码：B009401；学生报告）

选项：很安全；比较安全；不太安全；很不安全。

使用年份：1996，2000。类别：学校因素；子类别：学校环境。

1996 年和 2000 年的 NAEP 测评中分析了学校安全情况对学生科学素质的影响，12 年级测评报告显示，绝大部分学生（均值为 92%）认为自己在学校是安全的；并且，学校给学生的安全感越强，学生的平均成绩越高。譬如，比较均值发现，约 52% 的学生认为自己的学校很安全，其平均成绩为 157 分；约 40% 的学生认为自己的学校比较安全，其平均成绩为 144 分；约 4.5% 的学生认为自己的学校不太安全，其平均成绩为 132 分；约 3% 的学生认为自己的学校很不安全，其平均成绩为 124.5 分（见表 5-60）。

**表 5 - 60　学校安全情况与 12 年级学生 1996～2015 年科学量尺分数和样本百分比**

单位：分，%

| 学校安全情况 | | 1996 年 | 2000 年 | 2005 年 | 2009 年 | 2015 年 | 均值 |
|---|---|---|---|---|---|---|---|
| 很安全 | 分数 | 159 ↑ | 155 ↑ | — | — | — | 157 ↑ |
| | 比例 | 55 | 49 | — | — | — | 52 |
| 比较安全 | 分数 | 145 | 143 | — | — | — | 144 |
| | 比例 | 38 | 42 | — | — | — | 40 |
| 不太安全 | 分数 | 135 | 129 | — | — | — | 132 |
| | 比例 | 4 | 5 | — | — | — | 4.5 |
| 很不安全 | 分数 | 126 ↓ | 123 ↓ | — | — | — | 124.5 ↓ |
| | 比例 | 2 | 4 | — | — | — | 3 |

注：—表示无数据；↑表示在本年度最高；↓表示在本年度最低。

从 1996 年和 2000 年的测评各等级人数比例均值来看，认为自己学校很安全的学生"低于基本水平"的人数比例最低，为 34.5%，而达到"基本水平""熟练水平""高级水平"的人数比例最高，依次为 38.5%、23%、3.5%。认为自己学校很不安全的学生"低于基本水平"的人数比例最高，为 74%，而达到"基本水平""熟练水平""高级水平"的人数比例最低，依次为 19%、6%、0.5%。认为自己学校不太安全的学生达到"高级水平"的人数比例同样最低，为 0.5%（见表 5 - 61）。可以看出，处于安全、稳定的校园环境中的学生的科学素质较高，而处在不安全、混乱的学校环境中的学生的科学素质较低。

**表 5 - 61　学校安全情况与 12 年级学生 1996～2015 年科学测评各等级人数比例**

单位：%

| 学校安全情况 | 等级 | 1996 年 | 2000 年 | 2005 年 | 2009 年 | 2015 年 | 均值 |
|---|---|---|---|---|---|---|---|
| 很安全 | 低于基本水平 | 33 ↓ | 36 ↓ | — | — | — | 34.5 ↓ |
| | 基本水平 | 39 ↑ | 38 ↑ | — | — | — | 38.5 ↑ |
| | 熟练水平 | 24 ↑ | 22 ↑ | — | — | — | 23 ↑ |
| | 高级水平 | 4 ↑ | 3 ↑ | — | — | — | 3.5 ↑ |
| 比较安全 | 低于基本水平 | 49 | 53 | — | — | — | 51 |
| | 基本水平 | 38 | 33 | — | — | — | 35.5 |
| | 熟练水平 | 15 | 13 | — | — | — | 14 |
| | 高级水平 | 2 | 1 | — | — | — | 1.5 |

续表

| 学校安全情况 | 等级 | 1996 年 | 2000 年 | 2005 年 | 2009 年 | 2015 年 | 均值 |
|---|---|---|---|---|---|---|---|
| 不太安全 | 低于基本水平 | 62 | 69 | — | — | — | 65.5 |
| | 基本水平 | 28 | 25 | — | — | — | 26.5 |
| | 熟练水平 | 10 | 6 | — | — | — | 8 |
| | 高级水平 | 1 | 0 ↓ | — | — | — | 0.5 ↓ |
| 很不安全 | 低于基本水平 | 73 ↑ | 75 ↑ | — | — | — | 74 ↑ |
| | 基本水平 | 21 ↓ | 17 ↓ | — | — | — | 19 ↓ |
| | 熟练水平 | 5 ↓ | 7 ↓ | — | — | — | 6 ↓ |
| | 高级水平 | 0 ↓ | 1 | — | — | — | 0.5 ↓ |

注：—表示无数据；↑表示在本年度最高；↓表示在本年度最低。

2000 年，生命科学第 10、25、50、75、90 百分位分数均是认为自己学校很安全的学生最高，依次为 113 分、136 分、158 分、179 分、195 分；认为自己学校很不安全的学生最低，依次为 71 分、97 分、122 分、148 分、170 分。物理科学测评结果和地球与空间科学一致，五个百分位分数均是认为自己学校很安全的学生最高，第 10、25、50、75 百分位分数均是认为自己学校很不安全的学生最低，第 90 百分位分数均是认为自己学校不太安全的学生最低（见表 5 – 62）。测评结果可以折射出学校安全情况对学生的学业成绩具有很大的影响。

表 5 – 62　学校安全情况与 12 年级学生 2000 年三个学科百分位分数

单位：分

| 学科 | 学校安全情况 | 第 10 百分位 | 第 25 百分位 | 第 50 百分位 | 第 75 百分位 | 第 90 百分位 |
|---|---|---|---|---|---|---|
| 生命科学 | 很安全 | 113 ↑ | 136 ↑ | 158 ↑ | 179 ↑ | 195 ↑ |
| | 比较安全 | 103 | 125 | 146 | 167 | 186 |
| | 不太安全 | 89 | 108 | 133 | 155 | 174 |
| | 很不安全 | 71 ↓ | 97 ↓ | 122 ↓ | 148 ↓ | 170 ↓ |
| 物理科学 | 很安全 | 110 ↑ | 134 ↑ | 158 ↑ | 181 ↑ | 199 ↑ |
| | 比较安全 | 98 | 120 | 143 | 167 | 188 |
| | 不太安全 | 87 | 106 | 127 | 151 | 173 ↓ |
| | 很不安全 | 79 ↓ | 100 ↓ | 124 ↓ | 150 ↓ | 174 |

续表

| 学科 | 学校安全情况 | 第 10 百分位 | 第 25 百分位 | 第 50 百分位 | 第 75 百分位 | 第 90 百分位 |
|------|------|------|------|------|------|------|
| 地球与空间科学 | 很安全 | 110 ↑ | 133 ↑ | 156 ↑ | 177 ↑ | 194 ↑ |
| | 比较安全 | 99 | 120 | 142 | 164 | 183 |
| | 不太安全 | 86 | 107 | 128 | 151 | 170 ↓ |
| | 很不安全 | 74 ↓ | 94 ↓ | 120 ↓ | 146 ↓ | 171 |

注：↑表示本列本学科最高；↓表示本列本学科最低。

# 第六节　学生家庭方面的影响因素

## 一　在家里和谁一起生活

题目：在家里你和谁一起生活？（学生回答）

母亲（mother）；　　　选项：是；未回答。题目编码：B0268A1。

继母（stepmother）；　　选项：是；未回答。题目编码：B0268B1。

父亲（father）；　　　选项：是；未回答。题目编码：B0268D1。

继父（stepfather）；　　选项：是；未回答。题目编码：B0268E1。

使用年份：2015。类别：学生因素；子类别：人口统计学。

NAEP 在测评时，问学生"在家里和母亲、继母、父亲、继父一起生活吗"是单独问的；也就是说，是四个题目；每个题目分成"是"和"未回答"两种选项。我们在分析时，不仅关注学生回答"是"和"未回答"两种状况下的科学成绩，而且特别想比较一下"和母亲生活""和父亲生活""和继父生活""和继母生活"以及四种"未回答"共 8 种状况下学生的科学成绩状况。

另外，问学生"在家里你和母亲一起生活吗"，仅涉及"母亲"，不涉及是否和父亲一起生活，也不管是否有继父。如果回答"是"和母亲一起生活，则此学生可能也和父亲一起生活，也可能是"母亲＋继父"；也可能是单亲（母亲），既无父亲，也无继父。

和母亲一起生活的学生比例很高，有85%，其科学量尺分数为152分；而未回答的学生占比较低，有15%，其分数也低，仅140分，二者相差12分。未回答的学生，可能也和母亲一起生活，只是未回答而已，但推测多数是未和母亲一起生活。

和继母一起生活的学生比例非常低，只有5%，这些学生的科学量尺分数为143分；未回答和继母一起生活的学生占95%，其分数为151分，二者相差8分。未回答和继母一起生活的，多数应是没有继母。由此推测，和继母一起生活，不利于学生的科学学习。

和父亲一起生活的学生比例只有62%，远低于"和母亲一起生活"的85%，其科学量尺分数最高，为156分；而未回答"和父亲一起生活"的学生比例为38%，其分数为140分，二者相差16分。

和继父一起生活的学生的比例有12%，高于"和继母一起生活"的比例（5%），其科学量尺分数为143分；而未回答和继父一起生活的学生的比例为88%，其分数高于和继父一起生活的学生8分，为151分。

8种状况总体比较，学生的科学分数从高到低的状况可以分成五种：第一，和父亲一起生活，分数最高；第二，和母亲一起生活，分数次之；第三，未回答和继母一起生活、未回答和继父一起生活，分数居第三位；第四，和继父或继母一起生活，分数一样；第五，最不好的就是未回答和母亲一起生活、未回答和父亲一起生活的两种状况，分数最低（见表5－63）。

表5－63　家里和谁生活与12年级学生1996～2015年科学量尺分数和样本百分比

单位：分，%

| 类别 | | 1996年 | 2000年 | 2005年 | 2009年 | 2015年 | 均值 |
|---|---|---|---|---|---|---|---|
| 和母亲生活 | 分数 | — | — | — | — | 152 | 152.0 |
| | 比例 | — | — | — | — | 85 | 85.0 |
| 未回答和母亲生活 | 分数 | — | — | — | — | 140↓ | 140.0↓ |
| | 比例 | — | — | — | — | 15 | 15.0 |

**续表**

| 类别 | | 1996 年 | 2000 年 | 2005 年 | 2009 年 | 2015 年 | 均值 |
|---|---|---|---|---|---|---|---|
| 和继母生活 | 分数 | — | — | — | — | 143 | 143.0 |
| | 比例 | — | — | — | — | 5 | 5.0 |
| 未回答和继母生活 | 分数 | — | — | — | — | 151 | 151.0 |
| | 比例 | — | — | — | — | 95 | 95.0 |
| 和父亲生活 | 分数 | — | — | — | — | 156↑ | 156.0↑ |
| | 比例 | — | — | — | — | 62 | 62.0 |
| 未回答和父亲生活 | 分数 | — | — | — | — | 140↓ | 140.0↓ |
| | 比例 | — | — | — | — | 38 | 38.0 |
| 和继父生活 | 分数 | — | — | — | — | 143 | 143.0 |
| | 比例 | — | — | — | — | 12 | 12.0 |
| 未回答和继父生活 | 分数 | — | — | — | — | 151 | 151.0 |
| | 比例 | — | — | — | — | 88 | 88.0 |

注：—表示无数据；↑表示在本年度最高；↓表示在本年度最低。

依据学生达到的等级水平的人数比例，可以将学生在家里和谁一起生活分成六种状况，这六种状况从好到坏依次是：①和父亲一起生活最佳；这种状况下，学生"低于基本水平"的人数比例最低，为 33%，而达到"基本水平""熟练水平""高级水平"的人数比例最高，分别是 40%、25% 和 2%。②和母亲一起生活居第二位；这种状况下，学生"低于基本水平"的人数比例为 38%，达到"基本水平""熟练水平""高级水平"的人数比例分别为 38%、22%、2%；学生达到的等级水平比和父亲一起生活略低一些。③未回答"和继母生活"、未回答"和继父生活"的状况；这两种状况下，学生在四个等级水平的人数比例分别为 39%、38%、21%、2% 和 39%、38%、21%、2%，比例完全一样。④和继母一起生活、和继父一起生活；其四个等级水平的人数比例分别为 46%、38%、16%、0% 和 47%、37%、15%、1%，二者处在一个水平上。⑤未回答和母亲一起生活；这些学生"低于基本水平"的人数比例为 49%，达到"基本水平""熟练水平""高级水平"的人数比例分别为 37%、13%、0%。⑥未回答和父亲一起生活的学生最差；这些学生"低于基本水平"的人数比例为 51%，比例最高；

而达到"基本水平""熟练水平"的人数比例分别为 36% 、13% ，都是最低的；达到"高级水平"的人数比例为 1% （见表 5 - 64）。

表 5 - 64　家里和谁生活与 12 年级学生 1996 ~ 2015 年科学测评各等级人数比例

单位：%

| 类别 | 等级 | 1996 年 | 2000 年 | 2005 年 | 2009 年 | 2015 年 | 均值 |
|------|------|---------|---------|---------|---------|---------|------|
| 和母亲生活 | 低于基本水平 | — | — | — | — | 38 | 38.0 |
| | 基本水平 | — | — | — | — | 38 | 38.0 |
| | 熟练水平 | — | — | — | — | 22 | 22.0 |
| | 高级水平 | — | — | — | — | 2 ↑ | 2.0 ↑ |
| 未回答和母亲生活 | 低于基本水平 | — | — | — | — | 49 | 49.0 |
| | 基本水平 | — | — | — | — | 37 | 37.0 |
| | 熟练水平 | — | — | — | — | 13 ↓ | 13.0 ↓ |
| | 高级水平 | — | — | — | — | 0 ↓ | 0 ↓ |
| 和继母生活 | 低于基本水平 | — | — | — | — | 46 | 46.0 |
| | 基本水平 | — | — | — | — | 38 | 38.0 |
| | 熟练水平 | — | — | — | — | 16 | 16.0 |
| | 高级水平 | — | — | — | — | 0 ↓ | 0 ↓ |
| 未回答和继母生活 | 低于基本水平 | — | — | — | — | 39 | 39.0 |
| | 基本水平 | — | — | — | — | 38 | 38.0 |
| | 熟练水平 | — | — | — | — | 21 | 21.0 |
| | 高级水平 | — | — | — | — | 2 ↑ | 2.0 ↑ |
| 和父亲生活 | 低于基本水平 | — | — | — | — | 33 ↓ | 33.0 ↓ |
| | 基本水平 | — | — | — | — | 40 ↑ | 40.0 ↑ |
| | 熟练水平 | — | — | — | — | 25 ↑ | 25.0 ↑ |
| | 高级水平 | — | — | — | — | 2 ↑ | 2.0 ↑ |
| 未回答和父亲生活 | 低于基本水平 | — | — | — | — | 51 ↑ | 51.0 ↑ |
| | 基本水平 | — | — | — | — | 36 ↓ | 36.0 ↓ |
| | 熟练水平 | — | — | — | — | 13 ↓ | 13.0 ↓ |
| | 高级水平 | — | — | — | — | 1 | 1.0 |
| 和继父生活 | 低于基本水平 | — | — | — | — | 47 | 47.0 |
| | 基本水平 | — | — | — | — | 37 | 37.0 |
| | 熟练水平 | — | — | — | — | 15 | 15.0 |
| | 高级水平 | — | — | — | — | 1 | 1.0 |

续表

| 类别 | 等级 | 1996 年 | 2000 年 | 2005 年 | 2009 年 | 2015 年 | 均值 |
|------|------|---------|---------|---------|---------|---------|------|
| 未回答和继父生活 | 低于基本水平 | — | — | — | — | 39 | 39.0 |
| | 基本水平 | — | — | — | — | 38 | 38.0 |
| | 熟练水平 | — | — | — | — | 21 | 21.0 |
| | 高级水平 | — | — | — | — | 2 ↑ | 2.0 ↑ |

注：—表示无数据；↑表示本年度同一水平中最高；↓表示本年度同一水平中最低。

2015 年，生命科学、物理科学、地球与空间科学的第 10、25、50、75、90 百分位分数，都是和父亲一起生活的学生最高，说明和父亲一起生活对于学生的科学学习至关重要。三个学科的五个百分位分数，最低的一般都是未回答和父亲一起生活、未回答和母亲一起生活的学生，说明对学生的科学学习最不利的因素就是没有和父亲一起生活，以及没有和母亲一起生活。如果我们把"未回答"理解成"没有"的话，那么这 8 种状况从优到劣的顺序依次是：父亲、母亲、无继父、无继母、继母、继父、无母亲、无父亲（见表 5 - 65）。

**表 5 - 65　家里和谁生活与 12 年级学生 2015 年三个学科百分位分数**

单位：分

| 学科 | 类别 | 第 10 百分位 | 第 25 百分位 | 第 50 百分位 | 第 75 百分位 | 第 90 百分位 |
|------|------|------------|------------|------------|------------|------------|
| 生命科学 | 和母亲生活 | 105 | 127 | 153 | 178 | 199 |
| | 未回答和母亲生活 | 94 ↓ | 118 ↓ | 143 | 165 ↓ | 185 ↓ |
| | 和继母生活 | 96 | 120 | 146 | 169 | 189 |
| | 未回答和继母生活 | 104 | 126 | 152 | 177 | 198 |
| | 和父亲生活 | 109 ↑ | 132 ↑ | 158 ↑ | 182 ↑ | 202 ↑ |
| | 未回答和父亲生活 | 96 | 118 ↓ | 142 ↓ | 166 | 187 |
| | 和继父生活 | 100 | 121 | 144 | 167 | 189 |
| | 未回答和继父生活 | 104 | 127 | 153 | 177 | 198 |

续表

| 学科 | 类别 | 第10百分位 | 第25百分位 | 第50百分位 | 第75百分位 | 第90百分位 |
|---|---|---|---|---|---|---|
| 物理科学 | 和母亲生活 | 105 | 127 | 151 | 176 | 198 |
| | 未回答和母亲生活 | 96 | 118 | 141 | 164 | 185 |
| | 和继母生活 | 101 | 122 | 145 | 167 | 189 |
| | 未回答和继母生活 | 104 | 126 | 150 | 175 | 197 |
| | 和父亲生活 | 111 ↑ | 133 ↑ | 157 ↑ | 181 ↑ | 203 ↑ |
| | 未回答和父亲生活 | 95 ↓ | 116 ↓ | 139 ↓ | 162 ↓ | 184 ↓ |
| | 和继父生活 | 98 | 118 | 141 | 164 | 186 |
| | 未回答和继父生活 | 105 | 127 | 151 | 176 | 198 |
| 地球与空间科学 | 和母亲生活 | 109 | 130 | 153 | 175 | 195 |
| | 未回答和母亲生活 | 99 ↓ | 121 ↓ | 145 ↓ | 166 | 185 |
| | 和继母生活 | 103 | 124 | 146 | 168 | 187 |
| | 未回答和继母生活 | 107 | 129 | 152 | 174 | 194 |
| | 和父亲生活 | 113 ↑ | 134 ↑ | 156 ↑ | 179 ↑ | 198 ↑ |
| | 未回答和父亲生活 | 100 | 121 ↓ | 143 | 165 ↓ | 184 ↓ |
| | 和继父生活 | 104 | 125 | 146 | 168 | 188 |
| | 未回答和继父生活 | 108 | 129 | 152 | 175 | 194 |

注：↑表示本列本学科最高；↓表示本列本学科最低。

## 二　学生在家谈论学习

题目：你在家里多久和家人谈论一次你在学校学过的东西（talk about studies at home）？（题目编码：B017451；学生回答）

选项：几乎没有；几周1次；大约一周1次；一周2~3次；每天。

使用年份：2005，2009，2015。类别：学校以外的因素；子类别：家庭环境管理。

在家里"几乎没有"和家人谈论过自己在学校里学过的东西的学生，其科学分数历年都是最低的，例如学生在 2005 年、2009 年、2015 年的科学量尺分数分别是 139 分、140 分、141 分，是诸多频次中最低的；这说明，在家里谈论学校里学过的东西，肯定比不谈论要好。但是，多久谈论一次好呢？在家谈论学习"几周 1 次"的学生的分数均值为 145 分，比"几乎没有"的学生高 5 分；在家谈论学习"大约一周 1 次"的学生的分数均值又提高了 7 分，达 152.0 分；在家谈论学习"一周 2～3 次"的学生的分数达到最高，156.7 分，说明这个频次最好；但是，在家"每天"谈论学习并不好，反倒比"一周 2～3 次"降低了 3.7 分（见表 5－66）。

**表 5－66　在家谈论学习与 12 年级学生 1996～2015 年科学量尺分数和样本百分比**

单位：分，%

| 谈论频次 | | 1996 年 | 2000 年 | 2005 年 | 2009 年 | 2015 年 | 均值 |
|---|---|---|---|---|---|---|---|
| 几乎没有 | 分数 | — | — | 139 ↓ | 140 ↓ | 141 ↓ | 140.0 ↓ |
| | 比例 | | | 21 | 20 | 21 | 20.7 |
| 几周 1 次 | 分数 | — | — | 145 | 144 | 146 | 145.0 |
| | 比例 | | | 20 | 19 | 19 | 19.3 |
| 大约一周 1 次 | 分数 | — | — | 151 | 153 | 152 | 152.0 |
| | 比例 | | | 20 | 21 | 20 | 20.3 |
| 一周 2～3 次 | 分数 | — | — | 154 ↑ | 158 ↑ | 158 ↑ | 156.7 ↑ |
| | 比例 | — | — | 22 | 22 | 23 | 22.3 |
| 每天 | 分数 | — | — | 149 | 155 | 155 | 153.0 |
| | 比例 | | | 16 | 17 | 17 | 16.7 |

注：一表示无数据；↑表示在本年度最高；↓表示在本年度最低。

从 2005 年、2009 年和 2015 年三次测评各等级人数比例的均值来看，在家"几乎没有"谈论过学习的学生"低于基本水平"的人数比例为 53.0%，在五种频次中是最高的；而其达到"基本水平""熟练水平""高

级水平"的人数比例分别是 33.7%、12.7%、1.0%，都是最低的。在家
"几乎没有"谈论过学习对学生的科学学习不利。"几周 1 次"和"每天"
谈论的学生的水平相当，"每天"谈论的学生比"几周 1 次"的学生略好一
点。在家谈论学习"大约一周 1 次"的学生达到"基本水平"的人数比例
为 40.7%，是五种频次中最高的。在家谈论学习"一周 2~3 次"的学生
"低于基本水平"的人数比例为 33.0%，是最低的；同时其达到"基本水
平"的人数比例为 40.3%，仅比最高比例（40.7%）低 0.4 个百分点；其
达到"熟练水平"和"高级水平"的人数比例为 24.3%、2.7%，是五种频
次中最高的（见表 5-67）。综上，在家谈论学习"一周 2~3 次"最好。

表 5-67 在家谈论学习与 12 年级学生 1996~2015 年科学各等级人数比例

单位：%

| 谈论频次 | 等级 | 1996 年 | 2000 年 | 2005 年 | 2009 年 | 2015 年 | 均值 |
|---|---|---|---|---|---|---|---|
| 几乎没有 | 低于基本水平 | — | — | 57 ↑ | 51 ↑ | 51 ↑ | 53.0 ↑ |
| | 基本水平 | — | — | 31 ↓ | 36 ↓ | 34 ↓ | 33.7 ↓ |
| | 熟练水平 | — | — | 12 ↓ | 12 ↓ | 14 ↓ | 12.7 ↓ |
| | 高级水平 | — | — | 1 ↓ | 1 ↓ | 1 ↓ | 1.0 ↓ |
| 几周 1 次 | 低于基本水平 | — | — | 50 | 46 | 45 | 47.0 |
| | 基本水平 | — | — | 35 | 38 | 38 | 37.0 |
| | 熟练水平 | — | — | 14 | 14 | 16 | 14.7 |
| | 高级水平 | — | — | 2 | 1 ↓ | 1 ↓ | 1.3 |
| 大约一周 1 次 | 低于基本水平 | — | — | 41 | 36 | 37 | 38.0 |
| | 基本水平 | — | — | 39 ↑ | 43 ↑ | 40 ↑ | 40.7 ↑ |
| | 熟练水平 | — | — | 18 | 20 | 21 | 19.7 |
| | 高级水平 | — | — | 2 | 1 ↓ | 1 ↓ | 1.3 |
| 一周 2~3 次 | 低于基本水平 | — | — | 37 ↓ | 31 ↓ | 31 ↓ | 33.0 ↓ |
| | 基本水平 | — | — | 39 ↑ | 42 | 40 ↑ | 40.3 |
| | 熟练水平 | — | — | 21 ↑ | 26 ↑ | 26 ↑ | 24.3 ↑ |
| | 高级水平 | — | — | 3 ↑ | 2 ↑ | 3 ↑ | 2.7 ↑ |
| 每天 | 低于基本水平 | — | — | 43 | 35 | 34 | 37.3 |
| | 基本水平 | — | — | 34 | 38 | 38 | 36.7 |
| | 熟练水平 | — | — | 19 | 25 | 26 | 23.3 |
| | 高级水平 | — | — | 3 ↑ | 2 ↑ | 2 | 2.3 |

注：—表示无数据；↑表示本年度同一水平中最高；↓表示本年度同一水平中最低。

从 2015 年生命科学百分位分数来看，在家"几乎没有"谈论过学习的学生，各个层次的分数都是最低的；而在家谈论学习"一周 2～3 次"，对各个层级的学生都是非常有利的；对于学习成绩后 50% 的学生，在家"每天"谈论学习并不利于其成绩的提高；但对于优于 75% 的学生，在家"每天"谈论学习，则非常好。物理科学、地球与空间科学一样，学生在家"几乎没有"谈论过学习，其成绩不佳；而在家谈论学习"一周 2～3 次"，对各个层次的学生的科学学习都有利（见表 5－68）。

表 5－68　在家谈论学习与 12 年级学生 2015 年三个学科百分位分数

单位：分

| 学科 | 谈论频次 | 第 10 百分位 | 第 25 百分位 | 第 50 百分位 | 第 75 百分位 | 第 90 百分位 |
|---|---|---|---|---|---|---|
| 生命科学 | 几乎没有 | 96 ↓ | 117 ↓ | 141 ↓ | 166 ↓ | 187 ↓ |
|  | 几周 1 次 | 100 | 122 | 146 | 170 | 192 |
|  | 大约一周 1 次 | 106 | 128 | 152 | 176 | 196 |
|  | 一周 2～3 次 | 111 ↑ | 134 ↑ | 160 ↑ | 183 | 204 ↑ |
|  | 每天 | 106 | 131 | 159 | 184 ↑ | 204 ↑ |
| 物理科学 | 几乎没有 | 97 ↓ | 117 ↓ | 140 ↓ | 164 ↓ | 187 ↓ |
|  | 几周 1 次 | 100 | 121 | 145 | 169 | 191 |
|  | 大约一周 1 次 | 108 | 129 | 153 | 176 | 196 |
|  | 一周 2～3 次 | 112 ↑ | 134 ↑ | 158 ↑ | 182 ↑ | 204 ↑ |
|  | 每天 | 104 | 128 | 154 | 180 | 202 |
| 地球与空间科学 | 几乎没有 | 102 ↓ | 121 ↓ | 142 ↓ | 165 ↓ | 184 ↓ |
|  | 几周 1 次 | 103 | 124 | 147 | 169 | 189 |
|  | 大约一周 1 次 | 110 | 131 | 153 | 174 | 192 |
|  | 一周 2～3 次 | 114 ↑ | 135 ↑ | 158 ↑ | 181 ↑ | 200 ↑ |
|  | 每天 | 109 | 132 | 157 | 180 | 199 |

注：↑表示本列本学科最高；↓表示本列本学科最低。

## 三　在家使用互联网

题目：你在家里使用互联网（use the internet at home）吗？（题目

编码：B016101；学生回答）

选项：使用；不使用。

使用年份：2000。类别：学校以外的因素；子类别：校外时间的利用。

学生在家里"使用"互联网的比例为69%，其科学量尺分数为153分；而在家里"不使用"互联网的学生占31%，其科学分数为135分。"使用"互联网的学生高于"不使用"的学生18分（见表5-69）。由此可见，在家里使用互联网有利于科学分数的提高。

**表5-69 在家使用互联网与12年级学生1996~2015年科学量尺分数和样本百分比**

单位：分，%

| 使用状况 | | 1996年 | 2000年 | 2005年 | 2009年 | 2015年 | 均值 |
|---|---|---|---|---|---|---|---|
| 使用 | 分数 | — | 153↑ | — | — | — | 153.0↑ |
| | 比例 | — | 69 | — | — | — | 69.0 |
| 不使用 | 分数 | — | 135↓ | — | — | — | 135.0↓ |
| | 比例 | — | 31 | — | — | — | 31.0 |

注：—表示无数据；↑表示在本年度最高；↓表示在本年度最低。

在家里"使用"互联网的学生"低于基本水平"的人数比例为39%，而"不使用"的这一比例为62%，二者相差23个百分点。在家里"使用"互联网的学生达到"基本水平""熟练水平""高级水平"的人数比例分别为37%、20%、3%，分别高于"不使用"互联网的学生9个、11个、2个百分点（见表5-70）。由此也可以发现，在家里使用互联网有利于学生科学等级水平的提高。

2000年，生命科学的五个百分位分数，均是在家里"使用"互联网的学生高于"不使用"的学生，差值最小的是第90百分位分数，二者相差15分；相差最多的是第10、25百分位分数，差值均是19分。物理科学的五个百分位分数，也是在家"使用"互联网的学生高于"不使用"的学生，差值最小的是第90百分位分数，相差17分；差值最大的是第25、50、75百分位分数，相差均是 20 分。地球与空间科学的五个百分位分数，在家"使用"互联网的学生高于"不使用"的分别是 19 分、19 分、19 分、18 分、16 分（见表 5 - 71）。

表 5 - 70　在家使用互联网与 12 年级学生 1996 ~ 2015 年科学测评各等级人数比例

单位：%

| 使用状况 | 等级 | 1996 年 | 2000 年 | 2005 年 | 2009 年 | 2015 年 | 均值 |
|---|---|---|---|---|---|---|---|
| 使用 | 低于基本水平 | — | 39 ↓ | — | — | — | 39.0 ↓ |
| | 基本水平 | — | 37 ↑ | — | — | — | 37.0 ↑ |
| | 熟练水平 | — | 20 ↑ | — | — | — | 20.0 ↑ |
| | 高级水平 | — | 3 ↑ | — | — | — | 3.0 ↑ |
| 不使用 | 低于基本水平 | — | 62 ↑ | — | — | — | 62.0 ↑ |
| | 基本水平 | — | 28 ↓ | — | — | — | 28.0 ↓ |
| | 熟练水平 | — | 9 ↓ | — | — | — | 9.0 ↓ |
| | 高级水平 | — | 1 ↓ | — | — | — | 1.0 ↓ |

注：—表示无数据；↑表示本年度同一水平中最高；↓表示本年度同一水平中最低。

表 5 - 71　在家使用互联网与 12 年级学生 2000 年三个学科百分位分数

单位：分

| 学科 | 使用状况 | 第 10 百分位 | 第 25 百分位 | 第 50 百分位 | 第 75 百分位 | 第 90 百分位 |
|---|---|---|---|---|---|---|
| 生命科学 | 使用 | 112 ↑ | 134 ↑ | 156 ↑ | 177 ↑ | 194 ↑ |
| | 不使用 | 93 ↓ | 115 ↓ | 138 ↓ | 159 ↓ | 179 ↓ |
| 物理科学 | 使用 | 109 ↑ | 131 ↑ | 155 ↑ | 179 ↑ | 197 ↑ |
| | 不使用 | 90 ↓ | 111 ↓ | 135 ↓ | 159 ↓ | 180 ↓ |
| 地球与空间科学 | 使用 | 108 ↑ | 130 ↑ | 153 ↑ | 175 ↑ | 193 ↑ |
| | 不使用 | 89 ↓ | 111 ↓ | 134 ↓ | 157 ↓ | 177 ↓ |

注：↑表示本列本学科最高；↓表示本列本学科最低。

## 四　家里有自己的卧室

题目：家里你有自己的卧室（at home have own bedroom）吗？（题目编码：B0267E1；学生回答）

选项：有；未回答。

使用年份：2015。类别：学校以外的因素；子类别：校外时间的利用。

2015 年的测试显示，回答家里有自己的卧室的学生占八成（80%），这些学生的科学量尺分数为 153 分；而"未回答"家里有自己的卧室的学生只有两成（20%），其分数只有 141 分。回答"是"和"未回答"的学生，分数相差 12 分（见表 5 - 72）。一方面，家里有自己的卧室，学生在家里的学习环境相对较好、时间相对有保证，较少受外界因素干扰；另一方面，家里有自己的卧室的学生，家庭条件相对好，其他条件诸如电脑、电视、DVD 等学习资源也比较充裕，有利于学生的学习。

表 5 - 72　家里有自己的卧室与 12 年级学生 1996～2015 年
科学量尺分数和样本百分比

单位：分，%

| 家里有自己的卧室 | | 1996 年 | 2000 年 | 2005 年 | 2009 年 | 2015 年 | 均值 |
|---|---|---|---|---|---|---|---|
| 是 | 分数 | — | — | — | — | 153 ↑ | 153 ↑ |
| | 比例 | — | — | — | — | 80 | 80 |
| 未回答 | 分数 | — | — | — | — | 141 ↓ | 141 ↓ |
| | 比例 | — | — | — | — | 20 | 20 |

注：—表示无数据；↑表示在本年度最高；↓表示在本年度最低。

家里有自己卧室的学生"低于基本水平"的人数比例为 37%，而未回答的学生这一比例是 51%，二者相差 14 个百分点。回答"是"的学生达到"基本水平"的人数比例是 39%，未回答的学生此比例是 34%，相差 5 个百分点。回答"是"的学生达到"熟练水平"的人数比例是 22%，未回答的学生的比例是 15%，相差 7 个百分点。在达到"高级水平"的人数比例上，二者分别是 2% 和 1%，相差不大（见表 5 - 73）。

表 5 - 73　家里有自己的卧室与 12 年级学生 1996～2015 年科学测评各等级人数比例

单位：%

| 家里有<br>自己的卧室 | 等级 | 1996 年 | 2000 年 | 2005 年 | 2009 年 | 2015 年 | 均值 |
|---|---|---|---|---|---|---|---|
| 是 | 低于基本水平 | — | — | — | — | 37 ↓ | 37.0 ↓ |
| | 基本水平 | — | — | — | — | 39 ↑ | 39.0 ↑ |
| | 熟练水平 | — | — | — | — | 22 ↑ | 22.0 ↑ |
| | 高级水平 | — | — | — | — | 2 ↑ | 2.0 ↑ |
| 未回答 | 低于基本水平 | — | — | — | — | 51 ↑ | 51.0 ↑ |
| | 基本水平 | — | — | — | — | 34 ↓ | 34.0 ↓ |
| | 熟练水平 | — | — | — | — | 15 ↓ | 15.0 ↓ |
| | 高级水平 | — | — | — | — | 1 ↓ | 1.0 ↓ |

注：—表示无数据；↑表示本年度同一水平中最高；↓表示本年度同一水平中最低。

2015 年，回答"是"的学生生命科学五个百分位分数均高于"未回答"的学生，二者五个百分位分数分别相差 13 分、12 分、12 分、11 分、10 分。回答"是"的学生物理科学的五个百分位数分别高于"未回答"的学生 11 分、11 分、11 分、11 分、11 分。回答"是"的学生地球与空间科学的五个百分位分数分别高于"未回答"的学生 12 分、11 分、9 分、10分、9 分（见表 5 - 74）。

表 5 - 74　家里有自己的卧室与 12 年级学生 2015 年三个学科百分位分数

单位：分

| 学科 | 家里有<br>自己的卧室 | 第 10 百分位 | 第 25 百分位 | 第 50 百分位 | 第 75 百分位 | 第 90 百分位 |
|---|---|---|---|---|---|---|
| 生命科学 | 是 | 106 ↑ | 129 ↑ | 154 ↑ | 178 ↑ | 199 ↑ |
| | 未回答 | 93 ↓ | 117 ↓ | 142 ↓ | 167 ↓ | 189 ↓ |
| 物理科学 | 是 | 106 ↑ | 128 ↑ | 152 ↑ | 176 ↑ | 199 ↑ |
| | 未回答 | 95 ↓ | 117 ↓ | 141 ↓ | 165 ↓ | 188 ↓ |
| 地球与<br>空间科学 | 是 | 110 ↑ | 131 ↑ | 153 ↑ | 176 ↑ | 195 ↑ |
| | 未回答 | 98 ↓ | 120 ↓ | 144 ↓ | 166 ↓ | 186 ↓ |

注：↑表示本列本学科最高；↓表示本列本学科最低。

## 五 家里的浴室数量

题目：你家里有不止一个浴室（more than one bathroom）吗？（题目编码：B0267D1；学生回答）

选项：是的；未作答。

使用年份：2015。类别：学校以外的因素；子类别：校外时间的使用。

对于"家里有不止一个浴室"这一问题，只出现在 2015 年的测评中。对此问题，有 79% 的学生回答"是"，还有 21% 的学生"未回答"。对"家里有不止一个浴室"回答"是"的学生的科学量尺分数为 154 分，而"未回答"的学生为 138 分，二者相差 16 分（见表 5 - 75）。我们并不认为"家里有不止一个浴室"能够提高学生的科学成绩，而是因为"家里有不止一个浴室"的同学，家庭条件相对较好，所以学习资源、学习条件也好。"家里有不止一个浴室"与学生的科学成绩不具有因果关系，但具有相关性。

表 5 - 75 家里有不止一个浴室与 12 年级学生 1996 ~ 2015 年
科学量尺分数和样本百分比

单位：分，%

| 家里有不止一个浴室 | | 1996 年 | 2000 年 | 2005 年 | 2009 年 | 2015 年 | 均值 |
|---|---|---|---|---|---|---|---|
| 是 | 分数 | — | — | — | — | 154 ↑ | 154.0 ↑ |
| | 比例 | — | — | — | — | 79 | 79.0 |
| 未回答 | 分数 | — | — | — | — | 138 ↓ | 138.0 ↓ |
| | 比例 | — | — | — | — | 21 | 21.0 |

注：—表示无数据；↑表示在本年度最高；↓表示在本年度最低。

回答"是"的学生"低于基本水平"的人数比例为 36%，而"未回答"的学生"低于基本水平"的人数比例为 53%，二者相差 17 个百分点。

回答"是"的学生达到"基本水平""熟练水平""高级水平"的人数比例分别是 39%、23%、2%，"未回答"的学生达到"基本水平""熟练水平""高级水平"的比例分别是 35%、12%、0%，二者分别相差 4 个、11个、2 个百分点（见表 5 - 76）。"未回答"的学生中可能有少数同学"家里有不止一个浴室"，只是"未回答"罢了，但多数是因为"没有"。因此认为，"家里有不止一个浴室"的学生的科学成绩要好于家里只有一个浴室或没有浴室的学生。

**表 5 - 76　家里有不止一个浴室与 12 年级学生 1996～2015 年科学测评各等级人数比例**

单位：%

| 家里有不止一个浴室 | 等级 | 1996 年 | 2000 年 | 2005 年 | 2009 年 | 2015 年 | 均值 |
|---|---|---|---|---|---|---|---|
| 是 | 低于基本水平 | — | — | — | — | 36 ↓ | 36.0 ↓ |
| | 基本水平 | — | — | — | — | 39 ↑ | 39.0 ↑ |
| | 熟练水平 | — | — | — | — | 23 ↑ | 23.0 ↑ |
| | 高级水平 | — | — | — | — | 2 ↑ | 2.0 ↑ |
| 未回答 | 低于基本水平 | — | — | — | — | 53 ↑ | 53.0 ↑ |
| | 基本水平 | — | — | — | — | 35 ↓ | 35.0 ↓ |
| | 熟练水平 | — | — | — | — | 12 ↓ | 12.0 ↓ |
| | 高级水平 | — | — | — | — | 0 ↓ | 0 ↓ |

注：—表示无数据；↑表示本年度同一水平中最高；↓表示本年度同一水平中最低。

2015 年，三个学科的五个百分位分数，均是"家里有不止一个浴室"的学生高于"未回答"的学生。生命科学五个百分位上的分数分别相差 16 分、14 分、14 分、15 分、15 分；物理科学五个百分位上的分数分别相差 13 分、14 分、15 分、17 分、18 分；地球与空间科学五个百分位上的分数分别相差 15 分、14 分、13 分、14 分、15 分（见表 5 - 77）。"家里有不止一个浴室"和各个层次的学生的科学成绩都具有相关性，此相关性为正相关。

表 5 – 77　家里有不止一个浴室与 12 年级学生 2015 年三个学科百分位分数

单位：分

| 学科 | 家里有不止一个浴室 | 第 10 百分位 | 第 25 百分位 | 第 50 百分位 | 第 75 百分位 | 第 90 百分位 |
|---|---|---|---|---|---|---|
| 生命科学 | 是 | 107 ↑ | 129 ↑ | 154 ↑ | 179 ↑ | 200 ↑ |
| | 未回答 | 91 ↓ | 115 ↓ | 140 ↓ | 164 ↓ | 185 ↓ |
| 物理科学 | 是 | 107 ↑ | 129 ↑ | 153 ↑ | 178 ↑ | 200 ↑ |
| | 未回答 | 94 ↓ | 115 ↓ | 138 ↓ | 161 ↓ | 182 ↓ |
| 地球与空间科学 | 是 | 111 ↑ | 132 ↑ | 154 ↑ | 177 ↑ | 196 ↑ |
| | 未回答 | 96 ↓ | 118 ↓ | 141 ↓ | 163 ↓ | 181 ↓ |

注：↑表示本列本学科最高；↓表示本列本学科最低。

# 第七节　小结

与 4 年级、8 年级的小结方式保持一致，仍以量尺分数（均值）来小结 12 年级学生的科学总体成绩、学生方面的影响因素、教师方面的影响因素、学校方面的影响以及学生家庭方面的影响因素。

## 一　12 年级学生总体成绩

全国学校 12 年级学生的科学量尺分数均值为 148.6 分，公立学校为 147.8 分，私立学校为 157.5 分；私立学校学生最优，比公立校高 9.7 分；公立学校和全国学校学生分数相差很小，只有 0.8 分。12 年级学生三个学科得分，生命科学为 149.4 分，物理科学为 149.0 分，地球与空间科学为 148.4 分；三个学科分数两两相差分别为 0.4 分、0.6 分、1 分（见图 5 – 1）。

## 二　12 年级学生方面的影响因素

在分析的 5 个学生因素中，共有 19 个不同的状态和水平（见图 5 – 2）。

5 个因素按照其不同状态（或水平）对学生科学分数影响的大小排序，依次是：①"学生具有不同的教育目标"相差 55.7 分；②是否认同"学习

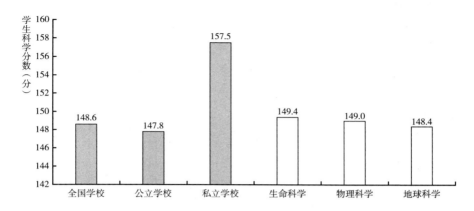

**图 5-1 12 年级不同学校、不同学科的总体成绩**

科学是因为客观需要"相差 37.5 分；③"读科学教科书的频次不同"相差 14.5 分；④是否"接受过技术培训"相差 13.0 分；⑤是否认同"学习科学主要靠记忆"相差 8.5 分。

5 个因素中的每个因素，学生科学分数最高的那个状态或水平（按分数高低排序）分别是：①对学习科学是因为客观需要"非常不同意"170.5 分；②教育目标是"读研究生"168.0 分；③"几乎每天读科学教科书"162.0 分；④"不认同"学习科学主要靠记忆 153.5 分；⑤"未回答"接受过技术培训 151.0 分。科学分数最低的那个状态或水平（与上面的顺序对应）分别是：①对学习科学是因为客观需要"非常同意"133.0 分；②教育目标是"高中毕业"112.3 分；③"几乎不读科学教科书"147.5 分；④"不确定"学习科学主要靠记忆 145.0 分；⑤"接受过技术培训"138.0 分。

学生分数最高的 5 个（19 个中前 27%）状态（或水平）是：①对学习科学是因为客观需要"非常不同意"170.5 分；②教育目标是"读研究生"168.0 分；③"几乎每天读科学教科书"162.0 分；④"一周读科学教科书 2~3 次"161.5 分；⑤"大约每周读科学教科书 1 次"159.5 分。学生分数最低的 5 个（19 个中后 27%）状态（或水平）是：①"不知道"教育目标 135.0 分；②对学习科学是因为客观需要"非常同意"133.0 分；③教育目标是"高中毕业后接受其他教育"132.0 分；④教育目标是"不到高中毕业"113.3 分；⑤教育目标是"高中毕业"112.3 分。

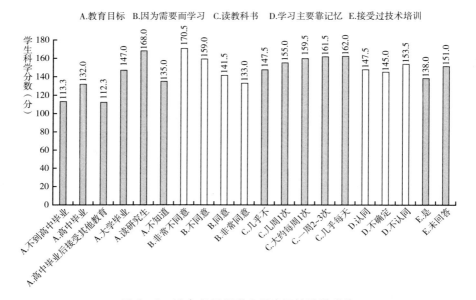

**图 5 - 2　12 年级不同学生因素下的科学成绩**

## 三　12 年级教师方面的影响因素

12 年级教师方面的 7 个因素中，共有 30 个不同的状态和水平（见图 5 - 3）。

7 个教师因素按照其不同状态（水平）对学生科学分数影响的大小的排序，依次是：①"科学测验的频次不同"学生分数相差 34.0 分；②教师引导学生"做实践活动的频次不同"学生分数相差 31.5 分；③"教师做演示的频次不同"学生分数相差 24.0 分；④教师引导学生"用互联网来学习科学的频次不同"学生分数相差 21.0 分；⑤教师引导学生"进行观察或测量的频次不同"学生分数相差 20.0 分；⑥"教学语言艺术的专业发展程度不同"学生分数相差 12.0 分；⑦"使用评价标准来评价学生学业的程度不同"学生分数相差 6.0 分。

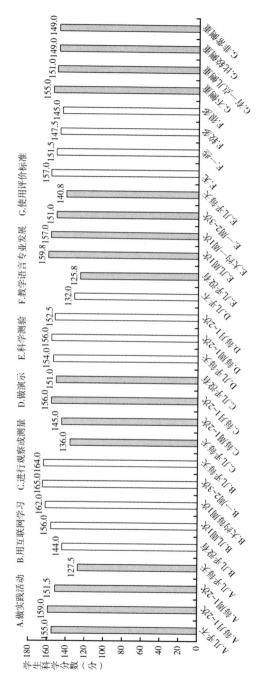

图 5 - 3　12 年级不同教师因素下的科学成绩

7个因素中的每个因素，学生科学分数最高的那个状态或水平（按分数高低排序）分别是：①教师引导学生"一周用互联网来学习2～3次"165.0分；②"科学测验几周1次"159.8分；③教师引导学生"每月做1～2次实践活动"159.0分；④"没有教学语言艺术的专业发展"157.0分；⑤"教师每月做演示1～2次"156.0分；⑥教师引导学生"每月进行观察或测量1～2次"156.0分；⑦"不侧重使用评价标准来评价学生学业"155.0分。学生科学分数最低的那个状态或水平（与上面的顺序对应）分别是：①教师"几乎没有"引导学生"用互联网来学习"144.0分；②"几乎没有科学测验"125.8分；③教师引导学生"几乎每天做实践活动"127.5分；④"教师几乎不做演示"132.0分；⑤教师引导学生"几乎每天进行观察或测量"136.0分；⑥"有很多教学语言艺术的专业发展"145.0分；⑦"非常侧重（比较侧重）使用评价标准来评价学生学业"149.0分。

学生分数最高的8个（30个中前27%）状态（或水平）是：①教师引导学生"一周用互联网来学习2～3次"165.0分；②教师引导学生"几乎每天用互联网来学习"164.0分；③教师引导学生"大约每周用互联网来学习1次"162.0分；④"科学测验几周1次"159.8分；⑤教师引导学生"每月做1～2次实践活动"159.0分；⑥"科学测验大约一周1次"157.0分；⑦"没有教学语言艺术的专业发展"157.0分（并列）；⑧教师引导学生"几周用互联网来学习1次"156.0分。学生分数最低的8个（30个中后27%）状态（或水平）是：①教师引导学生"每周1～2次进行观察或测量"145.0分；②"有很多教学语言艺术的专业发展"145.0分（并列）；③教师"几乎没有"引导学生"用互联网来学习"144.0分；④"几乎每天科学测验"140.8分；⑤教师引导学生"几乎每天进行观察或测量"136.0分；⑥"教师几乎不做演示"132.0分；⑦教师引导学生"几乎每天做实践活动"127.5分；⑧"几乎没有科学测验"125.8分。

## 四  12 年级学校方面的影响因素

学校方面的 7 个因素共有 28 个不同的状态和水平（见图 5 – 4）。

7 个学校因素按照其不同状态（或水平）对学生科学分数影响的大小排序，依次是：①"学校科学测量仪器的多少"学生分数相差 37.5 分；②"科学实验室用品的多少"学生分数相差 36.0 分；③"学校安全程度不同"学生分数相差 32.5 分；④"科学视听资料的运用程度不同"学生分数相差 15.5 分；⑤"学校组织学生参加科学竞赛的次数不同"学生分数相差 12.0 分；⑥"使用数字白板的比例不同"学生分数相差 6.0 分；⑦"对科学学习的毕业要求不同"学生分数相差 5.0 分。

7 个因素中的每个因素，学生科学分数高的那个状态或水平（按分数高低排序）分别是：①"学校组织学生参加科学竞赛每年 3 次或更多"学生分数为 158.0 分；②"学校很安全"学生分数为 157.0 分；③"使用数字白板的比例为 26% ~ 50%"学生分数为 154.0 分；④"学校科学测量仪器非常多"学生分数为 153.5 分；⑤"科学实验室用品有很多"学生分数为 153.0 分；⑥"对科学学习的毕业要求为三年"学生分数为 152.0 分；⑦"科学视听资料运用得非常多"学生分数为 152.5 分。学生科学分数低的那个状态或水平（与上面的顺序对应）分别是：①"学校从来没有组织学生参加科学竞赛"学生分数为 146.0 分；②"学校很不安全"学生分数为 124.5 分；③"使用数字白板的比例为 76% ~ 99%"学生分数为 148.0 分；④"学校无科学测量仪器"学生分数为 116.0 分；⑤"没有科学实验室用品"学生分数为 117.0 分；⑥"对科学学习的毕业要求为两年"学生分数为 147.0 分；⑦"一点儿也不运用科学视听资料"学生分数为 137.0 分。

学生分数最高的 8 个（28 个中前 27%）状态（或水平）是：①"学校组织学生参加科学竞赛每年 3 次或更多"学生分数为 158.0 分；②"学校很安全"学生分数为 157.0 分；③"使用数字白板的比例为 26% ~ 50%"学生分数为 154.0 分；④"学校有非常多科学测量仪器"学生分数为 153.5 分；⑤"有很多科学实验室用品"学生分数为 153.0 分；⑥"科学视听资

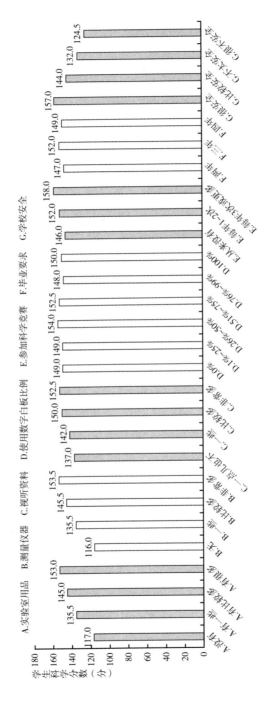

图 5-4　12 年级不同学校因素下的科学成绩

料运用得非常多"学生分数为 152.5 分；⑦"使用数字白板的比例为 51% ~ 75%"学生分数为 152.5 分；⑧"学校每年组织学生参加 1 ~ 2 次科学竞赛"学生分数为 152.0 分。学生分数最低的 8 个（28 个中后 27%）状态（或水平）是：①"运用一些科学视听资料"学生分数为 142.0 分；②"一点儿也不运用科学视听资料"学生分数为 137.0 分；③"有一些科学实验室用品"学生分数为 135.5 分；④"学校有一些科学测量仪器"学生分数为 135.5 分（并列）；⑤"学校不太安全"学生分数为 132.0 分；⑥"学校很不安全"学生分数为 124.5 分；⑦"没有科学实验室用品"学生分数为 117.0 分；⑧"学校无科学测量仪器"学生分数为 116.0 分。

## 五 12 年级学生家庭方面的影响因素

学生家庭方面的 5 个因素共有 19 个不同的状态和水平（见图 5 - 5）。

5 个家庭因素按照其不同状态（或水平）对学生科学分数影响的大小排序，依次是：①"在家是否使用互联网"学生分数相差 18 分；②"在家谈论学习的频次不同"学生分数相差 16.7 分；③"在家和不同的人一起生活"学生分数相差 16.0 分；④"家里是否有不止一个浴室"学生分数相差 16.0 分（并列）；⑤"家里是否有自己的卧室"学生分数相差 12.0 分。

5 个因素中的每个因素，学生科学分数最高的那个状态或水平（按分数高低排序）分别是：①"在家讨论学习一周 2 ~ 3 次"156.7 分；②"在家里和父亲生活"156.0 分；③"家里有不止一个浴室"154.0 分；④"在家使用互联网"153.0 分；⑤"在家有自己的卧室"153.0 分（并列）。科学分数最低的那个状态或水平（与上面的顺序对应）分别是：①"在家几乎没有讨论过学习"140.0 分；②"未回答和母亲生活""未回答和父亲生活"都是 140.0 分；③"未回答家里有不止一个浴室"138.0 分；④"在家不使用互联网"135.0 分；⑤"未回答在家有自己的卧室"141.0 分。

学生分数最高的 5 个（19 个中前 27%）状态（或水平）是：①"在家讨论学习一周 2 ~ 3 次"156.7 分；②"在家里和父亲生活"156.0 分；③"家里有不止一个浴室"154.0 分；④"在家每天讨论学习"153.0 分；

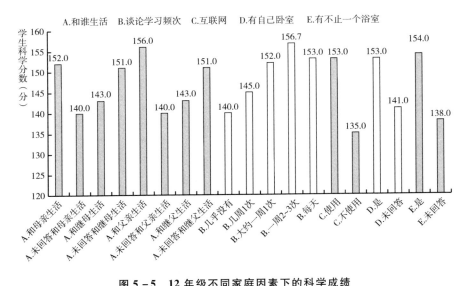

**图 5－5　12 年级不同家庭因素下的科学成绩**

⑤ "在家使用互联网" 153.0 分（并列）；⑥ "在家有自己的卧室" 153.0 分（并列）。学生分数最低的 5 个（19 个中后 27%）状态（或水平）是：① "未回答和母亲生活" 140.0 分；② "未回答和父亲生活" 140.0 分（并列）；③ "在家几乎没有讨论过学习" 140.0 分（并列）；④ "未回答家里有不止一个浴室" 138.0 分；⑤ "在家不使用互联网" 135.0 分。

# 第六章　启示与建议

美国 NAEP 从提出到实施，一路曲折。如今，NAEP 不仅对美国教育意义深远，对世界教育，特别是测评产生了重大的影响。在其影响下，我国也于2015 年颁布了《国家义务教育质量监测方案》。NAEP 对我国的启示意义，不仅仅在教育质量监测方面，在教育研究、科学课程地位、教育理论、教学方法、教育资源开发、家庭教育、学校安全等方面也有诸多启示与建议。

## 一　教育发展评估要进行相关的背景调查，促进教育公平

NAEP 评估由试题和背景调查两部分组成，背景调查是分析教育发展的重要依据。NAEP 的背景调查通过学生问卷、教师问卷、学校问卷收集了各类与学生及其家庭、教师、学校相关的背景信息，这些背景信息作为变量再进行与评估成绩的相关性分析，进而找出影响教育发展的因素和问题。NAEP 背景调查的大部分基本信息来自于取样过程，因为取样过程中规定了学生、教师、学校的大部分基本信息。另一部分背景信息通过学生问卷、教师问卷和学校问卷调查来获取。学生问卷的调查内容主要涉及与教学相关的学生个性化信息。教师问卷和学校问卷相比而言内容较为丰富，题量较大，一般没有答题时间的限制，尤其是学校问卷的一些问题，可能需要被试（校长或副校长）进行资料查阅或统计之后才能作答。

NAEP 背景调查的变量主要包括美国的政策因素、教学因素、学生因素、教师因素、学校因素、家庭因素、社会因素等，这些内容极具美国特

色，我们应该"扬弃"地借鉴，保有中国本色。背景调查的主要框架和核心内容值得我国参考和借鉴。

1. 背景调查的内容应当包含影响教育发展的全部因素

我国开展教育评估同样需要进行背景调查，要涉及学生、教师、学校、家庭、社会等多方面因素。主要内容包括学生、教师、学校的"人口统计学"信息，各项教育政策的实施情况，课堂教学的目标、内容、方法，教学资源的使用，教师队伍的情况，社会环境的影响等方面。根据我国国情，可以设计与评估试题配套的"学生问卷""教师问卷""学校问卷"。学生问卷主要调查学生的个人情况、家庭情况、学习资源等内容。教师问卷和学校问卷用于调查教育教学的基本情况、教学资源的配备和使用情况、教师队伍的基本情况、教育方针政策的实施情况等。

背景调查的问卷设计很难"一次完成"，一般要在多次评估中不断丰富和改进，但要注意背景调查内容的相对一致性和发展性。相对一致性是指要保持问卷主要内容的一致和稳定，有利于进行长期的跟踪和对比研究；发展性是指具体的问题在实际表述和设计方面可以进行发展性的改进，跟上教育发展的进程。基于背景调查多因素的结果分析，能够更为客观地比较成绩差异，对查找背景问题、促进教育公平具有重要意义。只有基于背景信息的进展评估，才具有现实意义和实际价值。

2. 背景调查试题的表述和使用要有针对性

背景调查的试题表述要有针对性地面向不同对象，包括学生、教师和校长。对于学生的调查问题要通俗易懂，学生可以根据直观的真实情况直接作答，不使用难以理解的科学术语，不需要统计、运算、比较、分析就能得出答案，学生答题需要的时间要控制在合理范围内。我国地大物博，在具体问题的设计上要充分考虑学生的年龄差异、地区差异和城乡差异等，要充分考虑学生的"可回答性"；可以使用多项选择题、开放性试题进行调查，也可以根据地区差异和城乡差异对相似内容进行调整。比如调查课程资源时，沿海地区的大海、内陆地区的湖泊等可以进行等价使用，保证背景调查的实效性。

对教师和校长的调查，可以在确保其能够理解的基础上，使用准确的科学术语，可以提问需要通过统计、运算才能进行作答的问题，可以适当延长作答时间。对于教师和校长的调查要和学生调查有一定的对应性，就是说调查的教师和校长必须是参加测评的学生的教师和校长。调查的方式可以不拘泥于纸笔作答，可以采用网上作答的方式。问卷的指导语中应当声明对教师和校长的相关信息进行保密，以免教师和校长出于多方面的顾虑进行虚假作答，造成数据污染。对于教师和校长的调查问卷在考虑地区和城乡差异的基础上，还要考虑政策的差异，将政策背景纳入调查的范围。因此，有关政策的调查要符合教师和校长的实际情况，有差异的内容可以通过相似内容进行替代，或者通过设计多项选择题、开放性试题进行解决。

3. 背景调查设计相倚问题，提高结果的准确性

对学生、教师、校长的调查要在部分内容上存在一定的重复性和相关性，比如学校的教学设施、班额情况、开课情况、教师配备情况、政策落实情况等。学生、教师和校长分别扮演着主体、实施主体和领导主体的角色，因此他们之间具有一定的"联系"。可以利用这些"联系"设计一部分"相倚问题"，即：对同一内容设计相似或相关的问题，分别提问不同的对象，根据不同对象的作答情况进行数据准确性的分析。例如，对国家"学校午餐计划"的政策实施情况，可以分别设计不同的问题对学生、教师和校长进行调查。这一政策中，学生是政策实施的主体，教师是政策实施的间接参与者和亲历者，校长是政策实施的领导者。通过数据的相关性分析，可以推断政策实施中可能存在的问题，为深入调查分析和发现问题提供线索。需要注意的是，不能根据数据差异直接推断被试者虚假作答，相倚问题只能说明数据存在差异，不能直接进行推论，真实情况需要进行进一步的调查和核实。

## 二 教育教学调查研究的因素要多样化，并且区分相关因素和影响因素

在教育教学研究中，调查研究是一种重要的研究方法；研究的工具和方法多种多样，有问卷、量表、试卷、访谈提纲、观察、提问等。然而，在调查研究中研究者的研究重心过多地偏重于研究的主题；诸如，"初中生生物学前科学

概念的调查研究"，调查内容只是"学生拥有的前科学概念是什么""有哪些类型""多大比例、多少人拥有""来源是什么"；在"高中物理学微视频教学资源的开发与应用研究"中，运用量表测评学生实验前后学习兴趣、学习成绩的变化；对学生科学素质的调查研究中，只测评学生科学素质的高低，再深入一些，测评学生的物理科学素质、生物科学素质、地理科学素质。没有测评与前科学概念、微视频教学资源开发有关的多种多样的因素；或者只测评了屈指可数的少数因素，诸如与学生科学素质相关的性别、年级，仅此而已。

美国 NAEP 科学教育测评中，用了大量的人力、物力和财力来测评与学生科学素质相关的大量因素；对这些因素的关注度相对于学生的科学素质而言有过之而无不及。除了一些不适于我国国情的因素，诸如学生是白人、黑人还是印第安人，其他 90% 以上的因素调查和分析都应为我国的教育教学研究所关注。以我国中小学生科学教育研究为例，除了学生的科学素质、科学成绩之外，还需要关注下列因素。

**1. 学生因素**

教育研究首先要关注学生因素。学生的因素有：①性别，性别是最常设置的调查因素，很多变量因性别不同而有差异。②年龄，要将被调查者的年龄分得细一些，诸如针对学生，可以调查其年龄和同班同学相比，是年龄较大、适中，还是较小。③民族，我国是一个多民族国家，除了汉族，有 55 个少数民族，有必要分析不同民族的学生个体对自变量的影响；可以将此要素设置成"汉族"和"少数民族"两个备选项，也可以具体设置为汉族、壮族、满族、回族、苗族、维吾尔族、土家族、蒙古族等，依具体地区而异。④是否残疾。⑤理想或目标，是想上大学、读研究生、出国留学，还是高中毕业、初中毕业而已。⑥是否能听懂教师的讲解。⑦喜欢科学课程的程度。⑧考勤状况，特别是请假、缺课的时数。

**2. 课程因素**

课程指的是"为实现学校教育目标而选择的教育内容的称谓"①，具体

---

① 顾明远：《教育大辞典：上》，上海教育出版社，1998，第 892 页。

而言，指的是"由学校提供的全部学程"①。学生所学课程不仅对学生的素质具有直接的影响，而且与教师的教学、评价、学校的资源等方面面直接相关。揭示学校教育、家庭教育、社会教育与课程的关系至关重要，例如：①学校是否提供有在线课程；②学校是否开设有计算机课程；③是否开设有职业教育课程；④科学课程的毕业要求；⑤数学课程的毕业要求。

3. 教学模式

教学模式是"反映特定教学理论逻辑轮廓，为实现某种教学任务的相对稳定而具体的教学活动结构"②。教学模式与学生的学业成绩、学生的素质高低具有直接的因果关系。由教学模式的定义可知，教学模式不仅仅是教学的方式，还包括教学活动。例如，在研究学生的科学素质时，不仅要关注教学的方式，还要关注教学活动。具体而言，教学模式方面的因素有：①职业技术教育工作坊/基地；②开展科学实践活动；③讨论科学事件；④和老师讨论科学进展；⑤使用电脑学习科学；⑥阅读科学教科书；⑦通过杂志学习科学；⑧使用互联网学习科学；⑨观看科学电影；⑩通过科学实验解决问题；⑪设计科学实验；⑫讨论科学活动中的测量；⑬观摩教师做实验；⑭撰写科学活动报告；⑮使用图书资源；⑯找到解决问题的不同方法；⑰科学考试的频次；⑱参观博物馆、动物园或海洋馆。

4. 教师因素

教师的学识、性格、人品、风格等各个方面都会对学生在学校的学习以及未来的工作、生活产生深远的影响。研究教学、研究学生、研究课程，都需要研究教师的方方面面：①性别；②年龄；③教龄；④民族；⑤大学学历；⑥最高学历（学位）；⑦大学学科专业，是中文、数学、英语、物理、化学、生物、地理，还是体育、音乐、美术、其他（之所以要列出如此多的备选项，是因为我国"所教非所学"的现象非常普遍）；⑧师范专业或非师范专业；⑨是否学过科学探究；⑩是否学过科学（物理、生物学、化学）

---

① 顾明远：《教育大辞典：上》，上海教育出版社，1998，第892页。
② 顾明远：《教育大辞典：上》，上海教育出版社，1998，第717页。

课程标准；⑪是否学过学科教学论；⑫近两年是否接受过基本的计算机训练；⑬近两年是否接受过软件应用的训练；⑭近两年是否接受过使用网络的训练；⑮在教学语言方面的专业发展；⑯在教育技术方面的专业发展；⑰在评价学生方面的专业发展。

5. 学校因素

学校教育是个体接受教育的重要场所。揭示学生素质提高、发展与学校诸因素之间的关系是不可或缺的。学校的主要因素有：①学校所在地，是省会城市、地级市、县级市（含县城）、乡镇，还是农村；②学校性质，是公立学校还是私立学校；③学校的国家地理区域，我国的地理区域一般分为东北、华北、华中、华东、华南、西北和西南七个地区；④学校类型1，完全中学、初中还是高中；⑤学校类型2，特殊教育学校还是普通学校；⑥班额大小，20 人以下、21～30 人、31～40 人、41～50 人、50 人以上；⑦运用数字白板的课堂比例；⑧是否订阅有科学杂志；⑨科学实验室设备状况；⑩可供教师利用的教学视听资源状况；⑪科学测量用具状况；⑫教师缺勤比例；⑬学生的退学率；⑭学校每年招生的规模，400 人以下、400～600 人、601～800 人、801～1000 人、1000 人以上；⑮学生父母选择本校的原因。

6. 家庭因素

家庭教育对学生的成长是非常重要的，家庭教育与学校教育也不是无关联的；家庭教育与学校教育相辅相成，也会相互制约。教育研究要关注家庭因素：①学生在家讨论学习的频次；②家里是否订阅有杂志；③家里的藏书量；④家里是否订有报纸；⑤家里是否有百科全书；⑥家里是否有电脑可用；⑦家里是否能上网；⑧家里是否有洗碗机；⑨家里是否有 2 个浴室；⑩学生是否有自己的卧室；⑪学生父母的教育水平；⑫学生和母亲、继母、养母、父亲、继父、养父中的哪些人一起生活？

教育调查研究的重要目的，一是明确现状，诸如明确学生科学素质的现状；二是揭示相关关系，诸如与学生的科学素质相关的因素有哪些。上文所述的学生因素、课程因素、教学模式、教师因素、学校因素、家庭因素是否与学生的科学素质相关是一个极其重要的议题。表示两个变量的相关关系要用相关系数表示，相关系数在 − 1.00 ~ 1.00，绝对值越大，表明相关的强度越大。① 当相关系数为 0 时，则表示二者不相关。所以，教育研究首先要区分具有相关关系和不具有相关关系的因素。其次，在具有相关关系的因素中，还要区分是具有正相关关系还是负相关关系。例如，学校的教学资源越丰富，学生的科学成绩越高，二者存在正相关关系；学生缺课越多，其科学成绩越低，二者存在负相关关系。再次，要明确具有的（正或负）相关关系是否显著；有的因素之间的相关关系非常小，而有的因素之间的相关关系非常大；这时，要用 $P$ 值表示其相关关系的显著性：当 $P$ 值大于 0.05 时，二者相关关系不显著；当 $P$ 值小于或等于 0.05 时，二者具有显著的（正或负）相关关系；当 $P$ 值小于或等于 0.01 时，二者具有极其显著的（正或负）相关关系。复次，还要区分因果关系与相关关系。"因果关系是一种相关关系，但相关关系不一定有因果关系"②。例如，学生对科学具有浓厚的兴趣，其科学成绩比较高，二者具有因果关系。美国 12 年级学生中，家里有"两个或多个浴室"的，其科学成绩比较高；有"两个或多个浴室"与"科学成绩"不存在因果关系，二者只是相关关系。最后，在因果关系中，要区分"因"和"果"两个因素，可能 A 是因，B 是果；也可能 B 是因，A 是果；还有可能互为因果。例如，学生缺课和学习成绩之间，前者是因，后者是果；参加科学竞赛和科学成绩好，前者是果，后者是因，一般是因为"科学成绩好"，学校和老师才让其参加科学竞赛；对于科学成绩好与参与社会事务讨论，可能互为因果，相辅相成。

## 三　评估试题和背景调查要具有相对一致性和发展性

NAEP 的长期趋势评估特别注重教育发展历程，进行长期趋势评估的要求是评估试题和背景调查的内容要具有一致性，这样才能进行不同年份

---

① 林崇德、杨治良、黄希庭：《心理学大辞典：下》，上海教育出版社，2003，第 1361 页。
② 林崇德、杨治良、黄希庭：《心理学大辞典：下》，上海教育出版社，2003，第 1361 页。

的纵向比较。在 NAEP 的试题和背景调查中，各类试题具有相对的一致性，即在核心内容上保持一致，在统计方式、表达方式和个别内容上存在微小差别。NAEP 的评估内容和调查内容的一致性通过框架和结构的一致性予以支持，通过题目编码系统、变量库、试题库、背景调查问题库的有效管理和一致性关联，保证了长期趋势评估能够长时间地顺利进行并获得有效的评估数据。

### 1. 我国应当建立长期的教育发展评估系统

我国应当借鉴国际经验，构建具有前瞻性和发展性的长期评估机制。长期评估系统的构建既需要考虑现实因素，也需要着眼于未来发展，既要着眼于"2035 目标"，也要致力于"两个一百年"奋斗目标。长期评估系统的建立需要确立具有相对一致性的评估框架和评估内容，需要设计具有发展性和开放性的题目编码系统，需要保持评估内容和方法的一致。

一致性的保障需要通过组织保障来完成，需要建立或者确定教育发展评估的专门机构，组建稳定的专业化队伍专门进行教育发展评估。长期趋势的测评需要在评估框架的编制阶段就具有一定的前瞻性和发展性；要在组织机构、人员配备、经费支持和项目实施等方面借鉴 NAEP 发展历程中积累的经验，由政府和社会机构分工合作，共同完成。建立长期的教育发展评估系统必须培养相关的专业人才，在评估的科学化和专业化发展进程中培养和塑造人才，确保长期趋势评估的持续进行。

### 2. 评估试题与背景调查应当具有发展性

在保持评估框架和内容相对一致的基础上，要体现发展性，适应时代的发展与社会的变迁。在全球化浪潮、知识大爆炸和信息技术高速发展的社会中，评估试题应当在兼顾可比性或内部一致性的条件下，进行合理的更新和调整。例如，在对家庭学习资源的调查上，需要从图书的数量、报纸的订阅情况改变成互联网的使用情况、阅读的时间等内容。因此评估试题与背景调查不能机械地一成不变，在确保内部一致性的条件下，进行合理的更新十分必要。

发展性的保障要通过科学研究来完成，测评试题和背景调查试题的编制不能照搬 NAEP 的经验，也不能坐而论道地靠思辨来完成。评估试题和背景调查必须在科学的理论和研究结果的支持下，通过科学的方法进行编制。编制科学的测评试题和背景调查试题，需要进行小规模的预调查和预测评，同时吸收最新的研究成果和掌握最新的教育发展状况。

长期趋势评估有利于对教育发展进行整体性的评估，作为长期趋势评估的补充和支持也可以开展一些专项评估。专项评估在针对性和实效性方面优于长期趋势评估，同时也可以为长期趋势评估的发展和改进提供实证支持和经验借鉴。

## 四 教育发展评估应当建立一套开放的要素题目编码系统

通过对 NAEP 评估结果的下载、对比和归类，发现 NEAP 系统中至少存在四种类型的题目编码，这些题目编码用于管理评估的要素——变量和试题，以不同的题目编码（ID）进行区分。

第一种题目编码用来管理抽样变量，这类变量一般用于取样信息，用内容的缩略字母来表示，主要包括基本的人口学统计信息。例如：题目编码"GENDER"，用来表示性别变量。第二种题目编码用来管理背景调查变量，这类变量一般涉及具体的内容，因此采用"字母＋数字编号"的形式进行题目编码，例如"C096301"。同一个变量在不同的年份和年级中的题目编码是一致的，因为内容是一致的；新增的变量和修改后的变量进行了重新编码，因为内容或表述形式不一致。第三种题目编码用来管理试题，至少包含"年份""年级""科目""编号"四项信息，例如"Question ID：2005 - 4S14 #9 K061401"表示 2005 年 4 年级科学测试题。测试题的编号在学生测试的试卷中不显示，仅在题库中标记。第四种题目编码用来管理背景调查问题，这类题目编码用来标记试题或试题的分列选项，例如"VC504028"。NAEP 背景调查的问题和背景调查的变量相互对应，但彼此的题目编码并未显示明显的对应关系。此外，背景调查的题目编码在测试的试卷中一般标记在试题的右上角。通过对 NAEP 评估题目编码系统的解码和分析，可以为我国教育发展评估中的要素管理提供借鉴。

1. 编制可读性强的题目编码体系，有序管理评估要素

建立考察要点（变量）、试题的可读题目编码系统，编制不同要素的题目编码规则和操作规则。例如，以"KD＋年份＋年级＋科目＋序号"的形式先建立"考点"（KD 为"考点"拼音的首字母）的题目编码规则，然后对进行评估的考点进行逐一题目编码和归类。以"KT＋年份＋年级＋科目＋序号"的形式建立"考题"（KT 为"考题"拼音的首字母）的题目编码规则。这样，题目编码具备了一定的可读性，包含了一些基本信息，便于归类管理。

在实际题目编码过程中，需要注意题目编码不宜过长。如果对题目编码赋予过多的信息，反而降低了题目编码的可读性，增加了录入和管理题目编码的工作量。因此在制定题目编码规则时要充分考虑题目编码信息的有用性，尽量精简题目编码内容，缩短题目编码长度，增强题目编码的实用性。

2. 建立不同"类别"的题目编码，进行评估要素的相关性分析

题目编码的建立除了对评估要素进行有序管理外，还要进行要素间的相关性分析，需要设计基于不同类型的题目编码规则，对评估的不同要素分类进行题目编码。例如，考点的编号为"KD"，考题的编号为"KT"；不同的考点和考题还可以通过添加代码的形式进行进一步分类，例如"KDA"（考点 A）、"KTB"（考题 B）等。在分类的基础上建立起来的题目编码便于进行统计学分析，比如描述性统计、相关性分析等。

此外，还可以使用题目编码建立不同要素的对应关系。例如，可以将考点题目编码嵌入考题题目编码中，形成"KT＋年份＋年级＋科目＋序号＋KD＋序号"的题目编码形式，这样既丰富了题目编码的承载信息，又可以通过题目编码建立考点与考题的对应关系，便于试题的编制与分析。还可以绘制考点与考题的关系网络图，将二者的对应关系进行可视化展示，便于观察、理解和分析。

3. 建立发展的、开放的题目编码系统

一般评估都会涉及大量的考点与试题，题目编码系统首先要考虑内部的承载量，即可用题目编码的数量；其次要考虑题目编码系统的发展量，即可

用于添加、更新、调整的题目编码类目和数量。题目编码规则应当充分考虑试题库的变化和更新，为后续的增添和改进预留规则、类目和空间，这样才能使题目编码长期保持可读性上的一致。如果不在前期设计发展量，后期的题目编码可能影响整个试题库的使用，造成题目编码的混乱，影响题目编码的使用价值。

编制具有发展性和开放性的题目编码系统的方法有：采用多位数字进行顺序题目编码、添加年份信息、预留代码等。例如，试题 B 是在试题 A 的基础上新命制的，新的试题采用原题的题目编码会造成题目编码重复，采用全新的题目编码会使试题游离于题目编码系统之外而不便分析，这时可以考虑以预留代码的形式进行题目编码，例如将试题 A 编为"STS01200"，ST 表示试题，S012 表示科学（Science）第 12 题，00 表示预留代码。试题 B 的题目编码可以编为"STS01201"，对预留代码进行了修改，在排序时不仅能够将两题按先后顺序排在一起，同时也能够表示试题 B 与试题 A 的关系。如果该试题又进行了修改，则可以编为"STS01202"。

题目编码有利于科学、高效地管理评估相关要素，题目编码的规则和方法不拘泥于一种形式，只要适合试题的编制和要素的特点，能够提高使用的效率，有助于分析和管理即可。

## 五　科学抽样，使调查样本具有代表性

抽样指的是"从总体中抽取个体或样品的过程，也即对总体进行试验或观测的过程"[①]，也叫取样。科学的抽样，是实验研究、调查研究成功的前提和基础。NAEP 的抽样方法和过程，对我们的调查研究具有启示意义。

### 1. 按照抽样理论科学抽样

对调查样本进行抽样，一定要依据抽样理论。首先要明确抽样方法，是运用随机抽样、分层抽样、分层等比抽样，还是系统抽样、群类抽样、有限

---

① 林崇德、杨治良、黄希庭：《心理学大辞典：上》，上海教育出版社，2003，第 144 页。

总体抽样；其次，要使调查样本总量不少于 100 人，① 在这一点上，很多调查研究类的硕士、博士学位论文常常不按常理抽样，调查样本总量不达标，导致样本不能反映总体特征。

（1）全国性的调查研究要对至少 31 个省区市抽样

针对全国性的调查研究，理论上应对我国 34 个省区市进行抽样，但是由于台湾省、香港、澳门属于境外，进行调查研究有诸多障碍和不便，所以只能调查大陆的 31 个省区市。然而，由于时间、经费、人员等多方面的原因，有诸多"全国性"的调查研究，常常以点带面，只调查八九个不同区域的省份，如此取样，名不副实。全国性的调查研究，即便是将调查样本覆盖到我国东北、华北、华中、华东、华南、西北、西南七个区域，也难以很好地代表全国。全国性的调查，至少要在中国大陆的 31 个省区市取样，最好一个都不要少；因为每一个省份都是非常独特的，都是其他省份所不能代表的；少了某一个省份，难以撑起"全国调查"之名；当然，在省区市内，则不必涉及所有地级市。不过，如果是"某省的调查研究"，则最好调查本省的所有地区；例如，对陕西省中学生物学教师队伍现状的调查研究，最好要涵盖陕西省的 10 个地级市（西安、铜川、宝鸡、咸阳、渭南、延安、汉中、榆林、安康、商洛）。

（2）随机抽样时不要随意抽样

随机抽样指的是"按照随机化原则从总体中抽取样本的方法。所谓随机化原则，就是指每个对象在抽样前，都有同等可能性被抽到，不带主观性地抽取样本"②。随机抽样包括四种基本的抽样方式，分别是完全随机抽样、等距抽样、整群抽样和分层抽样。但是，在实际的随机抽样中，一些调查研究者对随机抽样的理解不完整，抽样有偏差，随调查者和被调查者的意愿随意抽样。首先，在简单随机抽样时，调查研究者面对被调查者（教师或学生），直接抽取态度好、愿意配合的人作为样本，或者以调查研究者的目光

---

① 林崇德、杨治良、黄希庭：《心理学大辞典：上》，上海教育出版社，2003，第 145 页。
② 林崇德、杨治良、黄希庭：《心理学大辞典：上》，上海教育出版社，2003，第 1208 页。

审视、挑选，这都有失随机化原则。建议对总体编号，以抽签的方式，或者按照随机数字表进行抽取。随机数字表是随机取样的最简便工具，是由计算机程序生成的一种数字表。例如，从 10 个人中间随机选取 3 人，先将 10 个人编号：01、02 一直到 09、10，然后从随机数字表的任一位置开始，可按"行"读取，也可按"列"读取，甚至只选"一块随机数字"；我们按行开始选，大于 10 的数字跳过，选择的数字为：02、08、05。如果从 60 个总体中选择 10 个样本，按两位数随机数字表（见表 6 - 1）选择，结果为：02、08、45、13、05、41、07、54、59、21。如果有总体人员的名单，也不必面对所有人员面对面编号；可以按照名单的顺序，按照所选的随机数字，圈定名单中的第 2、5、7、8、13、21、41、45、54、59 个即可。如果从 800 人的总体中随机抽样 100 人，方法同上，但是需要运用三位数的随机数字表。

**表 6 - 1　两位数的随机数字**

| | | | |
|---|---|---|---|
| 02 96 08 45 65 | 13 05 00 41 84 | 93 07 54 72 59 | 21 45 57 09 77 | 19 48 56 27 44 |
| 49 83 43 48 35 | 82 88 33 69 96 | 72 36 04 19 76 | 47 45 15 18 60 | 82 11 08 95 97 |
| 84 60 71 62 46 | 40 80 81 30 37 | 34 39 23 05 33 | 25 15 35 71 30 | 88 12 57 21 77 |
| 18 17 30 88 71 | 44 91 14 88 47 | 89 23 30 63 15 | 56 34 20 47 89 | 99 82 93 24 93 |
| 79 69 10 61 78 | 71 32 76 95 62 | 87 00 22 58 40 | 92 54 01 75 25 | 43 11 71 99 31 |
| | | | |
| 75 93 36 57 83 | 56 20 14 82 11 | 74 21 97 90 65 | 98 42 68 63 86 | 74 54 13 26 94 |
| 38 30 92 29 03 | 06 23 81 39 38 | 62 25 06 84 63 | 61 29 08 93 67 | 04 32 92 08 09 |
| 51 29 50 10 34 | 31 57 75 95 80 | 51 97 02 74 77 | 76 15 48 49 44 | 18 55 63 77 09 |
| 21 31 38 86 24 | 37 79 81 53 74 | 73 24 16 10 33 | 52 83 90 94 76 | 70 47 14 54 36 |
| 29 01 23 87 83 | 58 02 39 37 67 | 42 10 14 20 92 | 16 55 23 42 45 | 54 96 09 11 06 |

其次，等距抽样时不要忽略了总体的周期性变化。等距抽样指的是"将总体中所有个体依照预定的某个特征或标志排序，然后每隔一定距离抽出一个个体组成样本"[①]。有的调查者在进行等距抽样时，没有考虑前提条件——"总体的顺序是随机的"。例如，对班里的 50 名学生等距抽样 25 名，运用隔一抽一的方法抽取；但是调研人员没有注意到学生按性别排座

---

① 林崇德、杨治良、黄希庭：《心理学大辞典：下》，上海教育出版社，2003，第 1346 页。

位，同桌均是异性，隔一抽一，抽到的都是同一性别的学生；再比如，对某中学 8 个班共 400 名学生随机抽取 25 名学生，调查者随机选了一个班，在此班等距抽取；殊不知，这 8 个班是分层的，是按照考试名次分的班，随机选的那个班是年级的第 51~100 名学生；正确的抽样方法应该是在各班等距抽取 3 人，在第一个班或最后一个班多抽取 1 人，组成 25 人的样本。

再次，区分整群抽样和分层抽样，合理运用两种抽样方式。整群抽样所面对的总体被划分为一个一个的群，从这些群中随机抽取若干个群，对群内的所有个体进行调查。例如，从 100 盒钢笔中，随机抽取 5 盒钢笔进行检验，就是整群抽样。而分层抽样是"按照总体的某种特性和研究目的，将总体分成若干互不重叠的子总体或层，然后从各层中随机抽取若干个体组成一个样本"[1]，也称作分类抽样。整群抽样与分层抽样在形式上相似，常常有调查研究人员错误运用。例如，A 学校 7 年级有 12 个班共 600 名学生，这些学生是随机分班的，各班水平相当，要从中抽取 100 人的样本，不适宜运用分层抽样的方法，宜采用整群抽样，随机选取 2 个班，将这 2 个班的全体学生作为样本；B 学校 7 年级也有 12 个班共 600 名学生，这些学生是按成绩从高到低分班的，1 班最优，12 班最差，面对这些学生，不宜采用整群抽样，宜采用分层抽样，从每个班中随机提取 5 名学生，如此所选的 60 名学生有很好的代表性。简言之，当各层（群）之间差异比较小、层（群）内个体差异大时，宜用整群抽样；整群抽样时，要抽取所选群内的所有个体，未选取的群一个都不要。当各层（群）之间差异大、层内（群内）个体差异小时，宜用分层抽样；分层抽样时，要面对所有的层（群），但只抽取层（群）内若干个体。

最后，遵循样本的同质等量替代原则。样本的同质等量替代指的是那些被抽取出来作为样本的个体，因为主观、客观原因不能或不愿作为被试和样本，调查者要选取与之具有相同水平、相同性质、数量相差不多的样本来代

---

[1]　林崇德、杨治良、黄希庭：《心理学大辞典：上》，上海教育出版社，2003，第 349 页。

替。例如，在对某省的中学生进行抽样调查时，依据实际情况将学校分为城市中学、郊区中学、城镇中学、农村中学，然后从四个类型中学中随机抽取若干中学；但是有两个城镇示范性中学拒绝参加。面对这种情况，调研人员不能随意减少样本总量和各层（四种类型中学）样本的比例，一定要补充；在重新选择补充样本时，还要找"城镇示范性中学"，不能由城市示范性中学替代，也不能由城镇非示范性中学替代，而且得是两个中学，要遵循样本的同质等量替换原则。

**2. 对试题进行矩阵抽样设计**

科学抽样不仅是对"人"的样本，还要针对试题样本。在学生的素质测评中，题库有大量的试题，涵盖某一课程（诸如科学课程）的所有内容；因其覆盖面大，题量大，考生做完试题所用的时间会非常长，进而导致学生参与测试的"疲劳效应"。NAEP 运用矩阵抽样的方法，处理庞大的测试内容，这对我国进行测查研究具有启示意义。矩阵抽样，也叫矩阵取样，指的是"根据广泛的内容或课程覆盖开发一套完整的测试题目，然后将这些题目划分成若干小套题目，再让每个学生接受一小套题目的测试"[①]。我们以初中生生物学学科核心素养的检测为例，来说明矩阵抽样的运用程序。

（1）构建试题库

依据《义务教育生物学课程标准（2011 年版）》，开发和命制覆盖全部课程内容的试题。对 10 个一级主题而言，分别为："科学探究"试题 90 道，"生物体的结构层次"120 道，"生物与环境"95 道，"生物圈中的绿色植物"98 道，"生物圈中的人"150 道，"动物的运动和行为"54 道，"生物的生殖、发育与遗传"78 道，"生物的多样性"82 道，"生物技术"56 道，"健康地生活"92 道（见表 6-2）；这 915 道题构成了"初中生生物学学科核心素养测评试题库"。试题库中的题目涵盖了初中生生物学课程的所

① 李凌艳、辛涛、董奇：《矩阵取样技术在大尺度教育测评中的运用》，《北京师范大学学报》（社会科学版）2007 年第 6 期。

有内容，涉及不同难度水平；测评者需要了解学生对每一个主题、各个难度水平内容上的掌握情况。

表 6 - 2　初中生生物学试题库中各主题的试题数及提取数

| 序号 | 一级主题 | 题库中试题数 | 选用试题数 |
|---|---|---|---|
| 1 | 科学探究 | 90 道 | 30 道 |
| 2 | 生物体的结构层次 | 120 道 | 36 道 |
| 3 | 生物与环境 | 95 道 | 30 道 |
| 4 | 生物圈中的绿色植物 | 98 道 | 30 道 |
| 5 | 生物圈中的人 | 150 道 | 48 道 |
| 6 | 动物的运动和行为 | 54 道 | 18 道 |
| 7 | 生物的生殖、发育与遗传 | 78 道 | 30 道 |
| 8 | 生物的多样性 | 82 道 | 30 道 |
| 9 | 生物技术 | 56 道 | 18 道 |
| 10 | 健康地生活 | 92 道 | 30 道 |
| 总计 | | 915 道 | 300 道 |

（2）设计题册

让所有学生（每一个学生）都做这 915 道题，很不现实。可以依据编制试题的双向细目表，根据每个一级主题中"重要概念"的数量，选择 300 道试题，这 300 道试题覆盖所有主题和所有的层级目标。即便这 300 道题目仅为题库总量的三分之一，但是让学生做完，仍然要耗费很长时间、很多精力，这会导致学生筋疲力尽，厌烦至极，测评效果极差。因此，需要将这 300 道试题划分成若干小套题目，即设计成多个题册（一个题册即一小套试题）。为了使每一个学生答题的时间控制在 1 小时以内，将每一题册的试题数设定为 20 道。对试题抽样的方法有完全矩阵抽样和不完全矩阵抽样两种。完全矩阵抽样是指在每个组合好的题册中，均包含了测试目标的全部维度；[1] 例如，从初中生生物学每个一级主题中抽取若干道题，

---

① 韦小满、马跃：《矩阵抽样技术在 TIMSS2015 题册设计中的运用》，《教育测量与评价》2015 年第 9 期。

10 个一级主题共 20 道题构成一个题册，共 15 个题册；300 道试题可以只用一次，但必须要都选用，不可遗漏；同时，15 个题册的试题无一重复。题册 1 中测评主题 1 到主题 10 的试题数目分别是 2、2、2、2、3、1、2、2、2、2，共 20 道试题；从试题库中抽取出来的 300 道题，分散在 15 个题册中（见表 6-3）。

表 6-3　初中生物学题册及其每个主题的试题数

| 一级主题 | 题册1 | 题册2 | 题册3 | 题册4 | 题册5 | 题册6 | 题册7 | 题册8 | 题册9 | 题册10 | 题册11 | 题册12 | 题册13 | 题册14 | 题册15 | 合计 |
|---|---|---|---|---|---|---|---|---|---|---|---|---|---|---|---|---|
| 1 | 2 | 2 | 2 | 2 | 2 | 2 | 2 | 2 | 2 | 2 | 2 | 2 | 2 | 2 | 2 | 30 |
| 2 | 2 | 2 | 2 | 2 | 2 | 2 | 2 | 3 | 3 | 3 | 3 | 3 | 3 | 2 | 2 | 36 |
| 3 | 2 | 2 | 2 | 2 | 2 | 2 | 2 | 2 | 2 | 2 | 2 | 2 | 2 | 2 | 2 | 30 |
| 4 | 2 | 2 | 2 | 2 | 2 | 2 | 2 | 2 | 2 | 2 | 2 | 2 | 2 | 2 | 2 | 30 |
| 5 | 3 | 3 | 3 | 3 | 3 | 3 | 4 | 3 | 3 | 3 | 3 | 3 | 3 | 4 | 4 | 48 |
| 6 | 1 | 1 | 1 | 2 | 2 | 2 | 1 | 1 | 1 | 1 | 1 | 1 | 1 | 1 | 1 | 18 |
| 7 | 2 | 2 | 2 | 2 | 2 | 2 | 2 | 2 | 2 | 2 | 2 | 2 | 2 | 2 | 2 | 30 |
| 8 | 2 | 2 | 2 | 2 | 2 | 2 | 2 | 2 | 2 | 2 | 2 | 2 | 2 | 2 | 2 | 30 |
| 9 | 2 | 2 | 2 | 1 | 1 | 1 | 1 | 1 | 1 | 1 | 1 | 1 | 1 | 1 | 1 | 18 |
| 10 | 2 | 2 | 2 | 2 | 2 | 2 | 2 | 2 | 2 | 2 | 2 | 2 | 2 | 2 | 2 | 30 |
| 合计 | 20 | 20 | 20 | 20 | 20 | 20 | 20 | 20 | 20 | 20 | 20 | 20 | 20 | 20 | 20 | 300 |

不完全矩阵抽样指的是每个题册中的试题仅涉及测试目标的部分维度和内容。[1] 例如，题册 1 只包含 1~3 共三个一级主题的内容，共 20 道题目；题册 2 包含的是 4~6 这三个一级主题的内容，题目数一样，也是 20 道；题册 3 包含 7~9 这三个一级主题的 20 道题目；题册 4 包含 10、1、2 这三个一级主题的内容。无论是完全矩阵抽样还是不完全矩阵抽样，每一个题册的试题的难度都应该是一样的，均衡的。也就是说，每一个题册中的试题，在了解、理解、掌握和运用等几个不同层次上的题目的比例是一样的。各个题册的内容不同，但其难度和作答所需的时间是一样的。

---

[1]　韦小满、马跃：《矩阵抽样技术在 TIMSS2015 题册设计中的运用》，《教育测量与评价》2015 年第 9 期。

（3）发放题册

题册设计好之后，发放给调查样本学生。在样本学生中，依次循环发放第 1～15 个题册，直到所有的样本学生人手一册，每人一套试题。如果学生的样本量非常大，是整群抽样，诸如一个班整群抽样，则可从班里的第一个学生开始，依次发放第 1～15 个题册，直到发放完毕。由此可见，学生样本也是矩阵排布的；试题与学生间是双重矩阵设计。双重矩阵设计，既避免了考生因过度疲劳而引起的测量误差，也确保了测试内容的广泛覆盖范围。

## 六 教育研究要注重证据，避免理论推测和主观臆断

美国 NAEP 科学教育测评中，有很多结果是符合我们预期的。诸如，学生缺课多则成绩差，教学资源丰富则教学成绩突出。但是有不少结果在人们的意料之外，与我们的预期相左。诸如，大中城市学校的学生科学成绩并不如农村学校学生、城镇学校学生，规模小的学校优于规模大的学校。还有一些因素，我们认为是常识，没有必要进行调查和分析，但 NAEP 却进行调查，用数据来说话。诸如，学生（科学）素质与残疾/非残疾的关系、学生家里是否有 2 个及以上的浴室、是否和继父（母）生活在一起。这些因素，NAEP 不仅关注了，而且调查结果都有数据，用证据来说话。这些对我国的教育研究具有启示意义。

### 1. 加强教育实证研究

实证研究是相对于思辨研究而言的。实证研究指的是"基于事实证据，提出理论假设，进行实地观察，获得科学数据，得出正确结论，接受重复检验"[1]。而思辨研究指的是运用逻辑推导而进行纯理论、纯概念的研究。[2] 思辨研究的价值不可否认，我国教育研究的主要方法就是思辨研究。问题在于，教育的思辨研究方法大行其道，实证研究难有一席之地，导致理论与实

---

① 《加强教育实证研究，提高教育科研水平》，《华东师范大学学报》（教育科学版），2017 年第 3 期。

② 中国社会科学院语言研究所词典编辑室：《现代汉语词典（2002 年增补本）》，商务印书馆，2002，第 1193 页。

际的"两张皮"关系，教育研究"空对空"，教育问题简单化、表面化。中国的教育研究需要更多的实证研究，需要加大实证研究的比重；没有实证研究，就没有"教育科学"，也没有科学的教育。例如，针对一个年级学生，年龄较大者和年龄较小者，谁的学习成绩更优秀？这个问题值得研究。再比如，不同学历的中学教师（中专、专科、本科、硕士、博士、博士后）所教的学生，孰优孰劣？为什么学历（学位）最高的教师所教学生的成绩并不是最优秀的？如果运用思辨研究方法，进行理论推导，所得结论十有八九是"驴唇不对马嘴"。回答这些问题，研究者必须走出书斋，运用有效的工具，选取有代表性的调查样本，深入学校和教学一线，用证据来说话。

2. 注重定性与定量相结合的混合研究方法

加强教育实证研究，不要简单地将实证研究误认为是定量研究，将思辨研究误认为是定性研究。定量研究是指"事先建立研究假设，进行严格的研究设计，按照预定程序收集资料并进行数量化分析，用数字或量度表述研究结果，对假设进行检验的一种研究范式"[1]，也称作量的研究；定性研究是指"在自然环境下，运用现场实验、开放式访谈、参与观察、文献分析、个案调查等方法，对所研究的现象进行长期深入、细致的分析，然后在此基础上建立假设和理论"[2]，也称作质的研究。教育实证研究的发展历程经历了纯定量的实证研究阶段、定量为主的实证研究阶段、定量与定性并存的实证研究阶段。[3] 教育实证研究，需要将定量研究和定性研究结合起来，二者缺一不可。运用问卷、测验、实验、观察等多种方式收集信息、证据，用统计的方法对结果进行分析和解释，这种量的研究是实证研究所必需的。另外，通过对访谈笔记、观察记录、备忘录、私人信件、日记、音像等描述性资料的研究，进行归纳、概括，形成深刻的认识，这种质的研究也是实证研

---

[1]　董奇、申继亮：《心理与教育研究法》，浙江教育出版社，2005，第 184 页。

[2]　董奇、申继亮：《心理与教育研究法》，浙江教育出版社，2005，第 169 页。

[3]　程建坤、陈婧：《教育实证研究：历程、现状和走向》，《华东师范大学学报》（教育科学版）2017 年第 3 期。

究所必需的。实证研究提倡用真数据解决真问题，但是反对玩弄数字游戏，盲目相信数据和指标，只关注统计学意义上的关系，忽视数字背后的现象和本质的分析。调查研究、相关研究、原因比较研究、实验研究，都是实证研究，每一种研究都需要量的研究，也需要质的研究。例如，美国 4 年级学生在家里讨论学习的频次在每周 2～3 次时科学成绩最佳，比之少或比之多，成绩都有所下降；可以认为，"在家每周讨论 2～3 次学习"与"科学成绩好"具有相关性，但绝非如此简单的线性关系，还需要质的研究，需要更为全面、详细的资料，从而对美国 4 年级学生的科学学习、在家讨论学习有一个整体的认识。强调和注重实证研究，并不是不要思辨；实证研究中需要定量、定性，而定性研究需要实证，也需要思辨。

## 七　建立全国性的、公开的、持续性的教育发展评估结果报告系统

NAEP 报告卡系统可以通过互联网导出并下载 1996～2015 年的评估结果，所有的数据以群体的形式（不指向个别学生和个别学校）面向全体学生、教师、校长、家长、政府、研究人员进行公开。NAEP 报告卡不仅数据全面，同时操作简便，用户在报告卡网页只需根据提示内容通过简单的单击勾选，即可选择需要的数据内容和报告形式，报告的文件类型也提供了多种选择。但 NAEP 报告卡也存在一些不足，即一次导出报告的数目不能超过 15 个，普通学生或教师很难通过一次导出的数据读取、发现评估结果中的有效信息或关联信息。多次导出需要多次勾选变量内容，也需要将导出的数据进行整理和归类，这些工作需要花费大量的时间和精力。

NAEP 报告卡坚持了数十年的数据统计和积累，对于美国教育发展和政策改革提供了重要的支撑。我国建立全国性的、公开的、持续性教育发展评估及与之相对应的结果报告系统，对于推进教育改革发展同样具有重要价值。通过使用 NAEP 报告卡和分析导出评估数据的研究工作，对我国建立评估结果报告系统提出以下建议。

### 1. 建立全国性的评估结果共享平台

我国应当建立全国性的教育发展评估报告系统，利用互联网、大数据、

云共享等现代信息技术手段建立起评估结果的共享平台。评估结果可以采用"匿名"的方式隐去学生的个人信息，向学生、家长、学校、政府、研究人员等公开评估的结果，并支持导出不同类别的数据，支持导出不同类型的数据文件格式。数据结果的导出过程应当简便、顺畅，提高数据生成和导出的效率，减少技术上的壁垒和障碍，节约时间和精力。

可以在原有基础教育质量监测平台的基础上，以全国质量监测数据为主，整合各省质量监测数据，利用现代信息技术手段建立评估结果共享平台。NAEP 报告卡历经多年的发展与完善，在系统的架构和操作的方式上具有借鉴价值，我国可以参考 NAEP 的网站形式，一方面提供教育发展评估的报告；另一方面建设可以自选变量和内容进行数据导出的结果共享平台。学生、教师、家长、学校、政府、研究人员和社会人员不仅可以通过报告宏观性地了解和把握教育的进展情况，同时也可以根据自身的需求，获得更为微观、具体、有针对性的个性化数据，对与之相关的现状和问题进行深入的理解和分析。

**2. 建立持续性的评估结果报告系统**

全国性的教育发展评估报告系统应当采用统一架构，具有持续性统计和发布数据的功能。评估的内容应当具有相对一致性，导出的数据能够进行横向和纵向的比较。逐步统一和规范各级各类评估和数据的管理，注重数据的积累和保存。

全国性的大规模教育发展评估在我国尚处于起步阶段，国家和地方的评估数据缺少统一的架构和整体的设计，在数据的可比性和持续性上存在一定的问题。需要建立一个教育发展评估管理的专门部门，例如"基础教育质量监测协同创新中心"，在监测中心的统一设计和管理下实施评估。评估的内容要在"变"与"不变"之间达到平衡："不变"是指统一设计的评估框架和内容要有相对的稳定性，便于持续性跟踪和对比；"变"是指评估的内容要有与时俱进的特点，跟上教育发展的进程，否则将失去评估的现实意义。在确保了评估内容的持续性后，还要确保数据管理的持续性，建立安全、稳定的数据平台，妥善保管数据，使数据的保存和使用年限能够长达 5

年、10 年甚至更久。

3. 定期发布可读性强的评估报告

在公开报告数据的基础上，应当定期发布教育进展评估报告。报告的内容应具有可读性和针对性，能够让学生、家长和教师看懂、读懂，不宜使用过多的科学术语和复杂的统计图表。可以对教育科学研究人员提供原始数据，避免重复评估和调研产生的科研资源浪费。对于学生个体，可以告知其评估成绩或提供评估报告，便于学生进行学业诊断。

根据我国实际情况，报告应当进行分类，按照"全国报告""省级报告""市级报告""县（区）级报告""学校报告""学生报告"分别撰写。这样的报告系统增强了报告的针对性和实用性，同时也产生了大量的报告文本，带来巨大的工作量，尤其是建立学生报告。为了解决这一问题，应当充分利用现代技术手段，借鉴我国高等院校学科评估报告生成系统，建立评估报告自动生成和发布系统。自动化生成报告具有更强的客观性，在报告的结构和内容的表述方面具有较强的一致性，更有利于横向的分析和对比。

## 八 我国教育发展评估成绩应当合理、合法适度公开

NAEP 评估结果虽然提供了开放式下载平台，但由于其"低利害"的特点，并不提供基于学生和学校个体的评估成绩结果。这种公开方式有利于降低"不利"的比较，但是同时也降低了学生的答题积极性；评估对学生个体没有影响和反馈，学生可能消极作答，进而造成评估得分的"数据污染"。评估报告关注的是教育的发展，而测评成绩与测试题本身直接相关，是对学生知识与技能的掌握水平的反映。从课程与教学的角度看，学生的测评成绩对于学生自我评估和推动教学改革具有重要意义，因此应当建立成绩公开机制。我国教育发展评估成绩的公开应当符合我国国情，面向全社会公开。

1. 面向学生和学校提供个体评估成绩

参与测评的学生付出了时间和精力，学生有必要、也有权利知道自己在

测评后的成绩。我国教育发展评估成绩可以采用"点对点"的形式向学生公开，这样既保证其知情权，又保证了隐私权，这种公开方式能够一定程度地减少学生的消极作答，降低数据污染。对于大规模评估"点对点"的成绩查询，在我国并非难事，只要参照高考或研究生考试的成绩查询系统即可。

参与测评的学校同样也可以获得学生个体的测评成绩，只是在使用过程中应当注意确保学生的隐私权。学生的测评成绩对于教师的教学和学校了解本校教育的实际情况具有重要意义，测评成绩和评估报告都对学校的发展有重要的参考价值。不应当因为"低利害"或"隐私权"等原因不提供学生和学校个体的测评成绩，这种做法会导致学生和学校的时间和资源在个体层面的浪费。

2. 面向社会提供区域（群体）成绩

在公开成绩方面可以参考 NAEP 的报告卡形式，建立专门的网络数据平台，提供数据导出和下载服务。面向社会提供不同地区、民族、性别、政策、待遇等条件下的不同群体的测评成绩，供关心我国教育发展的学生、教师、家长及相关人员进行查询。这种信息的公开有利于加强社会监督，有利于推动教育发展，也有利于推进教育公平。

面向社会不宜公开学生个人成绩和学校成绩，以避免"不利"的比较，增加学生和学校的负担，因为教育发展评估测评本身并不能够完全代表学生个体和学校的真实水平。教育发展评估主要用于发现问题和促进教育发展，进行学生评价和学校评价不是教育发展评估的目标和任务。

3. 面向研究人员提供成绩和原始数据

为了促进我国教育科研人员开展更为广泛、深入的分析和研究，应当面向相关研究人员公开成绩和原始数据。研究人员必须签订含有保密条款和使用权限等内容的数据使用协议，依据科学研究的学术规范进行研究和结果发表，不能侵犯调查样本个人和群体的隐私权。

我国应当建立教育发展评估大数据平台，以教育发展评估的测评数据和背景调查为核心，整合各省级调研和各专项调研资源，建立国家级的教育调查研究数据的共享平台。将教育领域的"调查"统一进行整合，避免调查的重复和资源的浪费；为教育领域的"研究"提供大数据支持，节省研究人员的时间和资源，加强数据的共享和使用，在数据的多维使用和深度使用上为研究者提供支持。大数据平台的建立需要对教育发展评估数据进行科学管理和长期积累，同时也需要大量研究人员的合作与支持。

## 九　避免基于评估的"应试教育"

由于 NAEP 的长期趋势之特点，其评估框架和内容也相对容易把握，因此也产生了"为评估考试而教"的应试教育。在美国，很多教师都在尽他们所能使自己的学生在国家规定的测试中成功。有一些教师感觉自己已经放弃了"教育学生"，而只是在帮他们"通过考试"。① NAEP 应试教育的压力主要来自于评估结果要作为学校获得拨款的依据，学校和教师不得不应试。我国教育发展评估要避免"应试"，要防患于未然。

### 1. 师生要树立正确的教学观和学习观

教师要树立正确的教学观，培养全面发展的人，培养合格的社会主义建设者和接班人，而不是"考试机器"。为了确保教育公平和教育均衡发展，我国的学校拨款不应与教育发展评估结果直接挂钩，教师和校长不必为了趋利避害而进行应试化的教育。为了确保教育发展评估结果的正确使用，我国应该发挥社会主义核心价值观的引领作用，在道德层面从根本上避免"为考试而教"的想法，树立"为中国而教"的理想和自信。

学生应当树立正确的世界观、人生观、价值观，从而树立正确的学习观；学习是为了自身的全面发展，不是为了应对考试。根据 NAEP 的评估经验，学生的问题并不仅仅在于应对考试，应对考试的思想往往来自于教师和学校的影响。学生的主要问题在于消极对待考试，因为考试成绩的高低与学生无关，也没有针对学生个体的单独报告。因此，从根本上解决学生消极对待测评的问题，需要对学生的思想道德进行正确的教育和引领。让学生能够

---

① Archie E. Lapointe：《标准化测验对美国社会的影响：以美国国家教育进展评估（NAEP）为例》，《考试研究》2009 年第 4 期。

认识到，从整体来看，教育发展评估对国家民族具有重要意义；从个体来看，对个人和学校都具有直接的指导和反馈作用。在"低利害"的环境下能够积极地、负责任地对待测评，认真地完成测评的所有题目。

国家和学校应当构建一个良好的测评环境，让参与测评的学生、教师和校长都能够认识到测评对于教育发展的重要价值，能够明确参与测评过程中应履行的义务和承担的使命。在评估的实施过程中，要尊重学生、教师和校长的意见，创造宽松、舒适、便捷的答题环境。

**2. 建立大规模题库，利用"锚题"降低应试可能**

在思想上、环境上避免对教育发展评估的消极应对只是一个方面。另一方面，教育发展评估系统本身应该在技术上避免消极应试和作弊情况的发生。

教育发展评估为了长期趋势测评必须建立题库，在题库中选取内容、难度一致的题目进行测评，以确保测评结果的可比性。但是，在经历几轮的测评后，教师和学校就极有可能"拼凑"出测评的题库、"猜测"出测评的内容、"把握"住测评的规律，由此也就产生了功利性的应试教育。为了避免题库的必然和可能的泄露，可以采用"锚题"的办法扩大题库的题目数量，不断更新题库。锚题是在不同试卷中使用相同的题目，通过锚题可以构建不同试卷间的等值关系。采用带有锚题的试验性测试，可以检验不同试卷间的差异，无明显差异的试卷中的试题可以纳入题库进行补充，或者直接作为测评试题进行使用，这样就起到了更新和扩大题库的作用。

我国是一个考试大国，在组织大规模考试方面具备非常丰富的经验。与此同时，考试作弊的手段也在不断翻新，层出不穷。避免作弊是从古至今、从国内到国外所有考试都面临的一个重要难题。虽然教育发展评估属于"低利害"考试，与学生的个人利益和学校利益相关性并不大，但是仍然要通过技术手段避免作弊行为的发生。在考试的组织过程中，可以参考高考、研究生入学考试、大学英语等级考试的组织形式，使用相关考试的监考设备和资源等组织教育发展评估的测评。

**3. 加强规范建设和管理**

为了避免应试情况的发生，除了观念引领和技术避免等方式外，还应该加强组织管理、规范建设和行政管理。

我国的教育发展评估应当建立一套符合我国国情和教育发展基本情况的规章制度，在评估的组织方式、实施过程、结果使用等方面加强规范化建设。在组织方式方面，构建明确的国家级、省级、市级三级管理组织，由国家统筹，各省组织，各市实施，这是我国国情和制度的优势。在实施过程方面建立规范的测评流程，从试题的命制和保管、抽样的方法和过程、考试的组织和实施、试题的评阅和数据录入、结果的公开等方面建立明确的规范和流程。在我国大范围的测评过程中，所有的工作要做到整齐划一，必须有章可循、依规办事。在结果的使用方面，要通过制度的设计避免无意义的比较和排名，明确测评结果使用的范围，建立分级分类的信息使用权限。

## 十　提高科学课程地位

NAEP 国家评估、州评估、试验性城区评估均涉及学生科学素质的评价，足以看出科学课程在美国的重要地位。不仅如此，美国还启动 "2061计划"（Project 2061），制定了《不让一个孩子掉队》等法案，均在为科学教育的发展 "保驾护航"。另外，1996 年发布的《美国国家科学教育标准》，成为美国科学教育史上第一个国家标准，引领科学教育课程的重重变革；时隔 15 年，美国再次修订了科学教育标准，发布《下一代科学教育标准》（*Next Generation Science Standards*，NGSS），借鉴前沿的研究成果规划 K－12 科学教育的发展，旨在提高美国公民的科学、数学和技术素养。这些足以说明美国对科学教育的重视程度。

在我国，科学课程自 2001 年发布小学科学课程标准以来，也逐渐被重视起来，但是相比于语文、数学、英语等学科，依然处于边缘位置，没有被当作核心课程来对待。并且，科学课程实施以来，实际的教学现状与课程标准之间存在较大的落差。[1] 公民科学素质的提升是国家发展的不竭动力源

---

① 黄芳：《美国〈科学教育框架〉的特点及启示》，《教育研究》2012 年第 8 期。

泉，学生科学素质的孕育对未来国家高端人才的培养具有极其重要的助推价值。因此，我国应该充分认识到中小学科学教育在人才培养体系中的战略地位，提高科学课程在学校教育中的地位。

1. 保障科学课程的课时量

很多研究均表明，科学课程在中小学不被重视，处于边缘化，甚至正常课时无法得到保障。例如，唐僖珺等人调查湖南省小学科学课程的实施时，发现科学课经常被其他学科占用；① 许丽英研究发现，中小学科学课时较少，在学校教育中被沦为"第三世界"。② 我国应摆正科学教育的位置，保障中小学科学课程在学校教育中的课时量，确保学生正常获取本应该接受的科学知识、科学活动。

2. 优化科学课程的资源

目前，我国中小学科学课程存在"新教材编写经验不足""部分实验设计不够合理""实验课程严重缺失""教学形式比较单一"等弊端，③ 严重阻碍抑制学生科学兴趣的养成、科学素质的提升。所以，我国应该加强中小学科学教育的统整性、综合性及实践性，基于课程标准，研制多样化的科学教材；在课程素材的选取上，应把持严谨的态度，以科学研究数据为主要来源，确保其科学性、精确性；在科学实验资源上，应加强实验室建设，配备基本的实验器材，为实验教学提供保障；在课程活动上，应开展丰富多彩、形式多样、可供学生选择的科学实践活动；在教学模式上，应注重项目式教学，以项目为中心、以学生为主体、面向实践，在解决问题的过程中学习知识、提升能力、形成积极健康的情感态度。

3. 强化科学教育师资的建设

科学教育师资薄弱是制约科学课程实施的"瓶颈"，④ 这一问题在我国尤

---

① 唐僖珺、吴国华：《湖南省小学科学课程实施现状与对策研究》，《课程教育研究》2017 年第 27 期。
② 许丽英：《我国中小学科学教育的误区与转向》，《教育发展研究》2014 年第 10 期。
③ 潘洪建、张静娴：《小学科学课程实施：成就、问题与政策建议》，《当代教育与文化》2018 年第 4 期。
④ 徐红：《教育公平视野下科学师资的振兴策略》，《教育学术月刊》2010 年第 4 期。

为突出。我国受过"科学教育"系统训练的师资队伍严重不足，[①] 很多中小学的科学课程没有专职教师，是由其他科目教师兼任的，还有一些学校具有专职科学教师，但是这些教师并没有科学教育背景。[②] 可见，强化科学教育师资的建设迫在眉睫。我国应通过"职前培养 + 职后培训"的模式塑造一批高质量、高素质的科学教师。一方面，高等师范院校和一些综合大学应增加科学教育专业招生名额，加大职前科学教育教师的培养力度；另一方面，在各类各级教师培训中，增加对在职科学教师的培训力度，提升科学教师的教学专业能力。

**4. 重视科学教育研究成果**

我国科学教育人才较少，研究队伍薄弱，理论研究多，教学实践少。无论是课程标准的制定、还是科学教材的编写，都缺乏必要的科学教育实证数据作为支撑。[③] 这与我国科学教育研究起步晚、发展处于弱势有关。国际上绝大多数发达国家均很重视科学教育研究，不仅研究团队较多，而且科学教育研究的专业期刊比较丰富。例如，美国有《科学教育》（*Science Education*）、《科学教学研究杂志》（*Journal of Research In Science Teaching*），英国有《国际科学教育杂志》（*International Journal of Science Education*），澳大利亚有《科学教育研究》（*Research in Science education*）等。在专业期刊的引导和推动下，这些国家的科学教育成果丰硕，在国际上具有重要的影响力。而在我国，科学教育研究成果主要在综合性教育类、学科教育类、课程研究类等刊物上发表，比较分散，不利于科学教育研究成果的凝聚、传播，这也导致科学课程的发展根基较为薄弱。我国应重视科学教育研究成果，创办专业期刊，凝聚科学教育学术研究专业力量，加大学术传播力度，提高专业交流机会，为科学课程标准的制定、教材的编写、教学活动的设计以及教学评价的改革提供坚实的学术根基。

---

① 梁福成、王延文：《加强"科学教育"师资培养及专业建设的思考》，《天津师范大学学报》（社会科学版）2002 年第 6 期。

② 胡卫平、韩琴、刘建伟：《小学科学新课程实施现状的调查与思考》，《教育理论与实践》2007 年第 5 期。

③ 黄芳：《美国〈科学教育框架〉的特点及启示》，《教育研究》2012 年第 8 期。

## 十一 教师应重视学科教学知识的构建

NAEP 测评结果显示，教师在科学教学研究方面付出精力越多，所带学生的平均成绩就越高。可见，除了学科知识的深度理解，教师在学科教学知识方面的研究与发展对学生的学业成绩具有重要影响。因此，为了提升学生的科学素质，教师应该重视学科教学知识的构建。学科教学知识（Pedagogical Content Knowledge，PCK）是由 Shulman 提出的，主要包括学生理解的知识和教学方式方法的知识。[1] PCK 与学科知识、教育知识具有密切的联系：PCK 将学科知识与教育知识紧密地结合起来，对两者正趋于割裂的现象进行了"悬崖勒马"。教师的 PCK 水平是决定学科教学有效性的核心要素。[2] 因为教师面对的是具有不同思维方式和理解能力的学生，学科知识是静态的知识，在知识与学生之间存在一定的沟壑，而教师的职责就是运用合理的教学知识将学科知识进行加工、组织，转变为学生更容易接受的经验。具体而言，教师提升自身的学科教学知识可从以下几个方面着手。

### 1. 重视以课程标准为准绳

课程知识应传授给谁、应传授哪些知识、怎样传授这些知识、传授知识后应达到什么目的，这些均可以从课程标准中找到"答案"，足以看出课程标准对教师教学的指导价值。课程标准是每个教材编写者、教师和教育管理者开展工作的依据和准绳。[3] 所以，教师要想提升自身的学科教学知识水平，首先应该从思想上重视课程标准，对课程标准进行研读是教学开展的前提，是教学设计前期工作重中之重的环节，是教学目标设计最重要的依据。[4] 而教学目标是统领优质教学的重要基础，对教师的教和学生的学具有

---

[1] ShulmanL. S., Those Who Understand Knowledge Growth in Teaching. *Educational Researcher*, 1986, 15 (2): 4 – 14.

[2] 王燕荣、韩龙淑：《职前教师学科教学知识的现状及提升路径研究》，《教育理论与实践》2018 年第 22 期。

[3] 刘恩山：《中学生物学教学论》，高等教育出版社，2009，第 9 页。

[4] 刘杨：《对教学目标设计的几点反思：以"能量之源：光与光合作用"为例》，《中小学教材教学》2016 年第 1 期。

导向性，是教学方法、教学策略、教学评价形式选择的依据。因此，教师应注重以课程标准为准绳，明确具体教学活动的要求，开发优质的教学设计，指导自身的教学过程。

### 2. 注重学科知识体系的理解

学科知识是学科教学知识产生和发展的重要前提，教师只有具备良好的学科知识结构体系，才能注重课程的纵横联系。[①]"打铁还需自身硬"，教师要注重学科专业知识体系的构建，确保对学科知识的宽度和深度具有明确的认知。只有这样，教师才能够结合教育学、心理学等知识，对所教授的学科知识进行全面的理解，在自身经验和认知习惯的基础上进行加工，为静态的学科知识与学生经验之间搭建起桥梁。某一领域的专家与新手的区别在于，专家会基于该领域的核心概念进行认知构建，而新手更多的是获取一些支离破碎的知识碎片。[②] 由此视角可知，教师加深学科知识体系的理解应该注重学科核心概念的认知构建，核心概念揭示了学科的核心内容，反映了学科本质，其组合可以构成学科的完整画面。[③] 相比于零散的知识，核心概念具有统摄性、整合性，对思维的影响具有持久性。

### 3. 加强对教学方法的理解

"教师的知识集中体现在教师的教学方法之中"。[④] 教师具备了学科知识后，并不能直接传授给学生，要通过多种教学方法将学科知识转变为学生能够理解的知识，这就涉及"如何教"的问题。解决该问题最直接的办法就是理解多样化的教学方法的内涵，并能够结合具体的学科知识、具体的学情，选择、应用具有针对性的教学方法。另外，教师不能局限于自身的学科领域，而要适当明确所教授的学科知识与其他学科内容之间的交叉性和相互指导性，更应该了解不同学科之间教学方法的共通性，做到学科教师之间在

① 王燕荣、韩龙淑：《职前教师学科教学知识的现状及提升路径研究》，《教育理论与实践》2018 年第 22 期。

② National Research Council. *How People Learn：Brain，Mind，Experience，and School. Committee on Developments in the Science of Learning.* Washington，DC：National Academy Press，1999：67.

③ 胡玉华：《生物教师学科知识结构评价研究》，北京出版社，2011，第 170 页。

④ 徐章韬、顾泠沅：《面向教学的数学知识》，《教育发展研究》2011 年第 6 期。

教法上触类旁通，互相促进。①

### 4. 积极参与教研活动

教学研究并不是"闭门造车"，而应该是相互学习、取长补短。教研组的形成标示着教师学习共同体的建立，为了"教好学生"这一共同的目标，具有相同职业属性的教师走到一起，共同探讨、分享经验，有助于每一位教师认识自身的不足，借鉴他人的经验，从而提升教学专业能力。在教研活动中，每一位教师都可以提出自己的困惑、解决对策，在问题解决的过程中，切身体验方式方法的科学性和有效性，从而形成经验，丰富自己的"经验库"。② 所以，为了提升学科教学能力，教师应该积极参与教研活动，坦率地提出自己遇到的问题，或者慷慨地分享自己的解决方案，与其他教师一起讨论需要解决的问题，并将研讨的内容与自己的实际教学相结合，扩充自身原有的知识。通过教研活动，教师个体原有的知识能够得以激活、输出、改进，他人的知识又可以内化成为自己的知识，从而使学习共同体得到共赢。现实案例也证明，教研活动能够使每一位教师参与其中，并有所收益。③

### 5. 在课堂上勇于实践新理念

只有通过实践，知识才会得以在认知中建构，教育应当将一般观念与真实问题联系起来。④ 在教研活动中，教师组成的学习共同体之间相互分享经验，自身的学科知识得以扩充，但是如果只停留在理论层面，这些静态的知识会逐渐模糊、消失。在教研活动后，教师应该在课堂上勇于实践新理念，将自身"经验库"中积累的新知识迁移至新的教学情境中，在教学过程中去检验获取的新知识、新理念。只有达到灵活应用，新知识、新理念才算真

---

① 杨向谊、陆葆谦：《互动·共享·创新：学校教研组建设的新探索》，上海教育出版社，2009，第 15 页。

② 陈向明：《搭建实践与理论之桥：教师实践性知识研究》，教育科学出版社，2011，第 149 页。

③ 王传军：《〈纽约时报〉著名专栏作家托马斯："上海的小学办得好"》，《光明日报》2013 年 10 月 29 日。

④ 郑太年：《学校学习的反思与重构：知识意义的视角》，上海教育出版社，2006，第 83 页。

正在头脑中得以构建，才会真正转化为解决具体问题的利器。教师在实践新理念的过程中，应该具体分析教学情境、学生学习特征以及具体的教学内容，做到具体情境下内容和方法的统一。

### 6. 时常反思自己的教学

"反思性的教师是有效教师的应有之义，也是教师个体不断发展与完善自己教学实践的必由之路。"[①] 可见，教师要想构建学科知识，提升教学专业能力，时常反思自己的教学必不可少。"经验＋反思＝成长"作为教师专业发展的"公式"已经成为共识。[②] 然而，现实中很多教师年复一年地重复着本职工作，带完"一轮"就不再备课、教研，这些教师基本只能停留在"教书匠"层面。只有将自己的经验和实践通过不断反思上升至一定的理论高度，将自己的缄默知识逐渐变得清晰，由经验层面上升至个体教育哲学层面，这样的教师才会灵活地将"理论与实践结合起来、发展对教与学的批判性思考，能够进行深入而有意义的探索"[③]。为了自身的专业能力发展，为了形成个体教育哲学系统，为了更好地指导自身的教学行为，为了更优质地决策教学活动，教师应该时常反思自己的教学，在实践中反思，在反思中实践，认识自身教学中存在的问题，不断寻求解决方案，并总结经验、提炼观点，逐渐养成对教学活动科学分析、客观评价的能力。

## 十二 丰富家庭教育资源

NAEP历年科学素质测评结果显示，家中有杂志、电脑、百科全书的学生的科学成绩均高于家中无杂志、电脑、百科全书的学生，并且家中图书的数量越多，学生的成绩越高。可见，家庭教育资源越丰富，学生的成绩越高。另外，国内外一系列的测评项目也得出同样的研究结论。诸如，"较之

---

① 陈晓端、席作宏：《教师个人教学哲学：意义与建构》，《教育研究》2011年第3期。
② 王洁、顾泠沅：《行动教育：教师在职学习的范式革新》，华东师范大学出版社，2007，第69页。
③ 陈法宝：《基于教研活动的教师学科教学知识（PCK）发展模式研究》，《教师教育研究》2017年第3期。

于学校因素，家庭因素对学生的学业成就具有更大的影响作用"①；"父母的学历越高、文化水平越高，孩子的学业成就越高，两者呈正相关关系"②；"家庭中的阅读材料越多，学生的学业成绩越高，两者呈正相关关系"③；"家中拥有电脑对学生的数学和阅读成绩具有促进作用，并且家庭经济地位高的学生更容易在网络上受益"④；"家庭的教育资源与学生学业表现具有显著的相关性"⑤；"父母的文化程度、对教育的态度以及对孩子学习的期望等多重因素都以不同程度影响着学生的学业成就水平"⑥。随着我国综合国力的提升，社会不断与时俱进，人们的生活水平也显著提升，在生活物质资源丰富的同时，父母基本都在尽可能地为自己的孩子创造更佳的学习环境、提供更丰富的家庭教育资源，旨在最大可能地帮助孩子成才。

让孩子接受高质量的教育不仅是学校的义务，也是每一位家长翘首期盼的。家庭资源在促进学生提高学习效率方面具有不可言喻的重要性。那么，什么是家庭资源呢？《中华百科全书》中指出："每一个家庭当中所具有的人力及物力的总和为家庭资源。家庭的人力资源包括父母的文化层次水平、父母的职业地位、父母对孩子的教养方式、父母对孩子的教育期望以及家庭中的文化氛围；家庭物力资源包括家庭经济地位，生活环境情况以及家庭文化商品。"⑦ 从此概念中，我们可以认为家庭中对孩子起到教育意义的资源主要包括两大类：一类是有形的物力资源，一类是无形的人力资源。其中，

① Kiesling, H. J. *The relationship of School Inputs to Public School Performance in New York State.* Washington, DC: U. S. Department of Healthy, Education, and Welfare, Office of Education, 1969.
② Hanushek, Eric A., The Economics of Schooling: Production and Efficiency in Public School. *Journal of Economic Literature*, 1986, (3): 1141 – 1178.
③ Mullis, I. V. S. and Jenkins, L., *The reading Report Card, 1971 – 88.* Princeton, NJ: Educational Testing service, 1990.
④ Attewell, P and Battle, J., Home Computers and School Performance. *Information Society*, 1999, 15 (1): 1 – 10.
⑤ 丁瑜：《家庭诸因素对学生学习和品德的影响》，《南京师范大学学报》（社会科学版）1985年第4期。
⑥ 孙越、孙莅野：《家庭环境与儿童学业成绩的关系分析》，《教育探索》2001年第5期。
⑦ 张其昀监修：《中华百科全书：第5册》，中国文化大学出版部，1981，第422页。

有形的物力资源主要涉及家庭中常见的物质资源和信息资源，物质资源主要是指家庭为孩子创造的学习设施，如学习桌椅、电脑、台灯等；信息资源主要是指家庭为孩子提供的诸如文字、图画、音频、视频等信息资源，可通过网络、书籍、杂志、报纸等媒介获取。基于对"家庭教育资源"概念理解的基础上，家长可以合理开发和利用家庭资源来增强学生科学课堂教育效果，拓宽学生学习的途径。

1. 家长为孩子提供基于自身的人力资源

人力资源指的是在家庭中凡是对学生家庭学习效果产生影响的一切人的活动及行为的总称，它包括父母的职业状况、特长及兴趣爱好、闲暇时间的安排，以及家人所进行的各种活动等。[①] 家长可以基于自身的职业特点或兴趣爱好，为孩子提供相应的学习资源。例如，家长可以组织家庭会议，引导学生了解自己职业相关的科学知识；农民家长可以给孩子讲述种田的注意事项，与学生在学校中学到的生命科学知识相结合；工人家长可以向孩子讲解车间生产线机器的工作原理，使学生联想到相关的物理科学知识。再如，家长可以与孩子一起将自家的生活垃圾进行分类，引导学生正确处理生活中的废物和垃圾。

2. 基于信息资源拓宽学生的学习视野

随着人们生活水平的提高，电视机、电脑、网络已逐渐进入普通家庭中。学校教育只是学生受教育的一部分，要想拓展学生的学习视野、扩大学生的阅读范围、帮助学生拓宽自己的认知，在家庭中通过信息资源进行学习必不可少。家长要引导孩子合理上网，正确使用网络中的学习资源武装自己。例如，很多知名学校在互联网上都有自己开发的高质量的基础课程和拓展课程，家长要经过筛选获取符合自己孩子兴趣的课程。此外，电视机也是学生获取学习资源的一种媒介，家长要带领孩子一起观看具有教育意义的电视节目，一方面提高孩子的学习兴趣，另一方面拓宽学生的学习领域。再如，书籍也是学生形成良好思维习惯的重要载体，家长要为孩子购买一些阅

---

① 张敏：《家庭学习资源对小学生学业成绩影响的调查研究》，四川师范大学硕士学位论文，2015，第5页。

读文本，丰富孩子的语言和思维，提升表达能力，同时可以使孩子保持积极的学习状态，对学习充满渴望。

3. 基于家中物品增强学生的认知

知识并非仅仅桎梏在书本中，而是源于生活、学于生活。学校教育并不能帮助学生对形形色色的生活物质进行全面的认知，因此家长要在生活中借助家中的物品帮助孩子加深认知构建。诸如，可以向孩子详细介绍沙发、桌椅、电视机、电灯、衣服等物品的功能和用途；让孩子设计家庭的布局，家中物品如何摆放以及摆放的缘由。家中物品可以包括：饮食类，如灶、锅、碗、筷、刀、叉等；穿着类，如衣服、裤子、鞋子、袜子、帽子等；家用电器类，如电扇、电视、电灯、吹风机等；交通工具，如汽车、自行车、火车、飞机等。[1]

4. 基于家庭周围环境资源促进学生对知识的感知与理解

乡村家庭的社会经济地位相对较弱，可用于孩子学习的家庭内教育资源较少，但是乡村孩子具有与大自然零距离接触的显著优势，这些自然环境资源是知识的重要来源。正如《义务教育生物学课程标准（2011 年版）》所言："广阔的自然界更是生物学教学的天然'实验室'，走进大自然可以开展许多探究活动。"[2] 孩子们与大自然亲密接触，有助于他们对知识的感知与理解，有助于观察能力、比较能力的提升，有助于情感态度的抒发，有助于身体的健康成长。乡村家庭周围环境资源主要包括：农业生产设备，如镰刀、耙犁、牛车、打药器等；家中养殖的动物，如兔子、猪、羊、鸡、鹅等；野生动物，如麻雀、蜻蜓、各种昆虫等；自家种植的植物，如枣树、梨树、苹果树、青椒、茄子、土豆、黄瓜等；周围的一些树木，如杨树、松树、槐树等。

## 十三　学校教育应更多地关注女生在科学教育中的发展

对比 NAEP 历年科学素质测评结果发现，男生的平均成绩整体略高于女

---

[1]　张敏：《家庭学习资源对小学生学业成绩影响的调查研究》，四川师范大学硕士学位论文，2015，第 5 页。

[2]　中华人民共和国教育部：《义务教育生物学课程标准（2011 年版）》，北京师范大学出版社，2012，第 41 页。

生。聚焦至具体的学科测评中，男生在物理科学、地球与空间科学领域的平均成绩略高于女生，但在生命科学方面，女生略占上风。男生在科学教育领域具有一定的优势，这一结论不仅仅是 NAEP 测评的"一面之词"，很多科学素质测评都得到了该结论。PISA 2015 科学测评结果显示，男生的平均成绩比女生高 4 分，具有显著性差异；尤其我国男女生之间的差值达到 9 分，超过了 PISA 测评的平均值。① 男生与女生在科学学业水平上的差异并非先天性别不同导致的，而是在受教育过程中的多重外界因素干预导致，尤其是家长、教师对男生和女生在从事科学活动和相关职业方面存在严重的性别刻板印象，他们认为男孩天生有活力、有创造力、动手能力强，比较适合从事科学、技术、工程领域的工作，女孩性格文静、理性思维偏弱、闯劲不足，比较适合从事文科性质的工作。"这种刻板的性别印象经过家庭和学校社会的强化，造成女生对自己在这些领域中的期待降低，也没有在这些领域中努力取得重要成绩的动力，无形中也印证了性别刻板印象的正确，导致了女性更不愿意从事科学技术领域，从而造成恶性循环。"② 为了提升女生的学习信心，促进女生在科学教育中的健康发展，引导女生充分发挥潜能，甚至为了确保未来科技领域从业者性别比例适度，学校教育应更多地关注女生在科学教育中的发展。

1. 加强女生意志力的培养

意志力与学生的科学能力水平具有相关性，意志力越高，学生的科学能力越强。意志力较高的女生的科学能力要比男生高，增强中学生的学习意志力有助于缩小男女生在科学能力上的差距。③ Duckworth 等人研究发现，西点军校学员之所以能够获得较好的成绩，主要取决于他们的意志力较强；并且，他们分析得出结论——较之于大学生，具有硕士、博士学位的学生

---

① 关丹丹、焦丽亚：《中学生科学素养的性别差异：基于 PISA 2015 的实证研究》，《教育研究与实验》2017 年第 4 期。

② 冯秀梅：《历史视角下美国科学教育性别问题探究》，华中师范大学硕士学位论文，2011，第 197 页。

③ 胡咏梅、范文凤、唐一鹏：《女性都去哪儿了：中学生科学能力的性别差异研究》，《湖南师范大学教育科学学报》2016 年第 4 期。

的意志力普遍较高。① 同样，Dweck 教授也一直推崇："具有坚韧的性格、具有较高的意志力，有助于孩子未来的发展。"② 所以，家长、教师应该从日常生活中有意识地培养女生的意志力，这样有助于女生提升自身的科学素质。

2. 鼓励女生树立学好科学的信心

"男生比女生拥有更强的自我效能感，女生对于自己科学课程的学习缺乏信心。"③ 家庭、学校要有意识地鼓励女生树立学好科学的信心。这可以从"示范者"的角度出发，示范者往往具有榜样作用，学生可以通过模仿示范者的行为获取某项技能，也会在内心产生想成为示范者那样的人的一种期盼。家长、教师可以向女生讲述女科学家的故事，把女科学家作为女生人生发展的示范者，在榜样激励的作用下提高女生学好科学的信心。例如，我国科学家屠呦呦于 2015 年获得诺贝尔医学奖的事迹，以及她在中医科学研究道路上坚韧不拔的精神；北京大学第一医院教授杨莉荣获我国第十四届"中国青年女科学家奖"的事迹以及她在治疗急性肾损伤的研究中的持之以恒；中国医学科学院基础医学研究所（女）研究员许琪在寻找抑郁症的易感基因和药物难治性癫痫研究中的不懈努力等。④

3. 科学教育内容要"性别中立"

有的科学教育相关的课程、教材存在"偏袒男性"的弊端，很多素材案例以男性科学家为主，对女性科学家的介绍和宣传较少，并且教师在教学过程中更多地以男性思维方式开展。⑤ 为了体现公平性，促进女生在科学教育领域的发展，其一，中小学教材要具有"性别中立"的审查环节；其二，

① Duckworth, A. L., Quinn, P. D. Development and Validation of the Short Grit Scale (Grit –. S), *Journal of Personality Assessment*, 2009（2）: 166 – 174.

② 图赫:《性格的力量: 勇气、好奇心、乐观精神与孩子的未来》, 机械工业出版社, 2013, 第 35～37 页。

③ 陆真、沈书君:《科学素养培养中男女生表现差异性的分析: 基于 PISA 科学素养测评的研究与思考》,《外国中小学教育》2012 年第 3 期。

④ 张茜:《科学不应让女性走开》,《中国青年报》2018 年 1 月 22 日, 第 012 版。

⑤ 郑新蓉:《性别与教育》, 教育科学出版社, 2005, 第 139～140 页。

学校的宣传栏或者教学楼走廊的墙壁上应增大宣传女性科学家的力度；其三，教师应树立正确的性别观念，建立男女生都有同样能力学习科学的观点，在教学过程中选取的活动素材、设计的活动环节应进行性别差异分析，照顾到男生和女生的思维方式。

**4. 教师要增加与女生互动的频次**

相比于男生，女生比较害羞，智力与人际交往等方面的压力较大，[①] 行为举止略显拘谨、心态较为紧张、抗挫力较弱，所以教师在教学中与女生的互动频次较少。但是，为了遵循"面向全体学生"的课程理念，促进女生更好地理解科学知识，教师要了解女生的身心发展特点，增加与女生互动的频次，促使女生在科学课堂上活跃起来。例如，教师可以和女生多探讨、多提问来帮助其忘我探索、求真务实、发现真理、勇于实践。

**5. 家长和教师应转变刻板的性别观念**

刻板的性别观念，使得"女性"与"科学"成为两个难以联系在一起的领域。家长和教师要转变刻板的性别观念，并不是所有男孩都适合从事与科学、技术和工程相关的工作，也并不是女孩就应该远离这类职业。有研究发现，小时候接触过组装玩具的女孩长大后很擅长从事科技、工程类的工作，因此类似于 GoldieBlox 的一些玩具公司就转变了传统的性别观念，打破了玩具市场原有的性别区分，启动生产了有助于女孩思维体系建构的组装玩具，提升她们对科技、工程的兴趣。[②]

## 十四　学校要加强校园欺凌防治工作

校园欺凌会对被欺凌者、欺凌实施者以及欺凌行为目击者产生极大的负面影响，[③] 这是校园安全管理工作老生常谈的话题。1996 年、2000 年 NAEP

---

① 胡卫平、万湘涛、于兰：《儿童青少年技术创造力的发展》，《心理研究》2011 年第 2 期。

② 刘天红：《"去性别化"玩具搭建女性通往科学之桥》，《中国妇女报》2017 年 5 月 23 日，第 B01 版。

③ Minister for Education and Skills. Action Plan On Bullying, https：//www. education. ie/en/Publications/Education – Reports/Action – Plan – On – Bullying – 2013. pdf.

科学素质测评结果均表明，学校给学生的安全感越强，学生的平均成绩越高。同样，PISA 研究发现，欺凌事件发生率较低的学校相对于发生率较高的学校，其学生科学素质得分要高出 25 分。① 校园欺凌会产生更严重的后果：被欺凌者会缺乏安全感，产生屈辱感、极度焦虑感，会变得更加脆弱、难以再相信他人，最终丧失自尊心；欺凌实施者也会自食恶果，具有较高的风险患上抑郁症，并可能产生焦虑感，形成反社会、反人类的性格，提高滥用药物、违法犯罪等恶劣行为的可能性；欺凌行为的目击者身心亦会受到影响，产生唯唯诺诺、忐忑不安的心境，并且会因为无法帮助被欺凌者而感到内疚。② 为了学生的健康发展，提升学生的学业成就，国家和学校要加强校园安全管理工作，对校园欺凌进行"零容忍"的打击，创建一个安全、稳定的校园学习环境。

**1. 在具体的法律中明确校园欺凌的规定**

国际上很多国家已经在法律层面具有针对校园欺凌的相关规定，比如新西兰在《国家行政指南 5》《国家教育目标》《1989 年儿童、青少年及其家庭法案》《1989 年教育法》等法律中对校园欺凌进行了界定；③ 英国同样在《1988 教育改革法案》《1989 儿童法》《1998 年学校标准与框架法》《2002 年教育法》等法律中对校园欺凌做出了相关规定；④ 美国也已有 46 个州出台了校园欺凌的相关法律。⑤ 面对复杂的校园欺凌现象，我国应该尽早完善相关的法律法规，对校园欺凌做出明确的规定，以使反欺凌工作有法可依。

① OECD. *PISA 2015 Results*（*Volume III*）：*STUDENTS' WELL-BEING*. Paris：OECD Publishing，2016：45.

② Minister for Education and Skills. Anti-Bullying Procedures For Primary And Post-Primary Schools，https：//www. education. ie/en/Publications/Policy – Reports/Anti – Bullying – Procedures – for – Primary – and – Post – Primary – Schools. pdf.

③ Bullying Prevention Advisory Group. Bullying prevention and res-ponse：A GUIDE FOR SCHOOLS，http：//www. education. govt. nz/assets/Documents/School/Bullying  –  prevention/MOEBullying Guide2015Web. pdf.

④ 张宝书：《英国中小学反校园欺凌政策探析》，《比较教育研究》2016 年第 11 期。

⑤ Analysis of State Bullying：Laws and Policies，http：//www2. ed. gov/rschstat/eva – l/bullying/state – bullying – laws/state – bullying – laws. pdf.

**2. 制定国家层面的针对各利益相关方的指导性文件**

我国目前缺少国家层面的针对各利益相关方的指导性文件，诸如学校反欺凌指导文件、家庭反欺凌指导文件、社会机构反欺凌指导文件等。具体指导性文件的缺位，导致"学校缺乏相应的程序化处理，如早期干预、事件上报、事中处理和事后心理干预等全方位机制"[①]。而国际上很多国家具有国家层面的相关指导性文件。例如，新西兰政府相继出台了《欺凌预防与治理：学校指南》《欺凌预防与治理：学校管理委员会建议》《欺凌预防与治理：家庭指南》等指导性文件，明确指导学校、家庭如何有效地预防和治理校园欺凌事件。所以，我国应补短板、强弱项，出台相应的国家层面的具体指导性文件，明确各利益相关方的权利和义务，以使得反校园欺凌工作程序化、标准化、有序化。

**3. 对校园欺凌问题进行专项研究**

我国学校层面治理欺凌事件的专业性参差不齐。治理校园欺凌事件是一项专业性工作，其中必然会涉及学术和技术层面的难题，而中小学缺乏相应的专家与专业技术人员，所以学校治理工作存在技术短板。这就需要我国借鉴新西兰、英国等国家的经验，从国家层面通过科研立项的形式组织相关专家学者对校园欺凌问题进行专项研究，出台一系列研究报告，从学术和技术层面支持校园反欺凌工作。并且，专业的研究成果以及有效的反欺凌经验应该成为各级各类培训活动（如国培计划、省培计划）中的重要培训项目，培训学校反欺凌工作人员的专业能力，从而使其能够科学地、有效地开展学校反欺凌工作。

**4. 细化反校园欺凌工作**

借鉴他国经验与教训，我国中小学在反欺凌行动中应强调一些细节。例如，整个反欺凌行动是一个浩大的工程，不仅需要人员的调整、技术的支持、程序的健全，还需要经费的支撑。为了防止学校经费滥用的乱象，政府

---

① 孔令帅、陈铭霞：《构建中小学校园欺凌综合治理机制：来自英国的启示》，《教育发展研究》2017 年第 20 期。

应以政策的形式对反欺凌经费的使用准则进行说明，并加大力度监控各学校的经费使用情况。中小学制定校本反欺凌政策时，应注重学生的职责。在反校园欺凌工作中，学生应是重要的力量，因为学生是直接利益相关者，他们可能是欺凌事件的首要见证人，对欺凌的过程更为熟悉。再如，大部分小学生反映在操场等广阔领域缺乏安全感，[①] 这说明校园反欺凌行动对广阔区域的关注存在遗漏，学校管理层应加大对课堂以外区域的监督力度。[②]

---

[①]  Minister for Education and Skills. Parent and Student/ Pupil Perceptions of Schools' Actions to Create a Positive School Culture and to Prevent and Tackle Bullying, https：//www. education. ie/ en/Publications/Education － Reports/parent ＿ student ＿ perceptions ＿ positive ＿ school ＿ culture. pdf.

[②]  刘杨、李高峰：《爱尔兰反校园欺凌行动探析》，《比较教育研究》2019 年第 2 期。

图书在版编目（CIP）数据

NAEP 测评：国际青少年科学素质全景解读／李秀菊，

李高峰著. -- 北京：社会科学文献出版社，2019.12

（青少年科学素质丛书）

ISBN 978 - 7 - 5201 - 4723 - 1

Ⅰ.①N… Ⅱ.①李… ②李… Ⅲ.①青少年 - 科学技

术 - 素质教育 - 研究 - 世界 Ⅳ.①N4

中国版本图书馆 CIP 数据核字（2019）第 075887 号

青少年科学素质丛书

**NAEP 测评：国际青少年科学素质全景解读**

著　　者／李秀菊　李高峰

出 版 人／谢寿光

责任编辑／张　媛

出　　版／社会科学文献出版社·皮书出版分社　（010）59367127
　　　　　　地址：北京市北三环中路甲 29 号院华龙大厦　邮编：100029
　　　　　　网址：www. ssap. com. cn
发　　行／市场营销中心（010）59367081　59367083
印　　装／三河市尚艺印装有限公司

规　　格／开　本：787mm × 1092mm　1/16
　　　　　　印　张：23.25　字　数：356 千字
版　　次／2019 年 12 月第 1 版　2019 年 12 月第 1 次印刷
书　　号／ISBN 978 - 7 - 5201 - 4723 - 1
定　　价／98.00 元